国家级应用型规划教材

人力资源管理理论与实务

杨喜梅　范　皓　主　编

郭　伟　黄　盛　副主编

图书在版编目（CIP）数据

人力资源管理理论与实务 / 杨喜梅，范皓主编. —
天津：天津大学出版社，2018.8
国家级应用型规划教材

ISBN 978-7-5618-6211-7

Ⅰ. ①人… Ⅱ. ①杨… ②范… Ⅲ. ①人力资源管理
—高等学校—教材 Ⅳ. ① P243

中国版本图书馆 CIP 数据核字（2018）第 181383 号

出版发行 天津大学出版社
地　　址 天津市卫津路 92 号天津大学内（邮编：300072）
电　　话 发行部：022-27403647
网　　址 publish.tju.edu.cn
印　　刷 廊坊市海涛印刷有限公司
经　　销 全国各地新华书店
开　　本 185mm×260mm
印　　张 18.25
字　　数 456 千
版　　次 2018 年 8 月第 1 版
印　　次 2018 年 8 月第 1 次
定　　价 39 元

前言

人力资源在企业中至关重要，因为企业的竞争最终是人才的竞争，人力资源管理已经上升到战略的高度。从企业管理的各个方面来说，人力资源管理占有特别重要的地位，是企业核心竞争力的基础。

《人力资源管理理论与实务》是应用型高等教育人力资源管理类课程规划教材之一，对人力资源管理的理论和实务进行了比较深入的研究。本教材包括 9 章，分别是人力资源管理导论、工作分析与胜任素质模型、人力资源规划、员工招聘、员工培训、绩效管理、薪酬管理、职业生涯管理及员工关系管理。章节中的“学习目标”“开篇案例”“实训项目”“复习思考题”“案例分析”，便于学生在学习每一项的内容时，做到有的放矢，增强学习效果；复习思考题对学生所学习的人力资源管理知识的巩固加深大有裨益；同时，实训项目和案例分析又使学生加深对人力资源管理的理解，学会在实际工作中运用人力资源管理理论和技巧。

本教材具有以下几方面特点。

第一，突出实用性和可操作性。应用型本科管理系列规划教材的定位决定了本教材的内容重点是实用性和可操作性，因此本教材在介绍基本概念、基本理论的基础上，将更多的篇幅用在解释“怎么做”；在形式上尽量用图表诠释；在语言上，力图通过简洁、通俗易懂的表达，将难懂的概念和方法可读化，并通过典型例子，把系统的理论与现代企业人力资源管理实践结合起来，体现了应用型教材的特点。

第二，案例的新颖性和针对性。本书采用最近几年的案例，比较新颖。在每一章开篇设一个案例，引起学生的兴趣和思考；末尾都是案例分析，是对每个项目内容的总结，供学生练习。案例选择具有新颖性，更具有针对性。

第三，理论实训一体化。本教材在注重人力资源管理核心理论的同时，强调人力资源管理基本技能的应用；注重引导学生“学中做”和“做中学”，一边学理论，一边将理论知识加以应用，实现人力资源管理理论和实训的一体化，并通过实训项目得以体现。

本教材是由杨喜梅、范皓主编，具体编写工作分工如下：汉口学院杨喜梅负责编写第一章、第二章、第三章和第六章，武汉商学院黄盛负责编写第五章，长江大学郭伟负责编写第六章，汉口学院胡欣负责编写第四章和第八章，武汉职业技术学院范皓负责编写第九章，全书由杨喜梅统稿。在此，对于各位编者在编写过程中付出的辛勤劳动表示衷心感谢。

本教材既可作为普通高等院校经济管理类相关专业的教材，也可作为企业人力资源管理的培训教材。

由于作者水平有限，加之编写时间仓促，本书难免存在不足和疏漏之处，恳请广大读者批评指正并提出宝贵意见。

编　者

2018 年 8 月

目录

目录

Chapter One

第一章 人力资源管理导论

学习目标

1. 理解并把握人力资源的相关内容；
2. 理解人力资源管理的概念、目标、功能与基本原理；
3. 掌握人力资源管理的职能和扮演的角色；
4. 了解人力资源管理的发展阶段；
5. 理解现代人力资源管理与传统的人事管理的区别；
6. 掌握人力资源管理部门的主要职责；
7. 掌握人力资源管理专业人员的胜任力模型；
8. 理解人力资源管理战略如何与企业战略匹配；
9. 理解人力资源战略的选择主要基于哪些方面的考虑。

开篇案例 顺丰的人力资源管理

自 1993 年，顺丰速运（以下简称“顺丰”）在广东顺德成立了第一家门店，经过 20 多年的发展，顺丰已经成为国内物流行业的代表性企业，拥有自己的航空公司和自有的全货机，并且是国内员工第二多的企业。顺丰向来重视人力资源的建设，而顺丰的发展，也和它完善的人力资源管理密不可分。

作为国内最有影响力的雇主品牌之一，顺丰在人才市场上颇受欢迎，而顺丰在人才选拔时格外谨慎。顺丰所有岗位的面试通常在 2 ～ 4 轮之间，从初试、笔试、复试到岗前体验，应聘者需要经过层层筛选，除了一线快递员和分拣员，其他岗位面试合格率往往低于 10%。员工入职之后，招聘人员会时时对其进行跟踪，入职三天进行新员工访谈，入职满一个月后又进行 2 次访谈，新员工入职一个月内会组织新员工座谈会，离职后会在一个月内进行电话回访。对于高流失的分点部，人力资源招聘组会协同员工关系组、分点部负责人进行走访，及时分析问题并给出相应的报告及改善措施。在校招方面，顺丰也是不惜血本，每年校招遍及全国各大高校集中的城市，学生的需求量至少在 2 000 人以上。

顺丰内部的岗位职责划分非常清晰，工作一环套一环。招聘组完成招聘工作之后，所有的新人就集中进入下一个环节，由培训组负责跟进。顺丰对于人才的培训和人才管理极为重视，总部常年固定承包一些酒店以供培训使用。它的培训在线上线下同时进行，除了全公司常规的新员工培训、业务技能加强培训外，还不定期举行回炉培训，对于一些业务能力不达标或者专业技能欠缺的员工进行针对性培训。顺丰还建立了自己的内部大学，独立开发课程、印制课本，独立开发在线学习系统以及建设专业的讲师团队。

在人才管理方面，顺丰很早就提出了赛马机制，建立了较为完善的人才梯队体系，所以顺丰的运转是围绕体系制度来运行的，而非体系跟着人走。在其他一些公司中，一旦重要岗位有变动，立刻会给公司带来不可估量的损失，但是顺丰能将这种风险降到最低。一个年产值上亿元的地区，总经理说换就换，而且换掉之后人才储备池里的后备总经理一抓一大把。顺丰最基层的仓管岗位数量与人才储备量的比例是1:2，而且岗位层级越高比例越大，以保证公司随时有人用。顺丰的人才管理，既强大了自己的人才团队，又让员工自身价值不断提升，员工忠诚度越来越高。顺丰大学门口有两句宣传语，“谋士如云，将士如雨”，这也印证了顺丰对于人才的重视以及顺丰人才团队的强大。

做好培训和人才管理，是为了让员工不断地增值，但是这还远远不够。马云说过，员工流失无非两个原因，第一是钱给不到位，第二是干得不开心。所以不仅要留住员工的身，还要留住员工的心，只有给予他们科学、公平、有竞争性的酬劳，才能更好地留住优秀人才。顺丰员工收入高于同行水平，这是大家众所周知的事情，特别是在北上广深这些一线城市，快递员月收入过万是很普通的事情，特别是每年的11和12月，大家内部经常开玩笑说，这两个月薪资不过万，出门都不好意思。顺丰的企业文化是非常务实和低调的，所以老板或其他管理者既不会给员工画饼，也不会让员工活在宣传口号中，而是让所有员工脚踏实地地努力工作，给每个人应得的那部分。

顺丰员工的忠诚度很高，而且执行力很强，企业文化就跟老板的性格一样，非常低调又很务实。王卫不会像马云那样激昂地演讲，也不会像柳传志那样家喻户晓，甚至在百度上很少能找到他的照片。除了每年的新年寄语之外，内部刊物上很少报道关于老板的消息。入职十几年的员工，手里拿着“10年服务奖”奖杯，却没有见过一次老板的面。有些内部员工借出差的机会，在深圳总部大楼底下偷偷地等待半天，就为了能见老板一面，而且还是远距离偷偷地看一下。就是这么神秘低调的一个公司，员工数已达到33万，而且每年还在以50%的人员净增长率疯狂扩张。外界对顺丰的认识依旧很模糊，只知道是一家快递公司，正如王卫给所有人的神秘感一样。

这就是顺丰，严格的招聘流程、完善公平的薪酬体系、强大的人才管理和疯狂的培训，最终造就了独特的企业文化。而正是这样的企业文化，使得顺丰成为国内发展最迅速、净利润最高、口碑最好、客户满意度最高、见效最快和安全性最高的快递公司。

第一节　人力资源概述

著名的管理大师彼得·德鲁克（Peter F. Drucker）曾指出：“企业只有一项真正的资源：人。”汤姆·彼得斯（Tom Peters）也曾说过：“企业或事业唯一真正的资源是人。”美国钢铁大王卡内基说：“将我所有的工厂、设备、市场、资金全部拿去，但只要保留我组织中的人，4年以后，我将仍是一个钢铁大王。”由此可以看出，人力资源是保证企业最终目标得以实现的最重要也是最有价值的资源。

一、人力资源的概念

（一）资源的概念

在理解人力资源的含义之前，我们首先要了解什么是资源。资源是人类赖以生存的物质基础。从经济学的角度来看，资源是指形成财富的来源。资源是为创造物质财富而投入生产活动的一切要素，比如人、财、物。资源包括自然资源、资本资源、信息资源和人力资源。

（1）自然资源：用于生产活动的一切未经加工的自然物质。如土地、森林、矿藏等。

（2）资本资源：用于生产活动的一切经过加工过的自然物质。如资金、机器、厂房、设备等。

（3）信息资源：指人类社会信息活动中积累起来的以信息为核心的各类信息活动要素的集合。前两种资源具有明显的独占性，而信息资源则具有共享性。

（4）人力资源：来自人类自身的知识和体力。当然，人们对人力资源的理解和阐释存在差异。

在相当长的时期里，自然资源一直是财富形成的主要来源，但是随着科学技术的突飞猛进，人力资源对财富形成的贡献越来越大，并逐渐占据主导地位。人力资源是生产活动中最活跃的因素，由于人力资源的特殊重要性，它被经济学家称为第一资源。

（二）对人力资源概念的不同理解

对于什么是人力资源，学术界尚无统一的定义。我们目前所理解的人力资源概念，是由管理大师彼得·德鲁克于 1954 年在其名著《管理的实践》中首先正式提出并加以明确界定的。在该书中，德鲁克明确指出，人力资源，即企业所雇用的人，是所有资源中最富有生产力，最具有多种才能，同时也是最丰富的资源。伊凡·伯格（Ivan Berg）认为，人力资源是人类可用于生产产品或提供各种服务的活力、技能和知识。雷西斯·列科（Rensis Lakere）认为，人力资源是企业人力结构的生产力和顾客商誉的价值。内贝尔·埃利斯（Nabil Elias）认为，人力资源是企业内部成员及外部人员可提供潜在服务及有利于企业预期经营的总和。也有人认为，人力资源是具有智力劳动和体力劳动的人们的总称。

广义上说，人力资源是指智力正常的人。狭义上看，存在若干定义。

（1）人力资源是指能够推动国民经济和社会发展的、具有智力劳动和体力劳动能力的人们的总和，它包括数量和质量两个方面。

（2）人力资源是指具有为社会创造物质财富和精神财富、为社会提供劳动和服务的人。

（3）人力资源是指劳动力资源，即一个国家或地区有劳动能力的人口的总和。

抽象地说，人力资源就是指一定范围内人口总体中所蕴含的劳动能力的总和；具体说来，人力资源是指一定范围内具有智力劳动和体力劳动能力的人们的总和。人力资源是指人的劳动能力，即人在劳动过程中所运用的体力和智力的总和。除了这个基本含义外，人力资源在统计、管理上还泛指具有劳动能力的人。

（三）人力资源的构成

人力资源由数量和质量两方面构成。

1. 人力资源的数量

人力资源的数量分为绝对数量和相对数量。绝对数量是指一个国家或地区具有劳动能力、从事社会劳动的人口总和。它由 8 部分人口组成（图 1-1）。

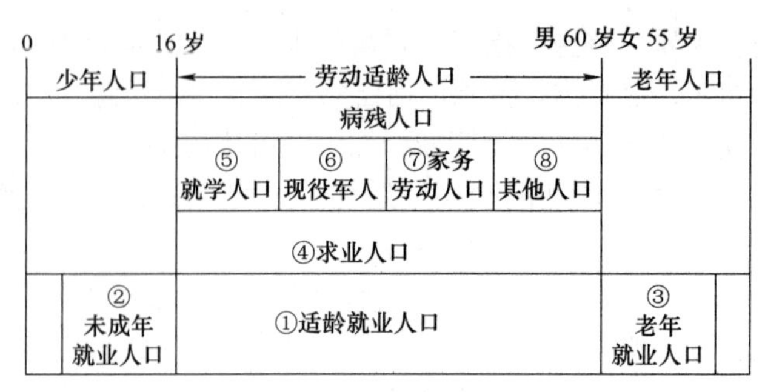

图1-1　人力资源的构成

（1）处于劳动年龄之内的社会劳动人口，即“适龄就业人口”；

（2）尚未达到劳动年龄，实际已从事社会劳动的人口，即“未成年就业人口”；

（3）已经超过法定劳动年龄，实际仍在从事社会劳动的人口，即“老年就业人口”；

（4）处于法定劳动年龄以内，有能力有愿望参加社会劳动，但是实际上并未参加社会劳动的人口，即“求业人口”；

（5）处于法定劳动年龄以内的就学人口；

（6）处于法定劳动年龄之内的现役军人；

（7）处于法定劳动年龄以内的家务劳动人口；

（8）处于法定劳动年龄以内的其他人口。

适龄就业人口、未成年就业人口、老年就业人口是人力资源的主体，统称为“就业人口”。求业人口、就学人口、现役军人、家务劳动人口、其他人口由于未构成现实社会的劳动力供给，故可称之为“潜在人力资源”。

人力资源的相对数量即人力资源率，指人力资源的绝对量占总人口的比率。一个国家或地区的人力资源率越高，表明可投入生产过程的劳动数量越多，由此产生的国民收入越多。人力资源率从一个侧面反映了一个国家或地区的经济实力。

影响人力资源数量的因素主要有以下几点。

（1）人口总量。人力资源属于人口的一部分，因此人口的总量会影响到人力资源的数量。人口总量=人口基数×(1+自然增长率)。自然增长率=出生率−死亡率。据国家统计局的数据，2009年我国人口总数达到13.3亿，出生率为12.13‰，死亡率为7.08‰，自然增长率为5.05‰。

（2）人口的年龄构成。人口的年龄构成是影响人力资源数量的一个重要因素。在人口总量一定的条件下，人口的年龄构成直接决定了人力资源的数量，即人力资源数量=人口总量×劳动适龄人口比例。当劳动适龄人口在人口总量中所占的比重比较大时，人力资源的数量相对会比较多；反之，人力资源的数量相对会比较少。调节人口的年龄构成，需要对人口出生率和自然增长率进行相当长时间的调节，以应对人力资源老化现象的产生。

（3）人口迁移。所谓人口迁移，即人口的地区间流动。人口迁移由多种原因造成。在一般情况下，主要因素为经济因素，即人口由生活水平低的地区向生活水平高的地区迁移，由收入水平低的地区向收入水平高的地区迁移，由物质资源缺乏的地区向物质资源丰富的地区迁移，由发展前景小的地区向发展前景大的地区迁移。就一般情况而言，人口迁移的主要部分是劳动力人口的迁移，这会造成局部地区人力资源数量和人力资源总体分布的改变。特别是出于经济原因的人口迁移（如移民垦荒），迁移人口绝大部分可能是劳动力人口，对人力资源的数量影响巨大。

2. 人力资源的质量

人力资源的质量指人力资源所具有的体质、智力、知识、技能水平和劳动者的劳动态度，体现为劳动者的体质水平、文化水平、专业技术水平和劳动积极性。

人力资源质量的影响因素有遗传、其他先天和自然生长因素，营养因素，教育培训等因素。

1）遗传、其他先天和自然生长因素

人类的体质和智能有一定的继承性，遗传从根本上决定了人力资源的质量，决定了人力资源水平的可能限度。

2）营养因素

营养是人体正常发育和正常活动的重要条件。

3）教育培训因素

教育是人类传授知识、经验的一种社会活动，是赋予人力资源一定质量的最重要手段，对人力资源素质有着决定性的影响。

与人力资源的数量相比，其质量方面更为重要。人力资源的数量能反映出可以推动物质资源的人的规模，人力资源的质量则反映可以推动哪种类型、哪种复杂程度和多大数量的物质资源。一般来说，复杂劳动只能由高质量人力资源来从事，简单劳动则可以由低质量人力资源从事。经济越发展，技术越现代化，对人力资源的质量要求就越高，现代化的生产体系要求人力资源具有极高的质量水平。需要注意的是，要获取高质量的人力资源就要付出较大的生产成本，而且高质量人力资源又具有稀缺性，如果这种资源的供给不被需求所吸收，就会对个人与社会造成巨大浪费。

二、人力资源的特征

人力资源是进行社会化生产最重要的资源，与其他物质资源相比，人力资源具有以下特征。

（一）生物性

人力资源存在于人体之中，是一种“活”的资源，与人的生命特征、基因遗传等紧密相关。一般来说，从事劳动密集型岗位的劳动者对人力资源的体能要求较高，从事技术和智力密集型岗位的劳动者对其智力、情感和经验等要素要求较高。此外，人力资源生物性还表现在从个人和社会角度的人力资源的再生性。

（二）时效性

人力资源的形成、开发、使用都具有时间方面的限制。对人力资源储而不用，才能就会荒废、退化。从个体的角度看，作为生物有机体的人，有其生命的周期；而作为人力资源的人，能从事劳动的自然时间又被限定在生命周期的中间一段，并且能够从事劳动的不同时期（青年、壮年、老年），其劳动能力也有所不同。这也就是说，无论哪类人，都有其才能发挥的最佳期、最佳年龄段。因此，人力资源开发与使用必须及时，把握住关键期，以取得最大效益。

（三）能动性

人力资源区别于其他资源的最本质特征在于，人力资源有思想和情感，具有主观能动性，能够有目的、有意识地进行创造性的活动。人力资源在经济和社会发展过程中起着积极主动的作用，处于主导地位，而其他资源处于被动使用的地位。人力资源的能动性表现为对知识和所受教育的自我强化、劳动市场的自我择业以及参加劳动过程中积极性的发挥等。

（四）再生性

整个资源可分为可再生性资源和不可再生性资源两大类。人力资源是一种可再生性资源，在开发过程中，不会像不可再生性资源如矿物资源那样因为使用而减少，相反，还可能会因为使用而提高水平，增强活力。人力资源的再生性有两层含义：一是指人口的再生产和劳动力的再生产；二是指人力资源的知识和技能可以通过教育和培训不断丰富和提高，并在工作实践中得到锻炼和积累。

（五）两重性

人力资源是由一定数量的具有劳动技能的劳动者构成的。劳动者既是生产者，又是消费者，因此，具有生产性和消费性。生产性是指人力资源是物质财富的创造者，它为组织的生存与发展提供了条件；消费性是指人力资源为了维持其本身的存在，它必须消耗一定数量的其他自然资源，比如粮食、织物、水、能源等。而且在消耗方面得到重视和关心的程度，会直接影响人力资源积极性的发挥。

（六）高增值性

目前在国民经济中，人力资源收益的份额正在迅速超过自然资源和资本资源。美国 1929—1957 年教育投资对经济增长的贡献率为 33%。联合国开发署在《1996 年度人力资源开发报告》中指出：一个国家国民生产总值的 3/4 靠人力资源，1/4 靠资本资源。在现代市场经济国家，劳动力的市场价格不断上升，人力资源投资收益率不断上升，同时劳动者的可支配收入也不断上升。与此同时出现的还有一种变动，就是高质量人力资源与低质量人力资源的收入差距也在扩大。

三、人力资源与相关概念

（一）人力资源与人口资源、人才资源、劳动力资源

（1）人口资源：一定范围内的人口总和。人口资源重在数量。

（2）人力资源：一定范围内具有劳动能力的人口总量。

（3）劳动力资源：一定范围内符合法定年龄的有劳动能力的人口的总和。

（4）人才资源：一个国家或地区具有较强的管理能力、研究能力、创造能力和专门技术能力的人们的总称。人才资源重在质量。

人口资源、人力资源、劳动力资源和人才资源的包含关系如图 1-2 所示，人口资源、劳动力资源、人力资源和人才资源的比例关系如图 1-3 所示。

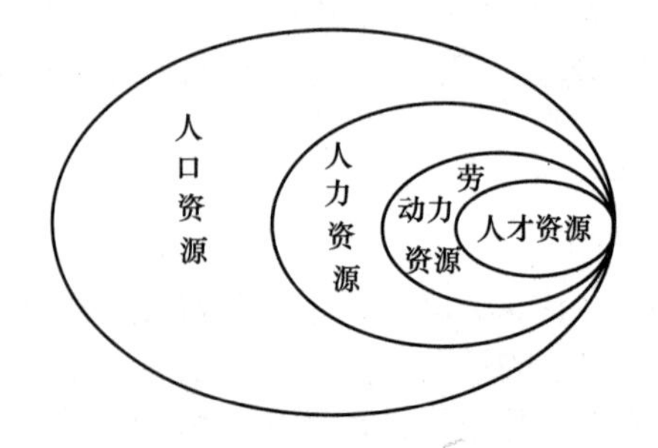

图 1-2　人口资源、人力资源、劳动力资源和人才资源的包含关系

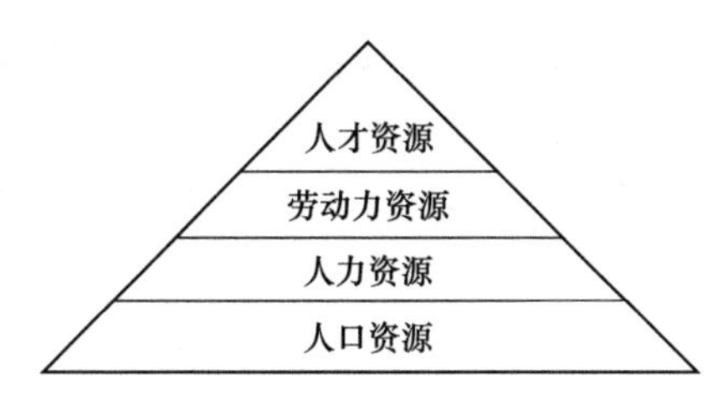

图 1-3　人口资源、劳动力资源、人力资源和人才资源的比例关系

（二）人力资源与人力资本

1. 人力资本

人力资本理论最早起源于经济学研究。20 世纪 60 年代，美国经济学家西奥多 • 舒尔茨（Theodore W. Schultz）和加里 • 贝克尔（Gary S. Becker）提出了人力资本理论。舒尔茨指出，人力资本是相对于物质资本或非人力资本而言的，是体现在人身上可以被用来提供未来收入的一种资本，是个人所具备的才干、知识、技能和经验。

2. 人力资源和人力资本的关系

人力资源和人力资本是两个既有联系又有区别的概念。

人力资源和人力资本都是以人为基础产生的概念，研究的对象都是人所具有的脑力和体力，从这点看两者是一致的。而且，现代人力资源理论大都是以人力资本理论为根据的。

虽然这两个概念有着紧密的联系，但就其内涵和本质而言，又具有明显的区别。

首先，含义的范畴不同。资本和资源是两个不同范畴的含义。“资本”的含义是所有者赖以经营并获取盈利的经济价值，只有用于商品生产，也就是用于以商品交换为目的的生产资源才是资本；“资源”是经济学术语，是指创造财富的一切要素，强调的是其价值性和有用性。当人力资源是某特定经济主体投资而形成并作为经营要素或获利手段来使用以取得预期收益时，可称作人力资本。人力资本强调的是投资收益回报、价值增值以及人力的形成与积累。人力资本存在于人力资源之中。

其次，关注的焦点不同。人力资源关注的是价值问题，而人力资本关注的是收益问题。人力资本是通过一定的投资形成的、存在于人体中的能力和知识的资本形式，强调以某种代价获得能力，而付出的代价会在人力资本的使用中以更大的价值得到回报。而人力资源关注的则是其价值问题，人力资源由于其知识、经验、技能、态度以及个性特征等因素的不同而对组织具有不同的价值。只有当人力资源在其运用的过程中不断创造出更大的新价值时，人力资源才具有资本的属性。

最后，研究角度不同。人力资源是将人力作为财富的源泉，是从人的潜能与财富的关系来研究人的问题。而人力资本则是将人力作为投资对象，作为财富的一部分，是从投入与收益的关系来研究人的问题。

延伸阅读

不同国家对人力资源重要性的态度

发达国家：资本资源较为丰富，自然资源也得到了较为充分的利用，其对经济增长的

作用在下降，同时，对这两种资源的获得越来越依赖于科学技术和知识，越来越依赖于具有先进的生产知识和技能的劳动者本身的努力，追求的难度也在不断增大。因此，这些国家的经济增长将主要依靠劳动者的平均技术水平和劳动效率的提高以及科学的、技术的、社会的知识储备的增加。

为此，发达国家一方面在其国内加大人力资源开发的力度，增加人力资源率，提高人力资源的质量；另一方面，正在不断地从发展中国家引进高素质的人才，增加和提高人力资源的数量和质量。号称最发达的市场经济国家的美国，一向重视人才开发，并以吸引外籍人才而著称，从而在科技人才及经济的竞争力排行榜上名列榜首，成为世界科技、经济和军事强国。

发展中国家：由于既缺钱、物，又缺人（指受过教育、培训的人力资源的不足，即缺乏人力资本），所以不断增加资本资源的投入，开发和利用耕地自然资源，对经济增长的促进作用肯定会远远高于发达国家。因而许多学者强调，尽管资本缺乏是发展中国家发展的瓶颈，但是，这些国家发展的历史又表明，单纯寻求更多的资本资源和自然资源，并不是一条真正切实可行的发展道路。

劳动者的平均技术水平和知识技能水平及其应用程度是经济增长的关键。由于这两个因素与人力资源的质量密切相关，因此，一国经济发展的关键在于提高人力资源质量，即人力资源的开发是生产发展和经济增长的最重要的因素，也是社会进步的一个基本条件。许多统计资料表明，一个国家经济发展程度与该国的人力资源状况是正相关的，即一个国家人力资源质量决定了其经济状况。

中国：人力资源开发和管理正面临着巨大的挑战。中国拥有世界上最丰富的人力资源（具体指人力资源的数量），但是丰富的人力资源数量与人均占有自然资源不足、资金匮乏之间形成强烈的反差。而且，巨大的人力资源数量和低水平的人力资源质量又处于不平衡状态，农村剩余劳动力转移的强劲压力和国民经济技术结构优化存在诸多矛盾，企业冗员走向社会是建立现代企业制度的必然结果，但又和社会经济稳定产生摩擦。

因而，我们面临着人力资源结构的重新布局，面临着人力资源整体素质的全面提高，面临着人力资源管理体制的调整转换，简而言之，就是面临人力资源开发与管理政策、机制等多方面的变革和创新。这既是挑战，又是机遇。它要求我们扬人力资源数量丰富之长，补人力资源质量相对不高之短，变人力资源数量优势为质量优势，并将其转换为经济竞争优势。中国的问题和希望都在于人力资源的开发和管理。21世纪中国经济和社会发展的成败也取决于能否有效地开发和利用自己丰富的人力资源。

以上说明，人力资源作为生产要素越来越受到各国政府和管理阶层的关注。人们的视线已越来越多地由物质资本转向人力资源的开发和利用。围绕人力资源的开发和管理，各国正进行着一场“没有硝烟”的战争，这将最终决定各国的未来，而胜利将属于人力资源开发利用的成功者。正是因为人力资源的重要性，使得对人力资源的开发和管理工作也日趋重要。

目前，企业人力资源管理部门已逐渐由原来的非主流的功能性部门，转而成为企业经营业务部门的战略伙伴（战略型的管理部门）。人力资源管理者的职责也逐渐地从作业性、行政性的事务中解放出来，更多地从事战略性的人力资源管理工作。许多国外企业，由一位副总直接负责人力资源管理，以此提高人力资源的战略价值，保证公司的人力资源政策与公司的发展战略相匹配。

第二节 人力资源管理概述

一、人力资源管理的概念

人力资源管理作为企业的一种职能性管理活动这一说法，最早源于工业关系和社会学家怀特・巴克（E. Wight Bakke）于 1958 年出版的《人力资源功能》一书。该书首次将人力资源管理作为管理的普通职能加以讨论。随着人力资源管理理论与实践的发展，国内外学者对人力资源管理的概念提出了不同的有代表性的观点。

雷蒙德・A. 诺伊（Raymond A. Noe）认为，人力资源管理是指影响雇员行为 / 态度以及绩效的各种政策 / 管理实践及制度。

加里・德斯勒（Gary Dessler）认为，人力资源管理是指为了完成管理工作中涉及人或人事方面的任务所需要掌握的各种概念和技术。

国内学者赵曙明认为，人力资源管理是对人力这一特殊资源进行有效开发 / 合理利用与科学管理。

国内学者彭剑锋认为，人力资源管理是依据组织和个人发展需要，对组织中的人力这一特殊资源进行有效开发 / 合理利用和科学管理的机制 / 制度流程技术方法的总和。

本书定义的人力资源管理（Human Resource Management，HRM）是指企业（组织）为了获取、开发、保持和有效利用在生产和经营过程中必不可少的人力资源，通过运用科学、系统的技术和方法进行各种相关的计划、组织、领导和控制的活动，以实现企业（组织）的既定目标。

从上可知，人力资源管理的内涵至少包括以下内容：一是任何形式的人力资源开发与管理都是为了实现一定的目标，如个人家庭投资的预期收益最大化、企业经营效益最大化及社会人力资源配置最优化；二是人力资源管理必须充分有效地运用计划、组织、领导和控制等现代管理手段才能达到人力资源管理目标；三是人力资源管理主要研究人与人关系的利益调整，如个人的利益取舍、人与事的配合、人力资源潜力的开发、工作效率和效益的提高以及实现人力资源管理效益的相关理论、方法、工具和技术；四是人力资源管理不是单一的管理行为，必须使相关管理手段相互配合才能取得理想的效果。例如，薪酬必须与绩效考核、晋升、流动等相配套。

可见，人力资源管理的主要任务就是以人为中心，以人力资源投资为主线，研究人与人、人与组织、人与事的相互关系，掌握其基本理念和管理的内在规律，为充分开发、利用人力资源，不断提高和改善职业生活质量，充分调动人的主动性和创造性，促使管理效益的提高和管理目标的实现。

二、人力资源管理的目标

人力资源管理的目标可以从两个层次来理解：最终目标和具体目标。

（一）最终目标

最终目标就是要有助于实现企业的目标。企业的目标是什么？就是利润最大化或者说价值最大化，在获得价值最大化的同时满足相关利益群体的需要。

（二）具体目标

具体目标主要表现在两个方面：一是取得人力资源最大的使用价值；二是发挥人力资源

最大的主观能动性，提高工作效率。

1. 取得人力资源最大的使用价值

人力资源管理的首要目标，就是要达到人与事的最佳匹配，使事得其人，人尽其才，取得人力资源最大的使用价值。

根据价值工程理论：V（价值）$=F$（功能）$/C$（成本），即价值的大小，取决于功能和成本的比值，价值最大化的唯一办法就是要提高功能、降低成本。这就是在企业管理中被称为“大高低”的目标管理原则，即大价值、高效能、低成本。具体运用于人力资源管理中可以通过以下两个公式来体现：

人的使用价值最大化 = 人的有效技能最大限度发挥

人的有效技能 = 人的劳动技能 × 使用率 × 发挥率 × 有效率

在以上两个公式中各项内容的含义如下：

使用率 = 适用技能 / 拥有技能（即是否用人之长）

发挥率 = 耗用技能 / 适用技能（即工作干劲如何）

有效率 = 有效技能 / 耗用技能（即工作效率如何）

因此，要使企业员工使用价值最大，其努力方向就是提高使用率、发挥率和有效率。

2. 发挥人力资源最大的主观能动性，提高工作效率

人力资源的另一个目标，就是使人与人之间的关系和谐，以促进合作，发挥员工最大的主观能动性，提高工作效率。要提高工作效率，就不能忽视行为科学的基本概念。这个基本概念可以简单地用以下方程式表达出来：

工作表现 $=f$（能力，激励）

工作表现可以看作能力与激励两者的乘积。就是说，只有能力而没有激励是没有结果的。比如，一个很有才干的人，如果他从来不提起干劲，就不可能有好的表现。反过来说，一个人只有干劲，而缺乏工作能力工作也不会有成效。

从人力资源管理的角度来说，要发挥员工的主观能动性，提高工作效率，首先要招聘优秀的人才，即才能与干劲兼备的人；然后需要有足够的激励，以提高员工的士气。要招聘有工作才能的人，可以从两方面着手：一是通过内部考核、选拔加以培养的发展企业所需要的人才；二是从外部招聘所需要的人才。

关于激励人才方面，可以通过物质激励和精神激励，为员工提供更好的在企业发展的机会去激励员工的干劲，调动员工的积极性和创造性。

三、人力资源管理的功能

我们在这里要强调人力资源管理的功能和职能本质上是不同的：人力资源管理的职能是它所要承担或履行的一系列活动，如人力资源规划、职位分析、招聘录用、绩效管理、薪酬管理、培训与开发、员工关系管理等；而功能是指它自身应该具备或发挥的作用，具有一定的独立性，它的功能是通过职能来实现的。

人力资源管理的功能体现在以下四个方面：吸纳、维持、开发、激励。

（一）吸纳

吸纳功能主要是指吸引优秀的人才并让他们加入企业。根据组织目标，确认组织的工作要求及人数等条件，通过工作分析、人力资源战略规划、招聘和录用等环节，选拔与目标职位相匹配的任职者的过程。

（二）维持

维持功能是指让已经加入的员工继续留在本企业。通过一系列薪酬、考核和晋升等管理活动，保持企业员工的稳定性和有效工作的积极性以及安全健康的工作环境，以增加其满意感，从而安心和满意地工作。

（三）开发

开发功能是让员工保持能够满足当前和未来工作需要的技能。通过组织内部一系列管理活动，培养和提高员工素质与技能，使他们的技能得以充分发挥，最大限度实现个人价值，以达到个人与组织不断地共同发展的目的。具体体现为制订培训开发计划、培训与开发的实施、拓展员工职业生涯。

（四）激励

激励功能是指让员工在现有的工作岗位上创造出优秀的绩效。

在企业的实践过程中，人力资源管理的这四项功能通常被概括为“选、育、用、留”四个字。这里，“选”就相当于吸纳功能，要为企业挑选出合格的人力资源；“育”就相当于开发功能，要不断地培育员工，使其工作能力不断提高；“用”相当于激励功能，要最大限度地使用现有的人力资源，为企业的价值创造做出贡献；“留”相当于维持功能，要采用各种办法将优秀的人力资源保留在企业中。

四、人力资源管理的基本职能及其关系

（一）人力资源管理的基本职能

人力资源管理的功能和目标是通过它所承担的各项职能和从事的各项活动来实现的，我们将其概括为以下 8 个方面。

1. 人力资源规划

人力资源规划有时也叫人力资源计划，是指根据企业发展战略和经营规划，通过对企业未来的人员供给和人员需求状况进行分析及估计以及对职务编制、人员配置、培训开发、人力资源管理政策、招聘和选拔等内容进行管理，以确保企业在需要的时间和需要的岗位上获得合适的人才的过程。

2. 工作分析

工作分析是对组织中某一特定工作和职务的目的、任务或职责、权力、隶属关系、工作条件、任职资格等相关信息进行收集与分析，对该工作做出明确的规定，并确定完成该工作所需要的能力和资质的过程或活动。这种明确的规定最终形成工作说明书，这种说明书不仅是招聘工作的依据，也是对员工的工作表现进行评价的标准，对员工进行培训、调配、晋升等工作的依据。

3. 招聘录用

招聘录用是组织根据内部的岗位需要及工作说明书，利用各种方法和手段，如接受推荐、刊登广告、举办人才交流会、到职介所登记、委托猎头公司等从组织内部或外部吸引应聘人员，并经过资格审查，如进行教育程度、工作经历、年龄、健康状况等方面的审查，从应聘

人员中初选出一定数量的候选人，再采用如笔试、面试、评价中心、情景模拟等方法进行筛选，确定最后录用人选的过程。

4. 培训与开发

任何应聘进入一个组织的新员工，都必须接受入职教育，这是帮助新员工了解和适应组织、接受组织文化的有效手段。入职教育的内容包括：组织的历史发展状况和未来发展规划、职业道德和组织纪律、劳动安全、社会保障、岗位职责、员工权益及工资福利状况等。

为了提升员工的工作能力和技能，有必要开展有针对性的岗位技能培训。对于管理人员，尤其是对即将晋升者有必要开展提高性的培训和教育，目的是促使他们尽快具有更高一级职位上工作的全面知识、熟练技能、管理技巧和应变能力。

5. 绩效管理

绩效考核是组织对照工作说明书和工作任务，对员工的工作能力、工作态度和工作结果进行评价的过程。评价结果有利于组织发现问题，明确员工行为标准，是员工晋升、奖惩、薪酬、培训等的依据。它有利于调动员工工作积极性和创造性，检查和改进人力资源管理工作。

6. 薪酬管理

科学合理的工资薪酬体系关系到企业员工队伍的稳定与发展。人力资源部门要从员工的知识、技能、资历、岗位、能力和业绩等方面为员工制定合理的薪酬制度，包括实施职位评价、确定薪酬的结构和水平、制定福利和其他待遇的标准和政策，进行薪酬成本的测算和工资发放等。

7. 劳动关系管理

劳动关系是劳动者与用人单位在劳动过程和经济活动中发生的关系。为了保护双方的合法权益，有必要就员工的工资、福利、工作条件和环境等事宜达成一定协议，签订劳动合同。一个组织的劳动关系是否融洽，直接影响到企业的人力资源管理活动是否能有效开展。企业不仅要协调劳动关系，营造和谐的工作氛围，同时也要处理好劳动冲突和矛盾。

8. 职业生涯管理

人力资源管理部门和管理人员有责任鼓励和关心员工的个人发展，帮助其制订个人发展计划，并及时监督和考查。这样，有利于促进组织的发展，使员工有归属感，进而激发其工作积极性和创造性，提高组织效益。同时，在帮助员工制订个人发展计划时，要考虑员工的计划与组织发展计划的协调性与一致性。

（二）人力资源管理基本职能之间的关系

对于人力资源管理的各项职能，应当以一种系统的观点来看待，它们之间并不是彼此割裂、孤立存在的，而是相互联系、相互影响的，共同形成了一个有机的系统，如图 1-4 所示。

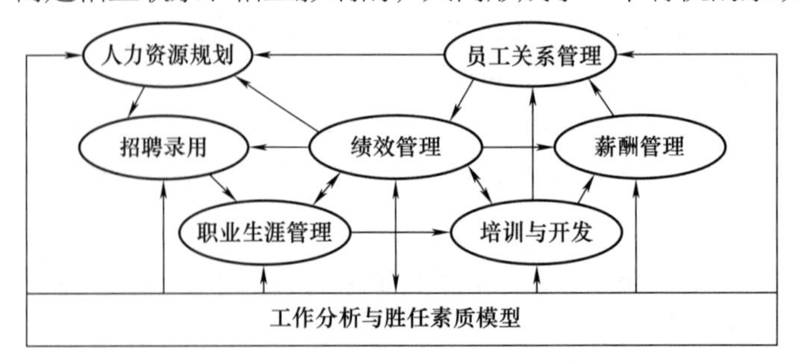

图 1-4　人力资源管理职能的关系图

在这个职能系统中，工作分析与胜任素质模型是一个平台，其他各项职能的实施基本上都要以此为基础。人力资源规划在预测组织所需的人力资源的数量和质量时，基本依据就是职位的工作职责、工作量、任职资格与胜任素质模型，而这些正是工作分析与胜任素质模型的结果；预测组织内部的人力资源供给时，要用到各职位可调动或可晋升的信息，这也是工作说明书的内容；进行员工招聘时，发布的招聘信息就是一个简单的工作说明书，而录用甄选的标准则来自工作说明书中的任职资格与胜任素质模型。绩效管理与薪酬管理、工作分析的关系更加直接。绩效管理中，员工的绩效考核指标可以说完全是根据职位的工作职责来确定的；而薪酬管理中，确定员工工资等级的依据主要来自工作说明书的内容。在培训与开发的过程中，培训需求的确定也要以工作说明书中的任职资格与胜任素质模型为依据。简单来说，将员工的实际情况和这些要求进行比较，两者的差距就是要培训的内容。

绩效管理在整个系统中居于核心地位，其他职能或多或少都要与它发生联系。预测组织在进行人力资源规划时需要对现有员工的工作业绩、工作能力作出评价，这些属于绩效考核的内容。招聘录用也与绩效考核有关，我们可以对来自不同招聘渠道的员工的绩效进行比较，从中得出经验性的结论，从而实现招聘渠道的优化。录用甄选与绩效管理之间则存在一种互动的关系，一方面我们可以依据绩效考核的结果来改进甄选过程的有效性，另一方面甄选结果也会影响员工的绩效，有效的甄选结果将有助于员工实现良好的绩效。借助绩效管理，可以明确知道员工实际的知识技能情况，然后才能进行有针对性的培训。此外，培训与开发也是有助于员工提升绩效的。员工薪酬中的浮动工资跟员工绩效有直接联系。通过员工关系管理，建立起融洽的氛围，有助于员工更加努力地工作，进而有助于实现绩效的提升。

人力资源管理的其他职能之间也存在着密切的关系。招聘录用要在招聘的基础上进行，没有人应聘就无法进行甄选；招聘计划的制订要依据人力资源规划，招聘什么员工、招聘多少员工，这些都是人力资源规划的结果；培训与开发也要受到甄选结果的影响，如果甄选效果不好，员工无法满足职位的要求，那么对新员工培训的任务就要加重；相反，新员工培训的任务就比较轻。员工关系管理的目标是提高员工的组织承诺度，而培训与开发、薪酬管理则是达成这一目标的重要手段。培训与开发和薪酬管理之间也有关系，员工薪酬的内容，除了工资、福利等货币报酬外，还包括各种形式的非货币报酬，而培训就是其中一种重要形式。

五、人力资源管理的基本原理

（一）系统优化原理

有这样一个小故事：欧洲现实主义雕塑大师罗丹花了 7 年时间完成了巴尔扎克的雕塑，他的学生看了之后赞叹：“我从来没有见过这么奇妙而完美的手啊！”不料罗丹猛地操起一把斧子，朝雕像的双手砍去，一双“奇妙而完美”的手消失了，学生们都惊呆了！罗丹却平静地说：“这双手太突出了！”因为局部的美影响了整体的美。精神和灵魂的美才是罗丹雕塑巴尔扎克的目的。这个小故事给我们的启示：当局部影响了整体时，局部必须服从整体。

系统优化原理，指人力资源系统经过组织、协调、运行、控制，使其整体功效达到最优绩效的理论。

系统化原理要求群体功效达到最优，它是人力资源管理最重要的原理。人力资源系统面对的系统要素是人，人具有复杂性、可变性和社会性。因此，要达到人的群体功效最优，必须注意协调、提倡理解、避免内耗。

在这方面，表现得最为简单的就是有关企业组织架构的设计，这便是人力资源部门为满足系统优化而进行的战略性人力资源调整。

（二）激励强化原理

激励的目的是为激发组织成员的工作积极性、创造性，尤其是为形成组织成员的主人翁精神提供系统动力。激励强化原理是指通过对员工的物质的或精神的需求欲望给予满足的允诺，来强化其为获得满足就必须努力工作的心理动机，从而达到让员工充分发挥积极性、努力工作的目的。因为人力资源管理者的任务不只是获得人力资源，人力资源管理者在为单位或组织获得人力资源之后，还要通过各种开发管理手段，合理使用人力资源，提高人力资源的利用率，所以他们必须坚持激励强化原理。

各级主管应当充分有效地运用各种激励手段，对员工的劳动行为实现有效激励。例如，只有对员工赏罚分明，才能保证各项制度的贯彻实施，才能使每个员工自觉遵守劳动纪律，各司其职，各尽其力。如果干与不干、干好与干坏都一样，那么就不利于鼓励先进、鞭策后进、带动中间，把企业的各项工作搞好。

综合运用激励手段的基本原则是：公平目标与效率目标结合；个体激励与群体激励结合；物质激励与精神激励结合；外激励与内激励结合；正激励与负激励结合。

（三）能岗匹配原理

能岗匹配原理是指根据岗位的要求和员工的能力，将员工安排到相应的工作岗位上，保证岗位的要求与员工的实际能力相一致、相对应。“能”是指人的能力、才能，“岗”是指工作岗位、职位，“匹配”是一致性与对称性。企业员工聪明才智发挥得如何，员工的工作效率和成果如何，都与人员使用上的能岗适合度成函数关系。能岗适合度是人员的“能”与所在其“岗”的配置程度。能岗适合度越高，说明能岗匹配越合理、越适当，即位得其人、人适其位，这不仅会带来高效率，还会促进员工能力的提高和发展，反之亦然。

根据这一原理，企业必须建立以工作岗位分析与评价制度为基础，运用人员素质测评技术等科学方法甄选人才的招聘、选拔、任用机制，从根本上提高能岗适合度，使企业人力资源得到充分开发和利用。

（四）互补增值原理

互补增值原理是指通过团队成员的气质、性格、知识、专业、技能、性别、年龄等各因素之间的长处相互补充，从而扬长避短，使整个团队的绩效更好，达到互补增值效应。

互补增值原理要求我们在进行团队建设时要注意成员的能力、知识、专业等各方面的结构和配置。

互补增值原理与其他原理不同，如选择不准，不但不能达到互补，反而会引起能力、精力的内耗，使整体工作受到很大的影响。主要有如下几点需要注意。

（1）选择互补的一组人必须有共同的理想、事业和追求，也就是价值观要类似。有一句古话：道不同不相为谋。如果彼此的追求、价值观背道而驰，那任何互补也无济于事。

（2）在注意知识、能力、气质、技能等互补时，尤其要注意合作者的道德品质，注意其品行和修养。性格、气质可以各异且互补。但如果品质不好，要阴谋诡计，互补原理无法成立。

（3）互补增值原理最重要的是增值。因此，要求团队成员诚意待人，能理解、多关爱、互相沟通，劲往一处使。消极怠工、冷眼旁观、没有合作意识，则无法达到增值效果。

（4）互补增值原理要追求动态平衡，要允许人才的流动、人才相互选择和人才的重新组合，允许人才的更新和人才职位的变换。如果一组人才组合永远固定不变，则达不到理想的互补增值效果。

（五）反馈控制原理

反馈控制是指在管理活动中，决策者（管理者）根据反馈信息的偏差程度采取相应措施，使输出量与给定目标的偏差保持在允许的范围内。反馈控制原理就是要利用信息反馈作用，对人力资源开发与管理活动进行协调和控制。

反馈控制原理具体包括下列内容：

（1）人力资源开发与管理是一个综合运动过程；

（2）人力资源开发与管理活动应有预定的目标；

（3）建立灵敏、准确、有效的信息反馈机构；

（4）建立自我调控、高效运作的管理机制。

（六）弹性冗余原理

弹性冗余原理是指人力资源开发与管理必须充分考虑管理对象生理、心理的特殊性，以及内、外环境的多变性造成的管理对象的复杂性，在聘任、使用、解雇、辞退、晋升等过程中要留有一定的余地，具有一定的灵活性，应使人力资源整体在运行过程中有弹性，当某一决策发生偏差时，留有纠偏和重新决策的可能。

弹性冗余原理包括下列主要内容：

（1）确定人员编制时，应留有一定的余地，虚位以得贤才，使企业有吸纳贤才的空间和能力；

（2）人才使用要适度，这里包括劳动强度、劳动时间、工作定额等都要适度，使员工能保持旺盛的精力为企业工作；

（3）企业目标的确定要有一定的弹性，经过努力无法达到的目标就会使员工丧失信心；

（4）解雇或辞退员工时，一定要事先做好充分的调查，要核实所有的细节，留有充分的余地，既要使被辞退的员工心服口服，又要对其余的员工起到教育和警诫的作用；

（5）员工晋升要有弹性，不成熟的人才可以暂缓晋升，晋升应该坚持公开、公平和公正的原则，最好将岗位竞聘、全面考核等作为晋升的方式。

六、人力资源管理的演变

人力资源管理的历史与企业的历史一样久远，但不同的年代，其管理特点是不同的，人力资源管理经历了一个不断发展与演变的过程。表 1-1 体现了人力资源管理演进的过程。

表 1–1　人力资源管理演进时间表

阶　段	时　间	特　点
劳工管理	18 世纪末至 19 世纪末	以生产或工作为中心，人是机器；忽略人性，强权管理
科学管理	19 世纪末至 20 世纪 20 年代	假定存在最合理的工作方式；以时间动作分析为基础的工资制度和用人制度；企业是个技术经济系统（泰勒）
人际关系	20 世纪 20 年代至第二次世界大战	人际关系重要；影响生产效率的员工的心理状态；企业是个社会系统（梅奥）
行为科学	第二次世界大战至 20 世纪 70 年代	由对员工的监督制裁转为人性激发，由消极惩罚转为积极激励；由独裁领导到民主管理；由对员工的索取性使用转为培训开发和使用结合；由劳资对立转为劳资调和。目的是求得人与人之间、人与事之间的协调（马斯洛、赫茨伯格、麦格雷戈等）
人力资源管理	20 世纪 70 年代至 90 年代	由以物为中心转为以人为中心；由人本管理转向人心管理；人力资本理论全面介入企业人力资源管理
人力资源管理蓬勃发展期	20 世纪 90 年代至今	重视个体需求和个性张扬；一批职业经理人开始执掌企业管理；职业规划和职业管理，团队建设成为热点；人力资源管理咨询公司快速成长

七、传统人事管理与现代人力资源管理的区别

现代人力资源管理由传统人事管理演变而来。随着人力资源在企业中的作用越来越重要，传统的人事管理在管理观念、模式、内容和方法上已经不能适应企业的发展，现代人力资源管理应运而生。现代的人力资源管理是传统的人事管理的继承和发展，具有与人事管理相似的职能，但指导思想的转变造成了两者在形式、内容到效果上有着根本性的变化。

（一）管理的观念不同

现代人力资源管理与传统人事管理的不同，首先体现在对“人”的认识观念上。传统的人事管理视人力为成本，将员工视为成本负担，因此企业尽量降低人力投资，以提高产品在市场上的竞争力。同时以“事”为中心开展工作，只见事不见人，只见某一方面，而不见事与人的整体性、系统性，强调“事”的单一的、静态的控制和管理，其管理的目的和形式就是“控制人”。

而现代人力资源管理则视“人”为资源，将员工看成有价值并且还能够创造价值的资源，只有努力开发人力资源，才能产生巨大的经济利益。现代人力资源管理以“人”为中心开展工作，充分肯定和认同人在组织中的主体地位，强调一种动态的、心理及意识的调节和开发，管理的根本出发点是着眼于人，其管理重在人与事的系统优化。

（二）管理的模式不同

传统的人事管理基本上属于行政事务管理，多为“被动反应型”的操作式管理，主要是按照上级决策进行组织分配和处理。现代人力资源管理多为“主动开发型”的战略型、策略式管理，重视对人的能力、创造力和智慧潜力的开发和发挥，要求企业必须在快速变动的环境下，主动发现问题所在，懂得利用信息技术去寻找对策，提出创新的构思。

（三）管理的内容不同

传统人事管理内容简单，主要是对员工“进、管、出”的管理过程。“进”是指员工的招聘、录用；“管”是指员工的考核、奖惩、职务升降，薪酬管理，档案管理等；“出”即办理员工离开的各种手续等。传统的人事管理以“事”为中心，不承认人在管理中的中心地位，

认为人是机器的附属物，组织在进行工作安排时主要考虑组织自身的需要，很少考虑员工自身的特点和需求，极大地影响了组织效益的增长和员工积极性的发挥。

现代人力资源管理涵盖了传统人事管理的基本内容，而且管理内容更加丰富，工作范围拓宽了。现代人力资源管理强调以“人”为本，在考虑组织工作的同时，充分考虑员工个人特点、兴趣、特长、性格、技能和发展要求等，把合适的人放在合适的工作岗位上，有效地激发了员工工作热情，使组织和员工的需要都得到了满足。

（四）管理地位不同

传统的人事管理属于功能性部门，管理活动处于执行层、操作层，其管理者往往不需要特殊专长、专业知识、良好的管理水平和综合素质。传统的人事管理注重各种功能的体现及执行效率，单纯处理文书、人事行政等事务性工作，执行已制定的政策、活动，扮演薪酬管理及维持员工关系和谐的角色。现代人力资源管理进入决策层、运作层，是具有战略和决策意义的管理活动，除承担传统人事管理的基础业务外，还扮演各部门的战略性伙伴角色，主要承担策略及执行前瞻性的人力资源规划等任务。

（五）绩效考核不同

由于制度上的原因，传统人事管理的绩效考核不能很好地体现公开、公平、公正的原则。在传统人事管理中，绩效考核不但被严重地弱化，而且方法单一，考核的方法只限于定性的描述。定性化的考核虽然有它的优点，但不易区分每个员工的具体业绩情况，不易分出优劣次序，容易造成形式化的弊端，使考核失去了实际意义。现代人力资源管理的绩效考核对传统人事管理的绩效考核做了进一步的发展和完善。将绩效考核结果与人力资源管理的其他环节（如员工培训、薪酬管理、职业生涯管理等）相挂钩，并将考核结果作为人员聘用的重要依据。循名责实，突出绩效，从而使考核内容更全面、考核方法更科学、考核结果更加符合实际情况。

综上所述，传统人事管理与现代人力资源管理虽然在内容上有其相通之处，但在本质上却存在明显差异。传统人事管理模式是旧管理体制下的产物，弊病很多，影响很广，企业必须对其进行大刀阔斧的实质性改革，以创建崭新的人力资源管理机制。现代人力资源管理是一种比传统的人事管理更为深入、更具战略性的新型管理模式，它要求企业必须突破传统的“人事”定位，建立起以能力为基准、以人为本的管理体系，从更宏观的视角，从发展战略的高度，开展和完善企业的人力资源管理。表 1-2 表示了两者的区别。

表 1-2　传统的人事管理与现代人力资源管理的比较

比 较 内 容	传统的人事管理	现代人力资源管理
管理观念	视员工为负担、成本	视员工为第一资源、资产
管理目的	组织短期目标的实现	组织和员工利益的共同实现
管理活动	重使用、轻开发	重视培训开发
管理内容	简单的事务管理	非常丰富
管理地位	执行层	战略层
部门性质	单纯的成本中心	生产效益部门
管理模式	以事为中心	以人为中心
管理方式	命令式、控制式	强调民主、参与
管理性质	战术性、分散性	战略性、整体性

第三节　人力资源管理者和部门

人力资源管理者和部门在整个人力资源管理活动中占有非常重要的地位，他们不仅是人力资源管理职能和活动的载体，而且直接决定了人力资源管理作用的发挥，在某种程度上甚至影响到人力资源管理在整个企业中的地位。

一、人力资源管理者和部门承担的活动

在第二节中所提到的人力资源管理的职能都属于人力资源管理者和部门应该承担的活动，而且还是其主要的活动内容，除此之外，他们还要从事其他的一些活动。诺伊对人力资源管理部门承担的活动进行了归纳，如表 1-3 所示。

表 1-3　人力资源部门承担的活动

活　动	具体内容
战略规划	国际人力资源预测、规划以及并购等
雇佣与培训	面试、招募、测试以及临时性人员调配等
培训与开发	上岗培训、绩效管理技能培训以及生产率强化等
报酬	薪酬管理、职位描述、高级管理人员的报酬、激励工资以及职位评价
福利	保险、休假管理、退休计划、利润分享以及股票计划等
雇员服务	雇员援助计划、雇员的重新安置等
员工关系与社区服务	员工态度调查、劳工关系、劳工法的遵守以及惩戒等
健康与安全	安全检查、毒品测试以及健康维护
人事记录	信息系统和记录等

资料来源：雷蒙德・A. 诺伊，约翰・霍伦拜克，拜雷・格哈特，等. 人力资源管理：赢得竞争优势 [M]. 3 版. 刘昕，译. 北京：中国人民大学出版社，2001.

此外，还有很多学者对人力资源管理者和部门应承担的活动和任务进行了总结。结合大家的观点，可以将人力资源管理者和部门所从事的活动划分为三大类：一是战略性和变革性的活动；二是业务性的活动；三是行政性的事务活动。

战略性和变革性的活动，涉及整个企业，包括战略的制定和调整、组织变革的推动等内容，可称为是战略性人力资源管理。严格来说，这些活动都是企业高层的职责，但是人力资源管理者和部门必须参与到这些活动中来，要从人力资源管理的角度为这些活动的实施提供有力的支持。业务性的职能活动，包括前面提到的人力资源管理的各个职能。行政性的事务活动，内容相对简单，如员工工作纪律的监督、员工档案的管理、各种手续的办理、人力资源信息的保存、员工服务、福利发放等活动。

有研究指出，人力资源管理者和部门所从事的各类活动的投入时间和产生的附加值并不是正相关的，在产生大附加值的战略性和变革性活动中却投入了较少的时间，如图 1-5 所示。

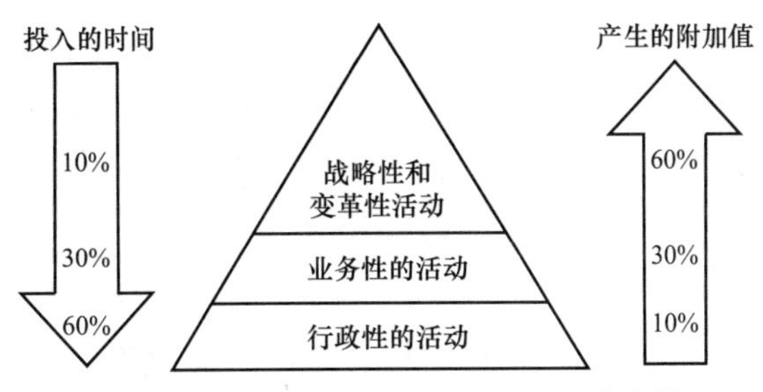

图 1-5 人力资源管理活动类型及投入产出情况

人力资源管理者和部门所从事的活动还有很大的改进余地和提升空间，如果他们想要提高自己的价值，做出更大的贡献，就必须改变自己的工作层次，把大量的精力和时间投入到战略性和变革性的活动中去，尽量少做一些行政性的事物工作。

近年来，随着计算机、网络技术的发展和专业人事代理服务公司的出现，人力资源管理者和部门可以省去或剥离大量的行政性事务工作和部分的业务性职能工作，这使他们改变自己的工作层次成为可能。通过专门的人力资源软件和网络技术，比如现在流行的 eHR（人力资源的电子化信息管理），又称为 HRIS（人力资源信息系统）。通过应用软件，许多以前需要大量时间来处理的工作现在可以更加快速简捷地完成，如员工薪酬的计算、大量资源信息的统计、相关信息的搜集、各种手续的办理、应聘简历的收集以及绩效考核的实施等；此外，还有很多以前需要人力资源管理者和部门来完成的工作，现在可以由员工和其他部门以“自助”的方式实现，如员工信息的更新等。借助专业的人事代理服务公司，人力资源管理部门可以将很多事务性的工作进行“外包”，如人事档案的保管、保险费用的缴纳以及员工的服务等；还有一些常规性的职能活动也可以委托出去，如员工的招聘和培训的实施等。通过这些手段，人力资源管理者和部门可以节省大量的时间和精力来进行附加值较高的活动，从而使自己的工作层次发生根本性的变化。

二、人力资源管理者和部门的角色

和其他管理者一样，人力资源管理者在组织中同样要扮演一定的角色，而所有人力资源管理者角色的集合就形成了人力资源管理部门的角色。

对于这个问题的研究，密歇根大学的大卫·乌里奇（Dave Ulrich）教授的观点最具代表性，他采用四象限的方法将人力资源管理者和部门应扮演的角色划分为四种，见图 1-6。

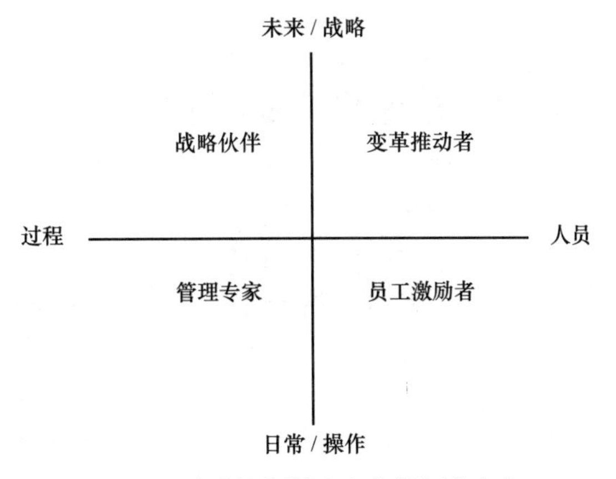

图 1-6 人力资源管理者和部门的角色

在这种分析方法中，横向表示人力资源管理的活动是关注过程还是人员，纵向表示是着眼于未来（战略）还是日常（操作），这样纵横交叉就产生了人力资源管理者和部门的四种角色：战略伙伴、变革推动者、管理专家及员工激励者。不同的企业所处的环境不同，担当这四个角色的难易程度也不一样。

（一）战略伙伴（Strategic Partner）

首先，人力资源部为开发公司远景目标和价值观，提供资讯服务（比如可以提供海尔的理念是什么，GE 的理念是什么、价值观是什么）；

然后，由人力资源部和高层管理团队共同研究解决方案（比如说怎么留人，如何实行年薪制、股份制，股票怎么分，股权怎么激励，等等）；

最后，把人力资源的各项实践和战略联系起来。

（二）变革推动者（Change Agent）

首先，人力资源部的角色是要观察趋势、推动变革，比如，公司并购、重组、上市、裁员，这全是变革。

其次，在变革的基础上开发新的人员战略，比如，以前老的招聘战略、薪酬战略不适用，我们可以开发新的。

再次，多做关于变革的培训。

最后，不断地和员工交流，沟通新方向、愿景目标，让所有的员工心理上有一个调适的过程。

（三）管理专家（Management Expert）

人力资源管理者和部门要进行各种人力资源管理制度和政策的设计及执行，要承担相应的职能管理活动，如人力资源规划、招聘录用、培训、绩效管理等。

（四）员工激励者（Employee Champion）

这一角色又称员工的主心骨，是指人力资源管理者和部门要筑起员工与企业之间的心理契约，通过各种手段激发员工的献身精神，使他们更加积极主动地工作。也就是说，人力资源部负责倾听员工的心声、呼声，并且向上司反映，可以提升员工士气。因此，人力资源部也有一个外号就是“精神垃圾桶”。该部门要倾听员工呼声、投诉，然后把这些“垃圾”分类，最后再采取相应的措施。

三、我国人力资源管理专业人员胜任能力模型

胜任力是指一系列能够使工作成功的、非显性的个人特征组，如个人的知识、技能、经验、素质、价值观，这些特征直接影响个人的行为方式和工作表现。因为胜任力是相对于某一个或某一类职位而言的，所以不同的岗位或岗位族都具有区别于其他岗位的胜任力要求。人力资源管理部门的工作对象是人，人力资源部门的专业人员承担着规划人才、招聘和引进人才、提出人才使用建议、培训和开发人才、全面考核人才、有效激励人才、帮助人才规划职业发展、控制人力成本等一系列与人才相关的管理、开发和服务职能。

在人力资源部门中，不同层次的管理所需具备的胜任力模型有所不同，经营者、管理者与一般员工需要具备不同的胜任能力，如表 1-4 所示。

表 1-4　企业人力资源管理人员的基本胜任力模型

知　识		技　能		工作风格	
基础要求	专业要求	基础要求	专业要求	基础要求	专业要求
劳动法规	战略与规划	学习能力	判断决策	自我控制	影响他人
人力资源管理	招聘与配置	沟通	计划	分析性思维	创新
劳动经济学	岗位分析	协调	专业知识运用	独立性	正直诚信
计算机	员工培训	辅导	发展关系	成就动机	战略性思考
统计与调查	职业生涯管理	阅读理解		应变	
写作	绩效管理	客户服务		关心他人	
组织行为学	薪酬管理	洞察力		可靠性	
研究方法	劳动关系管理	调查统计		团队合作	
	工作安全健康			主动性	
	组织文化				

四、人力资源管理的责任

人力资源管理是所有管理者的责任。之所以说所有的管理者都要承担人力资源管理的责任，原因有以下几个方面。

第一，企业制定的各种人力资源制度和政策，做出的各种人力资源管理决策必须反映本企业的实际，才有助于经营发展，这一点已经得到普遍的共识。而要想具有针对性，就必须充分了解企业的状况和各部门的需求，这一方面需要人力资源管理部门去调查研究；另一方面也需要各部门及时准确地反映情况，这样才能保证制度、政策和决策具有可行性。

第二，企业的各种人力资源管理制度和政策只有真正落在实处才能发挥效用，而制度和政策的落实单单依靠人力资源管理部门是不够的，还需要各个部门的支持和配合，只有各部门积极地推行，相关的制度和政策才能有效地落实。

第三，也是最重要的一点，人力资源管理的实质是提高员工的工作技能，激发员工的工作热情，从而推动企业目标的实现，因此人力资源管理要贯穿于对员工的日常管理之中，而员工是分散在各个部门中的，所以各个部门的管理者要承担起一定的责任，在平常的工作中要对员工进行培训和激励。管理者的管理不力，往往会导致人力资源管理功能的失效，例如，有研究表明，相当一部分员工辞职的原因就是对自己的上级不满。

虽然人力资源管理是所有管理者的责任，但人力资源管理部门和非人力资源管理部门的工作重点却不同。概括起来，人力资源管理部门和非人力资源管理部门在人力资源方面的不同责任主要体现在三个对应关系上：一是制度制定与制度执行的关系，人力资源管理部门负责制定相关的制度和政策，非人力资源部门来贯彻执行；二是监督审查与执行申报的关系，人力资源管理部门要对其他部门对人力资源管理制度和政策的执行情况进行指导监督，防止执行过程中发生偏差，同时还要对其他部门申报的有关信息进行审核，从公司总体出发进行平衡，防止部门利益的出现，非人力资源管理部门则要如实执行相关制度和政策，及时进行咨询，同时要按时上报各种信息；三是需求提出与服务提供的关系，非人力资源管理部门要根据自己的情况提供有关的需求，人力资源管理部门要及时提供相应服务，满足其需求。

表 1-5 列举了人力资源管理部门与非人力资源管理部门在履行人力资源管理各个职能时的大致分工情况。

表 1-5　直线部门和人力资源管理部门的管理职责划分

职　能	部门经理的工作	人力资源管理部门的工作
工作分析	对所讨论的工作职责范围作出说明，为工作分析人员提供帮助； 协助工作分析调查	工作分析的组织协调； 根据部门主管提供的信息写出工作说明
人力资源规划	了解企业整体战略和计划并在此基础上提出本部门的人员需求计划	汇总并协调各部门的需求计划； 制订企业的人力资源总体计划
招聘录用	提出人员需求的条件，为人力资源部门的选聘测试提供依据； 面试应聘人员并作出录用决策	制订招聘计划； 进行初步筛选并将合格的候选人推荐给部门主管； 甄选过程的组织协调工作； 甄选技术的开发
绩效管理	具体确定本部门考核指标的内容和标准； 具体实施本部门的绩效考核； 绩效考核面谈，制订绩效改进计划； 根据考核的结果向人力资源管理部门提出相关的建议	制定绩效管理的体系，包括考核内容的类别、周期、方式、步骤等； 指导各部门确定考核指标的内容和标准； 组织考核、汇总处理考核结果； 保存考核记录并根据考核结果做出相关的决策
培训开发	向人力资源管理部门提出培训需求； 参加有关的培训项目； 提出意见	制定培训体系，包括培训的形式、培训的项目、培训的责任； 汇总各部门的需求，平衡形成公司的培训计划； 组织实施培训计划； 收集培训反馈意见
薪酬管理	向人力资源部门提供各项工作性质及相对价值方面的信息，作为薪酬决策的基础； 向人力资源管理部门提出相关的奖惩建议； 决定给下属奖励的方式和数量； 决定公司要提供给员工的福利和服务	制定薪酬体系，包括薪酬的结构、发放的方式、确定的标准等； 核算员工的具体薪酬数额； 审核各部门的奖惩建议； 开发福利、服务项目，并跟一线经理协商； 办理各种保险
员工关系管理	具体实施企业文化建设方案； 向人力资源管理部门提出员工职业生涯发展的建议； 直接处理员工的有关意见	制定企业文化建设的方案并组织实施； 建立沟通机制和渠道； 听取员工的各种意见； 规划员工的职业生涯

第四节　人力资源战略

人力资源战略是人力资源管理系统的决策模式，它决定着企业人力资源活动管理的方向和工作重点，是组织发展战略的重要组成部分，也是组织战略实施的重要保障。

一、人力资源战略的含义和类型

（一）人力资源战略的含义

从广义上讲，人力资源战略是指企业制定的所有与人相关的方向性规划。从狭义上讲，人力资源战略是指在不断变化的环境中，分析组织人力资源需求，设计满足这些需求的行动方案的管理过程。本书认为，人力资源战略是指组织为适应外部环境日益变化和人力资源开发与管理自身发展的需求，根据组织的发展战略，充分考虑员工的期望而制定的人力资源开发与管理的纲领性长远规划。

（二）人力资源战略的类型

从不同的角度出发，人力资源的管理战略可以分为不同类型。对于一个相对稳定的企业（非变革阶段的企业）主要有三种类型：吸引（诱引）战略、投资战略和参与战略。而对于变革期的企业，则分为集权式（家长式）战略、发展式战略、任务式战略和转型式战略。

1. 非变革期的企业人力资源战略类型

（1）吸引战略。吸引战略主要具有以下几个方面的特点：薪酬丰富，富有市场竞争力，能吸引公司主营业务领域的尖端人才，形成稳定的高素质团队。薪酬中绩效薪酬部分占很大比例，如推行利润分享计划和绩效奖励等。在招聘方面，严格控制员工数量，主要吸引专业化程度高、招聘和培训费用相对较低的员工，以控制人工成本。企业和员工的关系是直接和简单的利益交换关系。

（2）投资战略。这种人力资源战略的特点是：通过聘用数量较多员工形成备用人才库，储备多种专业技能人才，从而提高企业的灵活性；注重员工的潜质和能力基础；注重员工培训与人力资源的开发；注重培育良好的劳动关系和宽松的工作环境。企业采用投资战略的目的是要与员工建立长期的工作关系，视员工为投资对象，对员工十分重视，使员工有较高的工作保障感。

（3）参与战略。参与式的人力资源战略鼓励员工参与企业的决策，让员工有较多参与决策的机会，提高员工的参与性、主动性和创造性，增强员工的归属感和责任感；注重团队建设、自我管理和授权管理；重视员工的沟通技巧、解决问题的方法和团队合作等方面的培养。日本企业设立的质量控制小组就是典型的参与型人力资源战略。

2. 变革期的企业人力资源战略类型

（1）集权式战略。集权式战略一般发生在企业高层出现更迭的时期。这种人力资源战略强调对公司人力资源管理，尤其是高层人事管理的集中控制，重视规范的组织结构与非常规的人力资源管理方法，一般采取硬性的内部任免制度以达到集权的目的。

（2）发展式战略。高速发展时期的家族企业，多采取发展式的人力资源战略。这时的企业处于上升时期，注重个人发展与创业型团队建设，强调企业的整体文化和整体意识；关键岗位尽量从内部招募，一般不采取甚至排斥外部招聘；而普通员工或操作工人，则采取低成本、大规模的招聘和培训方式；重视绩效管理。

（3）任务式战略。任务式战略形成一般用于临时任务性的组织中。这种人力资源战略非常注重绩效考核；强调人力资源规划；企业内部和外部的招聘同时进行，但以内部招聘为主；注重阶段性物质奖励，短期激励幅度远远大于长期激励幅度，对短期激励设计的关注远远大于对长期激励措施的设计；注重开展正规的技能培训和有针对性的人力资源开发。

（4）转型式战略。当企业经历重大变革，特别是在被兼并或收购的情况下，企业组织结构需要大幅度调整，往往采用转型式人力资源战略。企业会大规模裁减员工，调整员工队伍结构，以适应组织结构的变化；注重从外部招聘骨干人员；管理人员进行团队训练，建立适应经营环境的新人力资源系统和机制；建立新的“理念”和“文化”。

二、人力资源管战略与企业战略的匹配和整合

（一）人力资源战略与企业战略的匹配

人力资源战略与企业战略之间的相互匹配是实现企业经营目标、提高企业竞争力的关键所在。制定企业战略时，除考虑外部政治经济环境、行业竞争态势、内部物质资源等因素外，人力资源战略也是不可忽略的重要因素。表 1-6 列出了企业战略与人力资源战略的匹配关系。

表 1-6　企业战略与人力资源战略的匹配

企 业 战 略	人力资源战略
我们是什么样的企业	业务中需要什么样的人才
我们的目标	为达到目标需要什么样的组织
强项、弱项、机会、威胁	强项、弱项、机会、威胁与人力资源能力素质的关联如何
完成任务的重要成功因素	在何种程度上我们员工的质量、动机、承诺和态度有助或有损于企业成功
主要战略问题	主要人力资源措施

资料来源：马丁・所罗门．培训战略与实务 [M]．孙乔，任雪梅，刘秀玉，译．北京：商务印书馆国际有限公司，1999.

（二）人力资源战略与企业战略的整合

人力资源战略是程序与活动的集合，它通过人力资源部门和直线管理部门的努力来实现企业的战略目标，并以此来提高企业目前和未来的绩效，维持企业持续竞争优势。企业战略目标的实现，主要依靠竞争战略的实施。人力资源战略与企业资源战略配合，也就直接体现在与企业竞争战略的整合上，如表 1-7 所示。

表 1-7　企业战略与人力资源战略的整合

企业竞争战略	人力资源战略		
	资源的获取	人力资源的发展	激励
通过创新来赢得竞争优势	通过技能创新和创新过程的跟踪记录，吸引和留住优秀人才	发展战略性能力，提供设备和激励来促进创新技能	对成功的创新进行物质激励
通过高质量来赢得竞争优势	用先进的甄选程序来招聘能提供高质量和高水平顾客服务的人才	鼓励学习型组织的发展，对员工进行集中培训，支持全面质量管理和提高服务水平	把薪酬与质量水平、客服服务水平挂钩
通过低成本来赢得竞争优势	发展核心 / 发散型的雇佣结构；招聘能增加价值的员工；如果裁员不可避免，要从人道主义出发计划和管理	设计员工培训计划提高生产率，根据企业的需要进行适当的培训；衡量和评价降低成本的有效性	对增加价值和避免不必要的开支活动进行奖励
通过招聘比竞争对手更优秀的员工来赢得竞争优势	严格分析组织所需要的特别人才，采用先进的招聘和选人程序	发展组织学习程序；把个人发展计划作为业绩管理的一部分，鼓励员工学习	发展业绩管理程序；保证对竞争能力和独特才能进行物质和精神奖励；确保薪酬系统具有竞争力

资料来源：许庆瑞，刘景汇，周赵丹．21 世纪的战略性人力资源管理 [J]．科学学研究，2002（1）：89-92.

三、人力资源战略的选择

（一）基于公司战略的人力资源战略选择

1. 增长型战略下的人力资源战略

根据企业增长所需资源的来源，增长型战略可以分为内部增长模式和外部增长模式。所谓内部增长模式，即企业用来扩大再生产的资源主要来源于企业内部。采用此种模式的企业倾向于使用非价值的手段与竞争对手抗衡。内部增长模式下的增长型战略包括增加市场开发力度和市场渗透力度以及加大产品的研发力度。

当采取加强市场开发和市场渗透力度的增长型战略时，企业的人力资源管理首先要特别注意培训工作，尤其是对营销人员的培训；其次，应做好外部人员的引进，打造一支高效的营销团队；再次，如果采取加快产品研发的增长战略，人力资源的培训对象则侧重于研发人员，内容以专业技术为主。另外，应注重知识管理工作，在企业内部形成知识共享、不断创新的企业文化。

外部增长模式是通过企业在外部市场上的兼并重组，来实现资源的优势互补的。而这种增长模式面临的最大问题是兼并后的企业能否摒弃双方在管理模式、管理风格、企业文化上的差异，持续发展。因而，人力资源部门的工作重心是把两个不同的组织（不同的企业文化）融合在一起，防止员工流失。

2. 稳定型战略下的人力资源战略

稳定型战略是指在内部环境的约束下，企业遵循过去的战略目标，资源分配和经营状况保持在目前的状态和水平上，以安全经营为宗旨的一种战略选择。稳定型的战略的特点是，企业的经营基本保持目前水平，不会有大的扩张或收缩行动。采取此种战略的企业在人力资源战略的选择上可以将重点放在企业核心员工保留、绩效管理和员工职业生涯规划上，维持企业人员的稳定状态，从留人的角度选择人力资源战略。

3. 紧缩型战略下的人力资源战略

紧缩型战略是指企业目前的战略经营领域收缩和撤退。采用紧缩型战略的企业极力进行自我重组，可能关闭一些工厂或分店以削减成本，达到降低运营成本的目的。一般情况下，企业实施紧缩型战略只是短期的，其根本目的是企业挨过风暴后转向其他的战略选择。有时只有收缩和撤退的措施，才能抵御环境的威胁，迅速进行自身资源的最优化配置，采取此战略的企业，外部招聘减少，绩效考核主要侧重于财务指标，培训开支大幅度收缩，必要时可能调低薪酬水平。因此人力资源管理面临的主要问题是裁员、员工忠诚度下降和组织调整等。人力资源管理者要花大量的时间与员工沟通，解决公司的问题，鼓舞士气。表 1–8 展示了基于三种不同的公司战略人力资源战略选择。

表 1–8　基于三种不同的公司战略人力资源战略选择

公司战略	组织变动	人力资源战略
稳定型战略	无变动或变动不大	维持企业人力资源状态稳定，留住人才
紧缩型战略	自身重组，缩小组织规模	员工的解雇工作和剩余员工的管理
扩张型战略	兼并或收购其他企业，扩大组织规模	新员工招聘和培养，兼并和收购企业的员工

（二）基于竞争战略的人力资源战略选择

著名企业战略理论家迈克尔·波特（Michael Porter）在《竞争战略》一书中对企业竞争优势作了系统分析，按照波特理论，各种战略使企业获得竞争的三个基点是：成本领先、差异化和集中化。波特将这些基点称为一般战略性。

1. 成本领先战略下的人力资源战略选择

成本领先战略是指企业在内部加强成本控制，在研发、生产、销售、服务和广告等领域把成本降到最低限度。企业凭借其成本优势，可以在激烈的市场竞争中获得有力的竞争优势。成本领先战略下的人力资源管理应该特别关注人员选拔和人员配置工作，人力资源管理必须在基础管理工作上狠下功夫，管理者必须对企业的主要业务流程非常熟悉，通过工作分析构建科学清晰的岗位职责体系，明确界定岗位对任职者的客观要求，并采取必要的人员测评手段，达到人岗最佳匹配。

2. 差异化战略下的人力资源战略选择

差异化战略是企业使自己的产品或服务区别于竞争对手的一种战略选择。企业通过创造出与众不同、具有独特性的产品，形成与竞争对手之间的差异，并利用这种差异所带来的高额附加利润来补偿因追求差异化而增加的成本。当采用差异化战略时，企业要求员工具有一定的创新性和合作精神，在绩效考核上既关心工作数量也关心工作质量，既关注工作结果也关注工作过程。企业工作的弹性较大，没有严格的工作规范，要求员工自主性高，有多种技能，对工作的参与度很高。此类企业适合以混合型战略、投资战略或参与战略等作为基础人力资源战略。

3. 集中化战略下的人力资源战略选择

集中化战略的企业将自己的努力聚集于某一特定的顾客群、某类特殊商品、某个特定地理区域或其他某个方面。在选定的市场上，企业或用成本领先战略，或用差异化战略，或兼并而用之，以期战胜对手。因此，人力资源管理更注重知识管理和绩效考核，通过知识积累和技术创新确定本企业在专业领域内的领先地位，同时建立有效的绩效评估系统，保持组织内部人员的优胜劣汰机制，保证在专业领域的人才优势。表 1-9 展示了基于三种竞争战略的人力资源战略选择。

表 1-9　基于三种竞争战略的人力资源战略选择

竞 争 战 略	员工行为要求	人力资源战略
成本领先战略	重复性高，不需要创造性；关注期短；独立完成；相对质量来讲，更关心数量；承担风险低；关心工作的结果而不是过程；相对固定，很少变化；技术要求单一；工作参与程度很低	以低成本战略作为基本战略
产品差异战略	工作不是重复性的，有创新要求；工作着眼于长远而不是短期；关心的是数量而不是质量；关心过程也关心结果；有风险性，工作有弹性；要求有多种技能；工作参与度高	以混合战略或投资战略、参与战略等作为基本战略
集中化战略	参与以上两种战略	参与以上两种战略

（三）基于企业生命周期的人力资源战略选择

美国著名管理学家伊查克·麦迪思（Ichak Adizes）将企业生命周期划分为三个阶段：成长阶段、盛年阶段、老化阶段。我国研究人员结合中国企业的实际情况及人力资源管理的

需要，将企业生命周期划分为四个阶段：初创阶段、成长阶段、成熟阶段和衰退阶段。

1. 初创阶段的人力资源战略

初创阶段的企业规模小，人员少，实力弱，缺乏知名度，企业发展主要依赖关键人才及企业创造者的个人能力和创新精神；企业尚未建立起规范的人力资源管理体系，主要创业者直接参与人力资源管理的主要工作；内部管理机制很不完善，员工没有明确的职责规范，企业文化没有形成，人治色彩浓厚。此阶段人力资源工作的重点在于招聘优秀员工以促进企业发展，同时注重为企业未来进行核心员工的辨识和培养。

2. 成长阶段的人力资源战略

成长阶段的企业，经营规模不断扩大，主营业务不断扩大并快速增长，各种资源全面紧张。这一阶段企业人力资源状况的特点是：随着企业规模不断扩张，对人才的需要迅速增加；企业组织向正规化发展，各项规章制度开始建立和健全，企业领导者的作用开始弱化，人力资源工作逐步正规化；人力资源部门开始进行企业战略制定。此时招聘工作成为人力资源战略的重点，与此同时，完善培训、考评和薪酬激励机制，充分调动员工的工作激情，促进企业快速发展，建立规范的人力资源管理体系，使人力资源管理工作逐步走上法制化轨道，成为人力资源工作重点。

3. 成熟阶段的人力资源战略

在这一阶段，企业的灵活性、成长性及竞争性都达到了均衡状态。企业能够获取最大利润，财务状况大为改观，资金流相对宽裕。处于此阶段的企业人力资源状况的特点是：企业以规范化的管理模式运作，个人在企业中的作用开始下降；企业的发展迅速减缓，员工的创新意识有所下降，企业活力开始衰退；各岗位满员，空缺岗位少，人员晋升困难，对有能力的人吸引力开始下降，人才流失率有所增加。处于这一阶段的企业人力资源战略的核心是激发创新意识，推动组织变革，保持企业活力，培养创新型的企业文化；吸引和留住创新型的人才，防止核心员工的流失。

4. 衰退阶段的人力资源战略选择

此时企业内部缺乏创新，缺少活力和活动，企业增长乏力，整体竞争能力和获利能力全面下降，资金紧张；企业内部机构臃肿，官僚作风浓重。此时的人力资源状况表现为人心不稳，核心人才流失严重；赢利能力下降造成企业员工大量冗余，人力成本过高；企业员工凝聚力下降。因此，处于此阶段的企业人力资源战略的重点在于留住企业核心人才，为企业重整和延长生命提供条件。同时必须根据企业现行的业务状况，有计划地裁员，降低人工成本，增加企业的灵活性；进行企业内部改造，改变现行的企业文化，鼓励创新，提供有竞争力的条件留住核心人才。

基于企业生命周期的人力资源战略的选择，如表 1-10 所示。

表 1-10　基于企业生命周期的人力资源战略选择

生命周期阶段	人力资源状况	人力资源战略重点
初创阶段	员工个人能力较强	招聘核心员工，重视核心员工的辨识和培养
成长阶段	人才的需要迅速增加	招聘工作
成熟阶段	员工创新意识下降，对有能力的人的吸引力下降	留住核心员工，培养创新企业文化
衰退阶段	核心人才流失严重，员工大量冗余	留住核心员工，有计划裁员

四、人力资源战略的制定流程

人力资源战略的制定流程分为三个阶段：选择阶段、实施阶段、评估阶段。

（一）人力资源战略的选择阶段

人力资源战略的选择可在人力资源战略环境分析的基础上，采取 SWOT 的分析法。我们把企业面临的外部环境机会和威胁与企业内部的优势和劣势相匹配，并根据实现企业战略目标的需要，得到四类可能选择的战略选择，再结合人力资源管理中人才的“选、用、育、留”来选择人力资源战略。表 1-11 所示为 SWOT 战略矩阵。

表 1-11　SWOT 战略矩阵

内部战略因素 外部战略因素	优势（S） 员工专业素质较高；员工工作士气高昂；市场占有率增大；公司财务状况良好	劣势（W） 绩效考评制度不合理；缺乏某些关键技能的人才；前线经理仍崇尚以行政管理为导向的管理风格；生产成本偏高
机会（O） 劳动市场中，专业人才供给充分； 市场需求增加，可利用员工培训兴趣进行教育投资	SO 战略（利用） 招聘最好的人才，适当储备，特别是核心职位； 不要让有潜力的员工在同一职位待得太久	WO 战略（改进） 争取更多培训投资与岗位轮换机会； 加大对前线经理的 HRM 与管理技能培训； 发挥绩效管理的监测、诊断功能，为培训提供依据； 投资于有潜力的员工； 将个人目标与公司目标高度结合
威胁（T） 新的竞争对手加入； 不利的政府政策； 经济衰退； 市场竞争压力大	ST 战略（监视） 责任下放，扩展职责，自由地作出判断； 找出业绩拙劣的员工，快速淘汰	WT 战略（消除） 改变员工的价值定位，吸引与保留更多人才

注：SO 战略：利用企业内部优势，抓住外部环境中的有利机会，“利用战略”；
WO 战略：利用企业外部优势，弥补和改进企业内部的劣势，“改进战略”；
ST 战略：利用企业内部优势，躲避外部环境中可能的威胁，“监视战略”；
WT 战略：主要是使劣势最小化以躲避外部环境中的威胁，“消除战略”。

（二）人力资源战略的实施阶段

人力资源战略的实施是将战略变成可执行行动方案的转变过程，在转化过程中要制定具体的战略目标、战略实施计划、实施保障计划，进行资源的合理平衡、人力资源规划等，使人力资源战略可操作化，把战略变成具有人力资源管理业务活动。同时，企业要使战略制度化，通过制度来保证战略的实施，使战略落到实处。

实施人力资源战略，企业首先必须对现有人力资源状况进行分析，尤其应当了解现有员工的存量、素质以及相对于竞争对手而言在人力资源上的优势和劣势；其次，根据自身的未来发展战略，对未来的人力资源需求及市场劳动力供给做出正确的预测，找到现有人力资源状况与理想状态的差距；最后，根据人力资源战略，确定人力资源管理活动的人才获取、培训开发、考核评价、薪酬激励等策略，将人力资源战略变成可执行的人力资源策略，指导人力资源活动的开展。

（三）人力资源战略的评估阶段

战略评估是在战略实施过程中寻找与现实的差异，发现战略的不足之处，及时调整战略，使之适合组织战略与实际的过程。评估一项人力资源战略需要从两方面着手：评估人力资源政策与企业战略和目标的协调一致性；判断这些一致性的政策最终对企业的贡献程度。对人力资源的评价与控制的基本内容有：有关键控制与评估点；确立评价与控制基准和原则；选择适当的控制方法；监测关键控制点的实际变化及变化趋势，调整偏差。只有不断调整和评估才能确保战略的有效实施。

第五节　人力资源管理认知实训

【项目一】

一、项目名称

人力资源部门和它的绩效对整个公司的成功的重要性。

二、实训目的

通过到各类组织调查、访谈等模拟训练活动，使学生掌握人力资源管理的内涵、目标和作用。进一步明确人力资源部门和它的绩效对整个公司的成功的重要性。

三、实训条件

（一）实训时间

2 课时。

（二）实训地点

教室。

（三）实训所需材料

本实训需要的背景材料如下。

假设你在一个中等规模的制造公司（年销售额 1 亿美元）的人力资源管理部门工作，公司多年以来没有组成工会，但从没发生过罢工。公司总裁刚刚要求所有部门为下一个财政年度制定一份预算，并准备为自己的预算要求进行辩护。

作为这次辩护的一部分，你的上司，即人力资源部经理让你准备一份至少十个理由的清单，用以说明为什么人力资源部门和它的绩效对整个公司的成功是重要的。

四、实训内容与要求

（一）实训内容

利用背景资料，各类组织调查、访谈等模拟训练活动，明确人力资源部门和它的绩效对整个公司的成功的重要性。

（二）实训要求

（1）要求学生了解人力资源管理的内涵、目标和作用，掌握人力资源管理者和部门的职责，做好实训前的知识准备，如搜集理论依据、相关书籍、真实案例等。

（2）要求学生运用所学知识，结合背景资料，具体分析人力资源管理部门职责及绩效对组织成功的重要性。

（3）要求学生针对分析结论，列出理由清单。

（4）要求教师在实训过程中做好组织工作，给予必要的、合理的指导，使学生加深对理论知识的理解，提高实际分析问题的能力。

五、实训组织与步骤

第一步，将学生划分成若干小组，6～8人为一组。

第二步，每组学生根据课前准备的背景资料和相关的理论书籍，同时对各类组织调查、访谈等模拟训练活动，结合人力资源管理情况，明确人力资源部门和它的绩效对整个公司的成功的重要性，并列出清单。

第三步，调动学生积极思考和发言，让学生进行充分的分析和讨论，并在小组内形成统一的结论，由小组代表在全班进行辩论。

第四步，教师对各种观点进行分析、归纳和总结提炼，提出指导意见，帮助学生完善自己的结论。

第五步，每个小组根据讨论的结果编写实训报告。

六、实训考核方法

（一）成绩划分

实训成绩按优秀、良好、中等、及格和不及格五个等级评定。

（二）评定标准

（1）是否理解人力资源管理的内涵、目标和重要意义。

（2）是否掌握人力资源管理部门的职责。

（3）能否结合案例提出自己的观点，列出清单，明确人力资源部门和它的绩效对整个公司的成功的重要性。

（4）是否记录了完整的实训内容，做到文字简练、准确，叙述通畅、清晰。

（5）课程模拟、讨论、分析占总成绩的60%，实训报告占总成绩的40%。

【项目二】

一、项目名称

人力资源管理工作者应该具备什么样的素质能力。

二、实训目的

通过到各类组织调查、访谈等模拟训练活动，使学生掌握胜任素质模型内涵及人力资源管理者胜任素质，明确自己在生活中和学习中培养什么样的素质和能力才能胜任人力资源管理工作者的岗位。

三、实训条件

（一）实训时间

2课时。

（二）实训地点

教室。

（三）实训所需材料

学生回顾胜任素质模型理论以及人力资源管理者胜任素质模型的知识做好实训准备。

四、实训内容与要求

（一）实训内容

通过到各类组织调查、访谈等模拟训练活动，使学生掌握胜任素质模型内涵及人力资源管理者胜任素质，明确自己在生活中和学习中培养什么样的素质和能力才能胜任人力资源管理工作者的岗位。

（二）实训要求

（1）要求选择一家人力资源工作开展得较为成熟的企业作为实训基地，与企业进行良好沟通，取得人力资源部门人员支持。

（2）要求学生掌握胜任素质模型的内容，做好实训前的知识准备。

（3）要求学生深入目标企业，通过查找资料、与高管面谈、走访相关行业其他企业等工作，结合所学知识，以组为单位，撰写总结报告。

（4）要求教师在实训过程中做好组织工作，给予必要的、合理的指导，使学生加深对理论知识的理解，提高实际分析、操作的能力。

五、实训组织与步骤

第一步，教师与目标企业联系，获得企业的支持，确定学生到企业实践的时间。

第二步，教师向学生明确实践要求，规范学生行为，在实践的过程中不得干扰或影响企业的正常工作，学生须在教师和企业专业人员指导下开展实践活动。

第三步，要求学生课前查阅相关理论与实战书籍，详细了解胜任素质模型内容及人力资源管理者胜任素质模型。

第四步，学生分组进入实践岗位，深入到企业基层，对企业人力资源部门进行访问，小组成员可分工配合，各负责一部分，收集所需要的资料信息，在方便的时候与相关人员面谈或进行问卷调查。

第五步，在充分调查与研究的基础上，进行汇总、讨论。

第六步，教师提出指导意见，帮助学生完善自己的结论。

第七步，总结并撰写实训报告。

六、实训考核方法

（一）成绩划分

实训成绩按优秀、良好、中等、及格和不及格五个等级评定。

（二）评定标准

（1）是否掌握胜任素质模型的内容。

（2）是否掌握人力资源管理者胜任素质模型内容。

（3）能否结合自己的实际情况，撰写总结报告。

（4）是否记录了完整的实训内容，做到文字简练、准确，叙述流畅、清晰。

（5）实践调查、讨论、分析占总成绩的75%，实训报告占总成绩的25%。

复习思考题

1. 什么是人力资源？它有什么特点？它与人力资本、人口、人才、劳动力有什么区别与联系？
2. 什么是人力资源管理？传统的人事管理与现代人力资源管理有什么不同？
3. 人力资源管理的职能有哪些？它们之间有何关系？
4. 人力资源管理部门有哪些主要职责？
5. 我国人力资源管理专业人员有哪些技能要求？
6. 人力资源战略的选择主要基于哪些方面的考虑？
7. 制定人力资源管理战略的流程是什么？

案例分析

阿里巴巴：造就万名千万富翁的人力资源管理

一家中国公司登陆纽交所，并创下美股史上最大规模IPO（首次公开发行上市）的记录，这注定被国人视为“走向世界”的骄傲，被世界视为“中国崛起”的信号，向世界讲述了一个中国故事。阿里巴巴成功的背后，是数万员工的付出与贡献。阿里巴巴的人力资源管理在其中起了很大的作用。

一、实行与业务结合紧密的员工个性化管理

作为阿里巴巴的HR，我们的挑战在于，在如此快速成长而多变的业务形态下，要如何能够兜底，托得住、稳住整个团队，同时引进人才。

目前阿里巴巴正在进行的HR组织变革正在将更多的管理重心转移到与业务结合紧密的员工个性化管理上来。通过建立薪酬服务中心，以及更全面覆盖招聘、入离职、报销等标准化公共服务的人力资源管理运营中心，原本分散在各业务的事务性工作将会被集中起来统一管理。而从中被解放出来的HRBP（HR Business Partner，人力资源业务合作伙伴），则能将更多的精力投入到与业务紧密相关的人才盘点、绩效评估、组织文化建设等事务上。

随着阿里巴巴的人员规模扩大，HR配比预期将会降低到1∶250至1∶300之间，但这样的管理精细度不变。

“在阿里巴巴，人才对最终业务成效的影响很大，尤其是在创业型的业务中，我们需要给人才更多的自主权和更大的想象空间。”伴随互联网时代而来的大数据将能够帮助到HR调整工作方式，适应这样的改变。“建立大数据可以帮助企业更多注重员工的个性化差异，将员工真正当成资源，给他们更好的平台，并能在公司有项目时快速地找到他们，高效地组建团队，为企业带来更高的回报。”

“作为一家互联网公司，阿里巴巴的特质是要紧跟客户的价值和利益，我们希望的组织模式是召之即来，来之即战，战之即散的自组织过程。”陆凯薇表示，在新的

eHR（electronic HR，电子化人力资源管理）系统中，能够自然地呈现每个人在组织里的价值、人与人的关系，减少 HR 人为的判断和管理。

二、招聘：以诚信为最优先考虑因素

在阿里巴巴，价值观是决定一切的准绳。招聘形式有很多，但无论哪种形式，诚信都是第一考量因素。

1. 选人，诚信为先。对于阿里巴巴来说，其招聘人才的首要要求就是诚信，马云认为这是最基本的品质，有就有，没有是很难培养的。2006 年 2 月 10 日，在阿里巴巴一年一度的全体员工大会上，马云向员工们宣布了以“诚信建设和知识产权保护”作为公司新一年的三大主题之一。同时，阿里巴巴强调对客户的诚信，永远不给客户回扣，给回扣者一经查出立即开除。

2. 重视职业道德。阿里巴巴很看重员工的职业操守，这是阿里巴巴不愿意高薪挖人的一个重要的原因，因为它不希望挖过来的员工变成不忠、不孝、不义的人。从竞争对手那边挖过来的人，如果让他说原来公司的机密，他对自己的旧主就是不忠；如果不说原来公司的机密，他对现在的新公司就是不孝；即使不让他说原来公司的机密，他在工作中也会无意识地用到，这样他就是不义了。

3. 跳槽多不可靠。马云曾这样说过：“我不喜欢跳槽的人，年轻人一个简历上前面五年换八个工作，这个人我一定不要他，他不知道自己想干什么，尤其跨许多领域，不太会有出息。”

三、让员工自主学习的培训才有效

在阿里巴巴，会根据员工不同的偏好，分为三个职业阶梯，使性格不同、对自己未来规划不同的员工都能够满意。比方说，你希望平衡生活，按部就班，照顾家庭，不需要有太多挑战，太多压力，你可以选择去做 S 序列。S 序列都是标准工作的序列，你只需要按照现有的方式做事就行了。如果这个人很擅长跟别人打交道，跟别人沟通的，并不喜欢对着机器做事情，你可以选择 M 的序列去发展。其实不同类型的员工，选择各不相同，所以人的发展绝对不是企业一厢情愿的事情，而是企业的客观需求和个人的主观需求相结合，只有当这种需求是大家都想要的，才会得到各方面的配合，才能得到认同，才能把“试”转化为“学”。在阿里巴巴，形成了鼓励内部教学相长的文化，不断建立内部员工分享的氛围，希望营造一个要学一定要有行动，有了行动一定要有带来结果的学习氛围。

先要决定你的目标，再决定你在培训行为，然后评估带来什么结果。如果想在阿里巴巴做到这一条，先要把不同的人员进行定位，因为不同定位的人，他需要的能力不一样，你给他的东西就不一样。

在阿里巴巴，年轻人平均 27 岁，好多人都有一个共同特点，很多员工是被爸爸妈妈培训大的，被老师培训大的，所以他自主学习的意愿还不是特别强。面对这群员工，用的方法又不一样。先培养行为，当他看到这种行为的结果时，然后再去转变他的观念。就好比小孩子刷牙，你可以跟小孩子讲刷牙可以避免蛀牙，蛀牙是怎么产生的，讲了一大堆，小孩子也不懂什么是蛀牙。爸爸妈妈教小孩，一定是规定你早上、晚上一定要刷，先刷了再说，然后刷到二十多岁，他才知道为什么爸爸妈妈教我刷牙。这是行为带来结果改变思维的过程。

有了能力的需求，也有了发展的方向，这时候公司就开始设计很不一样的学习方法，来推动能力的建设。阿里巴巴学习的项目名称很怪，什么夜校、课堂等，公司把这些名字拿来，希望强化这个概念。其实里面的内容还是管理体系，包括阿里巴巴所有的管理人员必须接受的强制性培训，如“三A”课程等。从低级的员工，到高管级的员工，公司给每个员工制定了不同的选修和必修项目。

每年HR会选择公司在管理上最严重的问题、最需要解决的问题，请高管配合HR同事，共同完成对员工的训练。在学习的过程中，他们会互相交流自己的看法。在阿里巴巴中国网站，员工还可以根据自己学习的期数，建立自己的群博客，他们会在上面保持自己是黄埔军校第几期的概念，这也是强化一些虚拟组织对员工归属感的提升。所以看培训不只是看培训二字，还看能力提升，看文化氛围建立，看员工的快乐工作，看整个的公司对个人能力和组织能力的认可。

为年轻的员工营造玩的氛围，好的东西可以拿出来跟大家去交流去分享，这些都是阿里巴巴特有的学习环境。所以，阿里巴巴有一个口号：知识点亮人生，学习成就未来。你要自己去学，而不是别人来一味地教你。

四、以“六脉神剑”考核员工价值观，与业绩各占50%

阿里巴巴的价值观被归纳成“六脉神剑”：客户第一、团队合作、拥抱变化、诚信、激情、敬业。与一般企业只不过是把口号挂在墙上不同，阿里巴巴的价值观是真真切切地落在实处的，因为在阿里巴巴的考核体系中，个人业绩的打分与价值观的打分各占50%。也就是说，即使一个业务员拥有很好的业绩，但是价值观打分不达标，在阿里巴巴依然会面临淘汰。

对一个员工业绩的考核显然更容易，价值观听起来就更虚无缥缈一些。但是阿里巴巴还是有一些办法把比较虚的价值观用一些具体的方法做出衡量，比如把价值观分解成30小条，每小条都对应相对的分值，采取递进制，纳入到考核之中。

尽管价值观的分值占到考核的一半，但是在阿里巴巴因为价值观而被淘汰的员工并不多。在招聘的时候这是一个非常重要的考量因素。虽然的确有违背“六脉神剑”而被开除的员工，比如诚信方面，如果销售人员在销售过程中给对方回扣等灰色的东西，一旦发现，业绩再好肯定也会开除的。

不过马云并不想让他的数千员工变成苦行僧。在阿里巴巴，无处不在强调着快乐工作。马云说：“我们阿里巴巴的LOGO是一张笑脸，我希望每一个员工都是笑脸。”

五、留住员工秘诀：双重层面激励员工

如何让员工愿意在阿里巴巴工作？在物质层面和精神层面的双重因素都很重要。物质层面，不能让员工每个月拿五百元还很高兴。阿里巴巴每年都请专业公司调查行业薪资，根据这个来确定公司的薪酬是有竞争力的。去年阿里巴巴发现员工的椅子没有扶手，研究之后发现这会额外增加员工的疲劳度，所以即使要花一大笔钱也决定把所有椅子都换成了有扶手的。

做到这些，还只能是留住他，而不是激励他，还要让他向上走。激励员工主要方式是，他的工作能不能得到认可，他的工作能否推动公司的发展。也许很难想象一个一线客服人员，他怎么来理解自己也在推动公司的发展。阿里巴巴经常给员工讲一个故事，三个人在那里砌房子，你问第一个人，他说在那里砌砖头，第二个人说在垒墙，第三个人说他在造世界上最美的教堂，每天钟声会响起。我希望我们的员工像第三个

人，每天自己都有进步，公司也在成长，这是多少钱都达不到的。

阿里巴巴要求管理者不断地赞美员工的进步，没有人愿意生活在失败当中，这样他就没动力了，所以要认可他的每个进步。当然合适的批评也同样可以起到这个作用。有一些管理者认为批评员工不好，实际上你为他好才是真的好，让他知道有什么不足，觉得自己在哪方面需要加以改正，他同样会对工作、生活充满希望。

在阿里巴巴，任何资历、背景都不重要，只要你具有相应职位的能力就会得到提拔。

问题：

1. 阿里巴巴的人力资源管理有什么特色?
2. 阿里巴巴的人力资源管理对企业人力资源管理体系的建设有什么启示?

Chapter Two

第二章　工作分析与胜任素质模型

学习目标

1. 了解工作分析的含义、作用；
2. 了解工作分析的流程；
3. 掌握工作分析的主要方法；
4. 掌握工作说明书的编写方法；
5. 了解胜任素质和胜任素质模型的含义；
6. 了解胜任素质模型的两种基本模型；
7. 了解胜任素质模型的构成及构建步骤。

开篇案例　王强，到底想要什么样的工人？

“王强，我一直想象不出，你究竟需要什么样的操作工人，”江山机械公司人力资源部负责人李静说，“我已经给你提供了4位面试人选，他们好像都满足工作说明书中规定的要求，但你一个也没有录用。”

“什么工作说明书？”王强答道，“我所关心的，是找到一个能胜任那项工作的人，但是你提供给我的人都无法胜任，而且我从来就没有见过什么工作说明书。”

李静递给王强一份工作说明书，并逐条解释给他听。他们发现，要么是工作说明书与实际工作不相符，要么是规定以后实际工作又有了很大的变化。例如工作说明书中说明了有关老式钻床的使用经验，但实际上所使用的是一种新型数显机床，为了有效地使用这种新机器，工人们必须掌握更多的数学知识。

听了王强对操作工人必须具备的条件及应当履行职责的描述后，李静说：“我想我们现在可以写一份准确的工作说明书，以其为指导，就能找到适合这项工作的人，让我们今后加强工作联系，这种状况，就再也不会发生了。”

资料来源：姚裕群. 人力资源管理[M]. 2版. 北京：中国人民大学出版社，2005.

第一节　工作分析概述

工作分析（Job Analysis）又称职位分析是指完整地确认工作整体，对组织中某一特定工作或职务的目的、任务或职责、权利、隶属关系、工作条件、任职资格等相关信息进行收集和分析，对该工作作出明确的规定，并确定完成该工作所需的能力和资质的过程或活动。

一、工作分析的内涵

（一）工作分析的内容

工作分析的成果是工作说明书，具体包括职位描述和任职者说明两方面的内容。

1. 职位描述

职位描述是指获取职位要素信息、概括职位特征的直接分析。一般来说职位描述主要包括以下主要内容：工作岗位的目的，该岗位所承担的工作职责与工作任务以及与其他岗位之间的关系等。

2. 任职者说明

任职者说明主要是对从事某项工作的人员特征即任职资格的研究。研究能胜任该项工作并完成任务的任职者必须具备的条件与资格，比如工作经验、学历、能力特征等。

（二）工作分析的任务

工作分析所要回答的基本问题可以用 6W1H 来概括，具体如下。

（1）Who，谁来完成这些工作?

（2）What，这一职位的具体工作内容是什么?

（3）When，工作的时间安排是什么?

（4）Where，这些工作在哪里进行?

（5）Why，从事这些工作的目的是什么?

（6）For who，这些工作的服务对象是谁?

（7）How，如何进行这些工作?

（三）工作分析的时机

组织在什么时候需要进行工作分析呢?进行工作分析最适宜的时机是何时呢?

（1）建立新组织或产生新部门、新工作时。

（2）组织的战略目标实现或业务流程的有效运行受到阻碍时。

（3）组织变革或组织中引入了新流程、新技术时。

（4）人力资源管理的各项工作缺乏依据或者基础性的信息时。

（四）工作分析的相关术语

由于工作分析与所对应的工作活动是紧密联系在一起的，因此要开展工作分析活动，就必须弄清组织中各项工作的要求及工作间的关系，这样才能明确各层次的责任，这就需要澄清与之相关的一些专业术语。

（1）工作要素（Action）。工作要素是工作中不能再分解的最小动作单位。如开动机器、加工零件、取出工具等都属于工作要素。

（2）任务（Task）。任务也称工作任务，是为了达到某种目的所从事的一系列活动。它可由一个或多个工作要素组成。如某公司指派人员将数据录入计算机、工人加工零件、转一笔账目等都是一项任务。

（3）责任（Responsibility）。责任也称工作职责或工作责任，责任是员工在工作岗位上需要完成的主要任务或大部分任务。它可由一个或多个任务组成。如人力资源部人员的责任之一是“员工的满意度调查”，它由设计调查问卷、把调查问卷发给调查对象、将结果表格化并加以分析、把调查结果汇报给管理者或员工等组成。

（4）职位（Position）。职位也称岗位，是根据组织目标为员工个人规定的一组任务及相应的责任。一个职位由一名员工所承担的不同责任组成。如市场部经理、培训主管等都是职位。在一个组织里，每一个职位对应一个岗位，即有多少职位就有多少员工。

（5）职务（Job）。职务（或工作）是由一组主要责任相似的职位所组成。在企业中，通常需要把所需知识技能及所需要的工具类似的一组任务和责任视为同类职务（或工作），从而形成同一职务、多个职位的情况，如计算机程序员、生产统计员、推销员等均可由两个或两个以上的员工共同担任，这些职位分别构成对应的职务。而总裁、市场部经理可一人担任，它既可以是职位也可以是职务。

在实际工作中职位与职务往往是不加区别的。但是，职位与职务在内涵上是有区别的：职位是任务与责任的集合，它是人与事有机结合的基本单元；而职务则是同类职位的集合，它是职位的统称。职位的数量是有限的，职位的数量又称为编制；一个人所担任的职务不是终身的，可以是专任的，也可以是兼任的；可以是常设的，也可以是临时的、经常变化的。职位不随人员的变动而改变，当某人的职务发生变化时，是指它所担任的职位发生了变化，即组织赋予他的责任发生了变化，但他原来所担任的职位仍然存在，并不因为他的离去而发生变化或消失。职位可以按不同的标准加以分类，但职务一般不加以分类。

（6）职业（Occupation）。职业是在不同时间内、不同组织中从事相似活动的一系列工作的总称。如工程师、教师、会计、采购员等就是不同的职业。职务与职业的区别主要在于其范围的不同。职务所指的范围较窄，主要是指在组织内的，而职业则是指跨组织的。

（7）职业生涯（Career）。职业生涯指一个人在其工作生活中所经历的一系列职位、工作或职业。

二、工作分析的作用

工作分析是人力资源管理的基础性工作。人力资源管理的各个职能——招聘录用、绩效管理、培训与开发、薪酬管理、劳动关系管理、职业生涯管理以及人力资源规划等均需要通过工作分析获得一些信息。因此，工作分析在人力资源管理中具有十分重要的作用。

（一）工作分析是人力资源规划的基础

在制定人力资源规划过程中，不仅要分析组织在动态环境中人力资源的需求，而且要通过执行某些相应的活动来帮助组织适应这种变化。这种规划的过程需要获得关于各种工作对于各种技能水平要求的信息，这样才能保证在组织内有足够的人力来满足战略规划的人力资源需要。通过组织内各部门间各项工作的分析，可以得到各部门的人员编制情况，这也为人力资源规划提供了需求信息。同时工作分析也提供了每项工作的责任、任务、工作时间、工作条件等信息，也确定了组织所需的人力；工作分析所了解的每项工作所需要的不同的知识、技能和能力则为组织确定了人力资源的素质。

（二）工作分析对组织人员的招聘录用具有指导作用

开展工作分析，可明确组织中各项工作的目标与任务，规定各项工作的要求、责任等，同

时提出各职位任职人的心理、生理、技能、知识和品格等要求。在此基础上，组织可以确定人员的任用标准，通过人员测评可招聘、选拔或任用符合工作需要与要求的合格人员。只有工作要求明确，才能保证人员工作安排的准确性，使组织内的所有工作人员能尽其才、尽其用。

（三）工作分析为员工的培训与开发提供了必不可少的依据

工作分析已经明确规定了完成各项工作所应具备的知识、技术和能力及其他方面的素质与条件等要求。这些素质与条件并非所有的人员都能达到工作的要求，这就需要对员工进行培训与开发。组织根据工作分析提供的信息，针对不同的工作要求以及任职人员的具体情况，设计不同的培训方案，采用不同的培训方法。对不同素质人员进行培训，一方面可帮助员工获得工作必备的专业知识和技能，具备上岗任职资格或提高员工胜任本职工作的能力；另一方面工作规范化的培训也可为员工升迁到更高的工作职位做好准备，提高员工的工作效率。因此，工作分析为员工的培训与开发提供了必不可少的客观依据。

（四）工作分析有利于职业生涯规划

通过工作分析对组织中的工作要求和各项工作之间的联系的研究，组织可制定出行之有效的员工职业生涯规划，同时，工作分析也使员工有机会或有能力了解工作性质与规范，选择适合自身发展的职业道路。

（五）工作分析为绩效评价提供了客观依据

从人力资源管理程序上看，工作分析是绩效考核的前提，工作分析为员工的绩效评价的内容、标准确定提供了客观依据。如果没有客观依据，员工的绩效评价工作在很大程度上就会带有不公正性，从而不利于调动员工的工作积极性。

（六）工作分析有助于薪酬管理方案的设计

任何工作任职人所获得的薪酬主要取决于其从事的工作的性质、技术难度、工作负荷、责任和劳动条件等，而工作分析正是从这些基本因素出发的，从而使各项工作在组织中的重要程度或相对价值也得以明确。一般地，工作的职责越重要，工作就越有价值；需要更多知识、技能和能力的工作对组织来说更具有价值。以此为依据制定的薪酬管理方案保证了工作和担任本职工作的劳动者与劳动报酬之间的协调和统一，使组织内员工得到公平合理的报酬。

（七）工作分析有利于把握员工的安全与健康

工作分析反映了完成各项工作的环境与条件，如说明某项工作具有的危险性。因此，对在某些危险工作的任职人，组织必须提供安全工作的预防措施，确保工作的顺利进行且不影响员工的安全与健康。

（八）工作分析有利于改善员工的劳动关系

工作分析为每个工作的任职者提供了客观标准，它是组织对员工进行提升、调动或降职的决策依据；工作分析保障了同工同酬，并使员工明确了工作职责及以后的努力方向，必然使员工积极工作，不断进取；工作分析获得的其他有关信息也使管理者更为客观地进行人力资源管理决策。

（九）工作分析有助于工作设计工作

工作分析通过人员测定和分析，不断对工作进行重新设计和改进，推动各工作在组织中的合理配置，保证生产过程的均衡，协调地进行生产要素配置的合理化、科学化，提高组织生产效率。

第二节　工作分析的基本流程与主要方法

一、工作分析的基本流程

工作分析是一项技术性非常强的工作，如图 2-1 所示，工作分析的整个流程一般包括四个阶段：准备阶段、调查阶段、分析阶段和完成阶段。

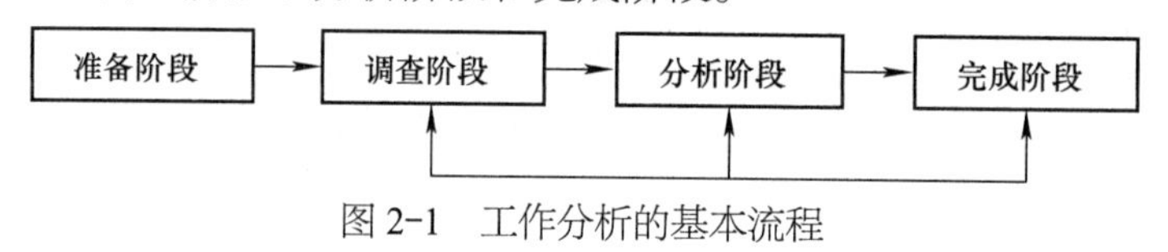

图 2-1　工作分析的基本流程

（一）准备阶段

准备阶段的主要任务是对工作分析进行全面的设计，具体工作内容如下。

（1）确定工作分析的目标。在进行工作分析之前，首先要明确工作分析的目标，即明确工作分析想要解决什么问题，工作分析的结果将用在什么地方。工作分析的目标决定着需要收集的信息类别及范围，以及使用哪些技术和工具来收集信息。

（2）成立工作分析小组。由组织高层主管领导牵头成立由专家或顾问、人力资源部工作人员、各部门负责人、岗位在职人员组成工作分析小组，确定工作分析小组开展工作的原则与要求。参与工作分析的人员应当既有理论知识，又有实践经验，以便同调查分析对象进行良好的沟通。

（3）收集与分析相关的背景资料。通过调查组织内部资料如组织战略、组织文化、组织制度、作业流程、职责分工等，获得与工作相关的背景信息。

（4）向有关人员做宣传和解释。与跟职务分析有关的员工建立良好的人际关系，并让他们作好积极配合的心理准备。

（5）确定调查与分析的样本，并使其具有代表性。

（二）调查阶段

调查阶段的主要任务是对工作的整个流程、工作环境、工作内容和工作人员等主要方面进行全面调查，具体任务如下。

（1）设计各种调查问卷和调查提纲。

（2）针对不同的目的、不同的调查对象灵活运用不同的调查方法，如面谈法、问卷法、观察法、参与法、实验法、关键事件法等。

（3）广泛收集有关工作的特征以及需要的各种数据。一方面提出原有工作描述书与工作

规范书的主要条款不清楚的问题，另一方面对新工作的所有信息进行收集。一般来说，工作分析中需要搜集的信息主要有以下几类。

①工作活动，包括承担工作所必须进行的与工作有关的活动和过程、活动的记录、进行工作所运用的程序、个人在工作中的权力和责任等。

②工作中的人的活动，包括人的行为，如身体行动以及工作中的沟通；作业方法分析中使用的基本动作；工作对人的要求，如精力的耗费、体力的耗费等。

③在工作中所使用的工具、设备以及工作辅助用品，如电话、计算机、传真机、汽车、对讲机、仪器以及车床等。

④与工作有关的有形和无形因素，包括完成工作所要涉及或者要运用的知识，如公司的会计需要运用会计方面的知识，法律事务主管需要懂得法律知识等；工作中所加工处理的材料；所生产的产品或提供的服务。

⑤工作绩效的信息，如完成工作所耗费的时间、所需要投入的成本以及工作中出现的误差等。需要注意的是，这里只是搜集与绩效相关的信息，并不是要制定与各项工作相对应的绩效目标，后者是分析阶段所要完成的任务。

⑥工作的背景条件，包括个人时间；工作的地点，如是在室内还是在室外；工作的物理条件，如有没有噪声，是不是在高温条件下，等等。

⑦工作对人的要求，包括个人特征，如个性和兴趣；所需要的教育与培训水平；工作的经验等。

（三）分析阶段

分析阶段的主要任务是对有关工作特征和工作人员特征的调查结果进行深入全面的分析。实际操作中，收集职务分析的信息的同时，就应对这些信息进行分析。分析阶段的具体工作内容如下。

（1）仔细审核已收集到的各种信息，对各种工作特征和工作人员特征的重要性和发生频率等进行等级评定。

（2）对职务分析信息进行分类，分析核定有关工作和工作执行人员的关键成分。

（3）归纳、总结出职务分析的必需材料和要素，包括关键岗位的职责、任务、工作关系和职务范围等。

（4）针对职务分析提出的问题，提出改进建议，重新划分工作范围、内容和职责，确保所提出的问题都得到解决。

在工作分析阶段，对现有的工作概念、内容、方法中不尽合理的，应该进行改进或者做部分更换；对过时的工作概念、内容、方法，必须予以淘汰或者以全新的概念、内容方法代替。这样才能提高工作质量和附加值。

（四）完成阶段

完成阶段是在前面三个阶段工作的基础上，形成工作分析的最终结果即工作描述书和工作规范书，并将其结果运用于人力资源管理中，这也是本阶段的任务。具体工作内容如下。

（1）编写工作说明书。根据收集的有关工作的信息，形成最终的“工作描述书”和“工作规范书”，即工作说明书。对工作说明书的项目和内容都要叙述得清楚明了且细致具体，以便为员工更好地完成任务提供有效的指引。

（2）结果应用。将工作分析的成果运用于实践中，注重实际工作过程中的反馈信息，不断完善“工作描述书”“工作规范书”，进行归档保存，建立工作分析成果的管理制度。

二、工作分析的方法

在进行工作分析时，选择正确的方法是至关重要的。如上所述，工作分析的目的与内容不同，工作分析的方法也不同。为此，工作分析的方法也分为两种：一是以考查工作为中心的工作分析方法；二是以考查员工为中心的工作分析方法。下面我们介绍一些常用的工作分析方法。

（一）资料分析法

为了降低工作分析的成本，应当尽量利用现有的资料，以便对每个工作的任务、责任、权利、工作负荷、任职资格等有一个大致的了解，为进一步调查奠定基础。例如，国内企业的岗位责任书、人事档案等资料，均可作为参考资料。

（二）观察法

观察法是指在工作现场运用感觉器官或其他工具观察员工的实际工作过程、行为、内容、特点、性质、工具、环境等，并以文字或图表的形式记录工作信息的一种方法。图 2-2 是一份工作分析观察提纲。使用观察法必须把握以下操作原则：①观察的工作应相对稳定，即在一段时间内，工作内容、工作程序、对工作人员的要求不会发生明显的变化；②适用于大量标准化、周期短、以体力活动为主的工作，不适用于以智力活动为主的工作；③要注意工作行为样本的代表性，有时，有些行为在观察过程中可能未表现出来；④观察人员尽可能不要引起被观察者的注意，至少不应该干扰被观察者的工作；⑤观察前要制定详细的观察提纲和行为标准。

被观察者姓名：____________日期：______________
观察者姓名：______________观察时间：__________
工作类型：________________工作部门：__________
观察内容：
1. 什么时候开始正式工作？______________
2. 上午工作多少小时？__________________
3. 上午休息几次？______________________
4. 第一次休息时间从______________到______________
5. 第二次休息时间从______________到______________
6. 上午生产产品多少件？__________________
7. 平均多长时间生产一件产品？______________
8. 与同事交谈几次：______________________
9. 每次交谈约多长时间？______________
10. 室内温度__________摄氏度
11. 上午抽了几支香烟？______________
12. 上午喝了几次水？________________
13. 什么时候开始午休？______________
14. 出了多少次品？__________________
15. 搬了多少次原材料？______________
16. 工作地噪声的分贝是多少？______________

图 2-2 工作分析观察提纲

观察法主要用来收集强调人工技能的那些工作信息，如搬运工、操作员、文秘等工作，而不是个人的工作特性。它也可以帮助工作分析人员确定体力与脑力任务之间的相互关系。

在进行工作分析时，仅采用观察法通常是不够的，往往要与其他工作分析方法结合使用，特别是工作中脑力技能占主导地位时更是如此。例如，仅观察一名财务分析人员的工作并不能全面提示这项工作的要求。

（三）工作面谈法（访谈法）

工作面谈法是工作分析中大量运用的方法之一，其特点是侧重于对工作本身特征的分析和研究。该方法主要用于对管理职务的分析，在许多企业中被推广和运用。尽管它不像管理职务描述问卷或工作分析问卷那样结构完善，但是该方法能面对面地交流信息，所以能得到问卷调查难以获得的许多其他信息，如任职人的工作态度与动机等，因此，它具有问卷法无法替代的作用。

工作分析人员与任职人进行面对面的交谈，主要围绕以下内容。①工作目标。组织设立该工作的目的，根据什么确定对此工作的报酬。②工作内容。任职人在组织中有多大的作用，其行为对组织产生的后果有多大。③工作的性质与范围。这是面谈的核心，主要了解该工作在组织中的关系及其上下属职能关系，所需的一般技术知识、管理知识以及人际关系知识，需要解决工作问题的性质如何以及解决问题所使用的手段、性质如何，等等。④所负的责任。主要说明该工作的最终结果以及任职者所要负担的责任，包括组织、战略决策、控制和执行方面的责任。

面谈法的长处体现在：访谈者或工作分析专家易于控制面谈进程；可以获得更多的工作信息；对文字理解有困难的任职人，面谈法更能体现其优势。不足之处在于：工作分析者的观点会影响工作信息正确的判断；面谈者易从自身利益考虑而导致工作信息失真；职务分析者问些含糊不清的问题，容易影响信息的收集。该方法不能单独使用，要与其他方法结合使用。

知识链接

典型的工作面谈问题设计

1. 你所做的是一种什么样的工作？
2. 你向谁报告？ 谁向你报告？
3. 你在预算上所负的责任如何？（包括预算金额及你的管理的资产价值）
4. 你分配的工作从何而来？完成的工作送到哪里或送给谁？
5. 你所在职位的主要职责是什么？你又是如何做的呢？
6. 做这项工作所需具备的教育程度、工作经历、技能是怎样的？它要求你必须具有什么样的文凭或工作许可证？
7. 这种工作的职责和任务是什么？
8. 你所从事的工作的基本职责是什么？

9. 说明你工作绩效的标准有哪些？

10. 你都参与了什么活动？你的工作环境和工作条件是怎样的？

11. 工作对身体的要求是怎样的？工作对情绪和脑力的要求又是什么？

12. 工作对安全和健康的影响如何？在工作中你有可能会受到身体伤害吗？你在工作中会暴露于非正常的工作条件之下吗？

13. 你的工作中最具挑战性的是什么？

14. 工作之前必须完成哪些准备工作？

15. 你要怎样提高产品或服务的品质？

16. 你觉得有哪些工作是重要的或不重要的？

17. 工作过程可以怎样加以改善？ 可以用什么不同的方式来工作，以降低费用或成本？

18. 在采取行动之前，有哪些决策必须请示或必须通知你的下属？

19. 你和公司内或公司外哪些人有定期性的接触？这些接触的原则为何？

20. 你的接班人在知识和经验上必须具备哪些资格才能完全胜任你现有的工作？

（四）问卷调查法

工作分析所需的大量信息可以通过工作分析问卷来获得。问卷调查要求在岗人员和管理人员分别对各种工作行为、工作特征和工作人员特征的重要性和频率作出描述分级，再对结果进行整理与分析。当工作分析牵涉到分布较广的大量员工时，问卷调查法是最有效率的方法。

问卷调查的关键是问卷设计，表 2-1 是一个简单的问卷调查表。问卷设计形式分为开放型和封闭型两种。开放型：由被调查人根据问题自由回答。封闭型：调查人事先设计好答案，由被调查人选择确定。设计问卷时要做到：①提问要准确；②问卷表格要精练；③语言通俗易懂，问题不可模棱两可；④问卷表前面要有指导语；⑤引起被调查人兴趣的问题放在前面，问题排列要有逻辑。

问卷调查法的具体实施有，职位分析人员首先要拟订一套切实可行、内容丰富的问卷，然后由员工填写。正式进行工作分析前，考量各部门之工作内容及可行时间，先行拟订了进行时间表，若不可行，则可弹性调整。

1. 问卷发放

进行各部门之工作分析问卷发放时，先集合各部门之各级主管进行半小时的说明，说明内容有工作分析目的、工作分析问卷填答及问题解答，清楚告知此次活动之进行不会影响到员工现有权益，确定各主管皆明了如何进行后，由主管辅导下属进行工作分析问卷之填答。

2. 填答期间

虽然在工作分析问卷填答前有过详细的说明，也进行了问题解决，但是仍会有许多问题产生。因此，在此期间必须注意各部室之填写状况，并予以协助。

3. 问卷回收及整理

对于回收的问卷，首先必须检查问卷是否填写完整，并仔细查看问卷是否有不清楚、重叠或冲突之处，若有，便由工作分析与人力资源主管进行讨论，判断是否与此任职者或其主管进行面谈，以确认问卷信息的正确性。

如果事先已请填写者将内容转换成计算机档案，则工作分析员只需将原档案进行修改即可，不需再花费许多时间将问卷内容转换成计算机文书文件，且只要资料确认无误，即可完成工作说明书的撰写。

4. 工作分析成果

工作分析依据其目的所获得的成果即为工作说明书。

问卷调查法在岗位分析中使用得最为广泛，其优点是费用低，速度快，调查范围广，尤其适合对大量工作人员进行岗位分析，调查结果可实现数量化，进行计算机处理。它免去了长时间观察和访谈的麻烦，也克服了进行工作分析的人员水平不一的弱点。这种方法对问卷设计要求较高，设计比较费时，也不像访谈那样可以面对面地交流信息，因此，不容易了解被调查对象的态度和动机等较深层次的信息。问卷法还有三个缺陷：一是不易唤起被调查对象的兴趣；二是除非问卷很长，否则就不能获得足够详细的信息；三是须经说明，否则会因理解不同，产生信息误差。

该方法适用于对工作进行量化排序，并与工作报酬相联系的工作分析。

表 2–1 问卷调查表

日期：________________

公司名称：_________职位与职称：_________

所属部门：_________所属科室：_________主管姓名：_________

总公司、分公司或地区办事处：_________

1. 说明工作的主要职责：

____

2. 其他较不重要的职责：

____

3. 请列举你所用的工具：

持续使用_________________ 经常使用___________ 偶尔用及_____________

4. 做此工作需要何种教育程度？（请勾列出）

□高中以下

□高中

□大专

□本科

□硕士

5. 担任此工作需要多少年相关工作经验？

□ 不用经验 □ 1 到 3 年 □ 10 年以上

□ 3 个月以下 □ 3 到 5 年

□ 3 个月到 1 年 □ 5 到 10 年

6. 你一个人以为要做好或熟悉此工作，需要多长的培训？

□两周或少于两周 □ 六个月 □两年

□三个月 □ 一年 □三年

7. 做好此项工作需要的监督程序如何？

□经常性监督。除去不重要之差异，其余一并交由主管处置。

□每日几次即可，包括呈报，接受意见及指派工作。按照一定的方式与程序进行。例外事项尤应注意。

续表

☐偶尔。由于多数工作皆重复且互相牵连，因此只以制定规则与标准指引进行管制即可。对于不寻常的问题亦要注意，并时而提供建议与采取行动。

☐有限监督。工作一经指派后全权负责，虽有若干工作方法可供采用，不过不妨有自己的一套。

☐确定大目标即可。评估工作，可用任何方式。主要重在整体成效。经常发展一些可获预期成果的方法。

☐少量或没有直接监督。工作方法之选择、发展与协调只要在一般政策的范围内皆可任意行之。

8. 你所作之任何独立的决策的范畴与性质如何？

____

你认可的事项在生效前是否经常要经复核？如果要，由谁复核？

____

你拒绝的事项在生效前是否经常要经复核？如果要，由谁复核？

____

9. 本工作急需哪一方面的才能、创意以及（或）进取的精神？

例如：______________________________

10. 在本工作中可能会产生哪些差错？

____

这些差错如何被发现或检查到？一旦差错发生而不被发现，会产生何种后果？

____

11. 关于公司业务，该如何与他人进行联系？

频率：持续不断　频繁　偶尔　从不

方法；写信　打电话　其他（请指出）

其他部门的职工 ______________________________

公司政策执行当局______________________________

社会大众或同业公会______________________________

政府机关______________________________

其他（请指出）______________________________

请列举说明联系之目的：______________________________

12. 试说明会导致疲惫的肌肉动作、身体移动、工作位置与姿势的改变。并请估计每项因素的时间长短。

____

13. 请指出你不愿待的不良工作环境，例如脏、嘈杂、湿漉、浊气、热度、外面的天气、单调及危险事故等。

____

你每个月整晚开车约有多少次？怎么安排？

____

每个月你大约要跑多少公里？

____

如果你负责他人的工作，请回答下列问题。

14. 本项工作有下列哪些监督职责？

☐指导　　☐ 分派人员

☐派工　　☐ 解决员工问题

☐核工　　☐ 甄选新员

☐规划别人的工作　　☐ 调动推荐；核准

☐订立标准　　☐ 奖惩建议；核准

续表

□协调业务　　　　　　　□ 革职建议；核准

□加薪（提议；核准）

请列举在你直接监督下的工作名称及所属人员之数目：__________

汇总由你指挥的属员数目__________

评语：____________________

填写人：

主管人员注意要项：你的签名表示你已核阅上述的工作描述。如有必要修正，请以红笔于适当的地点填附，希望能就上述各项分别加以评述。这个项目在定案前仍然会与你交流意见。

在你属下担任此项工作的人员有几个？__________

核阅人：__________职 衔：__________

（五）关键事件记录法

关键事件记录是通过一定的表格，专门记录工作者工作过程中那些特别有效或特别无效的行为，以此作为确定任职资格的一种依据。其特点是侧重于对员工本身的特征进行分析和研究，主要目的在于对工作进行行为准则的研究，所谓关键事件是指（让）工作成功或失败的行为特征或事件。

使用关键事件法进行工作分析，首先由工作分析者向该工作各个方面有所了解的人员进行调查，让他们对该工作的关键事件进行描述；有时也可要求对该工作进行描述的人员写出一个任职者所必须掌握的关键，记录的内容包括：①导致事件发生的原因和背景；②员工特别有效或多余的行为；③关键行为的后果；④员工自己能否支配或控制上述后果；⑤努力程度的评估。

下面是工作分析人员对一位家用电器维修人员进行工作分析时所用的一个事件。

一位顾客打来电话说其冰箱出现了不制冷和每隔几分钟就要发出一阵噪声的问题，这位维修人员在出发前就提前诊断出了引起问题的原因所在，然后再检查自己的卡车是否备有维修所需要的必要零配件。当他发现自己的车上没有这些零配件的时候，他就到库存中查找到了这些零件，以保证他第一次上门维修的时候就修好电冰箱，从而让顾客感到满意。

当对关键事件进行收集和描述的工作完成之后，工作分析者便根据各个关键事件的发生频率、重要程度、对任职者能力的要求等原则对其进行排列，形成对每一工作不同方面的描述，即工作说明。关键事件法所得结果也可以用于编制绩效评价表，也还有助于招聘与培训工作决策。关键事件法的不足之处就是：收集关键事件要花费大量时间，而且由于这一方法过分关心工作绩效的两种极端情况（很好和很坏，有效和无效）所以忽略了对平均工作绩效的考查，且不能为工作给出一种完整的描述。

（六）工作实践法

工作实践法也称参与法，是指工作分析人员通过直接参与所需研究的工作，从而细致、深入地体验、了解、分析工作的特点和要求。工作实践法可以克服一些有经验的员工并不总是很了解自己完成任务的方式的缺点，也可以克服有些员工不善于表达的缺点。由于分析者直接、亲自体验工作，所以能获得第一手资料，准确了解工作的实际过程，以及在体力、知识和经验等方面对任职者的要求。但是实践法也存在不足，对于许多高度专业化的工作，或需要经过大量培训才能胜任的工作，由于分析者不具备某项工作的知识和技能，因而无法参与。因此，实践法只适用于一些比较简单的工作分析，或者适用于在短期内就可掌握其方法的工作分析；而不适用于需进行大量的训练或有危险性工作的分析。

（七）实验法

实验法是指分析者控制一些变量，引起其他相应变量的变化来收集工作信息的一种方法。实验法主要可以分为两种：实验室实验法和现场实验法，它们的主要区别在于实验的地点是在实验室，还是在工作现场。实际工作中，企业比较常用的是现场实验法。实验法的操作有一定的原则：尽可能获得被实验者的配合；严格控制各种变量；设计要严密；变量变化要符合实际情况；不能伤害被试者。

以下是一个实验法的例子。实验项目：装卸工装卸货车上的货物，一般是四个人合作，30分钟可以装满一辆10吨的货车。实验目的：多少人合作装卸货物效率最高。可控制的变量是合作的人数与货车的载重量；观察变量为装货的时间，也是因变量。先由两个人合作，再由三个人合作，最后由五个人合作，任务都是装满一辆10吨的货车，观察每次在不同的人数下所需要的装载时间。将几次结果进行统计分析，验证假设。

（八）工作日志法

工作日志法是通过工作任职人自己以工作日记或工作笔记的形式记录其每天工作活动，然后经过归纳、分析，达到工作分析目的的一种方法。该方法运用得好，可以获取更为准确的、大量的信息。但是，从任职人记录中获得的信息比较零乱，难以组织，且任职人往往有夸大自己工作重要性的倾向，会加大员工的负担。因此，在实际工作中，这种方法应尽可能少用。通过这种方法可以获得对高度专业化工作有价值的信息，如对娱乐康复治疗专家工作的了解。

相关链接

工作日志范例

工作日志

姓名：×××

职位：××××

所属部门：×××

直接上级：×××

从事本业务工龄：××

填写期限：自××年××月××日至××年××月××日

说明：

1. 在每天工作开始前将工作日志放在手边，按工作活动发生的顺序及时填写，切勿在一天结束后一并填写。
2. 要严格按照表格要求进行填写，不要遗漏任何细小的工作活动。
3. 请您提供真实的信息，以免损害您的利益。
4. 请您注意保管，防止遗失。

日期	6月6日	工作开始时间	9：00	工作结束时间	17：30
序号	工作活动名称	工作活动内容	工作活动结果	时间消耗	备注
1	复印	文件	40页	5分钟	存档
2	起草公文	代理委托书	1 200字	1小时	报上级
3	参加会议	上级布置任务	1次	30分钟	参与
4	请示	贷款数额	1次	20分钟	报批
⋮	⋮	⋮	⋮	⋮	⋮
18	录入数据	经营数据	200条	45分钟	承办

通常，在组织中，工作分析人员不只使用一种方法来获取信息，将各种方法结合起来，使用效果通常会更好。如分析事务性工作和管理工作时，工作分析人员可以采用问卷调查法，并辅之以面谈和有限的观察；在研究生产性工作时，可采用面谈和广泛的工作观察法来获得必要的信息。工作分析人员需把多种分析方法结合起来进行有效的工作分析。

第三节　工作说明书的编写

工作分析的内容取决于组织的目的与用途。一般地，组织进行工作分析有以下的目的：组织需要对组织内的各项工作进行分析与明确的规范，以使新建立的组织能够很好地运行；组织需要对现有工作的内容与要求更加明确化或合理化，以便制定切合实际的绩效评价、工作评价以及奖惩制度，以调动员工的积极性；由于新技术、新方法、新工艺或新系统的产生使组织内的工作性质、环境与条件等发生重要变化后，组织必须对工作进行重新分析；由于组织的性质不同，组织所面临的环境在不断变化，因而工作分析也将成为适应变革的必要选择。

一、工作说明书的内容

工作分析的结果常以工作说明书的形式确认。工作说明书又称职位说明书，是职位管理的规范性文件。工作说明书并无固定格式，可以根据工作分析的目的和实际需要设计有关内容与格式，但其基本内容或核心要素是一致的。工作说明书中的内容包括工作说明和工作规范，工作规范既可以包括在工作说明中，也可以单独编写。

（一）工作说明

工作说明又称职位说明或工作描述，是指一种提供有关职位工作任务、工作职责等方面信息的文件。它所提供的这些信息应该是切实的、准确的，并且应该能够简要地说明公司期望员工做些什么，还应该确切地指出员工应该做什么，应该怎么做和在什么样的情况下履行职责。工作说明的基本内容如下。

第一，工作识别，又称工作标识，包括工作名称和工作地位。其中工作地位主要指所属的工作部门、直接上级职位、工作等级、工资水平、所辖人数、定员人数、工作地点和工作时间等。

第二，工作编号，又称岗位编号、工作代码。一般按工作评估与分析的结果对工作进行编码，目的在于快速查找所有的工作。社会组织中的每一种工作都应当有一个代码，这些代码代表了工作的一些重要特征，比如工资等级等。

第三，工作概述，是对工作性质和任务的高度概括和简要描述。工作概要也是职务说明书的基本要素，一般用一句话对职务的工作内容进行简明扼要的描述。如企业人力资源部负责人的工作概要，可能是“为企业吸引、开发和管理人力资源”。工作概要的质量决定着一份职务说明书的质量，在叙述工作概要时，应当遵循以下几点要求：①简明扼要，尽量用一句话表达；②明确指出工作的基本目的和这样做的原因；③尽量避免将工作的具体任务、方式等细节写进去。

第四，工作职责，是说明关于一项工作最终要取得的结果陈述，换言之，为了完成本项工作的目标，任职人员应在哪些主要方面开展工作活动并必须取得什么结果。对工作职责的确定，是职务说明书的中心内容，必须详细描述。职责的界定可以从两个角度入手，一是通过行为分析，描述这一职位做什么，是一种写实性的界定；二是通过任务分析，确定组织设立这一职位的原因及具体要求，是一种规范性的界定。工作职责应逐条指明工作的主要职责、工作任务和工作权限等。

对工作责任的描述应掌握以下特征：①将工作中的所有关键的表现结合起来；②工作主要职责的焦点应放在最后的结果上，而不是放在工作任务和具体的活动上，即不是描述如何履行职责，而是描述工作职责是什么；③工作不变动，工作职责是无时间性的；④每一项职责应具有独特性；⑤描述工作职责的同时应提出对该职责的进行衡量的方法，或提出如何决定该工作最后结果取得与否；⑥主要职责的描述一定要联系工作的实际，不应涉及上级工作职责和整个组织的职责。

第五，工作关系，又称工作联系，指任职者与组织内外其他人之间的关系。包括该工作受谁监督，此工作监督谁，此工作可晋升的职位、可转换的职位以及可迁移至此的职位，与哪些部门的职位发生联系等。

第六，工作方式，指履行工作职责的行为方式。如所需要的设备和工具，所需要的一定操作程序，所需要同企业中其他部门、其他人员发生的协作关系，所需要的权力等。

第七，工作条件与工作环境。工作条件主要包括任职者主要应用的设备名称和运用信息资料的形式。工作环境包括工作场所、工作环境的危险性、职业病、工作的时间、工作的均衡性（一年中是否有集中的时间特别繁忙或特别闲暇）、工作环境的舒适度等。

第八，工作的绩效标准。有些工作说明书中还需包括有关绩效标准的内容，即完成某些任务所要达到的标准。

（二）工作规范

工作规范又称任职要求，是一个人为了完成某种特定的工作所必须具备的知识、技能、能力以及其他特征的具体规定。

工作规范的内容主要包括以下方面。①一般要求，包括年龄、性别、学历等。②生理要求，包括健康状况、力量与体力、运动的灵活性、感觉器官的灵敏度等，其中体力要求比较重要。体力要求指职务对于任职者体能方面的要求和限制，体力要求可以用身体活动的方式、频率和负重程度衡量，如负重多少公斤、每天多少次等，还应当考虑到人身体的适应范围，如弯腰对腰部的要求，站立对足部的要求等。③心理要求，包括观察能力、集中能力、记忆能力、理解能力、学习能力、解决问题能力、创造性、数学计算能力、语言表达能力、决策能力、交际能力、性格、气质、兴趣、爱好、态度、事业心、合作性和领导能力等。

以上这些要求也可以从五个方面进行考查。

第一，自主能力，即独立地进行分析和决策的能力。

第二，判断能力，即从原始信息中引出结论的能力。

第三，应变能力，即处理突发事件的能力。

第四，敏感能力，即捕捉信息并加以处理的能力。

第五，工作经验和技能水平，工作经验指从事类似工作的实践体验。技能水平指工作人员从事特殊职务工作的专门技术，是能力与职务工作要求相结合的产物，通常体现为职业技能。

延伸阅读

“招聘主管”工作描述

工作名称：招聘主管。
所属部门：人力资源部。
直接上级：人力资源部经理。
工作代码：XL-HR-021。
工资等级：9～13。
工作目的：为企业招聘优秀、适合人才。
工作要点：
1. 制定和执行企业的招聘规划；
2. 制定、完善和监督执行企业的招聘制度；
3. 安排应聘人员的面试工作。
工作要求：认真负责、有规划性、热情周到。
工作责任：
1. 根据企业的发展情况，提出人员招聘计划；
2. 执行企业招聘计划；
3. 制定、完善和监督执行企业的招聘制度；
4. 制定面试工作流程；
5. 安排应聘人员的面试工作；
6. 应聘人员材料的管理，应聘人员材料、证件的鉴别；
7. 负责建立企业人才库；
8. 完成直接上级交办的所有工作任务。
衡量标准：
1. 上交的报表和报告的时效性和建设性；
2. 工作档案的完整性；
3. 应聘人员材料完整性。
工作难点：如何提供详尽的工作报告。
工作禁忌：工作粗心，不能有效地向应聘者介绍企业情况。
职业发展道路：招聘经理、人力资源部经理。

“招聘主管”工作规范

工作名称：招聘主管。
所属部门：人力资源部。
直接上级：人力资源部经理。
工作代码：XL-HR-021。
工资等级：9～13。
（一）生理要求
年龄：23岁至35岁。性别：不限。
身高：女性1.55～1.70米；男性1.60～1.85米。
体重：与身高成比例，在合理范围内均可。
听力：正常。
视力：矫正视力正常。
健康状况：无残疾、无传染病。

外貌：无畸形，出众更佳。

声音：普通话发音标准，语音和语速正常。

（二）知识和技能要求

1. 学历要求：本科，大专以上需从事专业 3 年以上。

2. 工作经验：3 年以上大型企业工作经验。

3. 专业背景要求：曾从事人事招聘工作 2 年以上。

4. 英文水平：达到国家大学英语考试四级水平。

5. 计算机：熟练使用 Windows Ms Office 系列软件。

（三）特殊才能要求

1. 语言表达能力：能够准确、清晰、生动地向应聘者介绍企业情况；并准确、巧妙地解答应聘者提出的各种问题。

2. 文字表述能力：能够正确、快速地将希望表达的内容用文字表达出来，对文字描述很敏感。

3. 观察能力：能够很快地把握应聘者的心理。

4. 逻辑处理能力：能够将相并行的事务安排得井井有条。

（四）综合素质

1. 有良好的职业道德，能够保守企业人事秘密。

2. 独立工作能力强，能够独立完成布置招聘会场、接待应聘人员，对应聘者非智力因素进行评价等工作。

3. 工作认真细心，能认真保管好各类招聘相关材料。

4. 有较好的公关能力，能准确地把握同行业的招聘情况。

（五）其他要求

1. 能够随时准备出差。

2. 不可请一个月以上的假期。

二、工作说明书的编写要求

工作说明书在管理中的地位极为重要，因其不但可以帮助任职人员了解其分内的工作，明确其职责范围，还可以为管理者的某些重要决策提供参考。表 2-2 是某高校人力资源部部长工作说明书。工作说明书是人力资源管理的基础性文件，编写时应遵循以下几项原则。

表 2-2　某高校人力资源部部长工作说明书

岗位名称	人力资源部部长	岗位编号	10001
岗位系列	行政管理	岗位性质	校聘岗
聘任主体	学校	所属部门	人力资源部
直属上级	校长、分管副校长	直属下级	副部长、培训专员、薪酬福利专员、人事专员、档案信息管理专员
岗位编制	1 人	所辖人员	5 人
职业发展	可晋升的职位：副校级；可转换的职位：学校二级学院或部门负责人		
工作概述	负责全校人力资源规划，员工招聘选拔、绩效考核，薪酬福利管理，员工激励、培训、开发和沟通协调，保证学校人力资源供给和人力资源管理效率		
工作关系	内部关系：校长、副校长、各学院、各行政部门 外部关系：省人事厅、省教育厅、市人事局、社保中心、公积金管理局、其他高校等相关部门		

续表

<table>
<tr><td>工作职责</td><td>
职责一　战略使命
1. 根据学校发展战略组织制定学校人力资源发展规划，是学校发展的事业伙伴；
2. 全面考虑干部和教师的梯队建设，参与学校重大人事问题的决策；
3. 定期组织收集有关人事招聘、培训、考核、薪酬等方面的信息，为重大人事决策提供建议和信息支持；
职责二　基本职责
4. 负责学校人事制度改革及分配制度改革重大议题的草拟，以及相关政策的落实、检查工作；
5. 负责制订学校机构编制和用人规划，负责全员聘任、竞岗、人员配置工作；
6. 组织制定人事管理制度、薪酬福利制度、人事档案管理制度、职称评聘、员工培训等规章制度，并组织实施；
7. 负责组织实施学校的招聘工作，并对应聘人员进行面试筛选；
8. 代表学校与员工签订劳动合同，处理各种与合同相关的事宜；
9. 负责组织制定员工培训和发展计划，组织安排对员工的培训；
10. 负责组织制定学校绩效管理评价体系，组织实施绩效管理，对各部门绩效评价过程进行监督控制，并对考核结果做出评价；
11. 负责组织专业技术职称评聘及专业技术人员管理及职称的应用管理；
12. 负责组织学校核心人才队伍建设工作（骨干学科建设及学科带头人的管理），全面考虑干部和教师的梯队建设；
13. 组织编制学校年度劳资计划和薪资调整方案，组织提薪评审和晋升评审，审核员工每月的工资；
14. 负责制定福利政策，组织学校在岗和离退休职工的社会保险及福利的办理与管理；
15. 负责本部门的信息资料档案管理工作，保证重要文件、资料的保密性；
16. 负责员工关系的维护、内部沟通机制的建设发展与劳资争议的处理；
17. 负责组织全校性会议的考勤工作；
18. 负责安排、协调、处理、落实与组织部、宣传部、纪检办公室（审计处）以及工会等部门进行相关活动的组织管理工作；
职责三　财务职责
19. 对学校整体薪酬、培训费用、社会保险、福利等人力成本进行预算与控制；
20. 负责控制本部门预算，降低部门费用成本；
21. 负责对本部门员工财务工作的监督与审查；
职责四　制度建设与工作优化
22. 负责对人力资源管理的各项制度进行修订与维护，确保制度活力；
23. 考察改善人力资源管理各项办事流程，提高服务水平和服务效率；
24. 指导下属员工制定阶段工作计划，并督促执行；
25. 负责部门内部工作分工，合理安排人员；
26. 负责人力资源管理队伍建设，选拔、培训、评价本部门人员；
27. 协助做好管理的信息化工作；
28. 按照学校统一贯标要求，规范管理；
职责五　组织文化建设
29. 负责对学校组织文化进行总结、归纳与提炼，逐步建设与形成学校的组织文化；
30. 负责用学校组织文化培训学校员工，强化文化认同与学校归属感；
31. 负责建设部门内部和谐向上的文化氛围；
职责六　其他
32. 完成上级交办的其他工作
</td></tr>
<tr><td>工作权限</td><td>
1. 对学校各部门编制、招聘有审核权；
2. 对学校各项人力资源管理制度有制定与解释权；
3. 对学校各项人事任命有建议权；
4. 对员工投诉有核实权；
5. 对直属下级岗位有调配、奖惩、任免、监督、检查的决定权；
6. 对所属下级的工作争议有裁决权；
7. 对所属下级的管理水平、业务水平和业绩有考核评价权；
8. 对本部门预算内的费用有使用权
</td></tr>
</table>

续表

任职资格	1. 教育背景：人力资源、管理类或相关专业大学本科以上学历，中级以上职称； 2. 工作经验：三年以上管理经验； 3. 知识水平：具备相应的人力资源管理知识、行政管理知识和法律知识； 4. 技能技巧：熟悉学校工作和管理流程，能够熟练使用 WORD、EXCEL 等办公软件，具备基本的网络知识，有较强的语言表达能力和文字写作能力； 5. 个人素质：具有较强的亲和力、沟通能力、领导能力、计划能力和组织能力； 6. 品行要求：具有良好的个人品质和职业道德，工作细致严谨，具有战略前瞻性思维，有较强的事业心、责任感和较高的工作热情；性格开朗，善于沟通，可以承受较大的工作压力		
制订人		审核人	
制订日期	2018-09-01	修订日期	

1. 统一、规范

工作说明书是企业人力资源管理系统的重要文件资料，其具体形式可能有多种，但其核心内容却不应该改变。对于工作说明书中的重要项目，如名称、工作概要、职责、任职资格等，必须参照典型工作描述书编写样本，建立统一的文件格式。

2. 清晰、具体、简明

工作说明书是任职者的工作依据和具体要求，内容必须清晰、具体、简明，使任职者或监督者可以理解、可以操作、可以反馈。

第一，清晰。工作说明书对工作的描述要清楚透彻，任职人员阅读以后，无须询问其他人就可以明白其工作内容、工作程序和工作要求等。工作说明书的编写应避免使用原则性的评价，特别需要注意的是，比较难以理解的专业性词汇要解释清楚。

第二，具体。工作说明书在说明工作的种类、复杂程度、任职者须具备的技能、任职者对工作各方面应负责任的程度这些问题时，应尽量使用具体的动词，如“分析”“搜集”“召集”“计划”“分解”“引导”“运输”“转交”“维持”“监督”以及“推荐”等。一般来说，组织中较低职位的任务最为具体，职务说明书中的描述也应最为具体。

第三，简明。工作说明书在界定职位时，要确保指明工作的范围和性质，如用“为本部门”“按照经理的要求”这样的句式来说明。此外，工作说明书还需要把所有重要的工作关系也包括进来。在包括了所有基本工作要素的前提下，工作说明书的文字描述应简明扼要，语言方面应符合任职者的水平，不能让人看不懂。

3. 共同参与

工作说明书的编写不能闭门造车，而应该由担任该职务的工作人员、上级主管、人力资源专家共同分析协商，只有将各方面的意见均考虑在内，制定出来的说明书才会为各方面所接受。从程序上讲，一般工作描述书需要专家共同参与撰写，岗位任职人的主管审定，人力资源部存档，从而保证文件的全面性与完整性。

第四节　胜任素质模型

在传统的人力资源管理中，工作说明书的职位要求都是通过工作分析来确定的。当采用工作分析来确定职位要求时，主要关注的是完成工作所需要具备的知识、技能、经验等，这

些对工作的完成很重要，但是有了这些并不一定能出色地完成工作。在现代人力资源管理中，越来越多的企业开始采用胜任素质模型来分析完成工作所需要具备的深层次特征，作为工作分析所确定的职位要求的补充，弥补工作分析的不足。

一、胜任素质及其构成

（一）胜任素质的内涵及其意义

胜任素质（Competency）也译为胜任特征、胜任力或胜任能力，这样概念的提出与哈佛大学教授、著名心理学家戴维·麦克里兰（David C. McClelland）有直接关系。20 世纪 60 年代后期，美国国务院感到以智力因素为基础选拔外交官的效果并不理想。许多表面上很优秀的人才，在实际工作中的表现却令人非常失望。在这种情况下，美国心理学家麦克里兰博士应邀帮助美国国务院设计一种能够有效预测外交官实际工作业绩的选拔方法。在项目过程中，他在综合“关键事件法”和“主题统觉测验”的基础上，设计了一项技术——“行为事件访谈”，用这一方法对优秀外交官和普通外交官进行访谈，并对谈话资料进行主题分析，将这样的主题差异转化成客观分数定义，最后发现是跨文化的人际敏感性、对他人的积极期望（即尊重他们的尊严和价值）以及快速进入当地政治网络等潜在的素质在影响外交官的业绩。后来的事实证明，根据这样一种胜任素质来选择外交官的做法是非常成功的。

在 1973 年，麦克里兰博士基于这项研究在《美国心理学家》杂志上发表一篇文章《测量胜任素质而非智力》。在文章中，他引用大量的研究发现，说明滥用智力测验来判断个人能力的不合理性。并进一步说明人们主观上认为能够决定工作成绩的一些人格、智力、价值观等方面因素，在现实中并没有表现出预期的效果。因此，他强调离开被实践证明无法成立的理论假设和主观判断，回归现实，从第一手材料入手，直接发掘那些能真正影响工作业绩的个人条件和行为特征，为提高组织效率和促进个人事业成功作出实质性的贡献。他把这样发现的、直接影响工作业绩的个人条件和行为特征称为 Competency（胜任素质）。

麦克里兰的研究无论是对学术界还是实务界都产生了关键影响，他使人们认识到应切实关注那些能够带来实际工作绩效的胜任素质。传统的以职位或岗位为平台的人力资源管理系统往往比较重视知识和技能这些表层的内容，而忽视社会角色、自我概念、个性特征和动机等真正决定业绩的深层内容。而这种深层次的内容对一个人在某种工作中的个体业绩所能起到的预测作用不仅准确，而且稳定。所以，很多国际著名大公司都在将自己的人力资源管理系统从传统的以岗位为核心的管理系统，向以胜任素质模型为核心的新型人力资源管理系统转变。到 1991 年时，胜任素质评价法已被 26 个国家 100 个以上的研究者应用。到 2003 年，《财富》500 强中已有超过半数的公司应用胜任素质模型。而根据美国薪酬协会的调查，75% ～ 80% 的美国公司或多或少应用过胜任素质模型。同时，胜任素质的理论和方法同样广泛运用于政府公共部门。迄今为止，美国、加拿大、澳大利亚、欧洲各国都已相继投入胜任素质运动之中。在我国，虽然起步较迟，但已有不少政府机构和企事业单位开始此方面的研究和应用。

（二）胜任素质概念的界定及其两种基本模型

什么是胜任素质？研究人员的研究角度不同，对胜任素质的界定也不同，直到今天，人们对胜任素质的界定仍未达成共识。关于胜任素质的定义，国内外学者提出的比较有影响力的观点如下。

（1）麦克里兰在《测量胜任素质而非智力》一文中给出了胜任素质的定义。他认为，从一手资料直接获得，真正能区分拟研究的生活成就或工作绩效方面优劣的个人条件或行为特征就是胜任素质。

（2）Richard Boyatzis（1982）认为，胜任素质是会导致一个人在某种职位上取得有效或卓越绩效的一系列潜在的特征。

（3）L. M. Spencer 和 S. G. Spencer（1993）认为，胜任素质是指能将某一工作（或组织、文化）中表现优秀者与表现一般者区分开来的个体行为特征，或者说是能将某一工作岗位上表现优秀者和表现一般者区分开来的个人的潜在的、深层次特征，它可以是动机、特质、自我形象、态度或价值观、某领域的知识、认知或行为技能，即任何可以被可靠测量或计数的，并且能显著区分优秀绩效和一般绩效的个体特征。

（4）Parry（1996）认为，胜任素质是“影响一个人大部分工作（角色或职责）的一些相关知识、技能和态度，他们与工作绩效紧密相连，并可用一些广泛接受的标准对他们进行测量，而且可以通过培训与发展加以改善和提高”。

（5）Dalton（1997）认为，胜任素质就是那些让个体在工作中脱颖而出的实际行为。

（6）DuBois（1999）认为，胜任素质是指那些在实际工作中有效完成任务所必需的特征或属性，具体来讲，就是那些表现优异者所拥有的特征。

（7）王重鸣（2001）认为，胜任素质是指导致高管理绩效的知识、技能、能力以及价值观、个性、动机等特征。

在所有关于胜任素质的定义中，最具有代表性的、影响最大的是斯潘塞夫妇（L. M. Spencer 和 S. G. Spencer）提出的定义，换言之，胜任素质指能将某一工作（或组织、文化）中表现优秀者与表现一般者区分开来的个体行为特征，即鉴别性胜任素质，以及能将某一工作（或组织、文化）中表现合格者与表现一般者区分开来的个体行为特征，即基准性胜任素质。

目前，关于胜任素质的两种最常见的模型就是冰山模型和洋葱模型。冰山模型是斯潘塞夫妇在 1993 年提出的，这是对胜任素质的一种比较直观的解释，如图 2-3 所示。斯潘塞夫妇认为胜任素质包括六个方面的内容：知识、技能、社会角色、自我概念、个性特征和动机。这六个方面的内容形成了一个有机的层次体系。其中，知识是指某一特定领域中的信息；技能是指从事某一活动的行为熟练程度；社会角色是指个体希望在他人面前表现出来的形象（如以企业领导或下属的形象展现自己），是个体对所属的社会群体或组织接受并认为恰当的一套行为准则的认识；自我概念是指对自己的身份、个性以及价值观的认识和看法（如将自己视为权威还是教练）；个性特征则是指在个体行为方面相对持久稳定的特征（如善于倾听他人、谨慎等）；动机则是指那些决定外显行为的自然而稳定的思想（如总想把自己的事情做好，总想控制影响他人，总想让别人理解、接纳、喜欢自己）。在这六类胜任素质中，知识和技能是基本知识、基本技能，是外在表现，是容易了解与测量的部分，相对而言也比较容易通过培训和学习来改变和发展。因此，斯潘塞夫妇称之为基本胜任素质，即任职的基本要求。而社会角色、自我概念、个性特征和动机，是人内在的、难以测量的部分。它们不太容易通过外界的影响而得到改变，但却对人员的行为与表现起着关键性的作用。其中，社会角色和自我概念经过长时间的培训或成长性经历可以有所改变，个性特征和动机的改变难度则非常大，因此，称为区分性胜任素质，即属于能够区分

绩效优秀者和绩效一般者的胜任素质。

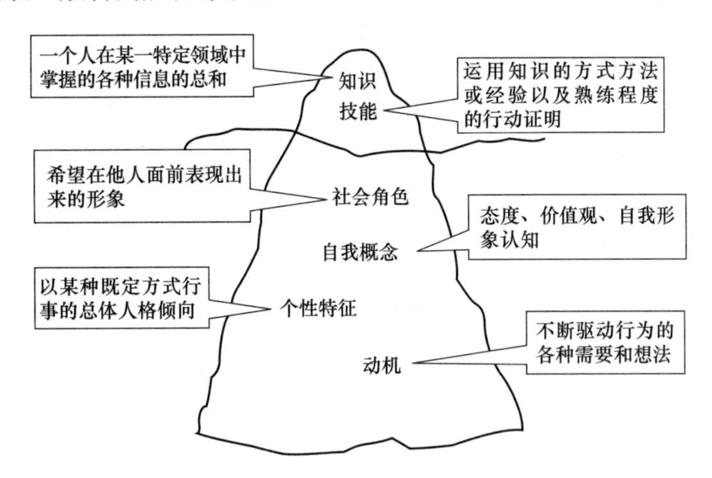

图 2-3　胜任素质的冰山模型

胜任素质的洋葱模型是由美国学者理查德·博亚特兹（Richard Boyatzis）在 1982 年提出的，如图 2-4 所示。在洋葱模型中，胜任素质的构成要素与冰山模型基本类似，包括知识、技能、自我形象、态度、价值观以及个性特征和动机。其中，知识是个体在某一特定领域所拥有的事实型与经验型信息；技能是个体结构化地运用知识完成某项具体工作的能力；自我形象是指个体对其自身的看法与评价；态度是个体的自我形象、价值观以及社会角色综合作用外化的结果；价值观是个体对周围各种事物的重要性、意义的总体评价和看法；个性特征是个体对外部环境及各种信息等的反应方式、倾向以及基本特征；动机是推动个体为达到目标而采取行动的内驱力。个性特征和动机处于洋葱的最内层，中间层为自我形象、态度和价值观，最外层的则是知识和技能。最内层和中间层的胜任素质既难以评价，也难以后天习得，而最外层的知识和技能则既容易作出评价，同时也容易在后天习得。

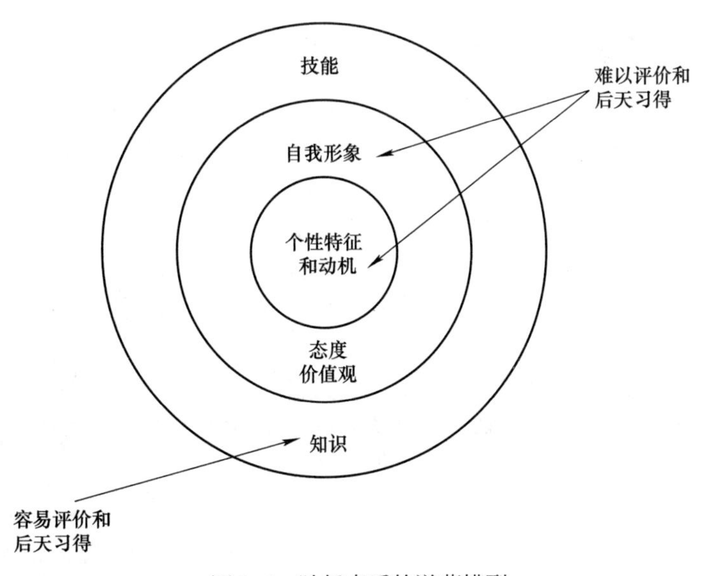

图 2-4　胜任素质的洋葱模型

二、胜任素质模型及其构成

（一）胜任素质模型的概念及其分类

胜任素质模型是指在特定的职位、职位族、组织以及行业中承担某种具体工作角色时必须具备的各种胜任素质的组合。它描述了在特定的工作背景下驱动员工产生优秀绩效的各种知识、技能以及可衡量行为模式的总和。尽管不同的工作环境以及不同的组织在胜任素质模型中确定的胜任素质数量会有所不同，但总体而言，胜任素质模型中通常包括 7 ～ 9 种胜任素质。比如，在华为公司的战略领导力模型中就包括三大胜任素质维度以及细分的 9 种胜任素质，即发展组织能力（包括团队领导力、塑造组织、跨部门合作）、发展客户能力（包括关注客户、建立伙伴关系）以及发展个人能力（包括理解他人、组织承诺、战略思维、成就导向）。

总体而言，适用于一家组织内部的胜任素质模型通常可以分为三类：第一类是组织成员胜任素质模型；第二类是职能性或专业性胜任素质模型；第三类是职位胜任素质模型。其中，组织成员胜任素质模型是适用于组织全体成员（上到高层管理人员，下到普通员工）的胜任素质模型，这种胜任素质模型集中反映了一个组织独特的战略、文化以及核心价值观，有时又被称为核心胜任素质，它是对全体员工行为的引导和指南。比如阿里巴巴经常强调的所谓“六脉神剑”（即客户第一、团队合作、拥抱变化、诚信、激情和敬业）实际上就是反映阿里巴巴公司价值观和文化的企业通用胜任素质模型。职能性或专业性胜任素质模型是指适用于某个职位族或专业领域的胜任素质模型，比如适用于组织中各类管理人员（或研发人员或销售人员等）以及一家医院内部各类护理人员的专业性胜任素质模型。职位胜任素质模型是针对某个具体职位建立的特定的胜任素质模型，比如某公司财务部经理或分公司总经理的胜任素质模型，或者是儿童医院急诊科护士的胜任素质模型。

除了组织内的胜任素质模型以外，很多研究者还试图建立跨组织的胜任素质模型，其中既包括跨组织的职能性或专业性胜任素质模型，比如适用于不同企业中的人力资源管理人员（或财务人员或销售人员）的通用胜任素质模型，也包括跨组织的职位胜任素质模型，比如适用于各家医院急诊科医生或大学校长的通用胜任素质模型等。

（二）胜任素质模型的构成及胜任素质词典

在实践中，胜任素质模型可能比较简单，比如一个胜任素质模型中仅仅包括列举出来的 7 ～ 9 种胜任素质，也可能比较复杂，比如一个胜任素质模型首先分为几大类，然后每一类胜任素质再细分为若干个具体的胜任素质。然而，无论如何，任何一个胜任素质模型并不是简单地将其中包含的胜任素质列举出来就行了，相反，其中必须至少包括两项基本内容：一是胜任素质的名称及定义；二是胜任素质的分级定义。首先，胜任素质的定义能够使使用者总体上了解该胜任素质所要强调的是何种类型的行为。其次，每一个胜任素质都会区分出 3 ～ 5 级不同的行为表现程度，并且每个级别的行为表现都附有简短的说明，以便使用者能够区分一个人在该胜任素质方面到底处在哪种程度或水平上。理论上说，在同一种胜任素质上，一个人得到的评价等级越高，则表明此人在实际工作中的表现与该胜任素质相对应的那些行为的频率越高或强度越大，因而，工作绩效会越好。

比如，某电信公司开发了公司的核心胜任素质和适用于不同职位族的胜任素质，其中，核心胜任素质包括责任感、学习精神、团队合作、进取精神、成本效益几项。而管理者的胜任素质在此基础之上还包括发展下属、管理变革、战略思维、执行能力几项额外的胜任素质。

类似地，该公司还针对市场、销售、客户服务、客户支持、运营维护、工程建设、系统支持、管控支撑等不同的职位族，分别开发了更为具体的胜任素质模型，比如市场系列在核心胜任素质之外，还包括市场意识、灵活应变、积极主动三项胜任素质，其中的每一项胜任素质都给出了概念定义、分级定义或分级描述，还有具体的行为事例以及负面的行为表现等。表 2-3 中以该公司市场人员胜任素质之一的市场意识为例，说明了胜任素质的描述方式。

表 2–3　某市电信公司市场人员的胜任素质之一：市场意识

定义：市场意识指对电信市场持续关注，具有市场反应能力，了解市场变化对公司以及自己工作的影响程度，以及不断追踪、调查、收集竞争对手和市场信息的行为特征。

基础水平	良好水平	优秀水平	卓越水平
（1）掌握基本的市场变化规律，了解现在市场发展趋势、主要竞争对手的基本情况和本公司在市场中所处的位置等。 （2）具有市场敏锐度，运用一般途径（如网络搜索、阅读期刊、询问有关人员等）来关注电信市场上的最新消息	（1）对竞争对手有充分的了解，掌握他们的销售渠道、定价策略、资金状况以及最新的动向等。 （2）保持对潜在竞争对手以及新技术所可能带来的变化的警觉，可以对未来市场的发展作出一定的预测。 （3）运用调查研究或其他更多样化的途径来加强对市场的掌控	（1）在时间急迫等特殊情况下，可以对市场和竞争对手的变化作出合理的判断和预测。 （2）掌握市场发展的深层原因，追踪并关注竞争对手在市场上每一个细微的行动，并提出独到的见解	（1）亲自动手建立起能够长期运作的市场信息收集系统，或形成收集市场信息的习惯。 （2）对市场的理解和分析可以形成自己的一套系统性的方法或理论
注释：简单了解市场	注释：通过调查等掌握市场的动向	注释：掌握市场的变化规律	注释：建立系统或理论来分析市场
示例：定期阅读一些电信行业市场方面的杂志，收集一些信息	示例：为了能更充分地了解竞争对手和客户，凡是与竞争对手和客户有关的信息，都予以收集	示例：注意到某某公司采用了一个新的做法，认为他们这么做是不利于市场发展的，而应该……	示例：一直关注这个行业的信息，每周都召集大家对收集到的市场信息进行讨论分析并制订计划

负面表现：
（1）从来不关注电信市场上发生的事情，没有收集市场信息的习惯；
（2）对市场上出现的问题和情况只是简单了解，浅尝辄止，从不探究；
（3）从不关心竞争对手的情况

很多组织在开发出自己的胜任素质模型后，都会编制成完整的胜任素质词典。一家公司的胜任素质词典通常会包括适用于各类职位的核心胜任素质或组织通用胜任素质，也包括适用于某些特定职位族的职能性或专业性胜任素质。其中，会对每一种胜任素质的定义、等级划分、各级行为表现甚至典型具体实例等作出系统全面的描述。这种胜任素质词典会成为一家企业在人力资源管理相关领域开展工作时的通用指南或工作平台之一。

（三）胜任素质模型的构建步骤与方法

胜任素质模型的构建，通常需要经历以下几个步骤，即准备阶段，胜任素质原始信息收集阶段，胜任素质模型初步建立阶段，胜任素质模型验证与确定阶段。

1. 胜任素质模型构建的准备阶段

这一阶段的主要任务是组建胜任素质模型开发小组，确定目标以及收集整理，对胜任素质模型开发有价值的各种相关信息和资料。胜任素质模型开发小组通常包括组织领导、胜任素质模型专家或心理专家、人力资源部门相关人员以及胜任素质模型涉及的相关职位或职位族中的任职者及其上级。首先，该开发小组要统一思想，对胜任素质模型的内涵作用，以及需完成的胜任素质模型，构建工作的程序方法和目标等达成共识；其次，对组织的战略文化等进行分析和研究，可采取高层管理人员访谈，组织文化诊断以及战略分析等方法来完成；最后，开发小组还需要制订详细的工作计划，同时收集整理与被分析的职位有关的组织结构图、工作说明书、工作流程图、现有的绩效评价表格及其相关资料。

2. 胜任素质原始信息收集阶段

在获取胜任素质信息方面，主要可以采用两种方法：一种是行为事件访谈法，另外一种是综合评价法。获取胜任素质信息的传统方法是行为事件访谈法。这是一种以绩效优秀者为对象的，开放式深度访谈技术，它要求首先在需要建立胜任素质模型的职位或职位族中，依据一定的绩效标准，挑选出绩效优秀者，然后要求这些人列出他们的主要工作职责，以及在履行职责时遇到的关键情境，进一步要求他们列出在此工作情形下发生过的三种成功或正面事件，以及三件不成功或负面事件。在就这些事件对绩效优秀者进行访谈时，通常要求他们按照 STAR 原则加以描述，即针对每一个事件，要求被访者说出当时的情景（situation），自己需要完成的工作任务（task），自己实际采取的行动（action）以及这些行动最后产生的结果（result），以此识别出导致这些人达成高绩效的行为。

然而一方面，由于这种深度访谈技术对访谈者的要求较高，同时耗时较长，另一方面，对于有些职位或职位族来说，一个组织内部的绩效优秀者人数并不是很多，因此完全依赖这种技术来获取胜任素质信息的难度比较大。所以在实践中，很多企业采取了一种变通措施，即采用综合评价法。这种方法，综合采用文献研究、问卷调查、专家评价以及标杆参照等多种方法来获得胜任素质信息。文献研究是指通过对各种学术文献进行研究，从中找出在学术上得到证明的、与待开发职位或职位族相关的胜任素质信息。问卷调查是通过让对相关职位或职位族比较了解的任职者及其管理人员填写问卷的方式收集胜任素质信息。专家评价则是邀请心理学家或对相关职位或职位族非常了解的胜任素质模型专家，来提供关于特定职位或职位族的胜任素质信息。标杆参照则是对其他与自己类似组织中的相同或相似职位或职位族的胜任素质进行考察，从而适当地吸收和借鉴。

3. 胜任素质模型初步建立阶段

在这一阶段，需要对在上一阶段收集的胜任素质原始信息进行整理和提炼，以得出相应的胜任素质的各个模块。如果是采用行为事件访谈法收集的原始信息，则需要对访谈记录进行内容分析，计算各种胜任素质要素在访谈中出现的频率，然后对绩效优秀组和绩效一般组在各个胜任素质要素上提及的频率或程度进行统计和比较，找出两组之间的共性特征与差异特征，最后再根据不同的主题，对胜任素质要素进行模块归类，从而初步形成胜任素质模型。如果在上一阶段采用的是综合评价法则，在这个阶段需要由专家对收集的胜任素质，基于对相关职位或职位族的重要性，以及发生的频率等标准进行筛选，最终确定初步胜任素质模型。

4. 胜任素质模型的验证与确定阶段

在初步建立胜任素质模型之后，还需要通过实验检验其有效性及考查在实际绩效评价或考核过程中，绩效优秀者和绩效一般者之间在这些胜任素质方面是否存在显著的差异。只有在一定时间后，员工的绩效差异符合胜任素质模型的预测，才能证明这一胜任素质模型是有效的，可以运用于人力资源管理的各项相关决策之中。但这一步骤往往被很多企业忽视，这就很难保证构建的胜任素质模型真正起到区分绩效差异的作用。在验证之后，通常还需要编写胜任素质辞典，最终形成胜任素质模型。

第五节 工作分析实务

【项目一】

一、项目名称

设计和编写大学教师、高校辅导员职位分析调查问卷和访谈提纲。

二、实训目的

通过本次实训，理解并掌握工作分析的基本方法，对几种常用的工作分析方法进行横向比较，总结各自的优缺点，熟练运用问卷调查法和访谈法学会对工作分析过程中收集的信息进行整理和归纳。

三、实训条件

（一）实训时间

2 课时。

（二）实训地点

教室，所在高校的各系办公室和人力资源等部门。

（三）实训所需材料

本实训需要收集大学教师、高校辅导员这两类职位的信息。

本实训的设计背景如下。

假设学校要重新对全校教职工绩效考核制度进行一次修订，重点修订对象为专职教师和高校辅导员这两类职位，学校希望通过此次工作分析，准确界定这两类职位的具体工作职责以及责任细分，提炼出操作简单、有效、实用的衡量工作完成效果的指标，并提供依据。

四、实训内容与要求

（一）实训内容

（1）设计和编写职位分析调查问卷并开展问卷发放、回收及整理职位信息等工作。

（2）设计和编写访谈提纲，并实施访谈和整理职位信息。

（二）实训要求

（1）设计和编写大学教师、高校辅导员的职位分析调查问卷。

（2）开展问卷发放回收及整理职位信息等工作。

（3）设计和编写大学教师、高校辅导员的访谈提纲。

（4）开展大学教师、高校辅导员职位访谈及整理职位信息等工作。

五、实训组织与步骤

（一）问卷调查法

建立问卷调查实施小组，每组 5 ～ 7 人，以小组为单位开展以下各项活动。

第一步，实训前做好准备，复习有关问卷调查法的知识，熟练掌握问卷调查法的程序及实施注意事项。

第二步，挑选大学教师、高校辅导员中的典型人员作为调查对象，和其直接上级面谈，进行职位分析问卷调查的前期调研，面谈内容涉及任职者资料、工作的主要内容、工作职责和绩效标准、工作的付酬依据、工作权限、工作联系、工作时间要求、工作所需的知识和技能、工作所需的教育程度和工作经历、工作环境和工作条件、工作对身体的要求等。

第三步，以小组为单位，就收集的职位信息展开讨论，充分发表个人观点，确定大学教师、高校辅导员的关键职位信息。

第四步，以小组为单位确定调查内容，设计调查问卷。

第五步，实施调查问卷的发放、填写及回收以及职位信息整理工作。

问卷发放：以大学教师、高校辅导员全体任职者为调查对象；调查样本包括这两类职位的直接上级，以及有代表性的其他相关人员。

问卷填写：跟踪相关人员填写状况，解答调查过程中出现的疑难问题，统一填写。

问卷回收：按照职位分析计划按时回收问卷。

第六步，教师就各小组设计的职位分析问卷及实施过程适时讲评。

将学生划分成若干小组，6 ～ 8 人为一组。

（二）访谈法

建立实施小组，每组 5 ～ 7 人，以小组为单位开展以下各项活动。

第一步，实训前做好准备，复习有关访谈法的知识，熟练掌握访谈法的程序及实施注意事项。

第二步，以小组为单位开展讨论，充分发表个人观点，制订访谈计划，编制访谈提纲。

访谈计划包括的内容有：明确访谈目标；确定访谈对象；选定合适的职位分析访谈方法，例如访谈的结构化程度以及访谈的形式，访谈的时间、地点；准备访谈所需的材料和设备。

访谈提纲包括的内容有：任职者资料、工作的主要内容、工作职责和绩效标准、工作的付酬依据、工作权限、工作联系、工作时间要求、工作所需的知识和技能、工作所需的教育程度和工作经历、工作环境和工作条件、工作对身体的要求等。

第三步，运用访谈法挑选大学教师、高校辅导员中的典型人员作为调查对象，和其直接上级进行访谈，注意访谈技巧的使用。

第四步，收集典型岗位的职位信息，整理访谈记录，整理职位信息。

第五步，教师就各小组编制的访谈提纲及实施过程适时讲评。

六、实训考核方法

（一）成绩划分

实训成绩按优秀、良好、中等、及格和不及格五个等级评定。

（二）评定标准

1. 问卷调查法实训的评定标准

（1）实训前对编制和实施职位分析调查问卷的操作流程和注意事项是否熟练掌握。

（2）小组成员分工合作是否合理，合作过程是否和谐顺畅。

（3）各小组在调研访谈和课堂讨论过程中是否认真、积极地投入，体现出良好的团队协作精神。

（4）是否依据大学教师和高校辅导员的关键职位信息编制职位分析调查问卷。

（5）编制的职位分析调查问卷是否包括任职者资料、工作的主要内容、工作职责、工作绩效标准、付酬依据、工作权限、工作环境、工作联系、任职资格要求等内容。

（6）是否按照问卷法的程序进行操作，调查问卷的内容能否做到主题明确、结构合理、通俗易懂、长度适宜、适于统计，问卷结构安排是否规范、合理，文字是否简练、清楚，问卷的发放、跟踪和回收过程是否按时无误。

（7）课堂讨论、职位分析问卷调查操作过程占总成绩的 60%，实训作业占 40%。

2. 访谈法实训的评定标准

（1）实训前对访谈法的操作流程和注意事项是否熟练掌握。

（2）小组成员分工合作是否合理，合作过程是否和谐顺畅。

（3）各小组在课堂讨论过程中是否认真、积极地投入，体现出良好的团队协作精神。

（4）是否依据大学教师和高校辅导员的关键职位信息编制访谈提纲和进行访谈。

（5）编制的访谈提纲内容是否规范，是否包括职位主要职责、主要工作任务、工作绩效标准、付酬依据、工作权限、工作环境和条件、工作联系、工作对身体和健康的要求、任职资格要求等内容。

（6）是否按照访谈法程序进行操作，访谈问题安排是否合理、完整，语言是否简练、清楚，所收集的职位信息是否完整、重点突出。

（7）课堂讨论、调研和访谈过程占总成绩的 60%，实训作业占 40%。

【项目二】

一、项目名称

编制大学教师、高校辅导员的工作说明书。

二、实训目的

编写工作说明书，了解相关职位的要求，可在以后的学习中培养感兴趣的职位所需的素质和技能。通过本次实训，要求了解工作说明书包括的主要内容，理解编写工作说明书的基本原理和思路，学会撰写内容完整、用语规范的工作说明书。

三、实训条件

（一）实训时间

2 课时。

（二）实训地点

教室。

（三）实训所需材料

本实训需要准备各种类型的工作说明书范本，通过调查问卷和访谈得出的关键职位信息。

本实训的设计背景如下。

假设学校要重新对全校教职工绩效考核制度进行一次修订，重点修订对象为专职教师和高校辅导员这两类职位，学校希望通过此次工作分析，准确界定这两类职位的具体工作职责以及责任细分，提炼出操作简单、有效、实用的衡量工作完成效果的指标，并提供依据。

四、实训内容与要求

（一）实训内容

编制大学教师、高校辅导员工作说明书。

（二）实训要求

（1）根据工作分析方法模块收集的大学教师的职位信息并参考工作说明书范本格式编制该职位的工作说明书。

（2）根据工作分析方法模块收集的高校辅导员的职位信息并参考工作说明书范本格式编制该职位的工作说明书。

五、实训组织与步骤

第一步，实训前做好准备，复习并熟练掌握有关工作说明书方面的知识。

第二步，对学生进行分组，建立工作说明书撰写小组（每组 5 ～ 7 人）。

第三步，以小组为单位，根据工作分析方法模块收集到大学教师和高校辅导员的职位信息展开讨论，充分发表个人观点，确定大学教师、高校辅导员的关键职位信息。

第四步，讨论结束后，在规定的时间内，每个小组撰写典型职位的工作说明书。

第五步，由老师对小组成员所撰写的工作说明书进行点评。

六、实训考核方法

（一）成绩划分

实训成绩按优秀、良好、中等、及格和不及格五个等级评定。

（二）评定标准

（1）实训前对工作说明书的知识掌握是否熟练。

（2）各小组在根据所收集的大学教师和高校辅导员的职位信息进行课堂讨论过程中是否认真、积极地投入，体现出良好的团队合作精神。

（3）是否依据工作说明书的原理编制工作说明书。

（4）编制的工作说明书的内容是否正确、翔实，信息完整，重点突出。

（5）课堂讨论占总成绩的 40%，实训作业占 60%。

复习思考题

1. 什么是工作分析？它有什么作用？

2. 工作分析的步骤是什么？每一步需要完成什么任务？

3. 工作分析的主要方法有哪些？每一种的内容是什么？

4. 工作说明书包括哪些方面的内容？如何编写工作说明书？应注意什么问题？

5. 如果你是一个企业的人力资源部经理，你将如何进行人力资源部招聘专员的工作分析？

6. 什么是胜任素质？什么是胜任素质模型？

7. 如何建立胜任素质模型？

案例分析

A房地产公司的工作分析

A公司是我国中部省份的一家房地产开发公司。近年来，随着当地经济的迅速增长，房产需求强劲，公司有了飞速的发展，规模持续扩大，逐步发展为一家中型房地产开发公司。随着公司的发展和壮大，员工人数大量增加，众多的组织和人力资源治理问题逐渐凸显出来。

公司现有的组织机构，是基于创业时的公司规划，随着业务扩张的需要逐渐扩充而形成的，在运行的过程中，组织与业务上的矛盾已经逐渐凸显出来。部门之间、职位之间的职责与权限缺乏明确的界定，扯皮推诿的现象不断发生；有的部门抱怨事情太多，人手不够，任务不能按时、按质、按量完成；有的部门又觉得人员冗杂，人浮于事，效率低下。

公司的人员招聘方面，用人部门给出的招聘标准往往含糊，招聘主管往往无法准确地加以理解，使得招来的人大多差强人意。同时目前的许多岗位不能做到人事匹配，员工的能力不能得以充分发挥，严重挫伤了士气，并影响了工作的效果。公司员工的晋升以前由总经理直接做出。现在公司规模大了，总经理已经几乎没有时间来与基层员工和部门主管打交道，基层员工和部门主管的晋升只能根据部门经理的意见来做出。而在晋升中，上级和下属之间的私人感情成为了决定性的因素，有才干的人往往却并不能获得提升。因此，许多优秀的员工由于看不到自己未来的前途，而另寻高就。在激励机制方面，公司缺乏科学的绩效考核和薪酬制度，考核中的主观性和随意性非常严重，员工的报酬不能体现其价值与能力，人力资源部经常可以听到大家对薪酬的抱怨和不满，这也是人才流失的重要原因。

面对这样严重的形势，人力资源部开始着手进行人力资源治理的变革。变革首先从进行工作分析、确定职位价值开始。工作分析、职位评价究竟如何开展，如何抓住工作分析、职位评价过程中的要害点，为公司本次组织变革提供有效的信息支持和基础保证，是摆在A公司面前的重要课题。

首先，他们开始寻找进行工作分析的工具与技术。在阅读了国内目前流行的基本职位分析书籍之后，他们从其中选取了一份工作分析问卷，来作为收集职位信息的工具。然后，人力资源部将问卷发放到了各个部门经理手中，同时他们还在公司的内部网上也上发了一份关于开展问卷调查的通知，要求各部门配合人力资源部的问卷调查。

据反映，问卷在下发到各部门之后，却一直搁置在各部门经理手中，而没有发下去。很多部门是直到人力部开始催收时才把问卷发放到每个人手中。同时，由于大家都很忙，很多人在拿到问卷之后，都没有时间仔细思考，草草填写完事。还有很多人在外地出差，或者任务缠身，自己无法填写，而由同事代笔。此外，据一些较为重视这次调查的员工反映，大家都不了解这次问卷调查的意图，也不理解问卷中那些生疏的治理术语，何为职责、何为工作目的，许多人对此并不理解。很多人想就疑难问题向人力资源部进行询问，可是也不知道具体该找谁。因此，在回答问卷时只能凭借自己个人的理解来进行填写，无法把握填写的规范和标准。

一个星期之后，人力资源部收回了问卷。但他们发现，问卷填写的效果不太理想，有一部分问卷填写不全，一部分问卷答非所问，还有一部分问卷根本没有收上来。辛劳调查的结果却没有发挥它应有的价值。

与此同时，人力资源部也着手选取一些职位进行访谈。但在试着谈了几个职位之后，发现访谈的效果也不好。因为，在人力资源部，能够对部门经理访谈的人只有人力资源部经理一人，主管和一般员工都无法与其他部门经理进行沟通。同时，由于经理们都很忙，能够把双方凑在一块，实在不容易。因此，两个星期时间过去之后，只访谈了两个部门经理。

人力资源部的几位主管负责对经理级以下的人员进行访谈，但在访谈中，出现的情况却出乎意料。大部分时间都是被访谈的人在发牢骚，指责公司的治理问题，抱怨自己的待遇不公等。而在谈到与职位分析相关的内容时，被访谈人往往又言辞闪烁，顾左右而言他，似乎对人力资源部这次访谈不太信任。访谈结束之后，访谈人都反映对该职位的熟悉还是停留在模糊的阶段。这样持续了两个星期，访谈了大概 1/3 的职位。王经理认为时间不能拖延下去了，因此决定开始进入项目的下一个阶段——撰写工作说明书。

可这时，各职位的信息收集却还不完全。怎么办呢？人力资源部在无奈之中，不得不另觅他途。于是，他们通过各种途径从其他公司中收集了许多工作说明书，试图以此作为参照，结合问卷和访谈收集到一些信息来撰写工作说明书。

在撰写阶段，人力资源部还成立了几个小组、每个小组专门负责起草某一部门的工作说明书，并且还要求各组在两个星期内完成任务。在起草工作说明书的过程中，人力资源部的员工都颇感为难，一方面不了解别的部门的工作，问卷和访谈提供的信息又不准确；另一方面，大家又缺乏写工作说明书的经验，因此，写起来都感觉很费劲。规定的时间快到了，很多人为了交稿，不得不急急忙忙凑了一些材料，再结合自己的判定，最后成稿。

最后，工作说明书终于出台了。然后，人力资源部将成稿的工作说明书下发到了各部门，同时，还下发了一份文件，要求各部门按照新的工作说明书来界定工作范围，并按照其中规定的任职条件来进行人员的招聘、选拔和任用。但这却引起了其他部门的强烈反对，很多直线部门的治理人员甚至公开指责人力资源部，说人力资源部的工作说明书是一堆垃圾文件，完全不符合实际情况。

于是，人力资源部专门与相关部门召开了一次会议来推动工作说明书的应用。人力资源部经理本来想通过这次会议来说服各部门支持这次项目。但结果却恰恰相反，在会上，人力资源部遭到了各部门的一致批评。同时，人力资源部由于对其他部门不了解，对于其他部门所提的很多问题，也无法进行解释和反驳，因此，会议的最终结论是，让人力资源部重新编写工作说明书。后来，经过多次重写与修改，工作说明书始终无法令人满意。最后，工作分析项目不了了之。

人力资源部的员工在经历了这次失败的项目后，对工作分析彻底丧失了信心。他们开始认为，工作分析只不过是“雾里看花，水中望月”的东西，说起来挺好，实际上却没有什么大用，而且认为职位分析只能针对西方国家那些治理先进的大公司，拿到中国的企业来，根本就行不通。原来雄心勃勃的人力资源部经理也变得灰心丧气，但他却一直对这次失败耿耿于怀，对项目失败的原因也是百思不得其解。

那么，职位分析真的是他们认为的“雾里看花，水中望月”吗？该公司的工作分

析项目为什么会失败呢?

思考题:

1. 该公司为什么决定从工作分析入手来实施变革，这样的决定正确吗?为什么?
2. 在工作分析项目的整个组织与实施过程中，该公司存在着哪些问题?
3. 该公司所采用的工作分析工具和方法主要存在着哪些问题?
4. 如果你是人力资源部新任的主管，让你重新负责该公司的职位分析，你要如何去开展?

华为的素质模型

华为人力资源管理体系的搭建应该始于“华为基本法”，在该基本法里华为确立了人力资源管理的铁三角，那就是价值创造体系、价值评价体系和价值分配体系，由这三方面构成了华为人力资源管理价值链，成为华为人力资源管理的核心，如图 2-5 所示。华为人力资源管理体系之所以有力量，是因为所有人力资源管理实践都建立在人力资源管理价值链的铁三角上。

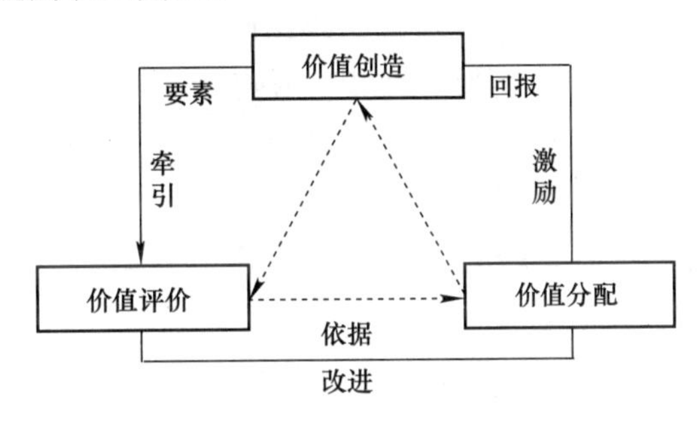

图 2-5　华为人力资源管理价值链

一、华为素质模型在人力资源管理体系中的定位

华为的素质模型是在价值评价体系里构建的，这是素质模型在华为整个人力资源管理体系中定位，不管称之为华为胜任素质模型还是素质模型，都是作为华为的价值评价体系中的一个组成环节。如果一个企业把胜任素质模型作为一个独立的模块来看，而不是把这个模型融入人力资源管理体系中，那么即使它再完美，依然难以发挥应有的作用。因此，素质模型是否能进入人力资源管理的整个体系，能否形成稳定的铁三角，是其能否发挥作用的关键。

华为是国内企业引进素质模型比较早，并且做得比较好的一家企业。华为的素质模型在人力资源管理体系中有着明确清晰的定位，隶属于华为人力资源管理铁三角中的价值评价体系。在价值评价体系中，也包括三个体系：以企业目标与使命为导向形成的绩效管理体系；以职位、流程以及组织为基础的评价体系；以任职资格、素质模型为核心的评价体系。这三个体系又构成了华为价值评价体系的铁三角，分别面向绩效、职位以及人的能力。这三个体系可以归结为三个约定俗成的词汇：绩效用“事”来表示，职位用“岗”来表示，能力素质用“人”来表示。

这三大价值评价体系之间有着明确的分工，任何一块都没有独立于华为的整个人力资源管理体系，而是有机融合，与其他体系进行了很好地对接，其中，最为直接的是与价值分配体系的挂钩。首先，华为对职位进行评价，确定职位价值，对每一个职位明码标价，也就是说在职位描述里面确定该职位所需要的任职资格、能力素质和基本经验等条件。然后，华为对人进行评价，把职位要求与能力素质等结合，就是华为经常讲的“人岗匹配”。人配置到了相应的位置上之后，再看事，评价他的态度、绩效等，如图 2-6 所示。

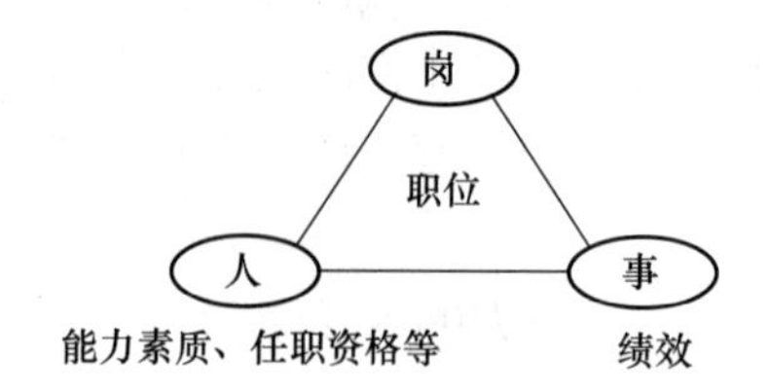

图 2-6　三大体系的关系

在现实中，是如何进行结合的呢？首先，职位价值和基本工资挂钩。然后，就是任职资格、工作态度以及能力素质和晋升挂钩，这个晋升不是职务的晋升，而是职位的晋升。最后是绩效和奖金挂钩。这就形成了价值评价和价值分配的有机结合。一个人在一定的职位上长期做得好，就会有一块累积绩效，这是靠员工持股和期权进行回报的，在华为通过饱和持股来实现。饱和持股也是员工持股的一种方式。所以，华为坚守一种理念：决不让雷锋吃亏，奉献者定当得到合理回报。对奉献者和“雷锋”的回报，主要靠股票期权、员工持股来解决。

二、华为素质模型的基本构架

华为的素质模型由国外咨询公司协助搭建，经过“先僵化，后优化，再固化”的管理过程，已成功地融入华为的人力资源管理实践。

1. 素质模型的分类

华为的素质模型分为两大类：通用素质模型与基于职位族的素质模型。在通用素质模型中，包括成就意识、演绎思维、归纳思维、信息收集、关系建立、团队精神等 18 项通用素质。基于职位族的素质模型就包括领导者、管理者、研发族、营销族、专业族、操作族的素质模型。另外，各个职位族下面还细分为更小的族。比如专业族下面还细分为计划、流程管理、人力资源、财经、采购、秘书等族，每个细分都有专门的素质模型。不管是通用素质模型还是基于职位的素质模型，都做得非常细，绝对不是简单的能力词汇的拼凑。针对职位特点做出来的素质模型广泛应用在了人力资源管理的各个层面。

2. 素质模型的构成

在华为素质模型中，包括素质词典、素质定义、分级标准、标准描述、反映各项素质的关键事件以及评价结果的运用。

素质词典是对模型中所有素质的总括。在素质词典中，各项素质都有明确的定义和独特的分级标准。比如研发人员“团队合作”分为 4 个等级，每个等级都有对应的描述以及针对性的案例分析，也就是说这个素质是通过什么事件来反映的。这些事件都是在华为营销人员、研发人员等身上真实发生的。之后根据这些关键事件回归到现实，在人力资源管理实践中加以运用。

在华为的素质模型中，对分级标准的制定是非常细致的，因为有了分级标准，就可以对素质模型进行评价，就可以明确地告诉员工，你的某种素质是几级。

三、华为素质模型的运用

华为的素质模型既有评价标准又有评价结果以及评价结果的运用，即评价完了和什么挂钩。在很多企业，素质模型都缺乏运用，往往是花了很大代价，做出来一个与时俱进的素质模型却不知道用在哪里。华为是如何做的呢？让我们先看一下华为素质模型的运用领域。

第一，职位描述。如果做了素质模型，可以直接运用到工作说明书的任职资格一栏，比如一个职位需要什么素质，需要几级素质，都可以直接做出来，与任职资格进行对接。

第二，招聘选拔。在招聘选拔中运用素质模型，既可以增加招聘选拔的依据性、针对性与有效性，又可以降低企业后续的培训成本。

第三，任职资格管理。华为除了素质模型外，另外还有任职资格体系。素质模型以能力为基础，而任职资格则以职位为基础，但是两者也有交叉。

第四，后备干部管理。在华为后备干部选拔标准中，素质是一项非常重要的参考条件，而这里的素质一般直接依据该职位的素质模型来确定。

第五，报酬。前面提到，素质已经成为国际领先的薪酬模式中一项非常重要的付酬要素，相对于其他要素来说，对素质的激励对于员工来说，作用周期往往比较长。

第六，培训。根据素质模型确定培训需求，这是提高培训目标性与效果性的关键，不仅可以大大降低培训成本，而且还可以形成明确的培训目标，使培训有据可依。

（资料来源：吴春波．华为的素质模型和任职资格管理体系 [J]．中国人力资源开发，2010（8）：60-64．）

思考题：

1. 素质模型在华为人力资源管理体系中扮演什么样的角色？
2. 华为素质模型的构建过程有哪些值得借鉴的地方？
3. 素质模型在华为人力资源管理中的运用，对人力资源管理有什么启示？

Chapter Three

第三章　人力资源规划

学习目标

1. 理解人力资源规划的含义、内容和意义；
2. 了解人力资源规划的程序；
3. 了解人力资源需求预测和供给预测的影响因素；
4. 掌握人力资源需求、供给预测的方法以及人力资源供需平衡的方法；
5. 理解人力资源规划执行的承担者和层次。

引导案例　佳联化学公司的人力资源规划

佳联化学公司是美国一家中等规模、多种化学产品的制造商，取得了令人瞩目的销售业绩。但是公司的人事主管王伟却在担心公司的未来。他了解到有些高层主管将在两三年内退休，这意味着一些关键职位很快需要重新安排人选。但是由谁来接替这些职位呢？一些有才干的职员向这些老主管们递交了申请报告，但他们相对来说都太年轻，缺乏经验。事实上，在王伟的印象中，几乎没有哪个部门有能够立即被提拔到高层管理位置上的职员。他想：必须让组织外成员担任主管，就像他自己一年前进入公司一样。

王伟还了解到公司未来五年发展战略计划包括更多医药和试剂类化学品的研究、制造和销售。然而，王伟意识到公司目前的力量主要集中在制造商，而有科研能力的人员太少。

王伟向公司总裁提出了他所担心的未来人员供给问题。总裁说："我也正在担心这件事。看来我们需要一些确实的计划来确保我们在正确的时间、正确的岗位上雇佣正确的人。你是我们公司的人事专家，你能就如何着手进行这件事提交一份建议吗？""我会的，"王伟说，"我会尽量在几天之间给你答复。"

王伟做的第一件事是草拟出一份整个公司的图表。接着他准备把公司从最高层领导直至普通雇员分成几个部分，每一部分都提供一份详细的图表。他试图在每一个名字旁边加上注释——此人可以立即提升、有提升潜力或不可提升。但是，他很快意识到，对一些员工的工作不够了解，以致不能做出正确的划分，在这个评价过程中他需要高层以及中层管理人员的协助。他还确信培训和发展机会对提升能力很重要的，应该制订出一种给有提升潜力的雇员提供此类机会的计划。

"一个有效的培训计划要花一笔钱，"王伟想，"我想知道预算中是否有钱来进行一项管理发展计划，还有，是从内部提拔还是从外部招聘？我想知道对此最高管理层是否有一致的意见。"

在开始对科研实验室中的员工进行分析时，他痛苦地意识到，自己对于这些研究人员具有哪些能力以及在化学工程方面还需要哪些其他技能都所知甚少。他考虑得越多，人力资源计划就变得越复杂。他对自己说："在我做出有价值的建议前，我需要更多的信息。"

王伟说的几天之内延长到6个星期之后，王伟才再次就公司人员供给问题与总裁碰头。在此之前，王伟与公司中不同层次的至少50个人交谈过，他写出了一份包括一系列分类建议的长篇报告。建议之一是分别在研究、开发、制造和销售方面组建人力资源计划委员会，而他担任委员会的顾问。这些委员会的主要工作是对员工的管理或科研才能做出初步评价，然后对其培训和发展的需要提出粗略的建议，王伟还建议任命一个小型的公司委员会来开发整体经营理念和战略。

（资料来源：窦胜功、卢纪华、戴春凤. 人力资源管理与开发 [M]. 北京：清华大学出版社，2005。）

第一节　人力资源规划概述

中国有句谚语“凡事预则立，不预则废”，意思是说做任何事情的时候，如果想要取得成功就必须提前做好计划，否则往往会失败。人力资源管理同样如此，为了保证整个系统的正常运转，发挥其应有的作用，也必须认真做好计划，也就是说，必须认真做好人力资源规划。人力资源规划是一种战略规划，它着眼于为未来组织的经营活动预先准备人力，持续和系统地分析组织在不断变化的条件下对人力资源的需求，并开发制定出与组织长期效益相适应的人事政策。

一、人力资源规划的内涵和实质

人力资源规划（Human Resource Planning，HRP）又称人力资源计划，是指组织为了实现自身的发展战略，完成相应的经营目标，根据组织内外环境和条件的变化，运用科学的方法对组织人力资源的需求和供给进行预测，制定合理的政策和措施，从而使组织人力资源供给和需求达到平衡，实现人力资源的合理配置，有效激励员工的过程。人力资源规划是组织整体规则和战略的有机组成部分。

（一）人力资源规划的内涵

一个组织要维持生存和发展，拥有合格、高效的人员结构，就必须进行人力资源规划。第一，任何组织都处在一定的外部环境之中，其各种因素均处于不断的变化和运动状态。这些环境中政治的、经济的、技术的等一系列因素的变化，势必要求组织作出相应的变化。而这种适应环境的变化一般都要带来人员数量和结构的调整。第二，组织内部的各种因素同样是无时无刻不在运动着和变化着，人力因素本身也会处于不断的变化之中。比如，离退休、自然减员、招聘人员以及企业内部进行的工作岗位调动、晋升等导致人员结构变化。第三，为了保证企业的效率，内部也必然要进行人员结构的调整和优化。因此，为了适应组织环境的变化和技术的不断更新，保证组织目标的实现，就必须加强人力资源规划，这对当前的中国企业尤其重要，否则其结果必然是一方面不合要求的人员大量过剩，另一方面则是某些具有特殊技能和知识人才的紧缺，企业的竞争能力和效益就会难以提高，以致在激烈的竞争中遭到失败。

要理解人力资源规划的内涵必须把握以下几点。

（1）人力资源规划制定的依据是组织的战略目标，组织战略对人力资源规划具有导向作用，人力资源规划必须反映组织的战略意图。

（2）人力资源规划的主要工作是预测人力资源的供需关系、制定必要的人力资源政策和措施，实现人力资源的供需平衡。

（3）人力资源规划的目标是使组织人力资源供需平衡，保证组织长期持续发展和员工个人利益的实现。图 3-1 反映了人力资源规划的目标及其关注点。

人力资源规划目标：		人力资源规划关注点：
得到和保持一定数量的具备特定技能、知识结构和能力的人员； 充分利用现有人力资源； 预测组织中潜在的人员过剩或人力不足； 建设一支高素质、适用性强的员工队伍，增强企业适应位置环境的能力； 减少组织在关键或紧急情况下对外部招聘的依赖性	⇨	需要多少人； 员工用具备怎样的技术、知识和能力； 现有的人力资源能否满足已知的需要； 是否需要对员工进行培训； 是否需要进行招聘； 何时需要新员工； 培训或招聘何时开始； 如果必须裁员，应采取怎样的应对措施； 除了积极性、责任心外是否还有其他的人员因素可以开发利用

图 3-1　人力资源规划的目标及其关注点

对组织目标的服从不能以牺牲员工利益为代价，应综合平衡。组织的人力资源规划要为员工的自我发展创造良好的条件，组织应该充分发挥每个员工的积极性、主动性和创造性，要不断提高员工的工作效率，从而最终实现组织的经营目标。在考虑组织经营目标的同时，组织应该关心每一个员工的利益和发展要求，要引导他们在实现组织目标的同时实现个人的自我价值。

（二）人力资源规划的实质

人力资源规划是在预测组织未来的任务和环境的要求，以及为完成这些任务和满足这些要求而提供人员的管理过程，因而具有动态性的特征，其实质就是实现组织人力资源供给和需求的平衡。

要准确理解人力资源规划的实质，必须把握以下要点。

（1）人力资源规划要在企业发展战略和经营规划的指导下制定。

（2）人力资源规划应该包括两部分的活动：一是对企业在特定时期内的人员供给和需求进行预测；二是根据预测的结果采取相应的措施保持供需平衡。

（3）人力资源规划对企业人力资源供给和需求的预测要从数量、质量和结构这三方面进行，做到数量合适、质量合格、结构合理。

通过人力资源规划，我们必须回答或者解决下面几个问题。

（1）组织在某一特定时期内对人力资源的需求是什么，即企业需要多少人员，这些人员的构成和要求是什么。

（2）组织在相应的时期内能够得到多少人力资源的供给，这些供给必须与需求的层次和类别相适应。

在这段时期内，组织人力资源供给和需求比较的结果是什么，组织应当通过什么方式来达到人力资源的供需平衡。

二、人力资源规划的类型和内容

（一）人力资源规划的类型

1. 长期规划、中期规划和短期规划

按照时间跨度分为：长期规划，是5～10年或更长的战略性计划，比较抽象，主要确立组织的人力资源的战略；中期规划，介于长期和短期之间，一般是1年以上，5年以内，主要是根据战略规划来制定人力资源的战术规划；短期规划，一般是1年以内的执行计划，主要制定作业性的行动方案，一般而言任务清晰、目标明确，是中长期规划的贯彻和落实。

2. 总体规划和业务规划

按照层次分为：总体规划，指在规划期内人力资源管理和开发的总目标、总政策、实施步骤以及总预算的安排；各项业务规划，是对人力资源总体规划的进一步展开和细化，包括人员补充计划、人员使用计划、晋升计划、教育培训计划、薪资计划、退休计划、劳动关系计划等。

（二）人力资源规划的内容

1. 总体规划的内容

人力资源总体规划侧重于人力资源总的、概括性的谋略以及有关重要方针、政策和原则。总体规划的主要内容包括以下几个方面。

（1）阐述在组织战略规划内组织对各种人力资源需求和各种人力资源配置的总体框架。

（2）阐述与人力资源管理方面有关的重要方针、政策和原则。如人才的招聘、晋升、降职、培训与开发、奖惩和福利等方面的重大方针和政策。

（3）确定人力资源投资的预算。

2. 业务规划的内容

人力资源业务规划，是总体规划的具体实施和人力资源管理具体业务的部署，可用表3-1表示。

表3-1　人力资源业务规划的内容

规划名称	目　标	政　策	预　算
人员补充规划	类型、数量、层次对人员素质结构的改善	人员的资格标准、人员的来源范围、人员的起点待遇	招聘选拔费用
人员配置规划	部门编制、人力资源结构优化、职位匹配、职位轮换	任职条件、职位轮换的范围和时间	按使用规模、类别和人员状况决定薪酬预算
人员晋升规划	后备人员数量保持、人员结构的改善	选拔标准、提升比例、未来提升人员的安置	职位变动引起的工资变动
培训开发规划	培训的数量和类型、提供内部的供给、提高工作效率	培训计划的安排、培训时间和效果的保证	培训开发的总成本
员工关系规划	提高工作效率、员工关系改善、离职率降低	民主管理、加强沟通	法律诉讼费用
退休解聘规划	劳动力成本降低、生产率提高	退休政策及解聘程序	安置费用

1）人员补充规划

人员补充规划也是人事政策的具体体现，目的是合理填补组织中、长期内可能产生的职位空缺。补充规划与晋升规划是密切相关的。由于晋升规划的影响，组织内的职位空缺逐级向下移动，最终积累在较低层次的人员需求上。同时这也说明，低层次人员的吸收录用，必须考虑若干年后的使用问题。人员补充规划的目标涉及人员的类型、数量、层次对人员素质结构的改善等。人员补充规划的政策包括人员的资格标准、人员的来源范围、人员的起点待遇等。人员补充规划的步骤就是从制定补充人员标准到招聘、甄选和录用等一系列工作的时间安排。补充规划预算则是组织用于人员获取的总体费用。

2）人员配置规划

人员配置规划是对中、长期内处于不同职务或工作类型的人员的安置和调配规划。组织中各个部门、职位所需要的人员都有一个合适的规模，这个规模是随着组织内外部环境和条件的变化而变化的。配置规划就是要确定这个合适的规模以及与之对应的人员结构，这是确定组织人员需求的重要依据。配置规划的目标包括部门编制、人力资源结构优化、职位匹配、职位轮换等。配置规划的政策包括确定任职条件、职位轮换的范围和时间等。配置规划的预算是按使用规模、类别和人员状况决定薪酬预算。

3）人员晋升规划

晋升规划实质上是组织晋升政策的一种表达方式。对企业来说，有计划地提升有能力的人员，以满足职务对人的要求，是组织的一种重要职能。从员工个人角度上看，有计划的提升会满足员工自我实现的需求。晋升规划的目标是后备人员数量保持、人员结构的改善，组织绩效的提高。晋升规划的政策涉及制定选拔标准和资格、确定使用期限和晋升比例，一般用指标来表达，例如晋升到上一级职务的平均年限和晋升比例。晋升规划的预算等于由于职位变化引起的薪酬的变化。

4）培训开发规划

培训开发规划的目的是为企业中、长期所需弥补的职位空缺事先准备人员。在缺乏有目的、有计划的培训开发规划情况下，员工自己也会培养自己，但是效果未必理想，也未必符合组织中职务的要求。当我们把培训开发规划与晋升规划、补充规划联系在一起的时候，培训的目的性就明确了，培训的效果也就明显提高了。培训开发的目标是员工素质与绩效的改善、组织文化的推广、员工上岗指导等。培训开发规划需要组织制定支持员工发展的终身教育政策、培训时间和待遇的保证政策等。培训开发的预算包括培训投入的费用和由于脱产学习造成的间接误工费用等。

5）员工关系规划

员工关系规划的目标是提高工作效率、改善员工关系、降低离职率。员工关系规划的政策是制定参与管理的政策和措施、对合理化建议奖励的政策和措施、有关团队建设和管理沟通的政策和措施等。员工关系规划的预算包括用于鼓励员工团队活动的费用支持，用于开发管理沟通的费用支出，有关奖励基金以及法律诉讼费用等。

6）退休解聘规划

退休解聘规划的目标是降低老龄化程度，降低劳动力成本，提高劳动生产率。有关的政策是制定退休和返聘政策、制定解聘程序。涉及的预算包括安置费、人员重置费、返聘津贴等。

三、人力资源规划的作用

在人力资源管理的所有职能中，人力资源规划最具有战略性和前瞻性。科学技术瞬息万变，而竞争环境也变幻莫测。这不仅使得人力资源预测变得越来越困难，也变得更加紧迫。人力资源管理部门必须对组织未来的人力资源供给和需求作出科学预测，以保证在需要时就能及时获得所需要的各种人才，进而保证实现组织的战略目标。

（一）有利于组织战略目标的制定和完善

人力资源规划是组织发展战略的重要组成部分，同时也是实现组织战略目标的重要保证。人力资源规划既要对组织的人力资源的现状进行分析，又要预测其发展变化趋势，对组织的人力资源管理的各项活动进行动态的调整。人力资源规划有助于组织以发展的视角制定和完善组织的战略目标，从而增强组织的生存和发展能力，提高组织的核心竞争能力。

（二）增强组织对内外环境的适应性

影响组织生存和发展的外部环境因素总是处在不断的变化之中，因而要求组织在战略、生产技术、市场营销等策略方面不断地作出相应的变化，这样就会直接或者间接地影响组织人员队伍的构成；同时，外部环境的变化要求组织内部进行的各种变革，也必然导致组织对人员结构和需求的相应变化。为了克服环境变化可能对组织带来的消极影响，人力资源规划必须前瞻性地考虑招聘、培训和员工的发展政策。人力资源规划就是要预见组织变化将要产生的组织对人力资源需求的变化，并且及早进行准备，这样有助于减少未来的不确定性，增强组织对内外环境的适应性。

（三）确保组织生存发展过程中对人力资源的需求

人力资源部门必须分析组织人力资源的需求和供给之间的差距，制定必要的人力资源的获取、利用、保持和开发策略，从而确保组织在生存和发展过程中对人力资源的需求。

（四）有效控制人力资源成本，提高人力资源利用效率

人力资源规划有助于检查和测算出人力资源规划方案的实施成本及其带来的效益。能够预测企业组织中潜在的人员过剩或人力不足，将员工的数量、质量和结构控制在合理的范围内。通过人力资源规划预测组织人员的变化，调整组织的人员结构，做到适人适位。同时，通过培训、考核等活动的开展进行人员的开发和调配，使人员配备不断达到优化组合，让员工较大限度地发挥自己的才能和作用，提高员工的工作效率，从而最大限度地削减经费、降低成本，创造最佳效益，提高竞争优势，这是组织持续发展不可缺少的环节。

（五）促进组织的人力资源管理活动的开展

人力资源规划是组织发展战略的重要组成部分，也是组织开展各项人力资源管理工作的依据，发挥着促进人力资源管理活动的开展、统一和协调各项人力资源管理职能的作用。图 3-2 显示了人力资源规划与其他人力资源管理职能的关系。

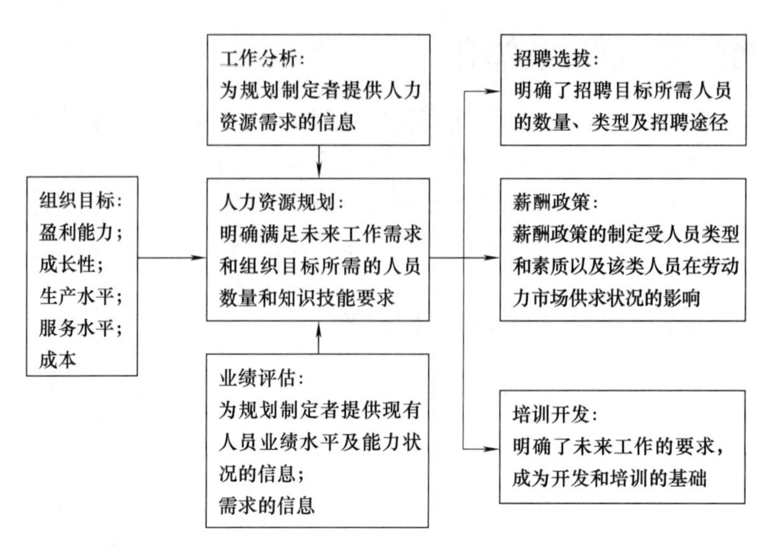

图 3-2　人力资源规划与其他人力资源管理职能的关系

1. 与组织战略目标的关系

人力资源规划的任务就是确保组织在需要的时候能获得一定数量的具有一定技能要求的员工。因此，人力资源规划必须建立在组织战略目标的基础上，同时要成为组织战略规划的一部分。

2. 与工作分析和业绩评估的关系

工作分析和业绩评估为人力资源规划的制定提供了信息。通过工作分析，人力资源规划的制订者能够了解现有和未来的工作岗位的设置状况，每个岗位需要的人员数量，以及每个岗位人员应该具有的知识、技能和经验，预测未来组织对人力资源需求的数量和种类。业绩评估可以使规划制定者了解现有员工的能力结构、技能水平是否能够满足组织战略目标的要求。

3. 与招聘选拔、培训开发和薪酬管理的关系

人力资源规划是组织招聘选拔的基础，它使组织了解哪些位置需要补充员工，补充多少员工，需要员工具有何种技能；所需员工能否从组织内部得到满足，是否需要从组织外部进行招聘；如果在组织内部招聘，现有员工是否需要培训才能适应新的岗位，需要什么培训，培训何时开始，等等。因此，人力资源规划也是组织人员培训开发计划的基础，培训开发又涉及员工的职业生涯计划，而职业生涯计划和员工培训计划可为员工提供更为广阔的发展空间。如果组织内部现有人员无法满足组织发展的需要，必须通过外部招聘解决，那么，薪酬将成为一个关键因素。组织所需的人力资源的数量和类型，以及这类人员在劳动力市场供给状态都将影响着组织的薪酬政策。只有薪酬具有竞争力，才有可能吸引和雇佣到高素质的人员，也才有可能留住现有员工。

（六）有利于调动员工的积极性和创造性

人力资源管理要求在实现组织目标的同时，也要满足员工的个人需要（包括物质需要和精神需要），这样才能激发员工持久的积极性，只有在人力资源规划的条件下，员工对自己可满足的东西和满足的水平才是可知的。

延伸阅读

什么企业需要人力资源规划？

您在企业中可能经常会遇到这样的困惑：

（1）我们发展太快了，人才引进总是在应急，而这种仓促的招聘又导致了人员的能力与企业要求错位，导致员工流失率增加。

（2）我们的HR管理的各个模块没有统一的方向，短期行为多，工作比较茫然，没有前瞻性和方向感。

（3）总觉得人力资源管理是企业里打杂的，对企业没什么太大的价值，不能起到对企业的战略支持作用。

（4）企业人员的年龄结构太不合理了，近两年要有大量员工临近退休年龄。很多有经验的员工短期不能补上，只能通过返聘来应付。

（5）各个部门总想要求增加人，老总又不想增加太多用人编制，搞得我们很难开展工作。

（6）我们公司的HR的开支年年超过预算要求，成本不断增加。

如果您也遇到这样的困惑，您企业的人力资源规划一定出了问题，或许根本就没有人力资源规划。人力资源规划是指根据组织的发展战略、组织目标及组织内外环境的变化，预测未来的组织任务和环境对组织的要求，以及为完成这些任务和满足这些要求而提供人力资源的过程。之所以需要规划，是为了更好地保证未来组织任务和环境对组织的要求。孔子曰："凡事预则立，不立则废。"我们的先人很早就已经意识到"预"（规划）的重要性了。规划是为了通过预见未来，提前为未来的变化做好准备。人力资源规划也是一个清楚认识自身人力资源管理现状的过程，找出内部人力资源的优势和劣势，外部环境的机会和威胁，不断化劣势为优势，持续提升企业的竞争力。

既然这样重要，那为何中国很多企业没有人力资源规划系统，却照样能够存活。原因可能有以下几点。

第一，在很多企业成立初期，也就是企业生命周期理论中的初创期，企业本身就没有清晰的战略目标，更谈不到制定人力资源规划了，因为人力资源规划终究是为企业战略目标实现服务的。在初创期，业务和人员规模比较小，企业内部的分工也不明确，企业考虑更多的是如何生存下来而不是如何发展的问题。这个时候对企业发展至关重要的人力资源规划也就意义不大了。

第二，人力资源规划的很多实际工作是一直在进行的，但不系统。比如：招聘规划和培训规划等人力资源职能规划，虽然也在进行，但没有统一在一个规划框架下来制定，使各个模块之间不能形成合力，最终导致企业人力成本上升，人力资源不能为战略目标的实现服务。

第三，以往企业的竞争和对人才的争夺不是很激烈，企业对人力资源管理的要求也仅仅停留在人事管理层次，因此人力资源规划的价值也往往被企业所忽略。

人力资源规划是公司的战略规划与其整体人力资源管理职能之间联系的关键所在，是一座架起两者之间联系的桥梁。尤其在企业面临以下一些问题时，人力资源规划尤显必要。

（1）受政府法令与经营环境限制。

（2）企业朝多元化或国际化迈进。

（3）业务或生产技术急剧变化。
（4）新单位设立或旧单位关闭。
（5）企业内有大量员工临近退休年龄。
（6）外聘或内升失控。
（7）企业高速发展，对某类员工需求大量增加。
（8）降低成本压力出现。

可以预见，随着竞争和各方争夺人才的加剧，人力成本不断上升，企业中人力资源管理的角色已由人事管理向人力资源管理和人力资本管理转变，人力资源规划必将成为企业经营管理中的重要任务。

四、人力资源规划的程序

为了有效地实现目标，人力资源规划必须按照一定的程序进行。人力资源规划的程序有以下四个基本步骤，如图 3-3 所示。

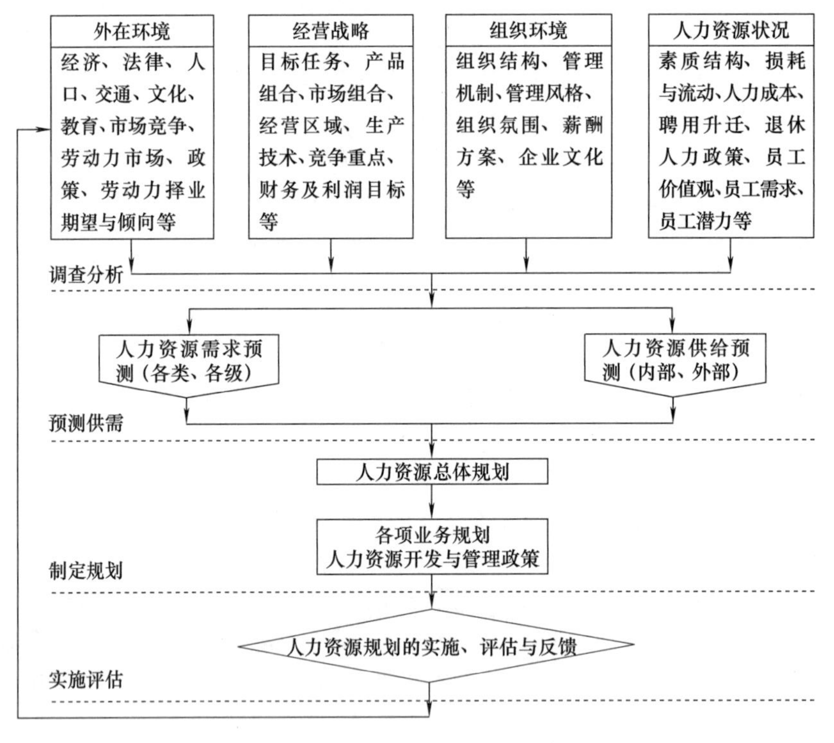

图 3-3　人力资源规划的程序

（一）准备阶段

准备阶段的工作主要是信息收集。信息收集是制定人力资源规划的基础，通过调查、收集和整理涉及企业战略决策和经营环境的各种信息，为后续阶段的工作做好资料准备。影响人力资源规划的信息如表 3-2 所示。

1. 组织外部环境信息

所谓外部环境就是影响组织正常经营的外部因素，如组织所在地的政治、经济、文化、法律、人口以及社会环境等。外部环境中最重要的因素是劳动力市场、政府相关法律法规以及劳动者的自主择业情况等。

第一，劳动力市场。劳动力市场是企业外部的一个人才“蓄水池”，它为企业提供所需的人才储备，它是时刻变化的。劳动力市场的供给变化会影响企业对人力的实际“购买”；劳动力市场人才的素质也决定了企业对人员的录用。而公司员工的能力在很大程度上决定着公司目标的顺利完成。由于可从公司外部聘用新的员工，因而会间接影响企业的用工规模。除此之外，还有很关键的一点，劳动力的价格会直接影响企业的经营成本。因此在制定人力资源规划的时候，这也是必须考虑的因素。

第二，行业发展状况。行业的发展状况构成了企业发展的一个大背景，当行业发展不景气时，从事这个行业的企业会不可避免地受到影响，缩小公司规模，这就要求企业对其先前制定的人力资源规划进行调整。同样，当某个行业快速发展、繁荣时，其中的企业也会乘势迅速发展、相应扩大公司规模，从而需要适当改变人力资源规划。

第三，政府政策。政府政策就好比一个调节器，它会有选择地对企业行为进行调整。当企业的某种经营行为正好是政策所提倡和鼓励的，那么此类经营行为就会比较顺利地进行，它所对应的经营目标也会较快地得到实现。因此，企业会根据自身的情况，相对调整自己的战略方向、业务重心和人力资源政策。这样一来，企业的人员的流动调配和人力制度就会发生变化，从而进一步推动其人力资源规划的变动。

第四，职业价值观。人们的职业观念、职业评价会直接影响着人们对职业的选择，不同的职业价值观会选择不同的就业领域或行业。某些行业或岗位社会认同度比较高，相关组织获取人力资源就容易一些，反之则困难一些。因此，组织在制定人力资源规划时，必须充分考虑到人们的择业心理和职业价值观。

2. 组织内部环境信息

内部环境主要包括组织的经营战略、组织管理制度和组织的人力资源状况等。组织的经营战略是组织的宏观计划，对组织内所有的经营活动都有指导作用。组织管理主要包括组织现有的组织结构、管理体系、管理机制、管理风格、薪酬政策以及企业文化等，只有对组织现有的组织结构、管理制度、组织文化等有了充分的了解，才能预测组织未来对人力资源的需求。组织的人力资源状况，包括人力资源数量、素质、年龄、工作类别、岗位等，有时也涉及员工价值观、员工潜能等。只有对现有人力资源进行了充分了解和有效利用，人力资源规划才能真正体现它的价值。

表 3–2　人力资源规划信息

外部环境信息	内部环境信息
宏观经济形势	组织战略规划
行业经济形势	战略规划的战术计划
技术的发展状况	战略规划的行动方案
产品市场的竞争性	组织结构
劳动力市场	组织管理机制
人口和社会发展趋势	组织文化
政府管制情况	其他部门的规划
职业价值观	人力资源状况

（二）预测比较阶段

这一阶段的主要任务是在充分掌握信息的基础上，使用有效的预测方法，对于组织在未来某一时期的人力资源供给和需求作出预测。在预测完毕之后，对供求数据进行比较，从而采取有效的平衡措施。

1. 人力资源需求预测

人力资源需求预测包括短期预测和长期预测，总量预测和各个岗位需求预测。人力资源需求预测的典型步骤如下：步骤一，现实人力资源需求预测；步骤二，未来人力资源需求预测；步骤三，未来人力资源流失情况预测；步骤四，得出人力资源需求预测结果。

2. 人力资源供给预测

人力资源供给预测包括组织内部供给预测和组织外部供给预测。内部供给预测即内部拥有量预测，即根据现有人力资源及其未来变动情况，预测出各规划时间点上的人员拥有量；外部人力资源供给量预测，即确定在各规划时间点上的各类人员的可供给量预测，主要考虑社会的受教育程度、本地区的劳动力的供给状况等。人力资源供给预测的典型步骤如下：步骤一，内部人力资源供给预测；步骤二，外部人力资源供给预测；步骤三，将组织内部人力资源供给预测数据和组织外部人力资源供给预测数据汇总，得出组织人力资源供给总体数据。

3. 确定人力资源净需求

在对人力资源未来的需求与供给预测数据的基础上，将本组织人力资源需求的预测数与在同期内组织本身可供给的人力资源预测数进行比较分析，从比较分析中可测算出各类人员的净需求数。这里所说的“净需求”既包括人员数量，又包括人员的质量、结构，即既要确定“需要多少人”，又要确定“需要什么人”，数量和质量要对应起来。这样就可以有针对性地进行招聘或培训，为组织制定有关人力资源的政策和措施提供了依据。

（三）制定阶段

人力资源规划的制定是人力资源规划程序的实质性阶段，包括制定人力资源管理目标、人力资源管理政策和人力资源规划内容。如何进行人力资源的需求和供给的预测与平衡，下一节将会详细地说明。

1. 人力资源管理目标的制定

组织的人力资源管理目标是组织经营发展战略的重要组成部分，因此它必须以组织的长期计划和运营计划为基础，从全局和长期的角度来考虑组织在人力资源方面的发展和要求，为组织长期经营发展提供人力支持。

人力资源管理目标不应该是单一的，而应该涉及人力资源管理活动的各个方面，同时在多样性的目标中，应该突出那些关键的目标，关键的目标往往与组织人力资源的主要问题相关。同时规划目标应该有具体明确的表述，一般来说，可以用人力资源管理活动的最终结果来表述，例如，“在本年度内，每个员工接受培训的时间要达到 40 小时”“到明年年底，将管理部门的人员精简 1/3”；目标也可以用工作行为的标准来表达，例如，“通过培训，受训者应该掌握……技能”。

2. 人力资源管理政策的制定

人力资源管理政策是以开发具体的人力资源实践为目标的总体指导原则和行动准则，涉及人力资源活动的各个方面，它决定了人力资源管理活动的开展和进行，每一个业务单位都可以实施与组织人力资源管理政策相一致的具体的人力资源实践。

影响组织人力资源管理政策的因素主要有两个方面：一方面的因素是具体情况要素，这些要素来自于组织外部环境和组织自身，如劳动力特征、经营战略和条件、管理层理念、劳动力市场、工作任务和技术、法律法规、社会文化和价值观等；另一方面是利益相关者的利益因素，如股东、管理层、员工、政府、社会、工会等。

3. 人力资源规划内容的制定

人力资源规划内容的制定主要包括总体规划和业务规划。

（1）人力资源总体规划的制定。人力资源总体规划的制定一般应该包括：①与组织的总体规划有关的人力资源规划目标任务的说明；②有关人力资源管理的各项政策及有关说明；③内部人力资源的供给与需求预测；④外部人力资源情况与预测；⑤人力资源“净需求”等。

（2）人力资源业务规划的制定。每一项业务规划都包括了目标、任务、政策、步骤以及预算等要素。业务规划要具体详细，具有可操作性。如一项裁员计划，应该包括：①对象、时间和地点；②经过培训可以避免裁减人员的情况；③帮助裁减对象寻找新工作的具体步骤和措施；④裁员的经济补偿预算；⑤其他相关的问题。

（四）实施与评估阶段

人力资源规划的价值在于实施，在实施过程中需要对规划进行定期或者不定期的评估。

1. 人力资源规划的实施

人力资源规划的实施是一个动态的过程，包括对计划的审核、执行、反馈和控制等步骤。

（1）对规划本身的审核。审核是对人力资源规划的质量、水平和可行性进行评价的工作，是计划执行前的一个不可或缺的环节，它本身也可以是规划制定的一项重要工作内容。审核工作必须有组织保证，一般由一个专门的委员会（人力资源管理委员会）来进行，也可以由人力资源部门会同有关的部门经理和专家进行。审核主要围绕以下几个方面进行。一是对规划的客观性审核。客观性是指人力资源规划制定时所依据的信息是否属实，考虑是否周到，分析和判断是否符合实际等，客观性是规划的科学性和可行性的保证。二是对规划的完整性审核。完整性审核是对规划内容的覆盖面、时间进度安排、责任明确性、操作程度等方面的审核。

（2）执行。执行就是逐项落实规划的内容和要求。执行过程要注意以下几点：一是充分做好各项准备工作，包括相关资源的准备；二是按照规划的要求全面执行，也就是说要按照一切主要指标来完成规划；三是均衡有序，执行规划要遵循规划所确定的进度和各项工作的内在逻辑，注意它们之间的衔接和协调。

（3）控制。执行过程中需要有效的控制，控制的手段是检查、监督和纠正偏差。控制的对象包括人员、预算、进度、信息等，涉及人力资源管理活动的方方面面。控制的目的在于保证规划的各项具体活动和工作顺利完成，并对规划本身进行有效的调整和修正，以改进和推动企业的人力资源管理。

（4）反馈。规划的实施情况和结果要及时反馈给相关的人员和部门。反馈可以由实施者进行，也可以由控制者进行，或者由两者共同进行。

2. 人力资源规划的评估

在实施人力资源规划的同时，要进行定期与不定期的评估与审核：①通过人力资源规划的评估和审核工作，可以对规划的执行者造成一定的压力，防止规划的实施流于形式；②在评估和审核过程中，可以广泛听取企业员工对人力资源管理工作的意见和建议，有利于人力资源规划内容的不断完善；③人力资源规划是一个长久持续的动态过程。依据企业内外因素的不断变化，对企业战略、人力资源战略以及人力资源规划的及时评估和修改有利于适应变化了的环境。

评估内容从以下三个方面进行：①是否忠实执行了本规划；②人力资源规划本身是否合理；③将实施的结果与人力资源规划进行比较，通过发现规划与现实之间的差距来指导以后的人力资源规划活动。

人力资源规划的评估包括两层含义，一是指在实施的过程中，要随时根据内外部环境的变化来修正供给和需求的预测结果，并对平衡供需的措施做出调整；二是指要对预测的结果以及制定的措施进行评估，对预测的准确性和措施的有效性做出衡量，找出其中存在的问题以及有益的经验，为以后的规划提供借鉴和帮助。

第二节　人力资源需求、供给的预测与平衡

要保证人力资源规划的正确性，必须进行人力资源的预测。所谓预测，是指利用预测对象本身过去和现在的信息，采用科学的方法和手段，对预测对象未来的发展演变规律预先作出科学的判断。信息的不确定性注定了预测的困难及其不完美性。

企业的人力资源预测是组织在评估和预测的基础上，对未来一定时期内人力资源状况的假设，这种假设必须借助人力资源需求预测技术和人力资源供给预测技术，只有将两者结合起来，才能确定组织各类人员的需求和供给的实际状况，才能有效地进行人力资源规划。供需预测是一项技术性较强的工作，其准确程度直接决定了人力资源规划的效果。因此，这一阶段的工作是整个人力资源规划中最为困难也是最为关键的工作。

一、人力资源需求的预测

（一）人力资源需求预测的含义

人力资源需求包括总量需求和个量需求，也包括数量、质量和结构等方面的需求。

所谓人力资源需求预测是指对组织未来一段时间内所需人力资源的数量、质量和结构等进行的事先估计活动。

（二）影响人力资源需求预测的因素

企业的人力资源需求预测不仅受到企业内部经营状况和已有人力资源状况等诸多内部因素的影响，还要受到政治、经济、文化、科技、教育等诸多不可控的企业外部因素的影响。

1. 社会因素

社会性因素主要包括：经济形势、产业结构、技术水平、政府政策、劳动力市场的供求情况、顾客需求。

2. 企业因素

企业自身的因素直接影响了人力资源的个量需求。这些因素概括起来有以下五点。

（1）财务资源。企业对人力资源的需求受到企业财务资源的约束，企业可以根据未来人力资源总成本来推算人力资源需求的最大量。

（2）发展规划。企业的发展规划和未来的生产经营任务，对人力资源的数量、质量和结构提出了要求，根据企业目标任务和生产因素可能的变动会带来人力资源需求变动。

（3）工作负荷。员工的工作情况、定额和职位工作量等，都会对人力资源需求产生影响。

（4）员工流动率。预期员工流动率，包括由辞退、解聘和退休引起的职位空缺，也会影响人力资源的需求。

（5）生产规模。企业扩大经营领域、或扩大生产规模、或改变经营领域等，同样会引起人力资源需求的变化。

（三）人力资源需求预测的步骤

人力资源需求预测的步骤包括以下几个环节，如图 3-4 所示。

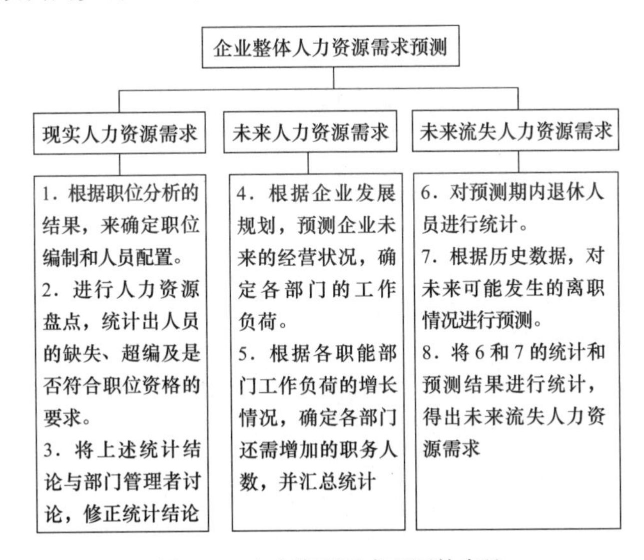

图 3-4　人力资源需求预测的步骤

1. 现实的人力资源需求分析

现实的人力资源需求分析的步骤包括：根据工作分析的结果，确定职位编制和人员配置；进行人力资源盘点，统计人员的超编、缺编情况及是否符合任职资格条件；将上述统计结果跟部门主管进行讨论，审视和修正统计结果。

2. 未来人力资源需求预测

未来人力资源需求预测的步骤包括：根据企业的发展规划，预测各部门的工作量；根据工作量的增长情况，确定各部门需要增加的职位数和任职人数，并进行统计汇总，从而得出未来的人力资源预测。

3. 未来流失人力资源需求预测

未来流失人力资源需求预测的步骤包括：对预测期内的退休人员进行统计；根据历史数

据对未来可能的离职率进行预测；将统计和预测结果进行汇总，得出未来可能流失人力资源需求。

4. 企业整体人力资源需求预测

将现实人力资源需求、未来人力资源需求和未来流失的人力资源需求的结果进行汇总，得出企业整体人力资源需求预测。

（四）人力资源需求预测的主要方法

人力资源需求预测的方法很多，概括起来有定性预测法和定量预测法两大类。定性方法是由预测人员运用自身的智慧、经验和直觉进行预测和判断。定量的方法是运用数学模型的预测方法。

1. 定性分析方法

1）主观判断法

这是最为简单的一种方法，是由管理人员凭借自己以往工作的经验和直觉，对未来所需要的人力资源作出估计。这种方法主要是凭借经验来进行的，因此它主要用于短期的预测，并且适用于那些规模较小或者经营环境稳定、人员流动不大的企业；同时，在使用这种方法时，管理人员必须具有丰富的经验，这样预测的结果才会比较准确。

这种方法的第一步是企业组织要求下属各个部门、单位根据各自的生产任务、技术设备等变化的情况，对本单位将来对各种人员的需求进行预测，在此基础上，把下属各部门的预测数进行综合平衡，从中预测出整个组织将来某一时期内对各种人员的需求总数。

2）德尔菲法（Delphi）

德尔菲法又名专家预测法。是 20 世纪 40 年代末在美国兰德公司的“思想库”中发展出来的一种主观预测方法。比较适合于长期预测。这种方法是指邀请在某一领域的一些专家或有经验的管理人员，对某一问题进行预测并最终达成一致意见的结构化的方法，故有时也称为专家预测法。

具体做法：

（1）拟订主题，设计调查表，并附上背景资料；

（2）选择与预测课题相关的专家；

（3）寄发调查表，并在规定时间回收；

（4）对第一轮调查进行综合整理，汇总成新的调查表，再寄发给专家征求意见。

这样，每个专家在了解其他专家意见的基础上（匿名方式），作出新的判断。如此反复几轮（一般 3 ～ 5 轮），便可形成比较集中的意见，从而获得预测的结果。

德尔菲法的优点：第一，它吸取和综合了众多专家的意见，避免了个人预测的片面性；第二，它不采用集体讨论的方式，而且还是匿名进行，也就是说采取“背靠背”的方式来进行，这样就使专家们可以独立地做出判断，避免了从众的行为；第三，它采用多轮预测的方式，经过几轮的反复，专家们的意见趋于一致，具有较高的准确性。

运用德尔菲法时要注意：要提供充分的信息，使专家能够作出正确的判断；提出的问题应该是专家可以回答的问题，如果难度太大或无法给出足够信息，就不能使用德尔菲法，以免得出错误的结论；在进行咨询之前，应由主管就有关事项向各位专家进行一次正式的说明，强调工作的重要性以及注意事项，以取得他们的合作。

2. 定量分析方法

1）劳动定额法

劳动定额法是对劳动者在单位时间内应完成的工作量进行规定。它的具体操作办法是：企业（组织）依据以往的历史数据，先计算出某一工作单位时间（如每天）每人的劳动定额（如产量），再根据未来的生产量目标计算出要完成的总工作量，然后根据前一标准折算出所需要的人力资源数量。

例 1： 假设某厂生产一件产品需要 0.25 小时，计划每天要生产 3 200 件产品，每人每天工作 8 小时，按 3%的平均缺勤率计算，那么，该厂需要多少个人？

每天每人生产：8/0.25 = 32（件）

3 200/32 = 100（人）

100/（1 – 3%）= 104（人）

若企业劳动生产率提高，则运用该方法进行人力资源需求预测时，需添加一个变量，此时，劳动定额法的计算公式应为

$$N=W/q(1+R)$$

式中 N——人力资源需求总量；

W——企业总的任务量；

q——企业该任务的定额标准；

R——人力资源规划期间劳动生产率的变动系数。$R=R_1+R_2-R_3$（R_1 表示企业技术进步引起的劳动生产率提高系数，R_2 表示经验积累产生的生产率提高系数，R_3 表示由劳动者及某些因素引起的生产率降低的系数）。

例 2： 某冰箱生产公司在 2018 年的年产量为 120 万台，基层生产员工为 600 人，在 2019 年计划增产 36 万台，估计生产率的增长率为 0.2，假设该公司福利良好，基层生产人员不流失，则在 2019 年公司至少还应招聘多少名基层生产人员？

2019 年该公司需要的基层生产人员数为

（1 200 000+360 000）/[1 200 000/600×（1+0.2）]=650（人）

需招聘的基层生产人员数 =650−600=50（人）

2）成本分析法

成本分析法主要是从成本的角度进行人力资源需求的预测，其公式为

$$NHR=TB/[(S+BN+W+O)\times(1+a\%\times T)]$$

式中 NHR——未来一段时间内需要的人力资源数量；

TB——未来一段时间内需要的人力资源的预算总额；

S——目前企业员工的平均工资；

BN——目前企业员工的平均奖金；

W——目前企业员工的平均福利；

O——目前企业员工的平均其他支出；

$a\%$——企业计划每个人力资源成本增加的百分数；

T——未来一段时间的年限。

例 3： 某公司 3 年后的人力资源预算总额是 300 万元 / 月。目前企业每人的平均工资是 2 000 元 / 月，平均奖金为 500 元 / 月，平均福利是 800 元 / 月，平均其他支出是 100 元 / 月。公司计划人力资源成本平均每年增加 5%，则公司 3 年后需要的人力资源总量是多少？

$$NHR=3\ 000\ 000/[(2\ 000+500+800+100)\times(1+5\%\times3)]=768\text{（人）}$$

3）趋势分析法（Trend Analysis）

趋势预测法是根据企业或企业各部门过去的人事记录，找出过去若干年的员工数量的变动趋势，并绘制出趋势曲线，从而对未来企业整体或各部门的人员需求状况做出预测。这种方法比较简单，易于操作。但这种方法有效的前提是企业人力资源变动的趋势在过去和未来保持一致。实际上，影响人力资源需求的因素如技术、劳动生产率、销售量等是不断变化的。如果仍然采用原有的趋势曲线进行预测，显然是难以保证结果的正确性。

趋势分析法也称一元线性回归分析法，回归时只考虑一个变量因素，下面举一个一元线性回归的例子。假设一个学校对教师的数量影响最大的因素是学生的数量，经过若干年的积累，得到以下统计数据（表 3-3）。

表 3-3　某学校学生数与教师数统计数据　　单位：人

学生数量	200	240	300	360	390	450	520	550	590	620	680	740	800
教师数量	17	19	27	30	36	42	50	51	56	62	69	73	80

设学生数量是 X，教师数量是 Y，假设两者之间线性相关，回归方程为

$$Y=a+bX$$

则系数 a 和 b 的计算公式分别为

$$a=\frac{\sum y}{n}-b\frac{\sum x}{n} \qquad b=\frac{n\left(\sum xy\right)-\sum x\sum y}{n\left(\sum x^2\right)-\left(\sum x\right)^2}$$

代入本例中得 $a=-6.32$，$b=0.11$，则回归方程为

$$Y=-6.32+0.11X$$

所以如果预测未来学生数量增长为 1 000 人时，教师的需求量为

$$Y=-6.32+0.11\times1\ 000=103.68\approx104\text{（人）}$$

4）回归分析法

回归分析法是研究自变量与因变量之间变动关系的一种数理统计方法，根据观测到的数据，通过回归分析，得到回归方程，即得到自变量与因变量之间的关系式。回归分析预测法的关键是要建立一个科学的回归方程式，用以反映变量和变量之间的关系。根据这种回归方程式，就可以非常方便地在了解一个或一系列变量的基础上预测出另外一个变量的数值。回归分析预测法又可以有一元回归分析预测法和多元回归分析预测法之分：预测的回归方程式中只有一个自变量和一个因变量的，被称为一元回归分析预测法；有多个自变量和一个因变量的，被称为多元回归分析预测法。

运用回归分析法，首先要找出对企业中劳动力的数量和构成影响最大的一种因素，如产量、销售额等，然后再分析过去几年企业员工随着这种因素变化的趋势，再根据这种趋势对未来企业员工的需求进行预测。

多元回归预测法的预测结果较为准确，但使用相当复杂。在实际预测时，通常可以借助于计算机软件，这样要方便许多。

5）比率分析法

比率分析法是通过特殊的关键因素和所需人员数量之间的一个比率来确定未来人力资源需求的方法。该方法主要是根据去年的经验，将企业未来的业务活动水平转化为对人力资源的需要。主要步骤如下：

（1）根据需要预测的人员类别选择关键因素；

（2）根据历史数据，计算出关键因素与所需人员数量之间的比率值；

（3）预测未来关键因素的可能数值；

（4）根据预测的关键因素数值和比率值，计算未来需要的人员数量。

例如：假设某商学院在 2018 年有 MBA 学生 1 500 人，在 2019 年计划招生增加 150 人，目前平均每个教师承担 15 名学生的工作量，生产率保持不变，那么，在 2019 年该商学院需要教师数为

2019 年教师需求量 =（1 500+150）÷15=110（人）

如果生产率提高 10%，则需求量变为

2019 年教师需求量 =（1 500+150）÷[15×（1+10%）]=100（人）

需要指出的是，这种预测方法存在着两个缺陷：一是进行估计时需要对计划期的业务增长量、目前人均业务量和生产率的增长率进行精确的估计；二是这种预测方法只考虑了员工需求的总量，没有说明其中不同类别人员需求的差异。

若考虑到不同类别人员需求，其具体做法是：先根据过去的业务活动水平，计算出每一业务活动增量所需的人员相应增量，再把对实现未来目标的业务活动增量按计算出的比例关系，折算成总的人员需求增量，然后把总的人员需求量按比例折成各类人员的需求量。

例如，某炼油厂根据过去的经验，为增加 1 000 吨的炼油量，需增加 15 人，预计 1 年后炼油量将增加 10 000 吨，折算人员需求量为 150 人。如果管理人员、生产人员、服务人员的比例是 1:4:2，则新增加的 150 人中，管理人员约为 20 人，生产人员为 85 人，服务人员为 45 人。

6）计算机模拟预测法

其步骤如下：

（1）寻找各种影响人力资源需求的因素；

（2）分析这些因素之间的联系，分析这些因素与人力资源需求的联系；

（3）借助计算机建立人力资源需求预测模型；

（4）将未来各种因素可能出现的数值输入计算机，模拟未来的环境，计算机直接输出人力资源需求方案。

【小案例】

Cynthia：人力资源部经理

Richard：一线管理者

“Cynthia，你说过我要为增加一个销售人员提供依据，是什么意思？我 10 名销售人员中有 1 名刚刚辞职，现在需要一个人来顶替他。我到这儿 3 年，一直是 10 个销售人员，也许很久以前就是这样。如果我们过去需要他们，那么我们将来也需要他们。”

Cynthia 应该怎样回答呢？

二、人力资源供给的预测

（一）人力资源供给预测的含义

人力资源的供给预测就是指对未来某一特定时期内能够供给组织的人力资源的数量、质量

以及结构进行的估计。人力资源供给分为外部供给和内部供给两方面。其中，外部供给是指外部劳动力市场对组织的人力资源供给，内部供给是指组织内部对未来企业人力资源的供给。

（二）人力资源供给预测

1. 外部供给分析

影响外部供给的因素有很多，如人口变动、经济发展状况、人员的教育文化水平、对专门技能的要求、政府政策、社会失业率等。一般来说，主要有外部劳动力市场、人们的就业意识、企业的吸引力等。

外部劳动力市场的状况。外部劳动力市场紧张，外部供给的数量就会减少；相反，外部劳动力市场宽松，供给的数量就会增多。

人们的就业意识。如果企业所在的行业是人们择业的首选，那么人力资源的外部供给量自然就会多，反之就比较少。

企业的吸引力。如果企业对人们有吸引力的话，人们就愿意到这里来工作，这样企业的外部人力资源供给量就会比较多，反之如果企业不具有吸引力的话，供给量就会比较少。

2. 内部供给分析

内部供给分析主要是对组织现有人力资源的数量、质量进行分析。具体的预测分析主要针对以下几个方面。

（1）人员数量的自然变化分析 。主要是对员工的年龄结构、性别以及员工身体状况进行分析。

（2）人员流动状况的分析。人员流动主要包括由企业流出和人员在企业内部的流动两种，流动的原因是多方面的。

（3）人员质量的分析。质量的变动主要表现为生产率的变化，生产效率提高，内部的人力资源供给相应就会增加；反之生产效率降低，内部的人力资源供给则会减少。

【小案例】

一家大制造公司下属的一家新的工厂准备开工，分析家认定其新产品的需求是长期的、大量的。资金已经到位。设备也准备就绪。可是过了两年，工厂还是没有开工。其管理者犯了一个关键性的错误：他们研究了人力资源需求，但是没有研究人力资源供给。在当地劳动力市场上，没有开办新工厂所需要的合格工人。工人们在开始新工作之前不得不接受全面的培训。

（三）人力资源供给预测的步骤

1. 内部人力资源供给预测

组织内部人力资源供给预测的步骤包括：

（1）进行人力资源盘点，了解企业员工的情况；

（2）分析企业的职务调整政策和员工调整历史数据，统计出员工调整的比例；

（3）向各部门的人事决策人了解可能出现的人事调整情况；

（4）将上述情况汇总，得出企业内部人力资源供给预测。

2. 外部人力资源供给预测

组织外部人力资源供给预测包括以下两个步骤。

（1）分析影响外部人力资源供给的地域性因素，包括：①公司所在地的人力资源整体状况；②公司所在地的有效人力资源的供求状况；③公司所在地对人才的吸引程度；④公司薪酬对所在地人才的吸引程度；⑤公司能够提供的各种福利对当地人才的吸引程度；⑥公司本身对人才的吸引程度。

（2）分析影响外部人力资源供给的全国性因素，包括：①全国相关专业的大学生毕业人数及分配情况；②国家在就业方面的法规和政策；③该行业全国范围的人才供需状况；④全国范围从业人员的薪酬水平和差异。

3. 整体人力资源供给预测

将企业内部人力资源供给预测和企业外部人力资源供给预测汇总，得出企业人力资源供给预测。

4. 确定人员“净需求”

根据人力资源供给预测的结果，结合人力资源需求预测的情况，测试出组织规划期内各类人力资源的余缺情况，从而得到“净需求”的数据。

（四）人力资源供给预测的方法

1. 内部人力资源供给预测的方法

1）技能清单

技能清单是一个反映员工工作能力特征的列表，这些特征包括员工的培训背景、工作经历、持有的资格证书以及工作能力的评价等内容。技能清单是对员工竞争力的一个反映，可以用来帮助人力资源部门估计现有员工调换工作岗位可能性的大小，决定有哪些员工可以补充组织当前的空缺，帮助预测潜在的人力资源供给。技能清单示例如表 3-4 所示。

表 3-4 某企业技能清单表

姓名：	职位		部门：	
出生年月：	婚姻状况：		到职日期：	
教育背景	类别	学校	毕业日期	主修科目
	大学			
	硕士			
	博士			
技能	技能种类		所获证书	
训练背景	训练主题	训练机构	训练时间	
个人意向	你是否愿意承担其他类型的工作？		是	否
	你是否愿意调换到其他部门工作？		是	否
	你是否愿意接受工作轮换以丰富工作经验？		是	否
	如有可能，你愿承担哪种工作？			
你认为目前最需要的培训是什么？	改善目前的技能和绩效：			
	晋升所需要的经验和能力：			
你认为自己现在可以接受哪种工作指派？				

由于员工的工作兴趣、发展目标、绩效水平是不断变化的，因此，在首次收集资料的基础上，应每年进行一定的更新和补充。

2）人员替换法

人员替换法也称职位置换法。它通过对组织中各类管理人员的绩效考核及晋升可能性的分析，确定组织中各个关键职位的接替人选，然后评价接替人选目前的潜质，确定其职业发展的需要，考查其职业目标与组织目标的契合度，最终目的是确保组织未来有足够的、合格的管理人员。其典型步骤如下：

（1）确定人力资源规划所涉及的工作职能范围；

（2）确定每一个关键职位上的接替人选；

（3）评价接替人选的工作情况和是否达到晋升的要求；

（4）了解接替人选的职业发展需要，并引导其将个人的职业目标与组织目标结合起来。

人员替代法是一种专门对组织中的中、高层管理人员的供给进行有效预测的方法。

如图 3-5 所示，这是通过一张人员替代图来预测组织内的人力资源供给情况。在人员替换图中，要给出部门、职业名称、在职员工姓名、职位、员工绩效与潜力等各种信息。这种方法多用于组织内重要职位人力资源供给的分析。大体做法如下。

制订一份组织各层次部门管理人员职位的继任计划。

每一个管理职位确定 1 ～ 3 名候选人，候选人通常从下一级现职管理人员中物色。

每年对现职管理人员和继任候选人作一次鉴定，并排出候选人的候选次序。

当管理职位出现空缺时，由具备晋升条件的继任候选人替补。

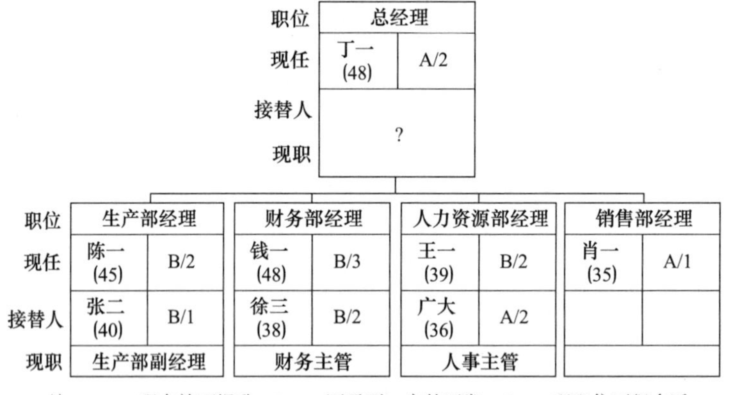

注：A——现在就可提升；B——还需要一定的开发；C——现职位不很合适

1——绩效突出；2——优秀；3——一般；4——较差 括号里的数字为年龄

图 3-5 人员替换法实例

背景说明：现任总经理“丁一”因为年龄原因要离开现职，请问谁是“丁一”的最佳接替人。

结论：最佳接替人为人力资源部经理“王一”。

分析：

首先，不能选择销售部经理“肖一”，因为他没有接替人；

其次，不能选择财务部经理“钱一”，因为他的能力和水平为“B/3”，低于生产部经理“陈一”和人力资源部经理“王一”，而且年龄偏大（48 岁）；

最后，选择人力资源部经理“王一”。一是“王一”的年龄（39 岁）比“陈一”的年龄（45 岁）小；二是“王一”的接替人“广大”现在就可以提升，而“陈一”的接替人“张二”还需要一定的开发才可以提升，而且“广大”的年龄（36 岁）比“张二”的年龄（40 岁）小。

【小案例】

摩托罗拉公司也以善于培养自己的接班人著称。

在摩托罗拉，员工的职业规划和发展，与公司的业务发展密切挂钩，两者做到有机协调地向前推进。正是因为推行了一套公司采取主动、员工积极参与，旨在发挥每位员工所长的职业规划和发展机制，才使员工的职业得到了良好的发展，公司的人才资源得到了很好的利用。

在摩托罗拉，每一个职位一般有三个接班人，第一个是直接接班的，第二个计划是在三至五年内接班的，第三个要么是少数民族，要么是女性。第三个接班人涉及该公司目前实施的员工多样性发展计划，也就是需要形成多民族、多种族和性别平衡的人员发展结构。

公司将所有的接班人，根据其工作表现和发展潜力进行排名，然后针对不同排名给予相应的培训。正是有了这些制度，使摩托罗拉形成了一个人才的发展梯队，从而能使人才进行正常的新陈代谢，保证公司业务持续、长久的发展。

3）人力资源“水池”模型

人力资源“水池”模型是在预测企业内部人员流动的基础上来预测人力资源的内部供给，该模型是从职位出发进行分析，预测的是未来某一时间现实的供给。这种方法一般要针对具体的部门、职位层次或职位类别来进行，它可以使用以下公式来预测每一层次职位的人员流动情况：

未来供给量 = 现有人员的数量 + 流入人员的数量 − 流出人员的数量

对每一职位来说，人员流入的原因有平行调入、向下降职和向上晋升；人员流出的原因有向上晋升、向下降职、平行调出和离职，如图 3-6 所示。

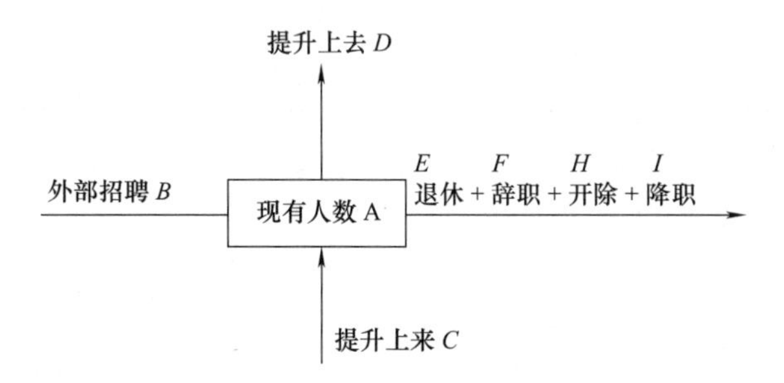

图 3-6 每一层次职位的人员流动情况

$$某职位的内部人员的供给量 =A+B+C-D-E-F-H-I$$

在分析完所有层次的职位后，将它们合并在一张图中，就可以得出企业未来各个层次职位的内部供给量以及总的供给量，如图 3-7 所示。

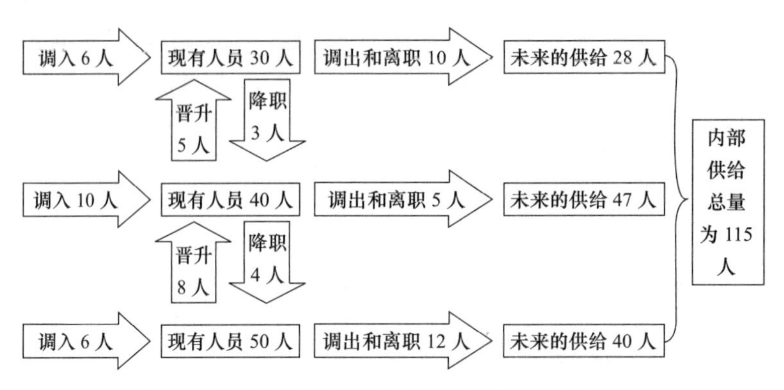

图 3-7　各个层次职位的内部供给量以及总的供给量

4）马尔科夫模型

马尔科夫模型是用来预测等时间间隔点上（一般为一年）各类人员分布状况的一种动态预测技术，是用于内部人力资源供给预测的定量方法。该方法的基本思想是找出过去人力资源流动的比例，以此来预测未来人力资源供给的情况。

马尔科夫模型的基本假设：在给定的时间段内，各类人员都有规律地从低一级向高一级职务转移，转移率是一个固定的比例，或者根据组织职位转移变化的历史分析推算。

马尔科夫模型步骤如下：①根据历史数据推算各类人员的转移率，列出转移率的转移矩阵；②统计作为初始时刻点的各类人员分布状况；③建立马尔科夫模型，预测未来各类人员供给状况。

下面，我们举例说明一下它是如何具体运用的。

假设某企业有四类职位，从高到低依次是 A、B、C、D，各类人员的分布情况如表 3-5 所示，请预测一下未来人员的分布情况。

表 3-5　企业人员的分布情况表

职　位	A	B	C	D
人　数	20	40	60	80

在预测时，首先我们要确定出各类职位的人员转移率，这一转移率可以表示为一个矩阵变动表，见表 3-6。

表 3-6　人员转移矩阵表

职　位	A	B	C	D	（离职率）
高层管理人员（A）	0.8				0.2
基层管理人员（B）	0.1	0.7			0.2
高级技工（C）		0.05	0.85	0.05	0.05
一般技工（D）			0.15	0.7	0.15

表 3-6 中的每一个数字都表示，在固定的时期（通常为 1 年）内，两类职位之间转移的员工数量。例如，表 3-7 表示在任何一年内，A 类职位的人有 80% 留在公司；B 类职位中的 80% 留在公司，其中 10% 转移到 A 类职位，70% 留在原来的职位。这样有了各类人员的原始人数和转移率，就可以预测出未来的人力资源供给状况，将初期的人数与每类的转移率相

乘，然后纵向相加，就得到每类职位第二年的供应量，如表 3-7 所示。

表 3-7　第二年企业人员的分布情况

职　　位	初期人员数量	A	B	C	D	（离职）
高层管理人员（A）	20	16				4
基层管理人员（B）	40	4	28			8
高级技工（C）	60		3	51	3	3
一般技工（D）	80			12	56	12
预测人员供给数量		20	31	63	59	27

由表 3-7 可以看出，在第二年中，A 类职位的供给量为 20，B 类职位的供给量为 31，C 类职位的供给量为 63，D 类职位的供给量为 59，整个企业的供给量为 173，将这一供给的预测与需求预测比较，就可以得出企业在明年的净需求。如果要对第三年进行预测，只需将第二年预测的数据作为期初数据就可以了。

使用马尔可夫模型进行人力资源供给预测的关键是确定出人员转移率矩阵表，而在实际预测时，由于受各种因素的影响，人员转移率是很难准确确定出来的，往往都是一种大致的估计，这也就会影响预测结果的准确性。

2. 外部人力资源供给预测的方法

外部人力资源供给预测主要有以下三种方法。

（1）文献法。外部人力资源预测一般是根据国家的统计数字或者有关权威机构的统计资料，以及社会的总需求量来进行分析的。组织可以通过互联网以及国家和地区的统计部门、劳动和人事部门发布的一些统计数据，及时了解人才市场信息。组织也应该及时关注国家和地区有关政策和法律的变化情况。

（2）直接调查。组织可以就自身所关注的人力资源状况进行调查。除了与猎头公司、人才中介公司等专门机构建立并保持长期的、紧密的联系外，还可以与各类院校建立并保持合作关系，密切跟踪目标生源的情况，及时了解可能为组织提供的目标人才的情况。

（3）对应聘人员进行分析。组织可以对应聘人员和已经雇用的人员进行分析，从分析比较中得出未来人力资源供给的相关信息，如应聘人员的数量、来源、学历层次、专业背景以及职业目标等。

三、人力资源供需的平衡

人力资源规划就是要根据企业人力资源供求预测结果，制定相应的政策措施，使企业未来人力资源供求实现平衡。因此，企业人力资源供求达到平衡（包括数量、质量和结构）是人力资源规划的目的。组织人力资源的供需失衡是一种必然现象，在组织的管理实践过程中，人力资源供需完全平衡是很少出现的，即使出现，也是暂时的，不可能存在长期的均衡，这是由组织的动态性和复杂性决定的。比如，在企业发展的不同阶段，人力资源的状态是不同的，如表 3-8 所示。人力资源供需失衡一般有三种情况：人力资源总量平衡，结构失衡；人力资源供大于求，结果是导致组织内部人浮于事，内耗严重，生产或工作效率低下；人力资源供小于求，企业设备闲置，固定资产利用率低，也是一种浪费。

表 3-8　企业不同发展阶段的人力资源状态

企业发展阶段	现象	人力资源状态
扩张阶段	需求旺盛	供不应求
稳定阶段	数量上均衡	结构失衡
衰退阶段	需求不足	供过于求

人力资源供需失衡一般有三种不同的状态，对不同状态应采取不同的平衡方法。

（一）总量平衡 结构失衡

企业人力资源供求完全平衡这种情况极少见，甚至不可能，即使是供求总量上达到平衡，也会在层次、结构上发生不平衡。可采取以下平衡措施：

（1）进行人员内部的重新配置，包括晋升、调动、降职等，来弥补那些空缺的职位，满足这部分的人力资源需求；

（2）对人员进行有针对性的专门培训，使他们能够从事空缺职位的工作；

（3）进行人员的置换，释放那些企业不需要的人员，补充企业需要的人员，以调整人员的结构。

（二）供小于求

当预测企业的人力资源在未来可能发生短缺时，要根据具体情况选择不同方案以避免短缺现象的发生。

（1）从外部招聘人员，包括返聘退休人员，聘用临时工、小时工等；

（2）提高现有员工的工作效率；

（3）降低员工离职率，减少员工流失，进行内部调配；

（4）将企业的某些业务外包。

总之，以上这些措施，虽是解决组织人力资源短缺的有效途径，但最为有效的方法是通过科学的激励机制，以及培训员工提高生产业务技能，改进工艺设计等方式，来调动员工积极性，提高劳动生产率，减少对人力资源的需求。

（三）供大于求

企业人力资源过剩是我国企业现在面临的主要问题，也是人力资源规划的难点问题。解决企业人力资源过剩的常用方法有：

（1）扩大经营规模，或者开拓新的增长点；

（2）永久性地裁员或是辞退员工；

（3）鼓励提前退休或内退；

（4）对富余员工进行培训，为企业扩大再生产准备人力资本；

（5）缩短员工的工作时间，随之降低工资水平；

（6）冻结招聘。

在制定平衡人力资源供求的政策措施过程中，不可能是单一的供大于求、供小于求，往往最大可能出现的是某些部门人力资源供过于求，而另几个部门可能供不应求，也许是高层次人员供不应求，而低层次人员供给却远远超过需求量。所以，应具体情况具体分析，制定出相应的人力资源或业务部门规划，使各部门人力资源在数量、质量、结构、层次等方面达到协调平衡。

表 3-9 供需平衡方法的比较

方　法		速　度	员工受伤害的程度
供给大于需求	裁员	快	高
	减薪	快	高
	降级	快	高
	职位调动	快	中
	工作分享	快	中
	冻结招聘	慢	低
	退休	慢	低
	自然减员	慢	低
	再培训	慢	低
方法		速度	可以撤回的程度
供给小于需求	加班加点	快	高
	临时雇用	快	高
	外包	快	高
	再培训后上岗	慢	高
	降低流动率	慢	中
	从外部雇用新人	慢	低
	技术创新	慢	低

资料来源：雷蒙德 A 诺依，约翰 R 霍伦贝克，巴里·格哈特，等. 人力资源管理：赢得竞争优势 [M]. 7 版. 刘昕，译. 北京：中国人民大学出版社，2013.

第三节　人力资源规划的编制与执行

一、人力资源规划的编制

在完成了人力资源供需预测之后，接下来就要编制人力资源规划。参与人力资源规划编制的成员主要包括人力资源管理部门以及其他相关部门，彼此需要相互配合、通力合作，才能保证人力资源规划的科学性和合理性，保证人力资源规划和各项方案在组织内的顺利实施。根据组织战略目标及本组织员工的净需求量，编制人力资源规划，包括总体规划和各项业务计划。同时要注意总体规划和各项业务计划及各项业务计划之间的衔接和平衡，提出调整供给和需求的具体政策和措施。

编制人力资源规划的一般步骤如下。

（一）编制总体规划

总体规划主要阐述人力资源规划的总原则、总方针和总目标。

（二）编制职务计划

企业发展过程中，除原有的职务外，还会逐渐有新的职务诞生，因此，在编制人力资源计划时，不能忽视职务计划。编制职务计划要充分做好职务分析，根据企业的发展规划，综合职务分析报告的内容，详细陈述企业的组织结构、职务设置、职位描述和职务资格要求等内容，为企业描述未来的人力资源发展需要、规模和模式。

（三）编制人员配置计划

根据企业的发展规划，结合企业各部门的人力资源需求报告进行盘点，确定人力资源需求的大致情况。根据企业现有人员及职务情况，职务可能出现的变动和职务的空缺数量等，编制相应的配置计划。人员配置计划描述了企业每个职位的人员数量、人员的职位变动、职位空缺数量及补充办法。

（四）编制人员需求计划

在人员配置计划和职务计划的基础上，使用前面我们所讲的人力资源需求预测的方法，合理预测各部门的人员需求状况，在此基础之上编制人员需求计划。在做人员需求预测时，应注意将预测中需求的职务名称、人员数量、希望到岗时间等详细列出，形成一个标明有员工数量、招聘成本、技能要求、工作类别以及为完成组织目标所需的管理人员数量和层次的分列表，依据该表有目的地实施日后的人员补充计划。

（五）编制人员供给计划

人员供给计划是人员需求的对策性计划。它是在人力资源需求预测和供给预测的基础上，平衡组织人员需求与人员供给，选择人员供给的方式，如外部招聘、内部晋升等。人员供给计划主要包括招聘计划、人员晋升计划和人员内部调整计划等。

（六）编制人员培训计划

在确定人员供给方式的基础上，为了使员工适应工作岗位的需要必须制订相应的培训计划。培训计划针对的对象主要是内部晋升人选和新进员工。培训计划应包括培训政策、培训需求、培训内容、培训形式、培训考核等内容。

（七）编制费用预算计划

为了控制人力资源的成本，提高投入产出的比例，必须对人员的费用进行预算管理。费用预算包括招聘费用、员工培训费用、薪酬福利费用、奖励费用等。只有用详细的费用预算让公司决策层知道本部门的每一笔钱花在什么地方，才更容易得到相应的费用，实现人力资源调整计划。

（八）编制人力资源管理政策调整计划

为了确保人力资源管理工作能够主动适应组织的发展需要，必须编制人力资源政策的调整计划，使人力资源管理工作能够多与组织的发展相协调。计划中要明确计划期内人力资源政策调整的原因、调整步骤和调整范围等。人力资源调整是一个牵涉面很广的内容，包括招聘政策调整、绩效考核制度调整、薪酬和福利调整、激励制度调整、员工管理制度调整等。

二、人力资源规划范例

A 公司人力资源规划方案

一、概述

（一）目的和依据

根据公司发展需要的内部和外部环境，科学地预测、分析公司在环境变化中的人力资源的供给和需求情况，并在此基础上制定职务编制、人员配置、教育培训、薪资分配、职业发展、人力资源投资方面的全局性的人力资源管理方案与计划，为公司整体发展战略提供人力资源方面的保证与服务，使公司在持续发展中获得核心竞争力，因而制定本方案以保证公司战略发展目标的实现。

（二）适用范围

适用于 A 公司。

（三）基本原则

（1）人力资源保障原则：人力资源规划工作应有效保证对公司人力资源的供给。

（2）与内外部环境相适应原则：人力资源规划应充分考虑公司内外部环境因素以及这些因素的变化趋势。

（3）与公司战略目标相适应原则：人力资源规划应与公司战略发展目标相适应，确保二者相互协调。

（4）系统性原则：人力资源规划要反映出人力资源的结构，使各类不同人才恰当地结合起来，优势互补，实现组织的系统性功能。

（5）企业和员工共同发展的原则：人力资源规划应能够保证公司和员工共同发展。

（四）人力资源规划概要及程序

首先，我们应当了解到，公司在成长和发展的过程中存在着众多的人力资源困境，包括人才流失，不能有效吸引人才；员工总量偏大，效率不够高；年龄结构存在断档；专业结构不尽合理；员工总体创新能力相对较弱；人力资源管理与发展战略关联度较弱；缺乏科学的岗位评估；用人机制不够灵活员工工作动力不足、心气有待提高；员工职业素质亟待提高；薪酬考核缺位等。人力资源困境对公司的成长和发展，以及进一步提升公司的核心竞争能力造成了以下障碍：①制约争夺市场的能力；②制约创新的能力；③制约经营品质的提高。

此报告主题是在对公司人力资源状况进行诊断的基础上，提出公司人力资源规划，以帮助公司尽快走出困境，完成未来五年的项目指标。为此，我们的总体思路如下。

公司内外环境分析→人力资源需求预测→人力资源供给预测→供求平衡分析→人力资源具体规划的实施

二、内外环境分析

（一）外部环境信息

1. 宏观经济形势

市场地位、薪酬福利等对国内优秀人才有吸引力；理论界对人力资源管理研究越来越深入；外资和民营企业对优秀人才的吸引力加大；当地劳动力成本上升速度快，控制人工成本上升的难度加大；劳动法律法规方面的规定还不够健全、完善。

2. 劳动力市场状况

社会人力资源提供十分充足；国内人力资源市场正在趋向成熟。

3. 人口和社会发展趋势

人口会持续增长，但人口增长速度会逐步降低，劳动力市场将会出现供大于求的状况。今后 20 年或者更长时期内，我国处于劳动力无限供给和经济体制转轨的特殊时期，就业应当作为国家近中期宏观经济政策的首要目标。

（二）企业内部信息

1. 企业战略

公司人力资源管理的基本任务是根据公司发展战略的要求，有计划地对公司的人力资源进行合理配置，通过对员工的招聘、培训、使用、考核、评价、激励、调整、后勤保障、企业文化积淀等一系列过程，调动员工积极性，发挥员工潜能，以确保公司战略目标的实现。

人才队伍建设是推动公司自主创新、科技进步和提升企业核心竞争力的重要力量。公司正在全力打造一支素质优良、结构合理、数量充足的技能型、创新型、复合型的高层次人才梯队。公司坚持人本理念，为员工的成长和进步创造相互信任、相互尊重的文化氛围，为员工的职业规划提供更多的机遇与空间，为员工的技术创新与管理创新创造必备的条件，并对有突出表现和突出贡献的员工予以认可和奖励，力求员工价值与公司价值同步实现、员工与公司共同成长和相互促进。

尊重和保护员工权益，积极稳妥地推进薪酬、福利和保险制度的改革和完善，充分反映岗位特点，体现岗位价值和突出工作业绩，激励高层次经营管理、专业技术和关键技能人才。按照国家建立多层次社会保险体系的总体要求，积极健全各项保险制度，做好各项基本保险，维护员工的切身利益。

规范劳动用工管理。为加强一线队伍建设和规范用工管理，有效调控用工总量、合理配置和使用劳动力资源，提高劳动效率，公司制定了《关于加强和规范一线队伍管理的意见》等相关文件。

完善薪酬福利政策。对集团公司现行的薪酬福利体系进行了系统评估和研究，提出了进一步完善薪酬福利体系的建议，涉及工资、津贴、补贴、福利等多个方面。

建设人力资源管理系统。该系统的建立有利于规范、整合、集成公司各项人事数据，将在优化人力资源配置、规范人事管理、提高人事管理效率、加强员工培训等方面发挥有效作用。

2. 业务计划

第一阶段：1—4 月。客户维护与业绩提升及销售队伍组建完善、售后体系的健全和实施。

第二阶段：5—8 月。新产品的市场推广准备和代理商的整顿及忠诚度的提升及系统教育的推广。

第三阶段：9—12 月。①建立完善的新品市场开发与售后维护体系的建立，销售和售后队伍的重组。②终端网络的过渡与建立及销售渠道的重组。③代理商的业绩提升及业绩目标的确立和相关计划的拟订和执行。

为了便于阶段性工作的了解和操作思路的清晰，下面对基础阶段的工作分别进行具体阐述。

第一阶段：客户维护与业绩提升、销售队伍组建完善及售后体系的健全和实施。

针对现阶段时间紧任务重的客观因素，同时由于人员的不齐整、不稳定性，因此我们将市场调研、客户开发重组、人员培训、队伍建设、老客户业绩提升同时同步进行。共分以下几个环节实施。

（1）完善公司售后人员结构：招聘和总部派人同时进行，以招聘为主，总部派出为辅。

（2）强化培训员工服务技能和工作职能，人人过关考核并在市场实践中检验通过。

（3）加强公司制度学习，规范管理，制定规范的工作标准操作指导手册并落到实处。

（4）派出市场人员，了解分销商的经营情况，并进行汇总；找出问题并协助整改；同时尽可能多地了解各个分销商的市场网络情况，为以后整顿打下基础。

第二阶段：新产品的市场推广准备和代理商的整顿及忠诚度的提升。

由于A公司员工总体创新能力较弱，所以对新产品的开发产生一定的阻碍作用。因此，我们应将激励员工、奖罚分明、创造良好的团队创新氛围作为重点。而且为了提高市场的推广力度，还应与代理商进行有效的合作。

（1）召开新品上市发布会，明确新产品的主要特点和市场。

（2）新品上市前加强与代理商的沟通与宣传，要求代理商做好新品上市推广配合工作，征求代理商的反馈意见。

（3）新品上市前开展对代理商销售人员的培训，介绍新产品在设计理念上的创新性，也需要区域经理对代理商进行培训，让产品的创作理念传达到客户手中。

第三阶段：建立完善的新品市场开发与售后维护体系，对销售和售后队伍进行重组。

（1）售后人员进一步转变服务意识、服务态度、提高工作责任心、工作积极性、增加合作意识，逐步提高自我技术水平，找准自己工作定位。

（2）通过对服务实施过程的监督，提高作业效率与质量，明确质量反馈与技术支持渠道，以保证售后工作正常有序开展。

三、人力资源需求预测

（一）公司整体人力资源结构现状分析

A公司共有员工672人，其中一线工人占近六成，技术管理人员约占22.9%，为154人，其余均为行政、文秘和销售人员，有115人。各类技术管理人员中有中高级以上技术职称的人员已达75人，技术力量比较强。在技术管理人员中，具有本科以上学历的有56人，具有大专学历的有84人，大专以下学历的有14人，学历结构比较合理。从技术管理人员的年龄结构来看，老、中、青配备不够合理，容易出现人才断层问题。

（二）人力资源需求分析

（1）招收补充方面：一是考虑到公司对新产品开发力度、市场拓展及批量生产能力建设对人力资源的需要；二是考虑退休、内退和解除、终止劳动合同等减员因素的补充；三是根据公司生产经营运行状况，按照进出平衡调整原则，在内部挖潜的基础上适当补充；四是考虑公司现面临一般技术人员短缺，急需结合发展目标招收一定数量的一般技术人员进行后备人才培养。

（2）引进、素质培养提升方面：一是从人力资源配置结构上重点做好包括产品研发、生产能力建设所需的各类高级专业技术人才和技能人才的招聘引进工作；二是在现有人才基础上，选拔能与公司同心同德的优秀专业技术人员和实用型技能人员，在素质能力方面采取厂校挂钩、出国培养、公司技术顾问及部门技术指导等多种手段进行培养提升。

（三）人力资源需求人员分析

根据马尔可夫分析法，经测算，公司人才机构的设置如下：

（1）高层管理测算得出应有 26 人，实有 33 人，所以不需要招募；

（2）中层管理测算得出应有 51 人，实有 33 人，所以不需要招募；

（3）基层管理测算得出应有 77 人，实有 69 人，应招 8 人；

（4）一般技术人员测算得出应有 403 人，实有 315 人，应招 88 人；

（5）销售人员测算得出应有 63.75 人，实有 62 人，应招 1 人或 2 人。

四、人力资源供给预测

在完成了人力资源需求预测以后，接下来要做的工作便是了解企业是否能得到足够的人员去满足需要。这样便需要做供给预测。首先要做的是企业内部人员供给预测，若内部供给不足，则要考虑外部人员的供给状况。

人力资源供给预测是为了满足企业对员工的需求，而对将来某个时期内，组织对其内部和外部所能得到的员工的数量和质量进行预测。

人力资源预测对检查现有员工填充企业中预计的岗位空缺的能力，明确哪些岗位上的员工将被晋升、退休或被辞退，明确指出哪些工作的辞职率和缺勤率高的异常或者存在绩效、劳动纪律等方面的问题，对招聘、甄选、培训和员工发展需要作出预测以便及时为工作岗位的空缺提供合格的人力供给有相当重要的作用。

内部供给的分析主要是对组织现有人力资源的存量及其在未来的变化情况作出的判断。

外部供给在大多数情况下不能由组织所直接掌握和控制，因此外部供给的分析主要是对影响供给的因素进行判断，从而对外部供给的有效性和变化趋势出预测。

（一）人力资源供给分析

通过内部劳动力市场分析和外部劳动力市场分析，得出公司现有人才队伍情况如下。

1. 内部劳动力市场分析

首先，公司必须清楚自己组织内部的劳动力状况，特别是员工的构成和多样性，否则，就无法制定切合 A 公司实际的人力资源政策和活动项目，从而无法实现理想的员工构成和多样性。另一方面，我们还必须了解员工志向、偏好和兴趣的转变，特别是在工作报酬方面。

企业内部劳动力市场的可供给程度首先取决于组织发展战略。组织可根据自身发展战略进行一系列的业绩考核及评价，实施收缩和扩张战略。随着组织纵向层次的减少，管理层数有所减少，员工跨层级升迁的机会也有所减少，同一级人员供给相对过剩，这时横向的职位变迁将会增多，所以组织的结构与内部劳动力的供给有着密不可分的关系。同样，企业人员流动率与内部劳动力的供给也有着至关重要的联系。一般情况下，各行业通常都会有较高的人员流动率。查明人员流动率很高（或很低）的原因对内部供给分析非常有益。人员流动率很高的原因可能是竞争者提供了更好的条件和福利，或员工对所在部门有种种不满，也可能是工作缺乏保障或管理太差。同样，对同时进入组织的员工进行更多的了解也是很有帮助的。

从内部劳动力市场来看，企业对未来人力资源可供量的预测是以当前的在职员工为基础的。根据人力资源管理的经验，推断计划期内可能流失的员工数量及其相应类型，推断组织内部劳动力市场上的变动情况（例如晋升、降职、转职等），推断新增员工的数量。这样就能确定在未来某个时点或者时期组织内部可以提供的人力资源数量。

A 公司如果准备实施收缩战略，超过 50 岁的员工就要考虑提前退休。当企业实施扩张战略时，则可以从组织内部提拔人员补充到经理队伍中。这就要求对候选人在目前岗位上的业绩进行评价，考察其提升潜力。

随着组织纵向层次的减少，管理层数有所减少，员工跨层升迁的机会也有所减少。同一级别的人员供给相对过剩，这时横向的职位变迁（如在某个同级工作部门中调换不同的岗位）将受到欢迎。

某些行业通常会有较高的人员流动率，如餐饮娱乐业的厨师在某一岗位的留任时间通常较短。

内部劳动力市场准确性高、适应较快、激励性强、费用较低 。但也可能因操作不公或员工心理原因造成内部矛盾，容易形成“近亲繁殖”。此外，组织的高层管理者如多数是从基层逐步晋升的，大多数年龄就会偏高，不利于冒险和创新精神的发扬。

2. 外部劳动力市场分析

如果组织增加员工的需要不能从内部供应得到满足，就需要从外部劳动力市场招聘获得该时期组织对人才的需要。

1）宏观经济状况

宏观经济状况包括一个国家或地区的经济状况、行业的经济状况，甚至跨国的经济状况。

2）劳动力市场

从质的方面说，劳动力需求一方对求职者的素质（知识、技术、能力及其他的特征）会提出具体要求，对求职者的物质和精神需求也会设定一个范围。

劳动力供给一方的素质结构、激励因素在一定时期内是相对稳定的。能否满足组织特定的配备员工的需求，取决于劳动力市场上的资源数量和结构。

3）法令法规

外部劳动力市场的供给主要受人口因素、社会和地理因素、员工的类型和资质等各方面因素的影响。

2. 人力资源供给预测

通过对 A 公司内外部人员配置的情况进行分析，得出公司人才总量的具体情况。

1）内部劳动力市场供给预测

内部供给预测与组织的内部条件有关。

本次对 A 公司的规划主要采用接续计划法，接续计划法主要步骤如下。

（1）确定人力资源计划范围，即确定需要制订接续计划的管理职位。

（2）确定每个管理职位上的接替人选，所有可能的接替人选都应该在考虑的范围内。

（3）评价接替人选，主要是判断其目前的工作情况是否达到提升要求，可以根据评价结果将接替人选分成不同等级，例如可以马上接任、尚需进一步培训、问题较多三个级别。

（4）确定职业发展需要，将个人的职业目标与组织目标结合起来，实现人力资源供给与接替。根据评价结果对接替人选进行必要培训，使之能更快胜任将来可能从事的工作。

2）外部劳动力市场供给预测

市场调查预测是企业人力资源管理人员组织或亲自参与市场调查，并在掌握第一手劳动力市场信息资料的基础上，经过分析和推算，预测劳动力市场的发展规律和未来趋势的一类方法。由于市场预测方法强调调查得来的客观实际数据，较少人为的主观判断，可以在一定程度上减少主观性和片面性。

进行市场调查包括以下步骤：

（1）明确调查的目的和任务；

（2）情况分析；

（3）非正式调查；

（4）正式调查；

（5）数据资料的整理加工和分析。

对人力资源外部供给进行预测是必要的，尤其当内部供给不能满足需求时更有必要寻找外部供给的资源。很多因素会影响到外部人力资源供给，比如人口变动，经济发展状况，人员的教育文化水平，对专门技能的要求，政府政策失业率等。

外部人力资源供给预测常可参考公布的统计资料，如每年大学毕业生的人数，企业的用人情况等。预测某些人员的市场供给情况是供大于求还是供小于求，以便于采取相应的对策。

五、人力资源供需平衡分析

（一）预估人力资源可供量

根据以上人力资源供需预测和分析，未来5年公司的人力资源规划基本能实现供需平衡。

首先，从需求上看，公司的发展战略对所需的人力资源（包括数量和结构）与目前人力资源状况存在一定的不平衡，然而这种不平衡是建立在公司未来战略实施的基础上的一种数据体现，这是客观事实，也给公司进行人力资源规划提出了供给补充需求。

其次，根据公司的内部人力储备和外部供给预测，随着公司战略的分步实施，公司对人力资源的供给计划将会如期实施，从而很好地确保人力资源的及时性供给。

最后，公司将会根据人才市场和公司经营发展情况，适时调整相应的激励政策，从而确保公司人力需求与内外部供给的动态平衡。

（二）确定人力资源净需求

通过对公司现有人力资源存量的盘点及未来5年内人力资源流动量的预估，结合之前所进行的人力资源需求预测，得出了公司当前及未来五年内的人力资源供给和需求之间的差距，为下一步制定具体的人力资源规划以及公司其他相关规划奠定了良好的基础。从而也使企业各部门能够有效协调合作，各自职能得到最大限度发挥。

六、人力资源具体规划的制定

（一）人员配置计划

人员配置计划是关于公司中长期内不同职务、部门或工作类型的人员的分布状况的计划方案。具体描述公司未来的岗位设置、需要人员数量、资格要求以及职位空缺情况等。

（二）人员补充计划

人员补充计划是结合公司确定的政策和措施，根据公司需要补充人员的岗位、数量及对人员的要求等，选择人员补充渠道、补充方法，并据此制订人员招聘计划、晋升计划、内部人员调整计划和相关预算等的计划方案。

根据人力资源规划方案，下一步工作策略将主要围绕战略规划目标，对人力资源的“招、育、用、留”等四个环节工作进行深入的流程完善和价值整合。通过一系列人力资源管理制度及机制让一大批职业化、愿意并有能力为企业贡献的优秀人才脱颖而出，促成公司人力资源整体结构的优化与素质的飞跃，在公司形成“人才国际化”与“国际化人才”的优势，从而保障并推动公司发展战略顺利实现。在实施过程中其主要措施为：对外招聘，内部人才库中选拔和充实，现岗人员的培训和开发，公司内岗位调整和资源整合。

（三）培训开发计划

培训需求分析是培训工作的首要问题，主要是了解组织的培训出于何种目的及需求要素如何等。一般从组织、工作及人员三个方面进行分析。

培训开发计划是在选择人员补充方式的基础上，为了使员工适应工作岗位的需要，制订相应的培训计划，即包括培训政策、培训需求、培训对象、培训内容、培训形式、培训师资、培训效果评估、预算等内容的计划方案。

1. 培训方式

A公司培训计划的落实可以通过两个平台：培训教育平台和高端技术平台。

2. 措施及要求

（1）领导要高度重视，各部门要积极参与配合，制订切实有效的培训实施计划，实行指导性与指令性相结合的办法，坚持在开发员工整体素质上，树立长远观念和大局观念，积极构建公司“大培训格局”，确保培训计划如期开班，全员培训。

（2）培训的原则和形式。按照“谁管人、谁培训”的分级管理、分级培训原则组织培训。公司重点抓管理层领导、项目经理、总工、高技能人才及“四新”推广培训；各部门要紧密配合培训中心抓好新员工和在职员工轮训及复合型人才培训工作。

（3）确保培训经费投入的落实。

（4）确保培训效果的真实有效。一是加大检查指导力度，完善制度。二是建立表彰和通报制度。三是建立员工培训情况反馈制度。

（5）加强为基层单位现场培训工作的服务意识，充分发挥业务主管部门的主观能动性，积极主动深入现场解决培训中的实际问题，扎扎实实把年度培训计划落实到位。

在企业改革大发展的今天，面临着新时期所给予的机遇和挑战，只有保持员工教育培训工作的生机和活力，才能为企业造就出一支能力强、技术精、素质高，适应市场经济发展的员工队伍，使其更好地发挥他们的聪明才智，为企业的发展和社会的进步作出更大的贡献。

（四）绩效与薪酬福利计划

此计划是指有关个人及部门的绩效标准、衡量方法、薪酬结构、工资总额、工资关系、福利项目以及绩效与薪酬的对应关系等内容的计划方案。

员工福利计划是企业薪酬福利制度的重要组成部分，是企业人力资源管理的重要工具。发展员工福利计划能充分调动和激发员工的积极性和创造性，增强企业的凝聚力和吸引力，形成优秀的企业文化，树立良好的社会形象。在发达国家，雇主为雇员建立福利，为员工提供如退休金计划、团体人寿保险、团体意外伤害保险、医疗费用保险及残疾保险。

1. 薪酬管理

（1）公司薪酬制度、薪酬架构实行公开；

（2）公司岗位薪酬实行密薪制，但根据工作需要，直接上级有权知晓直接下级的薪酬状况。

（3）考勤及薪酬核算由公司人力部门实施，由总经理审批后，交财务部门实施发放。

（4）对于临时性劳务岗位，如锅炉工、绿化工等季节工，可以参照薪级体系，实行周薪制。

2. 福利设计

福利分为现金福利和其他福利。

（1）现金福利：如生日礼金、过节费、房补、车补、红白礼金。

（2）其他福利：补充保险、住房公积金、工作餐、宿舍、节日活动、节礼、定期体检等。

七、人力资源规划评估与控制

人力资源规划的制定和实施真正实现人力资源规划的目标，积极服务于企业的发展战略，客观地适应外部变化的环境而不会变得过时，人力资源规划监控与评估起到重要的保证作用。

一旦人力资源规划方案得以确立并在企业内部推行，就需要对其成效加以监控与评估，将结果反馈到人力资源管理部门，以便不断调整和修正企业人力资源的整体规划和各项计划，使其更切合实际，更好地促进企业目标的实现。

八、结语

人力资源管理不只是人力资源管理部门的工作，而且是全体管理者的职责。各部门管理者有责任记录、指导、支持、激励与合理评价下属人员的工作，负有帮助下属人员成长的责任。

三、人力资源规划的执行

（一）人力资源规划执行的承担者

现代的人力资源管理工作不仅仅是人力资源部门的责任，也是各层管理者的责任。因此，人力资源规划的承担者就不仅仅是人力资源部门，也需要各部门密切配合，共同承担责任，其承担者如图 3-8 所示。

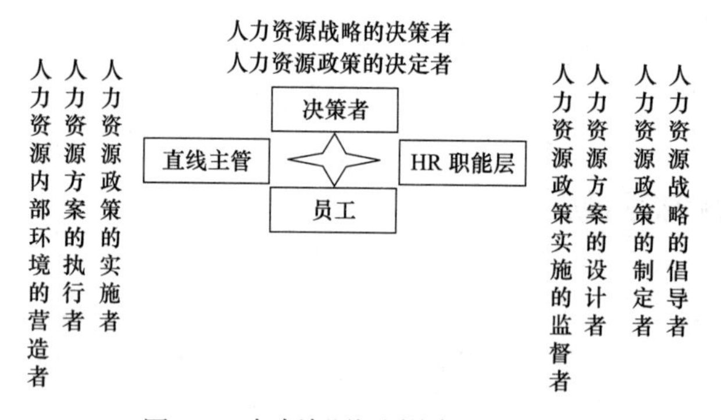

图 3-8 人力资源规划执行的承担者

（二）人力资源规划执行的层次

人力资源规划的执行主要涉及三个层次：组织层次、跨部门层次及部门层次。

组织层次：在组织层次上的人力资源规划需要组织最高管理者的亲自参与，这是因为组织经营战略对人力资源规划的影响，人力资源规划对人力资源管理各个体系的影响，以及人力资源管理的指导方针、政策，必须由组织的高层管理者进行决策。

跨部门层次：跨部门层次上的人力资源规划需要组织副总裁级别的管理者执行，即对各个部门人力资源规划的执行情况进行协调和监督，并对人力资源规划的实施进行评估。

部门层次：部门层次上的人力资源规划的执行分为两种情况。

1. 人力资源部门

人力资源部门不但要完成本部门的人力资源规划工作，还要指导组织内的其他部门的人力资源规划工作的顺利进行。有的组织将人力资源部门经理改为人力资源客户经理，要求持续提供面向客户的人力资源产品的服务。在进行人力资源战略规划时，人力资源客户经理就会为各个部门提供人力资源规划的系统解决方案，并为各类人才尤其是核心人才提供个性化服务。

2. 其他部门

人力资源规划工作应该是组织内每个部门经理工作的重要组成部分，制定、执行好人力资源规划并实现其目标，需要非人力资源部门积极参与、相互配合。

第四节　人力资源规划实务

【项目一】

一、项目名称

人力资源需求分析与预测。

二、实训目的

通过此项实训，进一步明确人力资源需求预测的概念和内容，了解影响人力资源需求的主要因素，掌握人力资源需求预测的程序与方法，能够初步完成人力资源需求分析与预测工作。

三、实训条件

（一）实训时间

2 课时。

（二）实训地点

教室。

（三）实训所需材料

本实训需要的背景材料如下。

正兴集团的人力资源需求

正兴集团的前身是一个街办小厂，生产电器开关等用品。由于这几年形势大好以及全体员工的勤奋努力，在短短 5 年之内发展成为覆盖全国市场的电器开关制造商，在华北、华南、东北、西北、西南均设有分公司，并与韩国某企业建立战略联盟关系，全公司大约有近千人的规模。集团最初从来不定什么计划，缺人了，就现去人才市场招聘。日益正规后，开始每年年初定计划：收入多少，利润多少，产量多少，员工定编人数多少，等等。人数少的可以招聘，人数超编的就要求减人，一般在年初招聘新员工。可是，因为一年中不时有人升职、平调、降职、辞职，年初又有编制限制不能多招，而且人力资源部也不知道应当招多少人或者招什么样的人，结果人力资源经理需要经常往人才市场跑。

近来由于 7 名高级技术工人退休，又有 15 名技术骨干被派到韩国去培训，生产线面临陷于瘫痪的危险，随时都有停产的可能。集团总经理召开紧急会议，命令人力资源经理 3 天之内招到合适的人员顶替空缺，恢复生产。人力资源经理两个晚上没睡觉，频繁奔走于全国各地人才市场和面试现场，最后勉强招到 2 名已经退休的高级技术工人，使生产线重新开始了运转。

人力资源经理刚刚喘口气，地区经理又打电话给他说自己的公司已经超编了，不能接收前几天分过去的 5 名大学生，改要一个懂技术有外资企业经验的专家。人力资源经理不由怒气冲冲地说："是你自己说缺人，我才招来的，现在你又不要了！"地区经理说："是啊，我两个月前缺人，你现在才给我，现在早就不缺了。由于总部战略决策发生变化，需要一个懂技术有外资企业经验的专家，还要麻烦你。"人力资源经理分辩道："招人也是需要时间的，我又不是孙悟空，你一说缺人，我就变出一个给你？"……

四、实训内容与要求

（一）实训内容

利用背景资料，对影响组织人力资源需求的主要因素进行分析，并进行初步预测。

（二）实训要求

（1）要求学生掌握影响组织人力资源需求的主要因素、人力资源需求预测的方法等基本理论，做好实训前的知识准备，如搜集理论依据、相关书籍、真实案例等。

（2）要求学生运用所学知识，结合背景资料，具体分析组织人力资源需求的相关情况。

（3）要求学生针对分析结论，选择适当的方法对背景资料中组织的人力资源需求进行初步预测。

（4）要求教师在实训过程中做好组织工作，给予必要的、合理的指导，使学生加深对理论知识的理解，提高实际分析、操作的能力。

五、实训组织与步骤

第一步，将学生划分成若干小组，6 ～ 8 人为一组。

第二步，每组学生根据课前准备的背景资料和相关的理论书籍，结合正兴集团的人力资源管理现状，列出影响正兴集团人力资源需求的具体因素及特点。

第三步，每组学生根据分析的结果，确定采取哪几种方法对正兴集团的人力资源需求进行预测。

第四步，调动学生积极思考和发言，让学生进行充分的分析和讨论，并在小组内形成统一的结论，由小组代表在全班发表看法。

第五步，教师对各种观点进行分析、归纳和总结提炼，提出指导意见，帮助学生完善自己的结论。

第六步，每个小组根据讨论的结果编写实训报告。

六、实训考核方法

（一）成绩划分

实训成绩按优秀、良好、中等、及格和不及格五个等级评定。

（二）评定标准

（1）是否理解人力资源规划的内涵和重要意义。
（2）是否掌握影响人力资源需求的主要因素。
（3）是否掌握人力资源需求预测方法和程序，能否完成人力资源需求分析与预测工作。
（4）能否结合案例提出自己的观点，列出影响企业人力资源需求的主要因素并进行分析。
（5）是否记录了完整的实训内容，做到文字简练、准确，叙述通畅、清晰。
（6）课程模拟、讨论、分析占总成绩的 60%，实训报告占总成绩的 40%。

【项目二】

一、项目名称

人力资源规划的编写。

二、实训目的

通过此项实训，初步掌握组织人力资源规划的制定原则、主要内容和程序步骤，能够编制基本的组织人力资源规划。

三、实训条件

（一）实训时间

2 课时。

（二）实训地点

深入一家有一定规模的企业开展实训。

（三）实训所需材料

教师提前给出目标公司的基本背景，学生根据前面介绍的理论知识做好实训准备，搜集目标公司的历年人力资源数据、职能结构、工作说明书等相关材料，以备分析讨论之用。

四、实训内容与要求

（一）实训内容

编制企业年度人力资源规划。

（二）实训要求

（1）要求选择一家人力资源工作开展较为成熟的规模以上企业作为实训基地，与企业进行良好沟通，取得编制人力资源规划所需的相关资料支持和人员支持。

（2）要求学生熟练掌握编制企业人力资源规划的原则、内容和步骤等基本理论，做好实训前的知识准备。

（3）要求学生深入目标企业，通过查找资料、与高管面谈、走访相关行业其他企业等工作，结合所学知识，以组为单位，尝试编制基本的年度人力资源规划。

（4）要求教师在实训过程中做好组织工作，给予必要的、合理的指导，使学生加深对理论知识的理解，提高实际分析、操作的能力。

五、实训组织与步骤

第一步，教师与目标企业联系，获得企业的支持，确定学生到企业实践的时间。

第二步，教师向学生明确实践要求，规范学生行为，在实践的过程中不得干扰或影响企业的正常工作，须在教师和企业专业人员指导下开展实践活动。

第三步，要求学生课前查阅相关理论与实战书籍，详细了解人力资源规划的编制原则、方法、内容和步骤。

第四步，学生分组进入实践岗位，深入企业基层，对企业人力资源部门进行访问，小组成员可分工配合，各负责一部分，收集所需要的资料信息，在方便的时候与相关人员面谈或进行问卷调查。

第五步，在充分调查与研究的基础上，参考该企业以前年度的人力资源规划，进行汇总，讨论。

第六步，教师提出指导意见，帮助学生完善自己的结论，编写该企业年度人力资源规划。

第七步，总结并撰写实训报告。

六、实训考核方法

（一）成绩划分

实训成绩按优秀、良好、中等、及格和不及格五个等级评定。

（二）评定标准

（1）是否掌握人力资源规划的编写原则、方法和内容。

（2）是否掌握人力资源规划的编制程序和步骤。

（3）能否结合企业的实际情况，编制合理的年度人力资源规划。

（4）是否记录了完整的实训内容，做到文字简练、准确，叙述流畅、清晰。

（5）实践调查、讨论、分析占总成绩的 75%，实训报告占总成绩的 25%。

复习思考题

1. 什么是人力资源规划？它包括哪些内容？
2. 人力资源规划的程序是什么？
3. 应该如何预测人力资源的需求与供给？
4. 预测人力资源需求和供给的方法有哪些？

5. 怎样平衡人力资源的供给和需求?

6. 南方公司有四类工作人员，高级管理人员、中层管理人员、班组长和操作工，已知 2018 年年初，这四类人员人数分别为 40 人、80 人、120 人和 160 人；假设四类人员每年的流动情况为：高级管理人员有 80% 留下，其余的离职；中层管理人员有 70% 留下，10% 成为高级管理人员，有 20% 离职；班组长有 80% 的人留下，5% 成为中层管理人员，5% 成为操作工，10% 离职；操作工有 65% 的人留下，15% 成为班组长，20% 离职，求 2019 年的这四类人员的供给情况。

案例分析

G 企业人力资源规划研究

G 企业是特大型地市供电企业，企业规模大，员工人数多，近年更被上级单位定为创建国际先进供电企业（以下简称“创先”）的试点单位。为满足实现创先目标对人力资源管理提出的更高要求，G 企业通过不懈的努力，不断地提高企业的人力资源管理水平，并取得了较好的成效。但在人力资源管理上仍有不少地方有待进一步提高，主要包括：①大部分时间和精力用于处理日常事务，工作计划性和主动性有待加强；②人力资源开发和管理工作系统性不够强，人力资源管理各模块工作的关联程度和整体性仍有待提高；③人力资源管理与企业战略的结合得仍不够密切，未能充分体现出人力资源管理工作对企业战略的支持与推动作用。

一、企业人力资源现状分析

通过运用现存统计数据分析法，对 G 企业近三年员工数量、学历结构、年龄结构、职称、技能水平结构等数据进行详细分析，发现 G 企业员工队伍总体学历水平不高，专业技术人员比重较低，技能人员职业技能整体水平也不高。具体如下。

（1）近年来高学历（大专及以上）员工比例明显上升，中专、中技和高中学历员工比例显著下降，但初中及以下人员比例降幅有限。这反映出企业对员工基础素质的重视，整体队伍基础素质有了明显的提升，但同时也表现出低学历人员的提升和转换手段有限，主要依靠自然淘汰的办法来解决，难以取得快速成效。

（2）专业技术职称人员比例稳步提高，但占员工总数的比重仍较低，约为 20%。中高级职称人员在有职称人员中的占比不断增加，在全省具有一定优势。

（3）技能人员占员工总数的比例接近 80%。持证上岗得到各级领导和单位的重视，职业技能资格证书普及率不断提高。中级工以上等级人员占比明显增加，但高技能人员占比与国内外其他先进同类企业仍有较大差距，仍有 80% 以上的生产技能人员是中级工及以下等级，说明生产技能人员队伍蕴藏着巨大的开发潜力。

二、人力资源需求预测

G 企业人力资源需求预测主要采用的方法是：以“建立量化模型、适应企业发展阶段、重视可操作性”为原则，以人员效率为主线，建立自上至下的需求总量预测和自下至上的分部门（单位）需求预测的平衡机制，实现宏观预测和微观预测相结合。

1. 人力资源数量需求预测

1）自上而下的总量预测

通过人员效率指标，主要是人均售电量、人均资产，结合企业发展周期和外部标杆，设定人员效率目标值，同时根据效率指标对人员需求的决定性大小，设定效率指标的权重，从而对G企业人员总量进行测算。具体公式如下：

$$T\text{年需求总人数}=\frac{T\text{年预测售电量}}{T\text{年人均售电量目标值}}\times70\%+\frac{T\text{年预测总资产}}{T\text{年人均资产目标值}}\times30\%$$

2）自下而上的分部门（单位）需求测算

以人均工作量为主线，分部门、分基层单位对业务量进行量化预测，建立业务需求与人员需求之间的匹配标准，进而测算各部门、各单位的人力资源需求。

（1）部门人员需求测算方法。

建立部门工作量指标及人均工作量目标值，进行人员需求预测。具体公式如下：

$$T\text{年部门需求人数}=\frac{T\text{年预测部门工作量}}{T\text{年人均工作量目标值}}$$

式中：　　预测部门工作量＝部门工作量目标值×调节系数

人均工作量目标值＝人均工作量基准值×（1+人均工作量增幅）

预测部门工作量不需要对部门所有工作进行统计，而是筛选出能代表工作量变化趋势的典型工作作为统计目标。一般来说，每个部门选择统计的典型工作不应超过4个。

部门工作量目标值是各部门根据本部门业务发展情况，测算出来的“十二五”期间的目标工作量。如果“十二五”期间，某部门预计将进行工作模式调整、或工作精细化程度大幅提高，则设置调节系数对部门工作量原始指标进行适当调整，否则调节系数设为1。

人均工作量基准值一般为上一年人均工作量。人均工作量增幅是根据部门效率历史变化趋势及未来发展潜力测算确定，按照各部门的差异，人均工作量增幅区间设为3%～10%。

（2）基层单位人员需求测算方法。

基层单位人员分为生产人员和管理人员。生产人员以设备量预测为基础，建立不同专业人员工作量标准，以进行人员需求预测；管理人员采用结构比例法或者业务匹配法进行预测。具体测算步骤如下。

步骤一：预测生产人员需求。

基于G企业“十二五”期间的电网规划，根据对设备量发展的预测，分专业统计并进行折算，得出各年规划设备量；同时根据企业战略对各专业工作效率的提升要求，分别设定人均工作量目标值。在以上成果的基础上，对生产人员需求按以下公式进行预测。

$$T\text{年生产人员需求人数}=\frac{T\text{年基层单位预测设备量}}{T\text{年生产人员人均工作量目标值}}$$

式中：

生产人员人均工作量目标值＝生产人员人均工作量基准值×（1+生产人员人均工作量增幅）

生产人员人均工作量基准值一般为上年生产人员人均工作量。生产人员人均工作量增幅根据各专业的发展阶段、业务规模、成长潜力等方面确定，按照G企业情况，设定各专业生产人员人均工作量增幅区间为1%～7%。

步骤二：预测管理人员需求。

基于管理人员数量与生产人员数量或业务量的配比，对管理人员需求进行预测。测算方法主要有以下两种。

① 对管理人员与生产人员比例较稳定的，采用结构比例法，以一线生产人员数量为基准，通过生产人员和管理人员合理的结构比例，确定未来管理人员数量，确保为一线生产人员和组织效率提供有效支撑。

② 对管理人员与业务量比例较稳定的，采用业务匹配法，选取最具代表性的业务指标，通过业务量确定管理人员需求人数，确保管理人员数量与业务规模相匹配。

3）自上至下的需求总量预测和自下至上的分部门（单位）预测的平衡机制

将自上而下测算出来的需求总量与自下而上测算出来的需求总量的平均数，作为G企业平衡之后的人力资源总需求。这种平衡既考虑了企业总体需求，又兼顾了个体差异，实现了两者的协调一致，避免了测算结果的过度偏差。

2. 人力资源质量需求预测

人力资源质量需求预测应综合考虑以下四个因素。

（1）满足发展战略。企业对人才质量需求的分析必须依据企业发展战略进行，必须满足发展战略对人力资源质量的要求。

（2）充分考虑各级期望。应充分考虑企业及各部门单位对人才质量的期望，同时平衡同类型部门、单位的人才结构。

（3）充分运用外部对标。对比同类型企业人才结构，设定具有挑战性的目标，确保“十二五”末企业人才结构具有一定相对优势。

（4）考虑人才成熟周期。在人才质量需求分析时，应考虑学历、技术、技能各层级人员的成长周期，并根据各部门、单位人员年龄、知识基础、学习能力特点评估成长潜力，从而预测人才梯队的演变步骤，设立合理的人才结构需求目标。

三、人力资源供给规划

1. 供给规划的总体思路

G企业制定人力资源供给规划的总体思路是：在对G企业人力资源需求分析的基础上，综合考虑人员的自然变化分析、对标分析及历史对比分析等因素，从数量和质量两个方面，按照招聘、晋升、培训三个渠道制定具体的人员配置和素质提升操作方案，实现人才结构从“金字塔型”向“钻石型”的转变。

2. 供给分析

根据G企业人力资源需求分析结果，结合企业人力资源供给实际，为满足G企业发展战略对人力资源的需求，主要从招聘、晋升选拔以及培训三个渠道对人力资源供给进行规划。

（1）招聘。基于人力资源需求预测和未来每年的人才存量预测，对未来各部门、各单位每年的人员补充数量进行规划，确定各部门、各单位每年的招聘数量。具体计算公式为：

*T*年招聘人数=*T*年需求人数－（上年人数－*T*年退休人数－*T*年其他离职人数）

（2）晋升选拔。基于各部门、各单位、各层级的人员规模的预测，根据上级单位对班子成员职数的有关规定，对各部门、各单位的班子成员的晋升选拔数量进行规划。

同时，基于对一般管理人员、班（站）长的需求数量的预测，对一般管理人员、班（站）长的晋升选拔数量进行规划。对某一岗位层级需要晋升的人数规划计算公式为

T年晋升人数=T年需求人数－（上年人数－T年退休人数－T年其他离职人数－晋升至上级别人数）

（3）培训。为提升企业人才质量，推动人才结构转型，通过对比其他同类型供电企业，确定企业及各部门、各单位的人才结构标准。按照标准，对比分析人员现状，对学历、技术、技能的不同层级占比和培训目标提出具体要求。对某一学历、技术、技能级别人员需要通过培训提升的人数规划计算公式为

T年培训提升人数=T年需求人数－（上年人数－T年退休人数－T年其他离职人数－提升至上级别人数）

通过以上供给渠道的测算，可分别得出G企业各供给渠道在“十二五”期间各年度的供给规划。

（资料来源：张瑞祥．G企业人力资源规划研究[J]．科技创新导报，2011（36）：194-195．）

思考题：

1．请画出G企业人力资源规划的具体程序图。

2．简要说明G企业人力资源规划的过程是怎样的？其过程有哪些特点？

3．G企业人力资源规划有哪些值得借鉴的地方？又有哪些需要完善和改进的地方？

Chapter Four

第四章　员工招聘

学习目标

1. 了解招聘与录用的概念和原则；
2. 熟悉招聘的流程；
3. 学会选择合适的招聘渠道；
4. 理解测评的技术。

引导案例　大数据当道，招聘难题怎么破？——以谷歌公司为例

1998年成立于美国的谷歌公司是一家致力于互联网产品与服务的跨国科技企业，是互联网上最受欢迎的5大网站之一，并被公认为全球最大的搜索引擎。随着越来越多的公司开始关注大数据的应用，并通过数据分析技术和人力资源管理变革以提高人力资源招聘管理的效率，谷歌公司作为大数据运动的倡导者和先行者，在人力资源招聘模式创新方面取得了显著的成效。

优越的工作环境、独特的企业文化、较高的薪酬水平和良好的发展前景吸引着全球求职者的目光，谷歌每年都会收到超过200万份的求职申请。面对每月超过10万份的求职简历，谷歌公司充分发挥其搜索引擎赖以成功的秘诀——计算机算法，建立起一套在海量简历中自动搜罗人才的方法。

为了描绘出高绩效人才的“数字画像”，谷歌于2007年向全公司的10 000多名员工进行了一个题量为300题、跨度为5个月的问卷调查。问卷实体涉及的范围从生活习惯到学习经历，具体到“饲养什么宠物”“订阅哪类杂志”“是否出过书”等。数据收集完成以后，人事部门的数据分析师通过对相关联数据的整理和分析，建立起一套搜寻人才和识别人才的算法，并以此为基础，描绘出不同岗位的高绩效人才的“数字画像”，最后，数据分析师会根据招聘职位的类别创建几份不同的调查问卷，通过对求职者的问卷评估，精准快速地识别人才并自动化完成人岗匹配工作。

正是有了这套“人才算法”，使得谷歌公司拥有了快速检验人才的“试金石”，在申请获聘率达到130:1的情况下，仍能轻松高效地发现人才，并保持平均每个员工每年能够生产将近$1 000 000市值的惊人生产力水平！

传统的人力资源管理系统主要关注人力资源招聘、规划、绩效、薪酬、培训及员工关系六大模块。然而，如何深化人力资源管理职能的效用和价值，为其注入新的驱动能量，数据扮演了重要的角色。随着互联网的广泛应用，人力资源管理工作的内容已经不仅仅是人与人之间的交流，也包括人对数据的分析和整理。通过对数据的分析，科学地量化员工的性格特征以及行为，可以帮助人力资源管理部门更加科学客观地分析员工。因此，数据势必将成为人力资源管理系统发展和转型的有效载体。

第一节 员工招聘概述

一、招聘的含义、作用及原则

招聘是组织获取优秀人才的主要渠道，也是增强组织核心竞争力的主要手段。招聘工作作为人力资源管理的源头，直接影响到组织人力资源开发管理其他环节的开展。因此，做好招聘工作已经成为关系到组织长远健康发展的前提和保障。

（一）招聘与录用的含义

招聘与录用是组织为了生存和发展的需要，根据人力资源规划和工作分析的要求，通过发布招聘信息和科学的甄选，使组织获取所需的合格人才，并把他们安排到合适岗位工作的过程。

人力资源招聘与录用是一项重要而严肃的工作，也是一个复杂、完整、连续的程序化操作过程，包括了从招募、选拔、录用、评估四个紧密联系的环节。招募主要是指组织为了吸引更多优秀的应聘者前来应聘而开展的一系列活动；选拔是组织从自身发展和职位要求出发挑选出最适合招聘岗位的人；录用是根据选拔过程中的信息对候选人进行安置、试用和聘用的过程；评估是对整个招聘活动的评价和总结。

（二）招聘与录用的作用

招聘与录用工作的有效开展对人力资源管理和整个组织的管理都有着非常重要的作用，这主要表现在以下几个方面。

1. 招聘与录用工作决定着组织人力资源的质量

企业的竞争说到底是人才的竞争，人才是企业核心竞争力的源泉，而招聘是组织吸纳优秀人才的主要渠道，也是整个人力资源管理开发的基础。因此，招聘工作直接关系着组织的人力资源的质量。组织只有招聘到合适的员工，才能保证各项工作的正常开展和组织的长远发展，真正使人才成为企业核心竞争力的重要因素。

2. 招聘与录用工作影响着组织人员的稳定

招聘时，招聘人员要注重和应聘者之间进行充分的沟通。一方面，组织要了解应聘者的求职动机，选出和企业价值观、企业文化比较吻合的员工；另一方面，招聘的过程是应聘者了解组织的发展史、战略目标、经营状况、价值观和文化等的过程，双方沟通得越充分，将来员工的稳定性就越高。

3. 招聘与录用工作影响着人力资源管理成本

招聘时应同时考虑三个方面的成本：一是直接成本，包括招聘过程中广告费、招聘人员的工资和差旅费、考核费用、办公费用及聘请专家费用等；二是重置成本，重置成本是指因招聘不慎，须重新再招聘时所花费的费用；三是机会成本，机会成本是指因离职及新员工尚未胜任工作造成的费用支出。一般来说，招聘的职位越高，招聘成本就越大。招聘时必须考虑成本和效益，既要将成本降低到最低程度，又要保证录用人员的素质要求，这是招聘成功的最终目标。

4. 招聘与录用工作影响着组织的社会形象

招聘是组织对外宣传、树立良好社会形象的一个重要渠道。招聘时，组织要和应聘人员、人才中介机构、新闻媒体、高等院校、政府部门等多方发生联系。招聘人员素质和招聘活动的效果都会影响到外界对组织形象的评价。组织会利用各种形式发布招聘信息，扩大其知名度。特别是有些企业利用精心策划的招聘活动，向人才展示组织的实力和发展前景，同时表明企业对优秀人才的渴望。

（三）招聘与录用的原则

招聘与录用工作是一个极具科学性和艺术性的工作，人力资源部门要按照组织发展的需要，在做好人力资源规划和工作分析的前提下，有计划、有目的、有步骤地开展人员招聘工作。招聘工作要严格掌握对应聘人员的基本要求，把任人唯贤、择优录用的基本原则贯穿在整个招聘工作的过程中，为组织选拔出德才兼备的人才，不断满足组织发展的需要，打造组织的人才优势和竞争优势。具体来讲，招聘工作应该遵循下列原则。

1. 规划性原则

招聘与录用要以人力资源规划和工作分析为依据。人力资源规划是根据组织现在和将来发展的目标、战略，预测、评价组织对人力资源数量和质量的需求，它决定了组织预计要招聘的岗位、部门、数量、时限、类型等要求；工作分析则规定了岗位职责和任职资格，为招聘工作提供了主要的参考依据，同时也为应聘者提供了有关岗位的详细信息。组织应该在人力资源规划和工作分析的基础上，有针对性地制订人力资源招聘计划，为成功招聘提供保障。

2. 公开公平原则

招聘前组织应该确定招聘的条件、种类、数量、应聘方法等，并通过公开的途径向组织内外发布，尽可能地使符合条件的应聘者获得充分的招聘信息。同时，为达到公平竞争的目的，要公开、公平、公正地筛选、考核和评价应聘者，减少选拔工作中的主观随意性。

3. 人才适用原则

组织在招聘时，必须要坚持“人尽其才”“广开才路”“人事相宜”的原则。招聘的对象不一定是最优秀的，而应该是最合适的。招聘时要量才录用，不能一味地要求高学历、高职称，尽量避免大材小用，造成浪费。招聘要以职位的要求为标准，如果应聘者的条件远远超过职位的要求，那么在今后的工作中就会没有发挥作用的舞台，工作稳定性就不会太高。

4. 全面考察原则

对应聘者的资格、条件与所招聘职位的匹配性方面要进行全面的考察，不能只考察其中的某一突出方面就简单地做出录用或拒绝的判断，避免以偏概全。

5. 互动性原则

组织与应聘者之间的双向选择，是招聘工作的一个重要特征。应聘者根据组织发布的招聘信息，对照所聘岗位的条件和标准，进行自我分析、衡量，并了解组织的整体情况，从而选择合适的组织和合适的岗位作为应聘目标。而组织则从应聘者中，根据岗位要求择优录用。组织要尽量避免“人才高消费”的现象，尽量使录用人员的能力与岗位的职责要求相匹配。

二、招聘工作的程序

人力资源招聘既是一个复杂、系统、完整、连续的程序化操作过程，又是一项极具科学性、艺术性的工作。它大致分为基础性工作、招募、甄选、录用、评估五个阶段。

（一）招聘前的基础性工作

招聘前的基础性工作主要包括人力资源规划、工作分析以及招聘计划制定三项内容。通过人力资源规划，企业可以预测为达到未来战略目标所需要人员的数量、质量等。工作分析主要是对工作岗位的相关信息的收集、整理和加工。人力资源规划与工作分析作为招聘的基础性工作，为招聘提供事实依据，如让企业了解应该招聘多少员工、招聘什么类型的员工等信息。招聘计划则是依据人力资源规划和工作分析所得的信息，确定企业人力资源的数量和质量要求，招聘的时间、渠道，招聘组成人员等，为实施招聘做好准备。

（二）人员招募

人员招募工作，是指企业采取适当的方式寻找或吸引胜任的求职者前来应聘的工作过程。人员招募工作是比较重要的一个环节，这个环节关系到应聘者的数量和质量。招募工作做得不好，就会导致求职者数量不多并且质量不高。求职者数量少，企业就无人可选；求职者质量达不到要求，企业就找不出合适的人选，招聘任务就无法完成。

人员招募工作主要有两项任务：一是选择合适的招聘渠道发布招聘信息；二是接受应聘者的咨询，收集求职材料。

发布招聘信息就是向目标人群传递企业招聘的信息。企业应当根据不同的招聘岗位，选择不同的招聘渠道。如果是内部招聘，一般采取内部公告或部门推荐的方式进行。如果是外部招聘，就要分析各种信息发布渠道的效果。信息发布的选择要考虑兼具覆盖面广和针对性强两个方面。覆盖面广，接受招聘信息的人数多，“人才蓄水池”就大，找到合格人选的概率就加大。针对性强，可以使符合特定岗位的特定人群接收到信息，有助于提高招聘的效率和效益。企业应该综合考虑招聘岗位的特点（工作内容、职位要求、应负责任、任职资格等），招聘时间和地点，以及招聘成本等因素，采取最有效的方法来发布企业的招聘信息。招聘工作人员要及时整理应聘人员信息，为下一步开展人员筛选做准备。如发现应聘者数量不足或质量不高则应及时改变信息发布的渠道和方法。

因招聘信息传递的信息量是有限的，所以招聘信息发布以后，招聘工作人员接下来的时间里一般还要经常接到求职者的电话或邮件咨询，向求职者介绍本企业招聘的有关情况，回答求职者提出的问题。

在求职者提交了求职资料后，招聘人员还要及时收集和整理求职资料，以便为初选和面试工作提供依据。

（三）人员甄选

人员甄选是指采用科学的方法，对应聘人员的知识、能力、个性特征、品质和动机等进行全面了解，从中选出最符合空缺岗位要求的人选的过程。人员甄选这一过程主要包括求职材料筛选、初试、复试、背景调查、体格和体能检查以及初步录用决策等环节。

首先，对求职者的求职材料进行审核。根据录用标准，排除明显不合适的人选，确定需

要进一步面试的人选，并发出面试通知。其次，按照预定的笔试、面试流程或方案对应试者进行一系列的遴选测试，选出最合适的人选。对于一些重要或特殊岗位，还需要进行背景补充调查或体格体能检查等。值得指出的是，上述程序不是固定不变的，有的组织就会将背景调查放在测试之前，有的根本不做背景调查，这需要根据组织的实际情况决定。最后，将筛选结果送交用人部门和主管部门进行审核决定是否录用。无论是否录用，企业都应该按照“诚信”的原则操作，及时发出录用通知或辞谢通知，一方面避免企业在激烈的人才竞争中错失良才，另一方面也可以避免耽误求职者寻找其他工作，损害企业形象。

人员甄选是整个招聘工作中最复杂、最难的一个阶段，最能体现一个企业招聘工作水平，直接决定了企业招聘工作的效率和效果。目前测试测评的方法除了笔试和面试这些传统方法之外，还出现了心理测试、笔迹分析、评价中心等测评技术。这些测评方法各有其一定的适应性，企业应该根据不同的岗位选择合适的测评方法。

（四）人员录用

人员录用是招聘活动中最后一个也是最重要的阶段，它是企业经过层层筛选之后做出的慎重决策。人员录用工作的主要任务就是制定录用决策，根据录用决策的结果，通知录用人员报到，安排上岗前的培训，签订劳动合同或聘任合同，并安排一定期限的试用期对录用人员进行实际考察。其中企业还要对录用文件进行制作和妥善管理。

（五）招聘评估

招聘评估是指企业按照一定的标准，采用科学的方法，对招聘活动的过程及结果进行检查和评定，总结经验，发现问题，在此基础上不断改进招聘方式，提升招聘效率的过程。招聘评估主要包括招聘成本评估和投资收益评估两个方面。

招聘成本评估指对在员工招聘工作中所花费的各项成本进行评估。招聘成本包括招募、选拔、录用、安置以及适应性培训的成本等。

投资收益评估指对新员工人职后在岗位上所做出的业绩、利润以及其他绩效结果的评估，一般通过与历史同期或同行业的标准做比较来确定。

招聘评估是招聘程序中最后一个环节，也是最容易被忽视的一个环节。任何一次招聘，都会存在这样或那样的问题，如招聘渠道、招聘方法选择不当，招聘地点不当，选人标准过高或过低等，都会影响招聘成本和招聘效果。在招聘活动结束以后对招聘作一次全面、深入、科学和合理的评估，可以及时发现问题并加以解决，同时为改进今后的招聘工作提供了依据。

以上介绍了企业招聘工作过程的五个阶段及各个阶段应完成的主要任务。当然这个程序也不是固定不变的。企业在招聘的具体操作过程中，可以根据实际情况的需要，对其中的一两个环节进行变通，灵活安排，以节省招聘成本，提高招聘效率。

三、招聘的影响因素

企业是一个开放的系统，其行为方式受到外界各种因素的制约和影响，招聘工作也不例外。企业内部、企业外部和求职者个人三方面因素制约和影响着企业招聘人员的来源、招聘方法、招聘标准、招聘效率等。

（一）外部因素

1. 国家的政策法规

国家的法律和政策法规规范了组织的招聘活动，从客观上界定了组织人力资源招聘对象的选择和限制。例如，我国《劳动法》明确规定了劳动者平等就业和选择就业的权利。法律规定，凡是具有劳动能力和劳动愿望的劳动者，不分民族、性别、宗教信仰等，享有平等的就业权，劳动者有权根据自己的专长和兴趣爱好自愿参加用人单位的招聘，并自愿协商劳动合同期限；禁止16周岁以下的未成年人就业、先培训后就业等原则。

虽然除《劳动法》之外还缺乏许多重要的配套法律，操作性强的法律法规尚未出台，但是，《劳动法》的颁布毕竟是我国劳动立法史上的一个里程碑。以《劳动法》为准绳，我国已经颁布了一系列与招聘和录用有关的法律、法规、条例和规定，如《中华人民共和国劳动合同法》（2007年6月29日通过）、《人才市场管理规定》（2001年9月11日发布）、《女职工禁忌劳动范围的规定》（1990年1月18日发布）、《招用技术工种从业人员的规定》（2000年3月16日发布）、《集体合同规定》（2004年1月20日发布）、《未成年工特殊保护规定》（1994年12月9日发布）、《禁止使用童工规定》（2002年10月1日发布）、《中华人民共和国企业劳动争议处理条例》（1993年7月6日发布）、《中华人民共和国劳动争议调解仲裁法》（2007年12月29日发布）、《劳务派遣暂行规定》（2013年12月20日通过），等等。因此，企业在制定招聘计划和实施录用决策的过程中，必须充分考虑现行法律、法规和政策的有关规定，防止出现违背政策法规的行为，避免产生法律纠纷，以免企业人力、物力、财力及企业形象遭受不必要的损失。

2. 宏观经济形势

1）宏观经济形势与失业率正相关

一般而言，宏观经济形势良好，则失业率低；反之，宏观经济出现危机，企业生产能力水平低，招聘机会少，则失业率高。例如，1997年受亚洲金融危机的影响，亚洲地区出现了几十年不遇的经济萧条，失业率呈明显上升趋势。又如，2008年金融危机从美国开始，波及了大半个地球，许多商业巨头纷纷宣告破产。世界性的经济危机冲击了就业市场，失业率创几十年来的新高。

2）通货膨胀直接影响企业的招聘成本

宏观经济中通货膨胀对招聘的影响直接体现在招聘过程的相关开支上。由于通货膨胀的影响，企业人力资源招聘的直接成本呈上升趋势，交通费用、招聘人员的工资、面谈开支、招聘信息的宣传费用等都呈上升趋势。同时，员工工资的上升也会影响招聘成本，制约招聘规模。另一方面，通货膨胀使人们对自己的人力资本投资呈增长态势，从而影响人力资本存量。通货膨胀对招聘的影响，在对企业高级管理人员和技术人员的招聘方面表现得尤其明显。

3）政府对宏观经济的调控直接影响企业的规模，进而影响企业吸纳人才的能力

政府对宏观经济的调控也在很多方面影响企业的人力资源招聘活动。政府支持资本市场形成的政策、税收政策等都会影响企业资金运转，从而影响招聘规模。政府转移支付所购买的产品和服务，在很大程度上决定着劳动力市场上职位的种类和数量，而这种政府财政开支在国民生产总值中占有一定的比重。近几年来，我国的房地产政策对房地产业有很大的影响，并波及许多其他产业。

3. 劳动力市场的状况

由于很多招聘特别是外部招聘是通过劳动力市场进行的，因此，市场的人才供求状况在很大程度上影响了组织招聘的效果。当劳动力比较富足、处于供大于求的状况下，组织在招聘时选择的余地就会比较大，成功的几率也比较高；相反，如果人才比较紧缺，则招聘的难度就会增大。因此，组织在进行招聘之前，要认真分析所招岗位的市场供求情况，根据市场的供求情况及时调整自己的招聘政策。例如，招聘的是当前市场比较紧缺的人才，就要采取高薪、高福利等手段来吸引人才。

另外，劳动力市场的发展情况对招聘也有很大影响。一般而言，一个国家和地区的劳动力市场越发达，市场对人才的配置作用越强，组织外部招聘成功的可能性就越高。

4. 技术进步的状况

技术进步对企业人力资源招聘的影响反映在以下三个方面：一是技术进步导致招聘职位分布以及职位能力技巧要求的变化；二是技术进步对招聘数量变化的影响；三是技术进步对应聘者素质的影响。这三个方面的划分并不是绝对的相互交叉。

1）技术进步使劳动力市场更加活跃

随着技术的进步，在不同的地区，职业和产业的分布很不平衡。比如，司炉工、纺织工、电话接线员、售货员等职业的从业人数骤减。又如，液化气的普遍使用使煤球的制作行业趋于衰败；传统相机市场被数码相机和各种相关的电子产品所瓜分。于是，上述领域的从业人员都会受到影响。再如，随着计算机、激光等技术的使用，工程师、电脑程序员等职业的从业人数猛增。总的来说，从职位的分布和数量来看，技术进步对非熟练工影响更大，白领、粉领甚至金领代替了蓝领。职业经理人从无到有，从少到多，现在已经是许多受过高等学历教育、MBA 教育的人的首选职业。随着科学技术的快速发展，不仅职位的分布产生了极大的变化，而且诞生了一些新的职业，如心理咨询师、高级职业咨询师、美容师等。某些不合时宜的职业则逐步被淘汰。

2）对就业者的基本素质提出了新的要求

技术进步要求就业者具备更高的受教育水平和更熟练的技术。这样，掌握先进技术的人会取代技术落后者。那些被取代的人因原有技术过时而无法适应原有工作岗位，竞聘新的岗位往往缺乏竞争力。那些素质较差、未受过高等学历教育或相应培训的人群，在技术进步和社会转型时就成了结构性失业的群体。技术进步会使有的岗位降低技能技巧要求，或使某些技能技巧变得多余，或增加某些技能技巧要求。比如，无纸化办公几乎要求所有的管理者（包括高层、中层、基层的管理者）都必须熟悉电脑操作，以便加强信息交流；要求大医院拿手术刀的医生熟练地应用电脑，以便准确了解病人的各种信息。

3）技术进步改变了人们的工作和生活方式

全球网络化使人们可以任意选择居住地而不影响工作。从事某些工作（如科研、软件设计、程序设计和其他高端的输出思想和创意的工作）的员工可以在电脑终端前工作而不必去办公室。有些特殊的职业可以同时受雇于若干企业。弹性工作制使妇女更容易地在母亲的角色与职业的角色之间取得平衡，同时也使交通的拥堵状况和办公场所的拥挤状况得到缓解。无纸化办公使考勤的必要性得到弱化，业绩的考核更能反映工作效率，更加公平。雇佣双方的关系不仅更灵活，而且更人性化。

5. 产品市场的条件

企业所涉及市场的条件不仅影响企业的支付能力，而且影响员工的数量和质量。

1）产品的市场获利能力直接影响企业的支付能力

产品的市场占有率与市场的获利率有一定的相关性，但不一定是正相关关系。因为在激烈的市场竞争中，某些企业以降低价格的方式来获取市场占有率，而市场的获利率又可以由于成本的控制、产品质量的提升和产品的差异化而得到提升。产品的市场获利率提升，带来的最显著效果就是企业兴旺发达、资金流量充足、员工的薪酬上涨、支付招聘成本的能力提高，更重要的是支付高薪员工的能力大大提升，这会在招聘高质量员工时表现出很大的优势。

2）产品市场的未来远景直接影响企业对高层次人才和高科技人才的吸引力

产品的市场占有率和获利能力与市场的未来状态之间是不能画等号的。因为人们认识一个新产品有一个过程，所以消费者对产品（如高科技产品、绿色环保产品、含有深厚文化底蕴的产品、古典高雅的产品）不一定能立即接受。总之，由于未来生产力进一步提高，因此即使当前产品的市场占有率不高，但只要产品的未来远景很好，也能吸引高层次人才和高科技人才主动加盟。因为这些高素质的人才本身都是有识之士，对产品未来发展前景的预测能力较强，他们加盟的愿望可对企业的招聘和运营起到正向作用。

6. 其他因素

1）城市建设、环保及交通、通信设施是城市居民的共享资源

企业所处的城市环境状况既可以是城市送给企业的一份厚礼，也可以是城市带给企业的一份负担。厚礼可以转赠给员工，犹如古诗所说，“唯山月与海上之清风”对富人和穷人都是平等的。完备的城市设施、清新怡人的空气、通畅便捷的交通、便利的通信、良好的医疗环境、贴心的社会服务等是企业所处的城市赠与企业的，也是企业能获取更多优质人力资源的一个很重要的外部影响因素。如历史悠久的古都、政治文化中心北京，经济发达且前景无量的上海，美丽而精致的钢琴之岛厦门，富有活力的新兴城市深圳等，其城市建设、环保、交通、通信等资源可供所有人共享，身处这些城市的企业就可能招聘到更加优秀、更有竞争力的人才。

2）城市的社会保障和最低工资的水平与企业的招聘形成良性循环

城市的社会保障水平高（如医疗保障、失业保障、养老保障和其他福利好），就能吸引各类人才远离家乡甚至远离祖国，奔向这个城市。澳大利亚、加拿大、瑞典、新加坡等国家的社会福利好，医疗、失业、养老有保障，因此容易集聚人才。上海、深圳、广州、厦门等城市由于最低工资水平高，也对人才有极大的吸引力。

（二）内部因素

1. 企业文化会影响企业招聘的标准

企业文化是企业全体员工在长期的经营活动中培育形成并共同遵循的最高目标、价值标准、基本信念及行为规范的总和。每个企业都有自己的企业文化。企业文化影响了招聘人员的态度和行为方式，影响了招聘方式的选用。企业也总是根据应聘人员的价值观念和行为方式是否与自己企业的文化相吻合来决定是否聘用。比如，松下公司在对应聘者考查时很注重其忠诚度，微软公司则注重应聘者的创新性和思维能力；星级酒店的企业文化特别注重员工的仪表和行为规范标准，贸易公司的企业文化则一般对仪表和行为规范要求不高，却对人的行为灵活性要求较高。因此，在招聘过程中，不同类型的公司对应聘者行为会有不同的评判。

2. 企业形象和自身条件

1）企业的声望

企业在应聘者心中的形象及其吸引力，将从精神和行动两方面对招聘活动产生影响。心理学家认为，每个人都希望自己成为优秀组织中的一员。于是，诸如世界500强企业或著名的大公司，以其在公众中的声望就能很容易地吸引大量的应聘者，从而有利于公司进一步甄选录用人才。

2）企业的发展阶段

企业不同的发展阶段的特点也决定着不同招聘方式和规模。对于发展势头良好的企业来说，其招聘任务主要在于满足企业经营对各类人才的需要，特别是对经营管理者、技术人员和研发人员的需要；其招聘规模也较处于成熟阶段或衰退阶段的企业大；其招聘信息强调的是给应聘者以发展机会。处于成熟阶段的企业则会在招聘信息中强调其工作岗位的稳定性和所能提供的高福利、高工资。如果企业处于经营不景气阶段，常常会同时实施裁员和增人计划，主要目的在于保持企业员工的最佳年龄构成，此时甄选录用以年轻、优秀和量少为原则。如果企业处于复杂经济环境中，人员招聘计划势必根据实际情况的变化而不断调整，以取得高效。

3）企业的管理水平

企业的管理水平对企业人力资源招聘的影响体现在以下三个方面。

首先，企业领导者的水平和能力是许多应聘者求职时优先考虑的因素。“士为知己者死”，应聘者若认为领导者水平高、能力强，可能愿意放弃部分物质待遇。

其次，实际上也体现出企业的管理水平。一般来说，企业的管理水平越高，各项管理制度越规范，招聘的效率就越高，越能够招到企业真正需要的人员。同时，管理水平高的企业由于其发展前景可以预见，因此能够吸引大量的高素质人才前来应聘。

最后，招聘过程中招聘人员的形象也会影响招聘工作。招聘人员仪表端庄、热情高效、耐心细致也能给公众特别是应聘者留下良好的印象，吸引高素质的应聘者。反之，不仅会拒应聘者于千里之外，而且会向公众传递负面信息——企业的形象欠佳。可见，在招聘过程中，招聘者的言谈举止代表着企业的形象，不可忽视。

4）企业的报酬及福利待遇

在招聘时，不应忽视物质待遇的作用。人才竞争中形成的工资福利待遇使劳动力市场中的人才流动最终达到均衡。在实际招聘中，公司常常“打待遇牌”，用高薪吸引人才。

在普通员工招聘过程中，公平、优厚的工资和奖金以及完善的福利保障措施是很实际、很有力的“武器”。因为在大力发展社会主义市场经济的今天，“有劳有得，多劳多得”被视为准则。同时，待遇也被认为是个人自身价值的体现，是社会对自己的认可，也是自己为家人更好地生活所作的一份贡献。高工资能提高自己在家庭中的地位，能获得社会的尊重。但很多人对报酬的看法过于片面，认为只是金钱问题，其实这只是马斯洛需求理论中谈到的第一需要。社会的认可、个人价值的体现、家庭责任的履行才是一个人从业敬业的基础。

3. 企业用人政策

企业高层决策人员的用人政策不同，对员工的素质要求也不同。IBM公司前总裁沃森信奉丹麦哲学家哥尔科加德的名言：野鸭或许能被人驯服，但一旦驯服，野鸭就失去了它的野性，再也无法自由飞翔了。他说：“对于重用那些我并不喜欢却有真才实学的人，我从来不犹豫。然而重用那些围在身边净说恭维话，喜欢与你一起去假日垂钓的人，是一种莫大的错误。我寻找的是那些个性强、不拘小节以及可能因直言不讳而令人不快的人。如果你能在你的周围发掘许多这样的人，并能耐心听取他们的意见，你的工作就会进展顺利。”沃森道出了 IBM 乐于录用这些人的道理。宝洁公司对人的看法则是，素质比专业知识更重要，因此宝洁公司更喜欢招收名牌大学应届毕业生。在中国，宝洁 90% 的基层管理者是从各大学的应届毕业生中招聘来的。宝洁进入中国第二年就开始在高校中招聘应届毕业生，而招聘人数且每年都在递增。

企业高层决策人员对企业内部招聘和外部招聘的倾向性看法，会决定企业主要采取哪种方法招聘员工。有的认为自己人好用、可靠，因此企业采取内部招聘方式；有的决策者认为公开招聘、专家参与评选的方式能获取更多优秀人才，因此企业采取公开选聘方式；有的决策者认为从职业中介机构获取人才方便快捷、信息量大，因此企业采取招聘外包或到人才市场招聘的方式；有的决策者认为熟人介绍的人员可靠且风险小，因此企业采取由熟人介绍的方式；有的决策者认为过去所做的业绩最可靠，因此企业接受猎头公司的推荐或选择有较高知名度的人才。

4. 招聘成本

由于招聘目标包括成本和收益两方面，而且各种招聘方法奏效的时间不同，因此招聘成本和人才需求的紧迫性对招聘效果有很大的影响。对于招聘资金充足的企业来说，在招聘信息发布方面，可以花较多的费用做广告，选择全国发行的报纸、杂志，也可以在大学或其他地区现场进行招聘宣传；在招聘甄选方面，可以选择更多或更精细的甄选方法，更全面地审查应聘者提供的资料，调查应聘者的背景。这样就可以在更大的范围内更准确地选取所需的员工。影响招聘的企业内部因素还有很多，包括企业的承受能力、企业生产对人才需求的紧迫性等。

采用不同的招聘方法完成招聘所需的时间不同，而且这一时间随劳动力市场环境的变化而变化。当劳动力短缺时，由于应聘者减少，企业需要花更多的时间去比较和选择。因此，人力资源招聘人员应做好预测，以保证企业在预定的时间内获得所需的合格人员。如果时间偏紧，招聘人员为完成任务就会降低要求，这对于招聘而言是一种损失。

（三）求职者个人因素

1. 应聘者的求职意愿

求职意愿是指应聘者希望得到某职位的愿望。格卢克把寻找工作的人分为三类：最大限度利用机会者、满足者和有效利用机会者。最大限度利用机会者是指那些不放弃任何一次面谈机会的人。在求职的过程中，他们尽可能多地获得不同的企业提供的机会，然后在这些机会中选择自己认为最好的。满足者是指那些接受第一个企业提供的职位的人。他们相信所有的企业都是差不多的，因此没有必要做太多的选择。有效利用机会者是介于两者之间的人，他们会先选择一个中意的职位，然后再寻找另一个，以便与已经选择的职位进行对比，看原先的选择是不是真的很好，然后选择更中意的职位。这三类人在求职过程中表现的求职意愿不同。

求职意愿与个人背景及经历有关。显而易见，求职意愿强的应聘者容易接受应聘条件，企业招聘的成功率高。反之，求职意愿弱的应聘者对应聘条件较挑剔，企业招聘的成功率低。

2. 应聘者的经济压力

应聘者的求职动机与经济压力之间成正比关系，在职人员求职动机远比没有工作的人小，因此，这类求职者在单位时间内寻找工作的次数明显少于无业者，寻找工作的过程中表现也较为被动，面对工作机会更为挑剔，这主要与他们有收入、经济压力较小有关。除了求职者是否有工作之外，求职者的个人经历、家庭条件等也决定经济压力的大小，进而影响企业的招聘。

3. 求职者的工作经验

从企业方面来看，招聘有经验人员可以在短时间给企业带来效益，用人单位也不必花费高成本从技能方面重新培养人才，节约了企业经营成本。因此，有工作经验目前已经成为很多单位招聘的一项重要标准。从求职者方面来看，工作技能和工作经验也是影响求职者择业期望值的重要因素之一。一般来讲，接受过多种专业训练或有着多年相关工作经验的求职者，对职位的要求会高于没有相关经历和技能的求职者。

相关链接

大企业的微招聘

宝洁中国通过微信平台介绍企业、宣传各类活动、发布求职技巧和职业技巧。另有自定义菜单栏提供多项查询功能，供查询的内容根据当前的活动进行调整。信息发布频率较高且较为稳定。

宝洁将微信招聘的对象锁定为应届毕业生。为此，宝洁通过微信平台主要开展企业宣传、发布满足应届生需求的求职技巧和职业技巧，并开设专门的查询功能。“宝洁精英挑战赛”是宝洁于2014年2月到7月开展的面向高校所有学生的比赛，旨在培养和选拔具有创新才能、领导能力和商业战略潜质以及科技创新能力的在校大学生。宝洁通过微信平台对此次活动进行了全程报道，并在自定义菜单栏中设置大赛查询专栏。展示在微信中的大赛奖励也非常诱人，冠军团队奖励15 000元人民币，提供高管门徒培训以及免试通行证，亚军和季军团队的奖励也非常丰厚。

宝洁除了使用微信，还通过新浪微博、人人网和应届生BBS等对招聘活动进行宣传。宝洁通过微信主要是吸引用户，并不直接提供具体的职位信息，用户还需通过以上其他途径获取详细招聘信息。“宝洁故事汇”就是利用微信平台吸引用户的案例。让新员工可以带着宝洁的offer去完成没有时间完成的梦想，从中征集和评选他们各自实现梦想的故事，并对转发和分享故事的用户进行奖励。如《一个人的背包旅行》，讲述了一个带着宝洁offer的女孩利用假期完成独自背包旅行的故事。这对应届生产生很强的吸引，同时，有奖转发又进一步扩大了宝洁的影响力。

微信招聘作为传统招聘渠道的辅助，在大型知名企业中较为多见，在进行企业宣传和吸引求职者参与企业招聘活动方面发挥了较大作用，适合服务于企业的长期化招聘。其信息传播的针对性强、信息连贯，为用户提供丰富的、形式多样的信息和知识。借助其即时通信的特点，克服了其他招聘形式信息滞后、互动不够的弊端。微博招聘因其媒介性强，成为众多企业寻找人才的有效途径，借助其裂变式的信息传播方式，能够在短时间内找到尽可能多的候选人，并且通过求职者的微博内容以及互动实现初步的人才筛选，适合长期化、分散化的招聘。微博招聘对企业的知名度要求较高，在小微型企业中效果欠佳。但由于信息表达不详细，真实性有待考证，企业和求职者还需进行线下沟通。

第二节　员工招聘的渠道

组织获取人力资源的途径有两种：内部招聘和外部招聘。内部招聘是指从组织原有员工范围内获取人力资源的一种途径；外部招聘则是指组织获取人力资源的外部来源，两种途径各有利弊，基本上是互补的。为了把优秀、合格的人员招聘进企业，招聘的渠道可宽一些，但随之招聘的费用也将增加。如果采用窄的招聘渠道，招聘费用可减少，候选人员也将减少。随着各种竞争压力接踵而至，对许多企业来说，采用何种招募策略至关重要。企业规模无论大小，在招募工作之前都必须作出下列决定。

（1）企业需要多少员工？

（2）企业将涉足哪些劳动力市场？

（3）企业应该雇佣固定员工，还是利用其他灵活的雇佣方式？

（4）在企业内、外同时招募时，企业应在多大程度上侧重从内部招募？

（5）什么样的知识程度、技能、能力和经历是真正必需的？

（6）在招募中应注意哪些法律因素的影响？

（7）企业应怎样传递关于职务空缺的信息？

（8）企业招募工作的力度如何？

一、内部招聘

内部招聘是招聘的一种特殊渠道。大多数企业在出现岗位空缺时，首先考虑在内部进行人员调配。内部选拔并不会给企业增加新的人力资源，从严格意义上来说，这种渠道不属于人力资源吸收的范畴，而应该属于人力资源开发的范畴，但由于它与企业外部招聘关系极为密切，不可分割，互为补充，构成填补企业空缺岗位的人员来源，因而通常被作为招聘的一个重要渠道。据有关资料表明，76% 的美国公司采用内部选拔为主的政策。内部招聘的方式通常有内部晋升、内部调用和工作轮换三种。

（一）内部晋升

内部晋升是指将组织内部符合要求的员工从一个较低职位调配到较高职位上。该方式可以通过多种方法实现。

1. 工作布告

工作布告是在西方国家企业管理实践中产生的，是组织内部招聘比较常见的方法。最初的做法是在企业布告栏发布有人员空缺的工作岗位的信息，符合条件的员工都可以“投标”，再在竞标者中进行挑选。这种方法起初主要适用于蓝领阶层，随着管理理念的发展变化，其应用范围也扩大至技术岗位和管理岗位。组织可以通过工作布告来招募现有员工，工作布告的目的是告知员工空缺职位的信息。公司可以在布告栏、内部出版物、企业内网上或通过其他的一些方式，向内部员工通告职位空缺的信息。工作布告给员工提供一个公平选择工作岗位的机会，能使企业内最合适的员工有机会从事该工作，有利于调动员工的积极性，更符合“人性化管理”理念。但这种方法若采用不当，会使企业内部缺乏稳定，影响落选员工的工作积极性和工作表现。成功的工作布告应具有下列特征。

（1）布告应置于引人注目的地方，以便感兴趣的员工可以看得到；

（2）布告应保留一定的时间；

（3）布告中应有工作描述和工作职责；

（4）布告中应包括工作规范中的内容，以便员工判断自己是否具有申请资格；

（5）职位的甄选标准应当清楚明了，应当让员工清楚，甄选是依据资历还是依据绩效或其他因素；

（6）决策一旦作出，应当通知所有的申请者，使无论是申请成功的或是不成功的都收到信息反馈。

2. 主管推荐

主管对本部门员工的工作能力有较为全面的了解，只要主管人员客观、公正地评价并推荐员工，而不是为了提拔他们的“亲信”而错过了优秀的候选人，主管推荐不失为一种好的招聘方式。由于主管推荐很难不受主观因素的影响，多数员工会质疑这种方式的公平性，他们会认为，正是这种不公平的对待，使他们丧失了晋升的机会，影响其工作积极性。部门主管会比较认同这种方法，当他们有权挑选或决定晋升人选时，他们会更关注员工的工作细节和潜在能力，会在人员培养方面投入更多的精力，同时也会促使那些正在寻求晋升机会的员工努力地争取更好的工作表现。

3. 员工信息库

很多组织利用计算机建立员工信息库，通过建立电子化的“员工档案”，实现员工职业信息的计算机管理。“员工档案”包括员工的工作经历、教育程度、优点和缺点、特殊才能、参加过的培训、计划参加的培训、人才培养的方向、可能晋升的职位等与员工职业发展相关的信息。当出现职位空缺时，计算机系统能够迅速搜索到符合条件的候选人。利用这种方法能在一定程度上保持内部员工的稳定，留住企业的核心人才。但是，使用这种方法需要注意以下两点：

（1）档案资料的信息必须真实可靠、详细、及时更新；

（2）确定出人选后，应当征求本人的意见，看其是否愿意进行调整。

4. 职业生涯开发系统

职业生涯开发系统与工作布告方法不同，不是鼓励所有的合格员工都来公开竞争，而是为具有较高潜质的员工设立职业生涯的“快车道”，通过有目标的培养和训练，使他们能够适应特定的目标岗位。这种方法的优点是能够留住高绩效、有潜质的员工，同时可以确保组织出现空缺岗位时随时都有填补该岗位的人选。缺点是没有被培养的员工可能产生不满情绪，甚至离开组织，而这些人里面有很多也是优秀和忠诚的员工。另外，如果目标职位一直没有空缺，被培养的员工也可能会因为失望而降低工作积极性，甚至会选择离开。

（二）内部调用

内部调用是指内部员工在相同层次之间的调动，这是较为常见的内部人员配置形式。如把员工从前台接待岗位调到办公室担任内勤，把区域经理从一个区域调到另一个区域任职。内部调用不仅能够填补岗位发生的空缺，而且可以有效缓解晋升岗位的有限性带来的矛盾。如从相对一般的岗位调到相对重要的岗位，或从一个岗位调到更能发挥个人特长的岗位等。内部调用的关键在于：一是更有利于工作；二是更有利于个人才能的发挥。

（三）工作轮换

工作轮换是指企业有计划地按照大体确定的期限，让员工轮换担任若干种不同的工作。工作轮换包括：新员工轮岗实习；为培养复合型员工而进行的工作轮换；为培养管理骨干而开展的工作轮换；为培养企业精神而开展的职务轮换；横向流动的职务轮换。工作轮换的好处：一是可以丰富员工的工作经验，使员工熟悉组织的更多领域和部门的工作，了解各项活动的相互关系，培养"多面手"和综合管理人才；二是可以使员工对工作保持新鲜感，从而提高其工作的积极性。

二、外部招聘

外部招聘（External Recruitment）是指从企业外部获取符合空缺职位工作要求的人员来弥补企业的人力资源短缺，或为企业储备人才。当企业内部的人力资源不能满足企业发展的需要时，应选择通过外部渠道进行招聘。

（一）媒体广告招聘

这是企业常用的一种招聘方法，其形式包括在报纸、杂志、电视、电台或互联网上做招聘广告。广告的内容一般包括招聘职位、招聘条件、招聘方式及其他说明，广告必须符合有关法律要求并引人注目。广告招聘的优点是：信息传播广泛、快捷；影响范围大，可以吸引各类人员；可以同时发布多种职位的招聘信息；可以给组织保留许多操作上的优势；还可以起到广告宣传的作用。缺点是：广告费昂贵；由于应聘者较多，招聘费用也随之增加。在用此种方法招聘时还需注意以下两点：

（1）广告信息应清楚明确，能够让应聘者了解空缺职位；

（2）广告内容要真实，不要误导应聘者。

另外，在选择媒体时应考虑各种媒体的优缺点及媒体本身承载信息的传播能力、受众群体等因素（如表 4-1）。

表 4-1　四种媒体类型发布招聘广告的优缺点比较

媒体种类	优势	缺陷
广播、电视	招聘信息让人难以忽略； 可传达到一些并不很想找工作的群体； 创造的余地大，有利于增强吸引力； 自我形象宣传	昂贵； 只能传送简短的信息； 缺乏永久性； 为无用的传播付费
报纸	广告大小弹性可变； 传播周期短； 可以限制特定的招募区域； 分类广告为求职者与供职者提供方便； 有专门的人才市场报	竞争较激烈； 容易被人忽略； 没有特定的读者群； 印刷质量不理想
杂志	印刷质量好； 保存期长，可不断重读； 广告大小弹性可变； 专业性杂志可将信息传递到特定的职业领域	传播周期较长； 难以在短时间内达到招募效果
互联网	广告制作效果好； 信息容量大，传递速度快； 可统计浏览人数； 可单独发布招聘信息，也可以集中发布	信息过多容易被忽略； 不适应于不具备上网条件，或没有计算机； 使用能力的群体

（二）员工推荐

员工推荐被认为是一种快捷而高效的人才招聘方法。这种招聘方式的优点是：由于是熟人推荐，所以招聘、应聘双方在事先已有进一步的了解，可节约不少招聘程序和费用，尤其对关键岗位的职缺人员，如专业技术人员等，常用此方法；缺点是：由于是熟人推荐，有时会有碍于情面，而影响招聘水平。如果此类录用人员较多，易在企业内形成裙带关系，给管理带来困难。有研究表明，员工推荐的求职者一般比通过其他方式招聘到的人员表现更好，而且在公司的工作时间更长。对于公司而言，员工推荐的方式既可以节省招聘广告的费用或职业介绍机构的中介费，还可以招募到忠实而优秀的员工；对员工而言，如推荐成功可以获得公司设立的物质奖励，能够显示出该员工对公司发展的关注和参与。但是如果推荐过程受到“徇私”“任人唯亲”等不良因素的干扰，会影响招聘的公平性。特别是人才录用以后，因工作推荐的关系在公司内部形成一些非正式群体而影响工作的正常开展，将对企业的管理产生十分不利的影响。企业的应用经验表明，使用员工推荐的方法的企业应建立完善而严格的人才选拔机制，企业内部管理较为严谨，有好的人际氛围，特别是企业的人数规模以 500 人以上为宜。

（三）就业服务机构招聘

就业服务机构根据举办方的性质可分为公共就业服务机构和私人就业服务机构。公共就业服务机构是由政府创办，向用人单位和求职者提供就业信息，并帮助解决就业困难的公益性组织。如我国各地市人事局下设的人才服务中心。随着人力资源流动的频繁，我国也出现了大量的私人就业中介机构。它们除具有与公共就业机构相同的服务职能外，更侧重于为企业提供代理招聘的服务，也就是招聘外包的解决方案。作为专业的就业中介机构，其人才招募的成本更低，招聘效率更高，选拔方法更为科学和专业，而且作为第三方，能更好地坚持公开考核、择优录用的原则，公正地为企业选择人才；同时，采用此招聘方法应聘者面广，很难形成裙带关系。这种方法的主要局限在于，就业服务机构不是企业本身，如不能正确地了解企业的人才需求，而录用了不合格的人才，企业仍需支付中介费用，提高招聘的成本却达不到应有的效果。选择好的就业服务机构并建立长期的合作关系，在招聘过程中企业适当参与并监督，是克服上述缺陷的有益措施。正确使用中介机构需注意以下几点：

（1）向职业中介提供一份准确而完整的工作描述；

（2）限定职业中介机构在筛选过程中所使用的工具（如测试、工作申请表、面试、决策过程等）；

（3）定期审阅候选人的材料；

（4）与中介机构建立长期性的关系。

（四）猎头公司猎头

“猎头”在英文里叫 Headhunting，指“网罗高级人才”。高级人才委托招聘业务，又被称之为猎头服务或人才寻访服务。专门从事中高级人才中介公司，又往往被称为猎头公司。猎头公司是人力资本市场细分的产物，“猎头”这种源于西方国家的招聘方式，近年来也成为我国不少企业招聘高级管理人员时的首选。但因其高昂的收费，只能是有足够的招聘经费预算的情况下，为企业非常重要的职位招聘时的选择。猎头公司招聘最主要的两个特点。一是针对性强：猎头公司同许多已经被雇用的但没有太大积极性，欲变换工作的高级人才保持着联系，能在短时间内招聘到高层次人才，他们能为企业保守秘密；二是费用高：借用猎头公司的费用由用人单位支付，一般为所推荐人才年薪的1/4到1/3。猎头公司具体招聘程序如下：

（1）接受客户委托，与委托单位签订合同；

（2）根据职位需要和客户要求，寻访人才并初步拟定人选；

（3）对候选人进行筛选、考核、背景调查，写出书面推荐报告；

（4）推荐候选人供客户面试选择，协助客户进行薪酬谈判和与录用者签订合同，猎头公司跟踪考核。

企业借用猎头公司招募人员需注意的是：

第一，要了解猎头公司的能力、信誉和服务效果；

第二，向猎头公司说明需要的人才规格及要求；

第三，事先确定服务费的水平和支付方式。

相关链接

中高级人才为什么要使用猎头

首先，企业的这些岗位一般都有现职人员，在没有物色到更佳的替换对象前，调整决定尚掌握在企业领导层面，不适宜通过媒体大张旗鼓地进行公开招聘，影响现职人员的工作积极性；其次，能够胜任这些岗位的候选人也多已“名花有主”，薪水、地位相当有保障，不会轻易“跳槽”，即便有换单位的意向，也较倾向于暗箱操作，不愿在去向未定之前闹得满城风雨，领导、同事都知道，他们投寄应聘材料和参加招聘会的可能性不大；第三，专业化的中介公司一般都有固定的猎取渠道和丰富的操作经验，能够在雇佣双方间进行有效的沟通，扮演一个称职的“红娘”角色。

小常识

一家猎头公司在替前位雇主完成招募工作的二年内，不得替另一家新客户挖自己已给前一位客户招募的人员。

（五）招聘会

招聘会一般是由政府所辖人才机构及高校就业中心举办，主要服务于待就业群体及用人单位。招聘会一般分为现场招聘会和网络招聘会，日常中所讲的招聘会通常指的就是现场招聘会，分行业专场和综合两种。采用现场招聘方法的优点是：可以在很短时间内收集大量求职者的信息，是宣传和展示组织形象的好时机，而且费用比较合理。参加招聘会的程序是：首先，确定是否参加招聘会；其次，是参展前的准备工作；最后，现场招聘。判定是否参加招聘会需先了解招聘会的档次、对象、组织者，并注意招聘会的信息宣传。

时下经常可以看到人才市场上部分企业招聘摊位前人潮汹涌，另一些企业摊位前却门可罗雀；部分企业招聘结束后满载而归，而有些企业招聘结束后却感叹“又白来了一趟”。这两种不同的结果除了与企业的实力、招聘职位关系较大外，现场招聘的管理也绝对不容忽视。现场招聘做得好，能够提高招聘效率，吸引精英人才。因此，采用现场招聘需注意以下问题。

1. 招聘现场安排到位

要吸引人才应聘，企业应在现场布置大幅彩色企业介绍展板，除展示企业实力外，也显示企业的信心。把企业性质、规模、地理位置展示清楚，可以避免不接受这些条件的求职者作无效的应聘，有较多时间接待与企业理念一致的求职者；对招聘职位的要求应详细、具体，一目了然，减少不合条件的求职者前来应聘浪费双方时间。

另一方面显示企业招聘的认真程度，能够吸引符合要求的求职者前来应聘；人员安排上尽量避免仅安排文员在现场收资料。现场招聘人员在企业的职位、地位越高，显示企业对此次招聘越重视，越能吸引求职者；招聘者的言行举止对吸引精英人才也相当重要，部分招聘人员在现场肆无忌惮地抽烟，大声喧哗甚至打情骂俏，高素质的求职者自然敬而远之。

2. 重点考核安排在下午

部分招聘人员为了更详细了解求职者，在现场进行针对求职者的素质考核，当场面试或辅以试题测验。现场能作重点考核当然好，但切忌莫安排在上午高峰期进行，最好安排在下午人少的时候进行。经常看到有的招聘摊位前人满为患，拥挤不堪，而招聘人员却在和一个求职者气定神闲、旁若无人地侃侃而谈，有时甚至超过半小时，一些素质较高、时间观念强的求职者自然弃之而去。建议高峰期招聘人员接待一个求职者的时间不要超过 10 分钟，对意向较强，想作重点考核的求职者另约下午结束前某个时间详谈，这样的安排使每个求职者都有机会，不致怠慢，错过最合适的人选。招聘人员在筛选时一定要果断，对明显不符合企业要求，录用概率在 50% 以下的求职者及时退回资料，既节省时间，确保有足够的时间筛选到精英人士，也节省了被退回资料求职者的费用和时间。

3. “满勤”招聘才能达到最佳效果

经常看到招聘企业交了钱，但现场却看不到招聘人员影子，原因是部分企业招聘人员迟到、早退、中途离场，这其实是对企业资源的严重浪费。部分招聘人员认为求职者多得是，少待一会儿无所谓；部分认为已招到合适的求职者，无须再接待他人。这其实是一个严重的认识误区：对于第一种情况来说，最优秀、合适的求职者何时出现招聘人员无法预见，所以理应全天候接待；对第二种情况来说，你认为满意的求职者对方不一定到企业上班，所以理应多接待几位应聘者。

（六）校园招聘

当企业需要招聘财务、计算机、工程管理、法律、行政管理等领域从事专业化工作的初级水平员工，或为企业培养和储备专业技术人才和管理人才时，校园招聘是达到以上招聘目的的最佳方式。企业走入高校，面对的是大量素质较高，条件相当的求职者。这个群体的求职者充满活力，富有激情，可塑性强，对第一份工作十分重视并充满期待。企业应针对校园求职者的这些特点设计人才挑选的流程。有调查表明，校园招聘的求职者比社会招聘的求职者更重视企业形象，招聘者的态度，招聘的过程，都是影响他们职业选择的重要因素。

企业一般在每年的 10 月开始做校园招聘计划，11 月份与各高校就业指导部门联系，让其协助发布招聘信息，并商定面试时间，在第二年的 1 月底之前完成招聘工作，确定人选，但录用人员要到 7 月份才能正式上岗。其间可以安排 1 ～ 2 个月的实习和培训。在整个过程中，要熟悉招聘应届毕业生的流程和时间限制，特别应该加强与高校就业指导部门的联系，办理好接收应届毕业生的相关人事手续。由于毕业生往往面对多家企业的挑选，特别是出类拔萃的人选，很可能同时被多家企业录用，违约是比较常见的现象，也是校园招聘成本较高的原因之一。另外还需注意的是，学生对工作的估计社会化程度不够，因此，招聘前要多关注学生感兴趣的问题并做准备。

（七）在线招聘（On-line Recruiting）

在线招聘也称网络招聘。随着互联网的普及，在线招聘因其不受地域和时间的限制，且高效、快捷、费用低，信息传播范围广等优势，成为目前企业普遍采用的招聘方式。

在线招聘的方式主要有两种。第一种方式是在公司的主页设置专门的栏目发表招聘信息。有些企业的网页还提供在线申请功能，求职者可以直接在网页上填写职位申请表，并可以通过电子邮件获得回复。还有些企业利用网络的视频功能，进行在线面试，减少企业和求职者双方的招聘支出。第二种方式是通过专业的人才招聘网站。专业的网站信息集中，访问量大，一般是由专业的就业服务公司举办，除发布招聘信息外，还可提供人才测评，代理招聘等其他服务。我国常见的人才招聘网站有：各地市人才网，中国国家人才网 http:// www.newjobs.com.cn，前程无忧网 http://www.51job.com，智联招聘网 http://www.zhaopin.com，中华英才网 http://www.chinahr.com 等。

相关链接

悠唐游戏化招聘模式

上海悠唐网络科技股份有限公司（以下简称悠唐）成立于2014年，开创之初就秉承着“分享网络，分享未来”的理念而发展前进。其目的是创造一个自由、开放、平等、公平、自然、平衡的互联网新生态，并最终达成社会化网络的终极目标，形成一个使所有参与互联网的个人、团体、单位都能够公平分享互联网和利益的社会化网络。从最初成立，悠唐陆续推出了手机APP、钱庄、即时通信系统、糖票、悠唐浏览器等产品。2015年悠唐新平台整合完毕，随后又上线了悠唐电商平台。经过短短两年多的发展，悠唐用户从最初的几千人发展到现在的近百万人，还在上海、成都、西安、新疆先后建成悠唐中心，正式落地生根，规模和知名度也逐步提升。如今悠唐推出悠唐天下手游，与悠唐游戏化运营模式更近了一步。令人称奇的是悠唐从创立之初就没有进行过任何广告宣传，这得益于其游戏化的管理模式

在悠唐发展过程中，人才的来源渠道及其对悠唐文化的认可度是悠唐招聘人才必须要考虑的实际问题。对于悠唐公司发展情况最了解的人群当然是参与到悠唐模式的用户群，悠唐希望从中招聘到有思想、有才能的人。因此在悠唐逐渐形成了这样一个特殊的职业——门客。目前门客团队已经发展成为几百人的大团队，该团队是悠唐的核心、大脑和决策机构，左右着悠唐未来的发展道路。

门客从低到高一次分为客、舍、仕、卿、谋五个等级，同时每个等级对应着不同的俸禄。每一位参与到悠唐的用户都可以报名参与门客的考核。而考核的题目大都是在玩转悠唐APP过程中所积累的对于悠唐的认识，包括对其制度的学习、理念的理解等一系列问题。例如，悠唐发展初期，每天在悠唐APP上签到，就会获得一个任务，完成这个任务就会获得相应的现金奖励。而这个任务就是回答相应的悠唐发展规则的选择题，从而加深对于悠唐的认识。同时悠唐还设立了论坛，每天都会有大量的用户在上面对于悠唐的发展提出意见，这都为悠唐招募大量人才打下了坚实的基础。

第三节　员工甄选

一、员工甄选的含义与程序

（一）员工甄选的含义

候选人的任职资格和对工作的胜任程度主要取决于他所掌握的与工作相关的知识、技能，个人的个性特点、行为特征和个人价值观取向等因素。因此，人员甄选是对候选者的这几方面进行测量和评价。

（二）员工甄选的程序

1. 接见申请人

若申请人基本符合空缺岗位的资格条件，就办理登记，并发给岗位申请表。

2. 填写岗位申请表

为了取得应征者的有关资料，所以要求应征者填写申请表。申请表所列内容应包括：①申请岗位名称；②个人基本情况，包括姓名、性别、住址、电话、出生年月、籍贯、婚姻情况、人口、住房情况等；③学历及专业培训情况，包括读书和专业培训的学校校名、毕业时间、主修专业、证书或学位等；④就业记录，包括就业单位名称、住址、就业岗位、工资待遇、任期、职责摘要、离职原因等；⑤证明人，包括证明人姓名、工作单位、电话等。设计申请表时，应注意所列内容必须是能测试应征者未来工作表现的有关内容。

3. 测验

最常用的测验是笔试和实际操作，更现代的测验是人员素质测评，通过测验可以判断应征者的能力、学识和经验。

4. 初步面谈（面试）

由面试人员与应征者进行短时间的面谈，以观察了解应征者的外表、谈吐、教育水平、工作经验、技能和兴趣等。

5. 深入面谈（面试）

应征者测验合格后，要再做一次深入的面谈，以观察和了解应征者的态度、进取心，以及应变能力、适应能力、领导能力、人际关系能力等。

6. 审查背景和资格

对经过上述程序筛选的合格者，人力资源部门要对其背景和资格进行审查，包括审查其学历和工作经验的证明文件，如毕业论文、专业技术资格证书等，通过查阅人事档案或向应征者过去的学习、工作单位调查其各方面和业务能力等。

7. 有关主管决定录用

一般情况下，人力资源部门在完成上述初选程序后，就把候选人名单送给直接用人的主管，由该主管决定录用人选。

8. 体检

通过体检，来判断内定者在体能方面是否符合岗位工作的要求。体检合格者，则发录用通知书。体检程序之所以放在最后，是因为在大批不合格者被淘汰之后，只对少数内定录用者进行体检可以大大节约费用。

9. 安置、试用和正式任用

经过上述程序，被录用者报到后，就可将其安置在相应的空缺岗位上。为观察新进职工与岗位的适应程序，企业新职工都有一定试用期，试用期长短视工作性质和工作复杂程序而定。试用期满，经考核合格者，则予以正式转正。

上述程序不是绝对的。由于企业规模不同，工作要求不同，因此采用的甄选程序也会不同。

二、员工甄选工具

（一）笔试

目前在企业招聘中常见的笔试大致分为以下四类。

1. 专业知识测试

实际工作中多数企业的做法一般以应聘者的学历和工作经验作为判断专业知识水平高低的标志。对于个别专业知识要求很强的岗位（如翻译）应采用笔试的方法来考察。

2. *IQ* 测试和类 *IQ* 测试

国内企业笔试中应用最多的是 *IQ* 测试或类 *IQ* 测试。*IQ* 即智力商数，简称智商，是通过一系列标准测试测量人在其年龄段的智力发展水平。由法国的比奈（Alfred Binet，1857 年—1911 年）和他的学生所发明，他根据这套测验的结果，将一般人的平均智商定为 100，而正常人的智商，根据这套测验，大多在 85 到 115 之间。计算公式为 $IQ=100\times MA/CA$，其中 MA 为心智年龄，CA 为生理年龄。如果某人智龄与实龄相等，他的智商即为 100，标示其智力中等。类 *IQ* 测试是指对数量分析、逻辑推理等基本能力的测试，有人认为这类测试属于能力测试，但国外 *IQ* 测试的发展已基本将这些测试形式包括进去。

3. 职业能力测试

职业能力测试是通过一组科学编排的测试题，对一个人的言语能力、数学能力、空间判断能力、观察细节能力、书写能力、运动协调能力、动手能力、社会交往能力和组织管理能力进行综合测评。职业能力倾向测试是个人进行自我探索，明确自身能力特点的工具，也是企事业单位招聘、选拔、培养各类人才的常用工具。日常生活和职业活动的观察和研究都证明，人的职业能力各不相同，有人善于言语交谈，有人善于操作，有人善于理论分析，有人善于事务性工作。每个人都有自己独特的能力结构。社会上的职业也是多种多样的，各种职业对从业者的能力要求亦各不同，有的需要言语能力，有的需要计算能力，有的需要动手能力，大多数职业需要几种能力的综合。

传统的个性测试一般包括人格、职业兴趣和动机测验，其基本思想是认为不同的工作对人的个性要求不同，必须有针对性地为不同的工作匹配不同个性的人才。16 种人格因素问卷是美国伊利诺州立大学人格及能力测验研究所卡特尔教授编制的用于人格检测的一种问卷，简称 16PF。该测验结构明确，每一题都备有三个可能的答案，被试者可任选其一。在两个相反的选择答案之间有一个折中的或中性的答案，使被试有折中的选择（例题如，我喜欢看球赛：a. 是的，b. 偶然的，c. 不是的；或如，我所喜欢的人大都是：a. 拘谨缄默的，b. 介于a与c之间的，c. 善于交际的），避免了在是否之间必选其一的强迫性，所以被试答题的自发性和自由性较好。为了克服动机效应，尽量采用了“中性”测题，避免含有一般社会所公认的“对”或“不对”，“好”或“不好”的题目，而且被选用的问题中有许多表面上似乎与某种人格因素有关，但实际上却与另外一人格因素密切相关。因此，受测者不易猜测每题的用意，有利于据实作答。

实践中企业的笔试基本上是上述四类笔试的不同组合。

（二）面试

1. 根据面试的结构化（标准化）程度，可以分为结构化、半结构化和非结构化面试

所谓结构化面试就是对面试内容、题目、实施程序、评价标准、考官构成等方面都有统一明确规范的面试。结构化面试减少了主观性，利于考生之间的横向比较，信度和效度较高，但缺点是过于僵化，搜集信息的范围有限。

半结构化面试是指只对面试的部分因素有统一要求的面试，如规定有统一的程序和评价标准，但允许面试官在具体操作过程中，根据实际情况和应聘者的回答作一些适当的调整和改变。

非结构化面试则是对与面试有关的因素不作任何限定的面试，也就是通常没有任何规范的随意性面试。

2. 根据面试对象的数量，可分为单独面试和集体面试

单独面试是一次只有一个应聘者的面试，现实中的面试大都属于此类。单独面试的优点是能够给应聘者提供更多的时间和机会，使面试能进行得比较深入。

集体面试则是多名应聘者同时面对考官的面试。在集体面试中，通常要求应聘者进行小组讨论，或者相互协作解决某一问题，或者让应聘者轮流单人领导主持会议，或者发表演说等。集体面试主要用于考查应聘者的人际沟通能力、洞察与把握环境的能力、组织领导能力等。

3. 根据面试目的不同，将面试分为压力面试和非压力面试

压力面试（Stress Interview）是指有意制造紧张，以了解求职者将如何面对工作压力。面试人通过提出生硬的、不礼貌的问题故意使候选人感到不舒服，针对某一事项或问题做一连串的发问，打破砂锅问到底，直至无法回答。其目的是确定求职者对压力的承受能力、在压力前的应变能力和人际关系能力。压力面试通常用对压力承受能力要求较高的岗位的面试。测试时，面试官可能会突然问一些不礼貌、冒犯的问题，让被面试人员感到很突然，同时承受较大的心理压力。这种情况下，心理承受能力较弱的求职者的反应可能会较异常、甚至不能承受。而心理承受能力强的人员则表现较正常，能较好地应对。这样就可以判别出求职者的心理承受能力。

非压力性面试则是指面试考官力图营造一种平和、友好的面试氛围，以利于应聘者客观、全面地反映真实素质。

4. 根据面试内容设计的重点不同，可将面试分为常规面试、情景面试和综合性面试

所谓常规面试，就是我们日常见到的、主考官和应试者面对面以问答形式为主的面试。

在这种面试条件下，主考官处于积极主动的位置，应试者一般是被动应答的姿态。主考官提出问题，应试者根据主考官的提问作出回答，展示自己的知识、能力和经验。主考官根据应试者对问题的回答以及应试者的仪表仪态、身体语言、在面试过程中的情绪反应等对应试者的综合素质状况作出评价。

在情景面试中，突破了常规面试考官和应试者那种一问一答的模式，引入了无领导小组讨论、公文处理、角色扮演、演讲、答辩、案例分析等人员甄选中的情景模拟方法。情景面试是面试形式发展的新趋势。在这种面试形式下，面试的具体方法灵活多样，面试的模拟性、逼真性强，应试者的才华能得到更充分、更全面的展现，主考官对应试者的素质也能作出更全面、更深入、更准确的评价。

综合性面试兼有前两种面试的特点，而且是结构化的，内容主要集中在与工作职位相关的知识技能和其他素质上。

第四节　员工招聘实训

【项目一】

一、项目名称

人员甄选。

二、实训目的

通过此项实训，进一步掌握人员甄选程序与方法，能够完成人员甄选的工作。

三、实训条件

（一）实训时间

2 课时。

（二）实训地点

进入企业开展实训。

四、实训内容与要求

（一）实训内容

深入一家企业进行实地调查，分析该企业在员工招聘过程中如何进行人员甄选。

（二）实训要求

（1）要求学生掌握人员甄选的基本理论，做好实训前的知识准备，如搜集理论依据和真实案例等。

（2）要求学生进入企业实地了解甄选的步骤和方法，并及时记录和总结。

（3）要求教师在实训过程中做好组织工作，给予必要的、合理的指导。

五、实训组织与步骤

第一步，将学生划分成若干小组，4～6人为一组。
第二步，每组同学寻找合适的企业，了解企业招聘过程，以及开展访谈。
第三步，每组学生通过实地了解信息，讨论总结，整理成书面报告。

六、实训考核方法

（一）成绩划分

实训成绩按优秀、良好、中等、及格和不及格五个等级评定。

（二）评定标准

（1）是否掌握人员甄选的程序和方法。
（2）能否掌握行业和岗位甄选的规律。
（3）是否记录了完整的实训内容，做到文字简练、准确，叙述流畅、清晰。
（4）课程模拟、讨论、分析占总成绩的60%，实训报告占总成绩的40%。

【项目二】

一、项目名称

员工招聘的流程和招聘广告的编写。

二、实训目的

通过此项实训，使学生初步掌握员工招聘的基本流程方法，并学会编写与修正招聘广告。

三、实训条件

（一）实训时间

2课时。

（二）实训地点

教室。

四、实训内容与要求

（一）实训内容

指导学生课外搜集企业发布的招聘广告，如报纸、网络等途径。将搜集来的内容进行整合，学会编写招聘广告，从中找出企业招聘的流程，不同企业招聘的特点，指导学生分析并找出现在企业招聘中存在的问题。

（二）实训要求

（1）要求学生熟练掌握编制招聘广告的原则、内容和招聘的步骤等基本理论，做好实训前的知识准备。

（2）要求学生通过查找资料、走访相关行业其他企业等工作，结合所学知识，以组为单位，编写招聘广告。

（3）要求教师在实训过程中做好组织工作，给予必要的、合理的指导，使学生加深对理论知识的理解，提高实际分析、操作的能力。

五、实训组织与步骤

第一步，指导学生课前查阅相关理论与实战书籍，详细了解招聘广告的编制原则、方法、内容和招聘的步骤。

第二步，在充分调查与研究的基础上，搜集各企业的招聘广告和招聘流程，进行汇总，讨论。

第三步，教师提出指导意见，帮助学生完善自己的结论，编写招聘广告和制订招聘计划。

第四步，总结并撰写实训报告。

六、实训考核方法

（一）成绩划分

实训成绩按优秀、良好、中等、及格和不及格五个等级评定。

（二）评定标准

（1）是否掌握招聘广告的编写原则、方法和内容。

（2）是否掌握员工招聘的程序和步骤。

（3）是否记录了完整的实训内容，做到文字简练、准确，叙述流畅、清晰。

（4）实践调查、讨论、分析占总成绩的75%，实训报告占总成绩的25%。

复习思考题

1. 员工招聘的作用是什么？
2. 员工招聘的流程有哪些？
3. 影响企业招聘的外部因素是什么？
4. 个人因素对职业选择的最大影响是什么？

案例分析

Linkedln引发全球劳动市场革命

Linkedln的迅速崛起令人吃惊。在2002年刚建立时，Linkedln只不过是一个“人际网络”。

“我们脑子里想的是一个供我们自己使用的工具。”Linkedln的联合创始人艾伦•布鲁（Allen Blue）解释说：“我们是创业者。”创业者可能有一点钱，但没有办公室和团队，背后也没有大机构的支持。“所以，许多创业者需要的是人际关系。”

现在，Linkedln已经发展壮大。对有抱负的专业人士来说，Linkedln是一个很好的展示和发布平台。在过去的三年里，Linkedln的用户几乎增加了两倍，达到3.13亿人，其中2/3居住在美国境外。这些用户大部分是专业人才，主要是大学毕业生，他们既非处于金字塔顶端，也不是处于金字塔底部。

Linkedln的用户可以在该网站上创建简历、接收推荐职位信息、互相证明各自的工

作技能、阅读推荐文章、接受对他们有兴趣的公司的询问，这些服务都是免费的。如果用户愿意支付认购费的话，他们还可以创建客户定制的简历，上传大幅照片，并可以每月向其他会员发送 25 封电子邮件。在 Linkedln 的总收入中，用户的认购费占了 1/3。

然而，Linkedln 不仅仅是一个专业人士扩大人脉和影响力的平台。Linkedln 已经改变了求职招聘市场—— 不仅改变了人们的求职方式，而且改变了企业的招聘方式。通过将大量专业人才聚集到一个数字平台上，Linkedln 已成为人才贮藏库。许多企业的招聘人员将它称为“改变游戏规则者”。

Linkedln 的主要收入来自企业招聘业务。企业只有付费获得许可权后，才能在 Linkedln 上收集求职者信息并通过电子邮件与他们联系，或者在 Linkedln 上发布招聘广告。这项业务被称为“人才解决方案”，在 Linkedln 所有业务中约占 2/5。Linkedln 允许企业进行分类搜索，比如搜索有某大学学习经历的求职者。对招聘企业来说，Linkedln 的主要好处是使它们更容易找到“被动”求职者，即那些并没有主动寻找新工作，但如果有更好的机会出现也愿意跳槽的专业人才。Linkedln 销售主管丹·夏皮罗（Dan Shapero）说，这些“被动”的求职者在所有会员中约占 60%。

通过 Linkedln，企业可以自己鉴定“被动”求职者，而不必依赖招聘代理机构。从这个意义上说，Linkedln 对招聘代理机构发起了严峻的挑战。对于高级人才来说，Linkedln 现在还不成熟。企业高管往往只希望与猎头公司接触，因为这种方式更谨慎、更保密。这就是全球最大的猎头公司之一 Kom/Ferry 2013 年的收入和利润都创了新高的原因。但是，Linkedln 正在这方面努力。法国咨询公司 Capgemini 的人力资源部负责人休伯特·吉罗（Hubert Giraud）透露，他 2013 年使用 Linkedln 在印度招聘到 33 名管理人员。“即使是招聘高级职员，我们也没有花巨资去找猎头公司。”

Linkedln 使企业更容易制订招聘计划：在开始招聘活动前，企业就已经锁定了候选的求职者。Linkedln 也提高了专业人才招聘的效率，因为它拥有如此众多的专业人才储备。波音公司全球招聘主管格伦·库克（Glenn Cook）表示，Linkedln 是很好的航空技术人才储备库。“你没想到他们会在 Linkedln 上，但他们确实在那儿。”

当然，Linkedln 也使人才的流动变得更容易，因为用户简历将长期存储在 Linkedln 网站上，企业和猎头公司都能看到。但是，大部分企业认为这是一件好事而非坏事。毕竟，许多企业员工数量巨大，他们不可能都喜欢自己所属的公司。

Linkedln 还可以帮助企业发现自己的内部人才。许多企业往往不善于发现自己眼皮底下的人才。法国电信公司 Orange 的人力资源部门主管马里 - 伯纳德·得罗姆（Marie-Bernard Delom）正在利用 Linkedln 发现公司内部有抱负的人才。他已经开发了一种可以将 Linkedln 数据和公司内部数据结合起来的软件。

利用 Linkedln，企业还可以发现有多少自己的员工已经加入了竞争对手的公司，以及有多少自己的员工来自竞争对手的公司。Linkedln 会员还可以“追随”自己并未加入的公司。这也是观察人才的潜在求职兴趣的一个指标。在 Linkedln 上，诺华公司（Novartis）和 Infosys 公司均拥有 50 万追随者。

Linkedln 正在改变传统的招聘模式，社交网络比普通网络对人才更具吸引力，因而也能提供更多的信息，尤其是人才信息及人才对职业的兴趣、要求和取向等信息。如果今后能在求职者、公司和大学三者之间建立更多的联系，社交网络对招聘模式的影响将会是巨大的。

问题：分析社交网络对招聘的新影响。

Chapter Five

第五章　员工培训

学习目标

1. 了解员工培训的概念和作用；
2. 掌握员工培训需求分析；
3. 掌握员工培训项目设计；
4. 掌握员工培训效果评估；
5. 了解员工培训风险防范。

引导案例　如何让员工聪明工作而非辛劳工作

为了强化销售队伍的知识保存和行为改变，Working Simply 公司将他们脍炙人口的生产力提升项目转化为一项客制化的移动学习 APP—— 可口可乐在销售培训中正运用了此法。

管理咨询公司 Working Simply 有一项里程碑式的生产力和效能提升项目，称为“聪明工作而非辛劳工作”（Working Smarter，Not Harder）。

该项目包含了全面的生产力提升和知识发展方面的技巧，以及相应的教练支持设计。通过这个培训项目，参与者能够学会所需的种种策略、工具以及最佳实践，重新找回对工作的掌控权，并更有效地完成工作。

1．可口可乐的销售苦恼

可口可乐瓶装联合公司（Coca-Cola Bottling Company Consolidated，CCBCC）负责美国 11 个州可口可乐的制造、销售和配送工作。其销售代表们日常主要工作是开发新客户以及维护和现有客户的关系。

因此，核心团队成员们总需要不断出差、回应客户需求，开发潜在客户，应对严格的销售目标。这让他们经常加班，但订单数量只减不增，员工士气下降，报告、管理者间的争执，Email、电话等应接不暇，但问题无法解决。

管理者开始体认到，并不是员工不努力，事实上员工非常拼命，但生产力却没有提升。

CCBCC 了解到相较于工作狂，生活、工作更加平衡的人才是更好的员工，于是他们导入了“聪明工作而非辛劳工作”项目。

这个项目包含了为期半天的课堂授课、一个管理者辅导工作坊、为期三个月的群体辅导环节、管理者辅导环节，以及针对销售培训人员的培训师培训（train-the-trainer）课程。

CCBCC 公司的高级分销和流程主管克里斯・波普（Chris Pope）特别担心在培训结束后该如何持续跟进并延续销售队伍的行为改变，因此他要求 Working Simply 公司设计一套课后强化的工具，用以在课程结束后协助销售代表记住所学，并且更有效地应用。

为此，Working Simply 公司为 CCBCC 专门开发了一个移动应用 App，目的是强化该项目的学习和行为改变效果。

2．客制化的解决方案

CCBCC 公司为每个销售代表配备了 iPad。Working Simply 认识到 iPad 这种移动装置在强化学习效果和促进行为改变方面的潜力，因此将培训内容重新组织、加以模块化，建构出了一套客制化的 iPad 应用 App。

"聪明工作而非辛劳工作" App 主要包含了课程的核心内容、行动计划模版、教练模版、管理者面谈工具，以及用来强化学习效果的视频等。

例如，一位销售代表想要复习"如何应用 Outlook 来提高生产力"这部分内容，可以在 App 中观看一段短片。在结束了忙碌而紧张的一天后，他也可以通过 App 来查看自己的销售目标并进行下一步的规划。

App 的设计目的在于：

（1）为新进员工提供便宜、有效的入职培训工具。

（2）为管理者提供有效的辅导工具，让他们掌握项目的核心内容，并规划出全面的辅导行动方案。

（3）对销售培训人员而言，这是一个很好的辅导工具箱，让他们能随时回顾关键概念，并设计培训环节。

对新加入 CCBCC 公司的销售代表而言，App 是有用的入职培训工具；对于管理者及培训人员而言，这同样是有用的工具箱。他们可以随时学习，据此设计对下属的辅导方案，而不需要等待培训团队来做。

3．六大匹配模块

模块 1：工作精简的策略

这个模块包含多个 5 至 10 分钟的短片，展示的内容是如何充分发挥 Outlook 软件的潜力，来协助员工快速规划行事力并处理邮件。

这个模块的首页列出了详尽的策略和解决方案清单，让员工选择自己所需的环节加以学习，例如自定义规则、添加附件等。

模块 2：关键概念

通过视频的方式，传授该项目的关键概念，包含妥善运用时间（invest time wisely）、完成工作（getwork done）、处理信息过载（handle information overload）等。

模块 3：最佳实践

提供本项目的各种最佳实践，以清单和可编辑的 PDF 文档形式呈现。主要内容涉及妥善运用时间、区域规划（territory planning）以及任务管理等方面。这个模块还包含了行动计划模版，让员工和管理者们可以在自己的 iPad 上进行设计。

模块 4：解决方案

这个部分包含了一整套解决问题的工具。用户先选择自己想要解决的问题，接着 App 就会提供解决问题的相关视频、清单或者快速指南。

模块 5：在线课程

该模块包含了完整的"聪明工作而非辛劳工作"视频课程及学员手册。课程在此被分为三个部分，即前文提到的妥善运用时间、完成工作，以及处理信息过载。

模块 6：管理者工具箱

模块 6 包含了管理者可用的 12 种辅导工具，管理者可以用来强化对员工的培训效果，确保员工对关键概念充分掌握。

每项工具都包含了辅导程序、视频、清单、快速指南等。工具的主题包含邮件管理、妥善运用时间、注意力管理等。

当 Working Simply 公司完成项目内容的模块化后，它向一群销售代表和销售培训人员征求相关意见；接着，CCBCC 把开发完成的 App 提供给销售培训人员，培训人员在熟悉了这项新工具的运用之后，负责在往后的应用中为员工提供技术支持。最后，CCBCC 在一次销售代表的会议上介绍这款 App，以获取销售代表们的认可和支持。

4．及时改进，收效良好

第一版的 App 并未包含可编辑的 PDF 文件，这使得管理人员在应用和修改模版方面存在困难。不过 Working Simply 公司很快做出了升级以支持可编辑的 PDF 文件，这使得管理者和销售团队成员都能够轻易地创建、修改和更新有关的行动计划。

在 App 被员工普遍接受后，根据 CCBCC 公司的反馈，发现还是管理人员对各项功能的应用更加得心应手一些。不过无论如何，在这个 App 上线后，确实对于销售队伍的知识积累和行为改变起到了作用。目前，该公司销售代表们都十分认可这个 App，使用频率也很高。

整体而言，在移动 App 支持下，“聪明工作而非辛劳工作”项目提升了 CCBCC 公司销售队伍的日均订单量达 20% 之多。甚至到今天，距离项目导入已经过了一年半，人均订单量还在不断提升。订单量的增加也反映在销售额的增长上，使得年营收平均每年增加 200 万美元以上。

（来源：《培训》杂志）

第一节　员工培训概述

一、员工培训的概念界定

培训作为人力资源管理职能之一，逐渐得到了企业高层的重视，它能完善企业文化，提高企业工作效率和员工满意度，所以许多公司的经营者都在预算中列支了大量的预算，希望人力资源部门能够有充分的资金开展培训工作，为企业经营活动提供充分的支持。员工培训是企业有计划、有组织地实施系统学习和挖掘潜力的行为过程，通过员工知识、技能、态度及行动发生定向改进以及潜力的发挥，确保员工能够按照预期的标准或水平完成工作任务。

培训在不同的组织和资料中有不同的表述，如训练、开发、发展、继续教育等。从广义上讲，培训应该是创造智力资本的途径。智力资本包括基本技能、高级技能、对客户和生产系统的了解以及自我激发创造力。从狭义角度来看，培训是指企业为提高员工学习和实际工作能力而实施的有组织、有计划的介入行为，这些能力包括知识、技能、态度和观念。

员工培训是企业的一种风险投资，企业投入大量人力物力进行人才培训之后，人才反而会流失，使企业陷入两难境地，因此，许多公司更愿将精力集中在市场和生产上，而不愿投在培训上。如果培训在整个社会中形成一种风气，那么，在不同企业接受过培训的员工都会得到整体素质的提高。

二、员工培训的意义及内容

（一）员工培训的意义

（1）为企业培养人才，提高企业效益。市场竞争归根结底是人才的竞争，要开发并有效调动人力资源潜能，以适应外部环境变化。人才竞争已成为企业之间竞争的核心，任何企业的创新、变革、发展，都是源于企业员工的不断学习和进步，员工的素质将最终决定企业的竞争优势。企业的兴衰成败早已证明："得人者昌，用人者兴，育人者远。"

（2）满足员工自身发展的需要。员工的满足度不仅仅是高薪水，能够获得丰富的技能培训，不断增长见识，提高技能水平，有好的发展前途也是提高员工满足度的重要方面。企业生产经营过程中，员工可能因为各种原因对组织有不同程度的不满情绪。通过培训，员工可以提高自己的工作能力，重新认识企业，努力改变企业不良管理实践，消除不满情绪。

（3）有助于提高和增进员工对企业的认同感和归属感。新员工在上岗之前对企业和岗位的有关情况并不是十分了解，不能很快进入角色，需要通过培训让新员工尽快熟悉企业环境，了解企业文化及自己所要承担的具体工作，尽快进入角色。员工只有对企业产生强烈的认同感和归属感意识后，其能力和潜能才能得到真正充分的发挥，进而表现为工作绩效的提高。培训可以使企业中具有不同价值观、信念、工作作风的员工和谐地统一起来，为共同的目标而各尽其力。

（4）推动和完善企业文化的形成。员工培训的内容要受到企业的精神文化和制度文化的制约，同时培训本身也是一种建立和实现企业文化的过程。培训要注重对员工的价值观念和行为倾向的导向，使之切合企业文化的特性，并促进员工认同企业文化。

（二）员工培训的内容

1. 知识培训

知识培训的主要任务是对员工所拥有的知识进行更新。

现代社会是一个知识爆炸的社会，各种知识都随着时间的推移同步更新。

人是知识的载体，企业要在这个不断改变的社会中得以生存，员工就必须不断更新已有的知识。

当员工知识老化的速度超过更新的速度时，企业就会落伍于时代，甚至会出现经营困难的现象；只有员工知识更新的速度超过老化的速度，企业才能保持在行业领先的地位。

2. 技能培训

随着时代的进步，各行各业都会有新的技术和能力要求。

随着现代产业结构的不断调整，大量旧行业和岗位消失，新行业兴起，员工需要学习新的技能才能胜任新行业的岗位。

3. 态度和观念培训

员工通过培训习得对人、对事、对己的反应倾向。

它会影响员工对特定对象作出一定的行为选择。

如要热情、周到地对待客户咨询与投诉，并在24小时内回复来电或来函，售后服务部门员工必须接受相关的业务培训。

【例证1】

宝洁公司全方位和全过程的培训

第一是入职培训。新员工加入公司后，会接受短期的入职培训。其目的是让新员工了解公司的宗旨、企业文化、政策及公司各部门的职能和动作方式。

第二是技能和商业知识培训。公司内部有许多关于管理技能和商业知识的培训课程，如提高管理水平和沟通技巧、领导技能的培训等，它们结合员工个人发展的需要，帮助员工成为合格的人才。公司独创了“宝洁学院”，通过公司高层经理讲授课程，确保公司在全球范围的管理人员参加学习，并了解他们所需要的管理策略和技术。

第三是语言培训。英语是宝洁公司的工作语言。公司在员工的不同发展阶段，根据员工的实际情况及工作的需要，聘请国际知名的英语培训机构设计并教授英语课程。新员工还会参加集中的短期英语岗前培训。

第四是专业技术的在职培训。从新员工进入公司开始，公司便派一名经验丰富的经理对其日常工作悉心加以指导和培训。公司为每一位新员工制定个人培训和工作发展计划，由其上级经理定期与员工回顾，这一做法将在职培训与日常工作实践结合在一起，最终使新员工成为本部门和本领域的专家能手。

第五是海外培训及委任。公司根据工作需要，选派各部门工作表现优秀的年轻管理人员到美国、英国、日本、新加坡、菲律宾等地的宝洁分支机构进行培训和工作，使他们具有在不同国家和地区工作的经验，从而得到更全面的发展。

三、员工培训的方法

为适应不同的培训目的、了解不同的培训内容，针对不同的受训者，员工培训的方法也是多种多样的。主要有以下几种。

（1）讲授法，指培训师用语言把知识、技能等培训内容传授给学员的一种培训方式。主要特点是学员在培训过程中具有被动性。

这一方法的优点是：易于安排整个讲述程序；比单纯的阅读成效高；适合任何数量的听众；培训师能集中向学员介绍较新的研究成果，有较强的针对性。局限性是缺少学员的参与、反馈以及与实际工作环境的密切联系，阻碍了学习和培训成果的转化。

（2）在职培训法，指培训师以某种方式把知识、技能传递给学员，并要求学员互动参与的一种培训方法。这一方法以学员为中心，培训师充当引导和激发学员的角色，力求启发学员积极参与学习，掌握相应的知识和技能。它是员工在不离开工作岗位的前提下，管理者在日常的工作中指导、开发下属技能、知识和态度的一种训练方法。

其优点在于：在材料、培训师的工资或指导方案上投入的时间或资金相对较少；某一领域内的专家和同事都可以作为指导者；学员可以边工作边学习；企业一般已具备在职培训所需的设备和设施；学员在实践中学习，培训师可以及时对学员的学习过程进行反馈。

（3）仿真模拟法，指把培训对象置于模拟的现实工作环境中，让他们依据模拟的情境作出及时的反应，分析、解决实际工作中可能出现的各种问题，为适应实际岗位的工作打下基础的一种培训方法。仿真模拟可分为模拟设备和模拟情境两类。其优点是：可以用最少的成本支出确保培训时最大的安全性，不会真正地造成人际关系的破裂，学员可以放心进行模拟训练。缺点就是模拟的解决方式不一定完全适用于现实情况，模拟设备必须及时更新，其开发成本通常

都比较高。培训师必须对各项技能的训练熟悉在心，才能使学员通过仿真模拟得到真正的训练。

（4）案例分析法，指把实际工作中出现的问题作为案例，交给学员研究、分析、评价所采取的行动，指出正确的行为，并提出其他可能的处理方式，以此培养学员们的分析能力、判断能力、解决问题及执行业务能力的一种培训方法。其优点：与讲座法只听不参与相比，其参与性要强得多，通过对个案的研究和学习，能够明显地增加员工对公司各项业务的了解，获得有关管理方面的知识和原则，提高员工解决问题的能力，是一种信息双向交流的培训方式，有助于培养员工良好的人际关系，增强企业内部的凝聚力。其缺点：一是案例所提供的情境不是真实的，学员不能亲临其境，不可避免地存在失真性；二是对案例的实用性要求很高，在案例的编写和收集时，不仅要注意其与培训内容的关联性，还要看其是否能激发学员的研究兴趣。

（5）管理游戏法，又称商业游戏法（Business Games），指由两个或多个参与者仿照商业竞争的原则，相互竞争并达到预期目标的方法。其优点：一是参与者会积极参与游戏，而且游戏仿照了商业的竞争常态，情境逼真，可以刺激学习，培养学员对学科的兴趣；二是培养了学员的领导才能和团队精神，极大地增强了公司员工的凝聚力；三是训练了学员由此及彼的思维能力和创造能力，提高了学员解决实际问题的能力。

管理游戏法也有缺点：从前期的游戏选择、道具准备到游戏的开始进行直至最后的结果和行为分析，都需要相当长的时间；在游戏设计、规则制定、胜负评判等方面，该培训方法都有较大的难度，对培训师把握游戏的能力有相当高的要求。

（6）角色扮演法，是在一个模拟的环境中，规定参加者扮演某种角色，借助角色的演练来理解角色的内容，模拟性地处理工作事务，从而提高问题处理能力的一种培训方式。其优点是：学员的参与性强，学员与培训师之间的互动交流比较充分；特定的模拟环境和主题有助于训练基本技能，有利于增强培训的效果；通过亲身体验和观察其他学员的扮演情况与行为，有助于学员发现问题，提高学员的观察能力和解决问题的能力，学习各种交流技能。它的缺点是：一方面，学员的角色扮演不一定是完全成功的，一次失败可能会挫伤学员的积极性；另一方面，角色扮演法具有较强的人为性。

（7）拓展实训法，也称野外培训、户外培训，是利用结构性的户外活动来开发团队协作和领导技能的一种培训方法。这一培训方法对学员的身体素质有相当高的要求。学员在练习中常常发生身体接触，会给组织带来一定风险，但这些风险有时是因私怨、感情不和而导致的故意伤害，因此不能将其归咎于疏忽。

（8）团队培训法，指通过协调在一起工作的成员的工作绩效，从而实现共同目标的一种培训方法。其培训内容包括三个方面：知识、态度和行为。它的方式有交叉培训、协作培训与团队领导技能培训。

① 交叉培训，即团队队员熟悉并实践所有人的工作，以便团队队员离开团队后，其他成员可以介入并承担其工作。

② 协作培训，即对团队进行如何确保信息共享和承担决策责任的培训，以实现团队绩效的最大化。

③ 团队领导技能培训，即团队管理者或辅助人员接受的培训，包括培训管理者如何解决团队内部冲突，帮助团队协调各项活动或其他技能。

（9）行动学习法，指在以学习为目标的背景环境中，以组织面临的重要问题作载体，学员通过对实际工作中的问题、任务、项目等进行处理，从而开发人力资源和发展组织的一种培训方式。它是一种严谨的方法，主要应用于经理人员培训和解决战略与运营问题，一般包括以下四个要点：一是创造一种让学习者参与进来的经历，以此增多参与其中的领导者，给公司带来真正的价值；二是简要汇报经历——从“结果”和“过程”两个方面回顾所发生的事情；三是从结果中进行归纳，不仅要明白发生了什么，还要明白结果对于学习者和公司所产生的影响；四是学以致用，也就是用学到的主要东西帮助参与者成为更好的领导者，帮助公司更好地迎接相关的挑战。

这一培训方法的优点主要有：

（1）提供了一个创造性的行动与学习相结合的高效学习环境，减少了由学习到应用的时间，进而降低培训成本，并将所有投入最终转化为实实在在的成果；

（2）将学习者的注意力集中于结果和过程，有助于解决各种疑难杂症、急迫难题，还可对团队成员的表现进行及时反馈；

（3）有助于培养富有技能的领导和高效团队，增强组织凝聚力，并促成学习型组织的形成。

第二节　有效培训系统的构建

一、培训需求分析

企业培训需求分析是指在企业规划与设计培训活动之前，根据企业战略发展和组织绩效的需要，由培训部门、直线经理采用各种方法和技术，对员工的现有状况与应有状况的差距进行鉴别和分析，以确定是否需要培训，从而确定培训内容和方式的活动过程。培训需求分析方法主要有以下几种。

（一）三要素分析模型

三要素分析模型是从组织、人员（员工）、任务三个方面进行分析的。

三要素分析模型是由 Goldstein 提出的，他认为培训需求评估应该包括三个方面的内容，即组织分析、人员（员工）分析以及任务分析。

1. 组织分析

企业的战略、目标和发展态势以及企业内部的资源安排等方面的调整必然对员工的工作产生紧密关联的影响并提出新的实际要求，培训是使员工适应企业发展要求和趋势的主要途径。

2. 人员（员工）分析

人员（员工）分析主要是通过分析工作人员个体现有状况与应有状况之间的差距，来确定谁需要和应该接受培训以及培训的内容。人员（员工）分析的重点是评价工作人员实际工作绩效以及工作能力。

3. 任务分析

任务分析是指通过运用各种方法收集某项工作的信息，对某项工作进行详细描述，明确该工作的核心内容以及从事该项工作的员工需要具备的素质和能力，从而达到最优的绩效。

（二）绩效差距分析模型

绩效差距分析模型是由美国学者汤姆・W. 戈特（Tom W. Goad）提出的，该模型通过分析“理想技能水平”和“现有技能水平”间的关系来确认培训需求。

1. 绩效差距分析模型的优缺点

较好地弥补了 Goldstein 的三要素分析模型在人员分析方面操作性不强的缺陷，但仍未充分地关注企业战略对培训需求的影响。

2. 基于绩效差距分析模型的员工培训需求分析步骤

第一步，找出部门或个人绩效差距。

培训之所以必要，传统理论认为是因为企业工作岗位要求的绩效标准与员工实际工作绩效之间存在着差距。

新的理论则认为也应包括企业战略或企业文化需要的员工能力与员工实际能力之间的差距，这种差距导致低效率，阻碍企业目标的实现。

只有找出存在绩效差距的地方，才能明确改进的目标，进而确定能否通过培训手段消除差距，提高员工生产率。

第二步，寻找分析差距产生的原因。

发现了绩效差距的存在，并不等于完成了培训需求分析，还必须寻找差距的原因，因为不是所有的绩效差距都可以通过培训的方式去消除。

有的绩效差距属于环境、技术设备或激励制度的原因，有的则属于员工个人难以克服的个性特征原因，只有在员工不是因为难以克服的个性特征原因而是存在知识、技能和态度等方面能力不足的情况时，培训才是必要的。

第三步，确定解决方案，产生培训需求。

找出了差距原因，就能判断应该采用培训方法还是非培训方法去消除差距。

企业根据差距原因有时采用培训方法，有时采用非培训方法，有时也采用培训与非培训结合的方法，一切都根据绩效差距原因的分析结果来确定。

（三）胜任力素质模型

1. 胜任力素质模型的内涵

胜任力素质模型（Competency Model）是指承担某一特定的职位角色所应具备的胜任特征要素的总和，即针对该职位表现优异者要求结合起来的胜任特征结构。

2. 引入胜任力素质模型的必要性

该模型与传统的培训需求分析相比较，弥补了 Goldstein 模型在任务分析方面的缺点，使培训更加具有操作性。

它更详细地描述了员工工作所需的行为，分析员工现有素质特征，同时发现员工在工作中需要进一步学习和发展的部分，增强了培训需求分析的可操作性和科学性。

3. 构建基于胜任力素质模型的培训需求分析的流程

第一步，定义绩效标准。

第二步，选取分析效标样本。

第三步，获取效标样本有关胜任特征的数据资料。

第四步，建立胜任特征模型。

第五步，验证胜任特征模型。

（四）前瞻性培训需求分析模型

随着技术的不断进步和员工在组织中个人成长的需要，即使员工目前的工作绩效是令人满意的，也可能会需要为工作调动、晋升等做准备或者适应工作内容的变化等原因提出培训要求。应注意的问题：该模型建立在未来需求的基点上，使培训工作变被动为主动，更具战略意义。

然而，该模型是建立在未来基点上，预测时难免出现偏差，而且“前瞻性”只关注了员工的未来发展而忽视了企业的发展需求，因此根据模型得到的需求结果未必都能与组织战略、业务发展要求相适应，可能会出现脱节问题。

二、培训项目设计

培训项目设计是指根据企业现状及发展目标，系统制订各部门、岗位的培训发展计划。培训部门必须对培训的内容、方法、教师、教材和参加人员、经费、时间等有一个系统的规划和安排。

（一）培训项目设计的内容

1. 培训内容的设计

在培训项目设计进行之前必须做好培训前的员工需求分析，将需求分析的结果确定后整理成报告作为培训内容安排的基础。

2. 培训方法的设计

要配合培训内容、学员、场地、经费和时间的需求设计有针对性的培训方法。

3. 培训师和学员的确定

4. 培训资源的合理分配和使用

企业在提供培训时涉及经费、时间、场地、工作任务等方面的安排；

培训不是铺张浪费，而是通过培训让企业的经营更上一层楼，因此培训的每一分钱都要用到点子上，使培训经费的使用到性价比最大化；

培训会占用员工的时间，这样就势必会在一定程度上影响员工完成工作任务。企业在设计培训的时候必须要合理安排员工的工作时间和工作任务完成的权责问题，避免因为培训而对企业造成不良影响。

（二）培训项目设计的依据

（1）明确接受培训的岗位。

（2）分析培训岗位的培训需求。

需要明确的事项：

首先，要对该岗位的员工进行调研，让员工知道自己在工作中有哪些不足；

其次，还应该对该岗位的上下级进行调研，可以比较客观地对员工在岗位工作中的不足进行比较清晰的阐述；

最后，通过员工的绩效考核也可以看出员工在工作上出现的问题，分析这些问题是否可以通过培训得到解决。

（3）明确岗位培训的目标。

需要明确的事项：

①员工反映的培训需求或多或少会带有主观的色彩；

②部分员工培训需求并不是该岗位需要的，可能只是员工个人的培训愿望而已；

③企业在进行培训项目设计和培训需求调研时，要明确岗位的发展目标和培训需求。

（三）培训项目设计的流程

1. 确定培训项目的目标定位

培训目标的确定有赖于培训需求分析。通过培训需求分析，企业明确员工目前的工作状态，分析得出现有员工的工作能力和预期工作能力之间存在的差距。消除目标与现实之间的差距就是企业员工培训目标。

2. 确定培训项目对象的需求

（1）进行组织分析：确定针对企业发展方向及范围内的培训需求，以保证培训计划符合企业的整体目标与战略要求。

（2）进行工作分析：分析员工达到理想工作绩效所必须掌握的技能和能力。

（3）进行个人分析：确定哪些员工需要进行培训。

3. 确定培训项目的内容

培训项目的内容确定不是按照管理层臆想的内容进行培训，而是要找出员工现有的工作水平与要求的工作水平之间的缺口，进而设定培训的内容。

4. 确定培训方法组合

（1）角色扮演：通过设定的各种模拟现实工作情况，要求接受培训的员工设身处地地将模拟情况的问题解决，从而达到培训的效果。

（2）案例分析法：指通过一定视听媒介，针对所描述的客观存在的真实情景，让接受培训的员工进行思考分析，学会诊断和解决问题以及决策。

（3）课堂讲授法：是讲座和讨论，它是由最少的培训师指导最多学员的方法。

5. 设计培训项目效果评估方案

培训项目效果评估是对培训项目进行评价，主要目的在于通过对项目前后培训对象在素质和能力等方面的变化及提高程度进行观察和评价，以此确定某个培训项目的成效。

三、培训转化

培训成果转化，也称培训迁移，是指员工把在培训中获得的知识、技能、行为、态度应用到实际工作中的程度。

学员在培训项目和培训课程中的学习所得，如果没有通过培训成果转化这一过程，那么所有的培训投入将无法指向最终的目标，即无法提高员工的工作绩效，进而也无法提高公司的整体绩效。想要缩短学习和应用之间的差距，促进培训的学习所得向绩效转化，就必须弄清培训成果转化的过程和步骤。

事实上，有效的培训成果转化只有 40% 的培训内容在培训后的短时间内能够立刻被应用到工作情境中；25% 的内容在 6 个月以后还能应用；15% 的内容能够维持到每年年末。如果以货币形式来衡量，大约只有10%的培训投入能够转化为员工日后的工作行为。有效促进培训成果转化的途径主要有以下几种。

1. 制定适合本企业的培训方案

培训方案应包括培训目标、培训教材、培训对象、培训方式、培训时间、培训地点和设备等。为了实现培训成果在工作场所中的成功转化，培训方案的设计应具备以下两个要求。

（1）培训方案必须与工作相关。其设计必须来源于对组织、工作任务和员工个人需求的分析，才能避免培训工作的盲目性和随意性，使培训内容与企业实际需求相一致。

（2）培训方案必须让学员了解培训内容与实际工作之间的关系，以便学员将培训所学的内容应用到实际工作中去。

2. 培训师的选择

企业可以通过外聘和内聘两种方式来选择培训师，但无论是哪一种方式，培训师都必须拥有专业的培训技能和相关的培训经验。

（1）内聘培训师。企业内部的人员更了解企业内部以及业务等方面的情况，能够更有针对性地对学员进行培训和指导，有利于员工提高管理和技术水平。企业内部人员作为培训师参与培训计划的制订是对培训项目的有效支持，能够促成较大程度的成果转化。从内部选择培训师可以降低企业招聘外部培训师的成本。

（2）外聘培训师。一是培训咨询机构的经验派培训师；二是学校或科研机构的学院派培训师。前者实践经验丰富，但易受行业的限制；后者理论研究基础深厚，但可能缺乏参与企业管理的实际经验，在培训过程中无法做到理论和实践的融会贯通。因此，企业在选择培训师时要优先考虑两者兼备的培训师。

3. 强化学员的成果转化动机

（1）需求激励。如果企业能够满足学员寻求发展所需要的知识或技能培训需求，那么该需求的满足便能形成个人的内在激励，激发学员的成果转化动机，实现培训成果的转化。

（2）结果激励。激励机制无时无刻不与员工的个人利益相关，员工之所以有转化动机，归根结底离不开转化培训成果之后所得到的物质、精神或晋升激励。结果激励最重要的表现形式就是合理晋升。首先，要确保学员明确培训目标。让学员清楚培训的目的是提高个人工作绩效，而不是找出他们的问题。其次，使学员了解培训后的收益。沟通不仅可以拉近培训师与学员的关系，还可以使学员意识到他们的培训需求和职业生涯发展目标。

4. 积极培育有利于培训成果转化的工作环境

（1）建立学习型组织。学习型组织是一个具有开发能力与适应变革能力的组织，能够充分发挥每个员工的创造力，形成一种弥漫于整个群体与组织的学习气氛，并能凭借学习充分体现个体价值，以大幅度提高组织绩效。

1990年麻省理工学院斯隆管理学院彼得·圣吉（Peter Senge）出版了《第五项修炼——学习型组织的艺术与实务》一书，掀起了组织学习和创建学习型组织的热潮。学习型组织的主要有以下特征。

①组织成员拥有一个共同的愿景。

组织的共同愿景（Shared Vision），来源于员工个人的愿景而又高于个人的愿景。它是组织中所有员工共同愿望的景象，是他们的共同理想。它能使不同个性的人凝聚在一起，朝着组织共同的目标前进。

② 组织由多个创造性个体组成。

在学习型组织中，团体是最基本的学习单位，团体本身应理解为彼此需要他人配合。组织的所有目标都是直接或间接地通过团体的努力来达到的。

③ 善于不断学习。

这是学习型组织的本质特征。所谓“善于不断学习”，主要有四点含义。一是强调“终身学习”，即组织中的成员均应养成终身学习的习惯，这样才能在组织内形成良好的学习气氛，促使其成员在工作中不断学习。二是强调“全员学习”，即企业组织的决策层、管理层、操作层都要全心投入学习，尤其是经营管理决策层，他们是决定企业发展方向和命运的重要阶层，因而更需要学习。三是强调“全过程学习”，即学习必须贯彻于组织系统运行的整个过程之中。学习型企业不应该是先学习然后进行准备、计划、推行，不要把学习与工作分割开，应强调边学习边准备、边学习边计划、边学习边推行。四是强调“团体学习”，即不仅重视个人学习和个人智力的开发，更强调组织成员的合作学习和群体智力（组织智力）的开发。学习型组织通过保持学习的能力，及时铲除发展道路上的障碍，不断突破组织成长的极限，从而保持持续发展的态势。

④ 扁平式结构。

传统的企业组织通常是金字塔式的，学习型组织的组织结构则是扁平的，即从最上面的决策层到最下面的操作层，中间相隔层次极少。

它尽最大可能将决策权向组织结构的下层移动，让最下层单位拥有充分的自主权，并对产生的结果负责，从而形成以“地方为主”的扁平化组织结构。

例如，美国通用电器公司目前的管理层次已由 9 层减少为 4 层。只有这样的体制，才能保证上下级的不断沟通，下层才能直接体会到上层的决策思想和智慧光辉，上层也能亲自了解到下层的动态，掌握第一线的情况。只有这样，企业内部才能成为一个互相理解、互相学习、整体互动思考、协调合作的群体，才能产生巨大的、持久的创造力。

⑤ 自我管理。

学习型组织理论认为，“自我管理”是使组织成员能边工作边学习并使工作和学习紧密结合的方法。通过自我管理，组织成员可以自己发现工作中的问题，自己选择伙伴组成团队，自己选定改革、进取的目标，自己进行现状调查，自己分析原因，自己制定对策，自己组织实施，自己检查效果，自己评估总结。团队成员在“自我管理”的过程中，能形成共同愿景，能以开放求实的心态互相切磋，不断学习新知识，不断进行创新，从而增加组织快速应变、创造未来的能力。

（2）领导者的新角色。在学习型组织中，领导者是设计师、服务人员和指导老师。领导者的设计工作是一个对组织要素进行整合的过程，他不只是设计组织的结构和组织政策、策略，更重要的是设计组织发展的基本理念；领导者的仆人角色表现在他对实现愿景的使命感，他自觉地接受愿景的召唤；领导者作为教师的首要任务是界定真实情况，协助人们对真实情况进行正确、深刻的把握，提高他们对组织系统的了解能力，促进每个人的学习。

（3）注重知识管理。组织学习的重点在于提高组织获得并发展新知识的能力；而知识管理关注的是如何组织这些知识并利用它们来提高组织的绩效。

5. 各项培训资源与配套制度的支持

（1）培训资源的支持。培训资源包括培训经费、培训场地、设施设备、工作人员等，每个培训项目从策划到实施都离不开以上各项资源，一个再好的培训项目没有这些资源的支持也是无法实现的。

（2）配套制度的支持。将培训工作与人力资源管理各环节密切配合，建立健全各项人力资源管理制度。如新员工培训制度、竞聘上岗制度、员工职业生涯规划、激励制度、绩效考核制度、专业技术人员继续教育制度、特殊工种人员培训制度等。

四、培训有效性评估

（一）培训有效性评估的阶段

培训管理者和实施者所提供的培训效果并非只取决于培训活动的最终环节，而取决于培训过程中的每一个环节。因此，一项完整的培训评估应体现为对培训过程的全程评估。培训有效性评估按照时间顺序可划分为三个阶段：培训前的评估、培训中的评估和培训后的评估。

1. 培训前的评估

（1）培训需求整体评估。

（2）培训对象知识、技能和工作态度评估。

（3）培训对象工作成效及行为评估。

（4）培训计划评估。

2. 培训中的评估

（1）培训组织准备工作的评估。

（2）培训学员参与培训情况的评估。

（3）培训内容和形式的评估。

（4）培训讲师和培训工作者的评估。

（5）培训进度和中间效果的评估。

（6）培训环境和现代培训设施应用的评估。

3. 培训后的评估

（1）培训目标达成情况评估。

（2）培训效果效益综合评估。

（3）培训工作者的工作绩效评估。

上述培训评估内容，企业可根据培训活动的规模，重要性及费用预算等情况选择而为之。其中，培训后的评估是最重要的，而对培训效果的评估又是其中最为关键也是最困难的部分。我们通常所说的培训评估即指对培训效果的评估。

培训效果评估方法主要有柯氏评估法，由 Kirkpatrick 在 1967 年创立的四级评估法（Kirkpatrick's Four Levels of Evaluation）是培训界最为流行的一种评估方法，培训的四级评估主要包括以下四个层面：

（1）反应层面，即学员对已发生的培训活动有何感觉或印象；

（2）学习层面，即主要考察学员学到的知识和技能；

（3）行为层面，即主要考察学员通过培训所发生的行为举止的改进或变化；

（4）结果层面，即主要考察培训为组织带来的效果。

（二）培训有效性评估的流程

1. 培训评估的确定

（1）培训评估的可行性。企业是否具备明确的培训目标，是否有合适的培训评估人选，是否有足够的时间、费用及其他资源来开展评估活动。如不具备上述条件，那么评估活动就缺乏可行性。

（2）评估的结果是否能得到充分利用。一般而言，培训项目需要经费，培训效果对企业非常重要，对培训项目进行评估，是为了使培训工作做得更好，如果评估结果被束之高阁，那么评估活动就失去了意义。

2. 评估项目计划的制订

评估项目计划，主要需明确的内容有：培训评估的目的、内容、方法、标准，负责评估的部门或人员，评估工作的进度安排，对评估报告的要求以及评估结果的反馈和使用等。在制定培训评估方案时，最好能够由培训项目的实施人员、培训项目管理人员、培训评估人员和培训评估应用人员来共同进行，如果有可能则最好邀请外部培训顾问参与，这样可以确保方案的科学性和可行性。

3. 评估项目的实施与管理

评估项目的实施与管理过程实质上是培训评估信息的收集、整理、分析与评估报告的撰写过程。信息收集的主要来源有培训需求分析报告、培训项目计划、培训课程反馈表、知识测试答卷、角色扮演记录、学员行动计划等与培训过程和结果相关的资料。此外，还可以采用问卷、采访、现场观察等其他方法收集所需要的信息。对收集到的信息进行统计、分析，并将结果与评估标准对照作出相应评价，得到培训活动目的是否达到预期效果。最后撰写评估报告，报告是对评估结果的总结，要尽量做到客观、公正。

4. 评估结果的沟通反馈

召集所有相关部门和人员对评估结果进行讨论，提出日后工作的改进建议和承诺，对各部门的工作改进状况可纳入年度绩效考核项目。此外，评估结果还应反馈给接受培训的员工，培训管理者需要掌握整个培训与开发流程和结果的综合评估效果，通过跨部门的沟通协调，使培训活动融入企业的经营管理。

第三节　员工培训面临的特殊问题

一、员工培训风险防范

培训工作也有其自身的风险，如何对企业培训风险有一个正确认识，怎样将风险发生的可能性降至最低，是培训工作组织者和企业领导层需要认真考虑的问题。

1. 依法建立劳动和培训关系

把签订培训协议，纳入合同管理。合同是企业和员工权利的法律保障，加强对培训合同的管理，不仅保护企业的合法权益，也保护了员工的合法权益。一旦出现纠纷，企业就能通过法律把自己的损失降到最低。

例如，解除劳动合同时培训费用处理问题。《劳动合同法》规定，用人单位为劳动者提供专项培训费用，对其进行专业技术培训的，可以与该劳动者订立协议，约定服务期。劳动者违反服务期约定的，应当按照约定向用人单位支付违约金。违约金的数额不得超过用人单位提供的培训费用。用人单位要求劳动者支付的违约金不得超过服务期尚未履行部分所应分摊的培训费用。

针对这一问题，《劳动部办公厅关于试用期内解除劳动合同处理依据问题的复函》对培训费用的处理也作了如下规定：如果试用期满，在合同期内，则用人单位可以要求劳动者支付该项培训费用。具体支付方法是：约定服务期的，按服务期等分出资金额，以职工已履行的服务期限递减支付；没有约定服务期的，按劳动合同期等分出资，以职工已履行的合同期限递减支付。

没有约定合同期的，按 5 年服务期等分出资金额，以职工已履行的服务期限递减支付；双方对递减计算方式已有约定的，从其约定。如果合同期满，职工要求终止合同，则用人单位不得要求劳动者支付该项培训费用。以上规定表明：对于培训费用的处理问题，用人单位与劳动者可以签订培训协议，约定违约金。没有约定时，就按职工已履行的服务期限、合同期限或 5 年服务期限递减支付。

2. 加强企业文化建设，增强企业凝聚力

企业培训对象主要包括新进员工、转换工作员工、不符合工作要求员工和有潜质的员工。针对每种类型的员工，企业培训目标和内容不同。

对有潜质的员工，培训项目一般会提高员工的通用技能。投资这种类型的员工，投资费用比较高，企业能够得到的预期回报也很大。但是有潜质员工的培训结果很容易被其他企业使用，员工容易被高薪挖走，员工跳槽的可能性比较大。因此对这种类型员工进行培训的同时，还要加强企业文化的培训，培养员工对企业的忠诚度。

对于新员工来说，其对企业的归属感不强，跳槽倾向比较高。选择新员工进行技术培训，无疑加剧了企业培训的风险。所以新员工要进行企业文化和规章制度的培训。

3. 建立有效的激励机制

培训不是单方面的投资，除了企业要投入资金外，员工还要投入时间和精力。因此，培训后员工总是期望能够以某种方式得到回报。如果企业给予的回报不及时，员工认为培训前后在企业中没有什么改变，就会通过跳槽选择更好的工作环境。因此创造良好的学以致用的环境，提供更有挑战性的工作，提高受训员工报酬等方式承认员工通过努力培训的结果，对于留住培训员工至关重要。

4. 提倡自学，加大岗位培训力度

对于自发要求培训的员工，提供选择性培训项目。培训虽然存在员工流失风险，但是同时也是吸引高素质员工的一种手段。向自发要求培训的员工提供选择性的培训，可以提高企业对高素质员工的吸引力。

但是，对这部分培训，企业应适当与员工共同承担费用，或者由员工承担费用，培训后给受训者以加薪、晋升作为回报。

5. 完善培训制度，提高培训质量

培训并不是把员工送出去到期接回来的简单过程，而是需要企业在整个培训过程中，对员工和培训效果进行全程控制的复杂过程。

在培训过程中，保持与培训机构和培训老师的联系，便于了解员工培训的效果和员工在培训中的心态，有利于企业及时与员工沟通。

保持与受训人员的联系，有利于企业把受训者的感受及时告知培训人员。

这种联系不仅可以增强培训效果，还可以加强与员工的交流，预防员工离职。

6. 提高员工专利意识，注意保护企业专利

这是现在企业员工培训中容易忽视的一个问题。

在竞争日益残酷的现实下，谁有专利技术，有专利产品，谁就可以占领市场，打败对手。

必须向有关的接受培训的员工讲清楚这一点，同时，也必须依靠法律的力量来保护企业自己的专利技术和产品，让每一个了解有关情况的员工掌握相关的法律条文。

二、培训中的主要学习原则

培训中的主要学习原则是指企业为了有效地进行员工培训，对员工培训所进行的规范和指导，使培训工作达到既定目标。

1. 按需培训，学以致用原则

员工培训要从企业实际出发，与参与培训的员工年龄情况、知识结构、能力结构、思想状况等紧密结合，员工培训成果转移或转化成生产力，并能促进企业生产经营效率。

2. 与企业战略目标相适应原则

员工培训首先要从企业经营战略出发，确定培训的模式、培训内容、培训对象；其次应适时地根据企业发展的规模、速度和方向，合理确定受训者的总量与结构；最后还要准确地根据员工的培训人数，合理地设计培训方案、培训时间及地点。

3. 知识技能培训与组织文化培训兼顾的原则

培训的内容应与岗位职责相衔接。组织中的任何职位都要求任职者既要掌握必备的知识和技能，又要了解并遵守企业的制度，并具有基本的职业道德。企业既要安排文化知识、专业知识、专业技能的培训内容，还应安排理想、信念、价值观、道德观等方面的培训内容。

4. 培训与个人目标绩效相结合原则

培训与其他工作一样，要严格考核、奖惩得当。严格考核是保证培训质量的必要措施，也是检验培训质量的重要手段。培训提高了员工素质，工作绩效，使员工成长为优秀的人才。

5. 整体培训与部分培训相结合原则

整体培训就是全员培训，有计划、有步骤地对在职各级各类员工都进行培训，是提高员工整体素质的方法，但并不意味着平均使力。为了提高培训投入的回报率，企业培训必须有重点，即对企业的兴衰起重大影响的管理和技术骨干重点培训，重点培训管理和技术课程。

6. 培训项目的持续性原则

员工培训不是一次两次就可以满足企业发展需求的。企业随着环境的改变，发展目标和方向也会发生改变，继而员工的工作也会发生改变。岗位工作需要员工不断地学习新事物来适应工作的发展，因此培训项目不是短期的，而是要长期进行的。企业的发展需要员工培训具有可持续性，员工个人的职业发展也要求员工不断接受培训。只有可持续的培训项目，才能够不断得到改进，降低成本，使员工受益。

三、中国企业的培训现状

我国企业管理正逐步走向标准化、专业化、国际化，越来越多的企业认识到培训所带来的价值。可以说，大多数企业已经离不开培训。培训质量和讲师团队、培训机构的专业程度息息相关。

1. 培训的职业化

随着全球化进程的加快，企业面对的是更加激烈的国际竞争。培训作为企业人力资源开发的重要手段，不仅注重新知识、新技术、新工艺、新思想、新规范的教育培训，也注重人才潜力的开发，突出创造力开发和创造性思维以及员工人文素养和团队精神的培训。因此，为满足培训市场的需求，培训将变得更加职业化和专业化，其针对性、时效性将越来越强，培训分工也越来越精细。

2. 新技术在培训中的运用幅度加大

先进的互联网、卫星传输等教育技术，为企业培训提供了更加优越的条件，现代企业培训的手段也由传统走向现代。

3. 培训更加重视成果转化和实效

培训最终的目的是促进服务于企业的发展和利益，在现在和未来，培训部门将更加关注以下两个问题：

（1）真正能够把所学的知识、技能和态度运用到工作中；

（2）培训要与个人或团队的工作绩效相联系。

4. 培训部门加强同外界合作

企业必须加强同培训机构和外部培训人员的协作。坚持以培训推动市场开发，以市场促进培训开展的原则，不断强化自身特色，打造自身品牌，不断增强培训项目开发能力和市场营销能力，及时发现需求，善于提供有效供给，已成为企业及其培训机构努力的方向。

第四节　员工培训实训

【项目一】

一、项目名称

新入职员工的培训计划编写。

二、实训目的

通过此项实训，初步掌握人力资源部门新入职员工的培训计划制定原则、主要内容和程序步骤，能够编制企业新入职员工的培训计划。

三、实训条件

（一）实训时间

2 课时。

（二）实训地点

教学实训实验室。

（三）实训所需材料

教师提前给出目标公司的基本背景，学生根据前面介绍的理论知识做好实训准备，搜集人力资源部门数据、新入职员工培训内容、培训计划书的模式与内容等相关材料，以备分析讨论之用。

四、实训内容与要求

（一）实训内容

光华集团新员工入职培训计划。

案例情境

光华集团每年会招一批新员工，为了使新员工在入职前对公司有一个全方位的认识，了解并认同公司的事业及企业文化，坚定自己的职业选择，理解并接受公司的共同语言和行为规范，使新员工明确自己的岗位职责、工作任务和工作目标，掌握工作要领、工作程序和工作方法，尽快进入岗位角色，适应工作群体和规范，形成积极的态度，决定对新入职员工做培训期 1 个月的集中脱岗培训及后期的在岗指导培训。

（二）实训要求

编写新入职员工培训计划里涉及以下内容。

1. 培训方式

脱岗培训：由人力资源制订培训计划和方案并组织实施，采用集中授课的形式。

2. 培训资料

《员工手册》、部门《岗位指导手册》等。

3. 入职培训内容

（1）企业概况（公司的历史、背景、经营理念、愿景、使命、价值观）。

（2）组织结构图。

（3）组织所在行业概览。

（4）福利组合概览（如健康保险、休假、病假、退休等）。

（5）业绩评估或绩效管理系统，即绩效评估的方式，何时、何人评估，总体的绩效期望。

（6）薪酬制度：发薪日，如何发放。

（7）劳动合同、福利及社会保险等。

（8）职位或工作说明书和具体工作规范。

（9）员工体检日程安排和体检项目。

（10）职业发展信息（如潜在的晋升机会，职业通道，如何获得职业资源信息等）。

（11）员工手册、政策、程序、财务信息。

（12）有关公司门禁卡及徽章、钥匙、电子邮箱账户的获取，电脑密码、电话、停车位、办公用品的使用规则等。

（13）内部人员的熟悉（本部门上级、下属、同事；其他部门的负责人、主要合作的同事）。

（14）着装要求。

（15）公务礼仪、行为规范、商业机密、职业操守。

（16）工作外的活动（如运动队、特殊项目等）。

4. 培训工作流程

（1）人力资源部根据各部门的人力需求计划统筹进人指标及进入时间，根据新入职员工的规模情况确定培训时间并拟定培训具体方案，填写“员工培训报告书”（表 5-1）报送人力资源中心及相关部门。

（2）人力资源部负责与各相关部门协调，作好培训全过程的组织管理工作，包括经费申请、人员协调组织、场地的安排布置、课程的调整及进度推进、培训质量的监控保证以及培训效果的考核评估等。

（3）人力资源部负责在每期培训结束当日对学员进行反馈调查，填写“员工培训反馈意见表”（表 5-2），并根据学员意见七日内给出对该课程及授课教师的改进参考意见，汇总学员反馈表送授课教师参阅。

（4）人力资源部在新员工集中脱产培训结束后一周内，提交该期培训的总结分析报告，报总裁审阅。

（5）新员工集中脱产培训结束后，分配至相关部门岗位接受上岗指导培训（在岗培训），由各部门负责人指定指导教师实施培训并于培训结束时填写员工在岗培训记录表（表 5-3）报人力资源与知识管理部。

（6）人力资源与知识管理部在新员工接受上岗引导培训期间，应不定期派专人实施跟踪指导和监控，并通过一系列的观察测试手段考查受训者在实际工作中对培训知识和技巧的运用以及行为的改善情况，综合、统计、分析培训为企业业务成长带来的影响和回报的大小，以评估培训结果，调整培训策略和培训方法。

五、实训组织与步骤

第一步，要求学生课前查阅相关理论与实战书籍，详细了解新入职员工培训计划的编制原则、方法、内容和步骤。

第二步，学生分组进入收集所需要的信息资料，分工合作。

第三步，在充分调查资料与分析整理的基础上，参考企业以往的新入职员工培训计划，进行分析。

第四步，教师提出指导意见，帮助学生完善自己的结论，编写企业新入职员工培训计划。

第五步，总结并撰写实训报告。

六、实训考核方法

（一）成绩划分

实训成绩按优秀、良好、中等、及格和不及格五个等级评定。

（二）评定标准

（1）是否掌握新入职员工的培训计划的编写原则、方法和内容。

（2）是否掌握新入职员工的培训计划的编制程序和步骤。

（3）能否结合企业的实际情况，编制合理的新入职员工的培训计划。

（4）是否记录了完整的实训内容，做到文字简练、准确，叙述通畅、清晰。

（5）实践调查、讨论、分析占总成绩的 75%，实训报告占总成绩的 25%。

表 5–1　员工培训报告书

年　月　日

<table>
<tr><td colspan="2">培训名称及编号</td><td></td><td>参加人员姓名</td><td></td></tr>
<tr><td colspan="2">培 训 时 间</td><td></td><td>培 训 地 点</td><td></td></tr>
<tr><td colspan="2">培 训 方 式</td><td></td><td>使 用 资 料</td><td></td></tr>
<tr><td colspan="2">导师姓名及简介</td><td></td><td>主 办 单 位</td><td></td></tr>
<tr><td rowspan="5">培训后的检讨</td><td rowspan="4">培训人员意见</td><td colspan="3">受训心得（值得应用于本公司的建议）</td></tr>
<tr><td colspan="3"></td></tr>
<tr><td colspan="3">对下次派员参加本训练课程的建议事项</td></tr>
<tr><td colspan="3"></td></tr>
<tr><td>主办单位意见</td><td colspan="3"></td></tr>
</table>

总经理　　　　经（副）理　　　　主办单位
副总经理　　　厂（副）长

表 5-2　员工培训反馈意见表

年　月　日

<table>
<tr><td colspan="2">培训名称及编号</td><td></td><td>参加人员姓名</td><td></td></tr>
<tr><td colspan="2">培 训 时 间</td><td></td><td>培 训 地 点</td><td></td></tr>
<tr><td colspan="2">培 训 方 式</td><td></td><td>使 用 资 料</td><td></td></tr>
<tr><td colspan="2">培训者姓名</td><td></td><td>主 办 单 位</td><td></td></tr>
<tr><td rowspan="3">培训后反馈信息</td><td rowspan="3">受训人员意见</td><td colspan="3">1. 课程安排是否合理
2. 所学内容与工作联系是否密切
3. 主管是否支持本次培训
4. 对所学内容是否感兴趣
5. 所学内容能否用于工作中
6. 对教师的授课方式是否满意
7. 教师授课是否认真
8. 教师是否能够针对学员特点安排课堂活动</td></tr>
<tr><td colspan="3">受训心得值得应用于本公司的建议</td></tr>
<tr><td colspan="3">对公司下次派员参加本训练课程之建议事项</td></tr>
</table>

表 5-3　员工在岗培训记录表

编号：　　　　　　　　　　　　　　　　　　　　　　　　人力资源部制

<table>
<tr><td>姓　　名</td><td></td><td>性　　别</td><td></td><td>出 生 年 月</td><td colspan="2"></td><td>身份证号码</td><td></td></tr>
<tr><td>学　　历</td><td></td><td>专　　业</td><td></td><td>所 属 部 门</td><td colspan="2"></td><td>职　　位</td><td></td></tr>
<tr><td colspan="2">培 训 时 间</td><td colspan="2">培 训 内 容</td><td>培 训 机 构</td><td>取 得 证 书</td><td>所 在 部 门</td><td>所 在 岗 位</td><td>备　　注</td></tr>
<tr><td colspan="2"></td><td colspan="2"></td><td></td><td></td><td></td><td></td><td></td></tr>
<tr><td colspan="2"></td><td colspan="2"></td><td></td><td></td><td></td><td></td><td></td></tr>
<tr><td colspan="2"></td><td colspan="2"></td><td></td><td></td><td></td><td></td><td></td></tr>
<tr><td colspan="2"></td><td colspan="2"></td><td></td><td></td><td></td><td></td><td></td></tr>
<tr><td colspan="5">人力资源部评语：

签名：
年　月　日</td><td colspan="4">所在部门评语：

签名：
年　月　日</td></tr>
</table>

【项目二】

一、项目名称

员工培训项目的组织与管理实施。

二、实训目的

通过此项实训，进一步明确员工培训项目的概念和内容，了解其影响因素，掌握员工培训组织与管理流程与方法，能够初步完成员工培训工作的实施与管理。

三、实训条件

（一）实训时间

2 课时。

（二）实训地点

教学实训实验室。

（三）实训所需材料

本实训需要的背景材料如下。

案例情境

恒伟公司的员工培训项目管理

恒伟股份有限公司是国内知名的大型家电生产厂家，其代表产品恒伟微波炉除在国内市场上占有很大份额以外，还远销到欧洲、非洲、东南亚等地。公司进行股份制改造后，现在拥有人员 3 400 人左右。自公司股票公开上市以后，公司的发展非常迅速。2007 年底，公司与中国科技大学商学院合作，对组织结构进行了重新设计，从各个管理岗位上精简了 200 多人，使得机构更加富有效率。

2008 年，公司又与中国科技大学商学院合作，研究公司下一步人员培训该如何做的问题，其目的是将公司建成学习型组织，将公司的发展建立在人员素质的普遍提高之上。因为目前国内微波炉行业的几家大型微波炉厂家竞相角逐，竞争已经白热化。

如何在未来获得竞争优势，是每个微波炉厂家都面临的课题。恒伟公司在进行 ISO9001 认证前后已进行了多年的培训，并对部分管理人员进行了 MBA 的课程培训，但公司总感觉已有的培训效果不理想，培训总是缺乏主动性，常常跟着业务变化及公司大的决策变动而变化，计划性较差，随时性和变动性很大。而且公司也感到将来竞争优势的取得要依靠人员素质的大幅度提高，同时在公司的经营与发展中也遇到了一些现实问题，希望能够通过培训加以解决。有鉴于此，公司决定开展为期三年的公司全员大培训。

四、实训内容与要求

（一）实训内容

全员大培训总共分为三级，培训体系如下。

1. 一级培训

内容：具有共性的培训。

具体任务：①新员工进厂培训；②整个公司计划进行的培训；③二、三级培训做不了的培训；④关键岗位培训。

组织者：公司的人力资源部。

培训量：大。

师资：由人力资源部统一任命，比较规范。

2. 二级培训

内容：对本部门或本分厂所涉及的专业技术进行培训，包括岗前、岗中、岗后培训。

具体任务：①本部门系统的人员工艺、技术培训；②公司下达的培训任务；③职工的岗前培训。

组织者：各部门、各分厂。

培训量：中。

师资：师资选择不很规范，稳定性较差。

3. 三级培训

内容：重点是针对操作工人进行的。

具体任务：①一般人员的上岗培训；②公司下达的培训任务。

组织者：各部门、各分厂。

培训量：小。

师资：师带徒，规范性就更弱。

（二）实训要求

培训实施过程中的控制工作。

1. 工作分配

由于培训涉及的事务繁多，作为培训经理不可能事必躬亲，必须适当地把工作分配下去。在分配工作的过程中，需要注意以下问题：

（1）确保工作完全被分配下去，不存在遗漏；

（2）分配到个人的工作量大致平均，不超过其工作能力范围之外，工作不超负荷；

（3）有专人负责每一项工作；

（4）重点工作有主管或经理监督完成；

（5）有明确具体的进度安排；

（6）有明确的工作完成安排；

（7）对可能发生的意外情况提前预防，不拖延进度；

（8）在分配工作时进行了必要的指导；

（9）人力上不造成浪费。

2. 安全工作

（1）室内、外培训的安全问题。

（2）采用质量可靠的培训器材。

（3）采取保护措施。

（4）专人指导。
（5）统一行动，严禁擅自行动。
（6）掌握一些具体的意外伤害的应对措施。

五、实训组织与步骤

第一步，学生每15人为一组，教师为15名学生编上号数，即1～15号。实训在模拟公司——恒伟公司进行。

第二步，学生可以先选择其中一个培训项目场景，再按场景顺序进行演示。培训场景演示总过程不能超30分钟。

第三步，教师对演示情况进行分析、归纳和总结提炼，提出指导意见。

第四步，每个小组根据演示的结果编写实训报告。

六、实训考核方法

（一）成绩划分

实训成绩按优秀、良好、中等、及格和不及格五个等级评定。

（二）评定标准

（1）是否理解员工培训项目管理的内涵和重要意义。
（2）是否掌握影响员工培训项目实施与管理的主要因素。
（3）是否掌握员工培训项目管理的方法和程序，能否完成培训项目的组织与管理工作。
（4）是否记录了完整的实训内容，做到文字简练、准确，叙述流畅、清晰。
（5）演示模拟、讨论、分析占总成绩的60%，实训报告占总成绩的40%。

探秘Facebook的新兵训练营

Facebook的创办人马克·扎克伯格2012年2月宣布IPO时，在发表的公开信里说道，“Facebook要求所有新入职的工程师——包括那些将来并非主要从事编程工作的经理——参加新兵训练营，学习我们的代码库、工具和方法。我们希望寻找的实践型人才能够经受新兵训练营的检验。”

为什么要有新兵训练营？公司成立之初，并无新兵训练营计划。随着公司迅速发展、员工不断增多，无计划的自学无法迅速地帮助大量新员工高效融入到Facebook中。

该计划的主要推动者是安德鲁·博斯沃斯，他是公司文化的主要捍卫者。

2008年初，他开始意识到Facebook的文化可能面临挑战甚至失败。他刚进公司时，大家彼此认识。可是2008年夏季的一天，当他在公司的餐厅排队时，遇到一位素未谋面的工程师。于是博斯沃思询问他在公司多久了，对方答曰一年——这让他震惊。

他感觉有点不对劲儿，“我们是Facebook，如果我们不能规划一个超过150人的沟通网络，就真的有麻烦了。”

如何有效地让最适合合作的人互相认识，建立信任并保证项目高效完成，成了Facebook这些年面临的一个大挑战——等到项目开始时，参加者才开始互相认识，那么磨合期会更长，成本也相应会更高。

2008年年中，正值新员工如潮水般涌进公司之际，作为公司整个文化培育行动的一部分，新兵训练营计划登场了。

新兵究竟要做什么？第一周的周一，新来的工程师们在公司自助餐厅里和负责他们的导师吃完中饭后，为期六周的强制性训练营就拉开了序幕。这位导师将全权负责回答新人们的各种问题，从工作，到生活，到八卦，如果新人真的感兴趣的话。

简短的介绍之后，每人会分到一台电脑和一张办公桌。第一次打开电脑时，他们会看到6封电子邮件，其中1封是欢迎信，另外5封介绍了他们将要执行的任务，包括修复Facebook网站上的错误。

训练的目的很多，其中之一就是让新员工充分认识到，他们拥有直接改变Facebook网站的力量。

Facebook非常希望工程师在第一天就把所有的编程环境都设置好并提交代码，这样就可以在周二参与每周例行的代码发布活动，将代码同步到Facebook几十万台服务器中。Facebook并不希望新人在第一天提交复杂的代码，基本都是很简单的改变，目的是通过练手让工程师能迅速了解整个流程、进入角色。头三周有很多课要上：公司的COO、CPO、工程副总裁都会在第一周给新人们介绍各个部门概况，让大家有全局性的认识；第二周，重点介绍公司的重要产品、常用的技术框架和技术工具；第三周，集中在公司的运营、商业模式和其他非产品技术部门的介绍上。

从第三周起，新人们就开始与有用人需求的各组经理交流，了解这些组的产品，参加组内会议和讨论。

在第三周周末，新人至多要选出三个组作为感兴趣的备选组。接下来每周的事情就是进一步缩小目标范围，并在第六周时能够明确加入哪一组。

从第一周到第六周，新人60%以上的时间都花在修复代码错误上面，其他的事情应该在剩余的40%时间内完成。

Facebook相信，让工程师融入公司最好的办法是通过代码交流。毕竟，产生高质量的代码是所有工程师最主要的工作。

谁可以做导师？作为公司整个文化培育行动的一部分，新兵训练营的导师任命非常关键。

首先，他需要对公司文化有比较清晰的认识，一般要在公司工作一年以上；其次，做导师是自愿性质的，因为做导师需要占用多于1/4的正常工作时间。

通常，自愿担任导师者一般是想做人事经理的，对与人打交道感兴趣。现在，Facebook规定，所有可能升职为经理的候选人必须至少做一期新兵训练营的导师。

另外，技术牛人才能成为导师，因为在训练营里，新员工每天都要完成大量具体的技术任务。

截至我离开Facebook时，大概每两周会招进一批新工程师，新兵训练营一期六周，每期有2～4名导师，每个导师带5～9名新员工，大概每周需要花10～20小时的时间。

所有的导师有一个负责人，就是博斯沃斯，他还有一个助手，负责所有的导师和新员工的分配，基本上是把背景类似的分配给同一个导师，以便每个小组里成员之间更好地沟通。

导师具体要做些什么呢？新员工有任何问题，尤其是关于公司文化的，除了尝试自己解决以外，都可以向导师寻求帮助或指导；导师从不会给新员工脸色看，而是全力支持他们的学习。

首先，导师每周和被指导的新员工做“一对一”的重点讨论。内容如最近的学习进展，表现如何，哪些方面做得好，哪些方面有待加强。对公司现有的哪些团队和项目感兴趣是交流的另一个重点。

其次，导师每周都要参加导师碰头会。

会议就训练营中遇到的一些具体问题进行讨论，找出解决方案。大多数时间会花在一些表现特别出色或特别逊色的新兵身上，如果没有这两类人的话，会提早散会。

对于表现特别出色的，导师要着重考虑哪些组最适合这些能力强悍的新兵——公司希望将最好的新兵用在最重要、最需要他们特长的岗位上。有好几次，在一期新兵营刚开始的时候，几个组的组长都想招同一个人，这样的“抢人”就需要在碰头会上商量，找出解决办法。

对于表现特别逊色的，则会花时间讨论如何帮助他们改变，因为通过 Facebook 层层面试的人，公司相信他们还是有实力的。

不经过多次努力，公司不会轻易得出他们不适合 Facebook 这一结论。

另外，导师会分配一些错误代码给新员工进行修补，这类任务通常会占到新员工 60% ～ 70% 的时间。设想一下，作为一个新人，你的工作成果很快就被数以亿万计的用户使用，这是多么有成就感的事情！这样做可以给他们极大的自信。

如果新工程师在修改错误时遇到了困难，他是先跟训练营里的朋友互相商量，一群菜鸟共同找答案，还是直接寻求导师的帮助呢？当然，菜鸟互帮互助是最受鼓励的。

“授人以鱼，不如授之以渔”，导师希望新员工能够自己思考问题、解决问题；当然，也不能在困难面前自己一个劲死磕，要学会适当地寻求帮助。

训练营里很多时候碰到的情况是，解决一个问题有多种方式，但新员工还不明白哪种方式是 Facebook 通用的，这时导师可以告诉他去代码库里看看类似的问题是怎么处理的，以前的工程师是怎么做的；如果涉及的是具体产品的技术性问题，Facebook 不建议导师进行深入的帮助，因为这样就变成导师帮助新员工做一件非常具体的事情了，而导师教导的关键的是教给新员工方法、理念、文化上的东西。

如何为新员工找到合适的职位？为了人岗匹配，新兵训练营负责日常运营的人会在每期开始前一周，把所有新兵的简历发给有招人意向的经理，然后会根据各经理挑选的结果引导新员工。

另外，导师也会将适合的新员工推荐给有需要的各个组。

Facebook 专门有一个页面，叫“团队优先级页面（Team Priority Page）”，负责产品技术的各个组都可以把用人需求放在上面。由博斯沃斯和工程总监们组成的委员会，每两周开一次会，讨论每个组的用人优先度。

导师每周都会对所指导的新员工进行评级并简要地评价，说明新员工水平如何、有何特长、兴趣点是什么等等。

导师在跟几位经理讨论之后，就会安排大致匹配的新员工与其见面。半小时左右的交流时间里，经理介绍各自小组在做什么、意义何在、需要什么样的员工等等，相当于“自我推销”；而新员工只需“面试”各组，然后决定自己的去向。

除非有特殊情况，一般被选中的组是不能拒绝接收新员工的。如果你拒绝的理由是“他不行”的话，那不如解雇他——不是说你不欢迎，他就可以被分配到其他组——这种想法违背 Facebook 的文化，“我们都是为 Facebook 工作的，而不是为了某个小组”。如果原因是“他的背景不适合”，那一开始就不应该见面会谈。

导师还有一项很重要的任务，就是当特别重要的岗位急缺人的时候，要花力气去“忽悠”合适的人。这时，导师会循循善诱，极力争取唤起新人对这些组重要性的认同和对其业务的兴趣。老实说，这不是最自然的匹配方式，因为诱导性太强。

新兵训练营结束后，也会出现淘汰的情况，但几率很低。经过新兵训练营的工程师和产品经理一共有 500 多人，淘汰率不到 2%。

训练营也是经理培训班。对于成立于 2004 年的 Facebook 来说，如何在快速成长中保持自身的文化特色，如何在新工程师潮水般涌进公司时仍能以一贯之？必须有一批新的一线管理层作基础。

新兵训练营看似只不过是新员工培训班，但做导师的基本都是潜在的经理候选人，他们在训练营里同样获得了宝贵的领导经验。他带着 5 ～ 9 个新员工，就像一个小团队，讨论遇到的各种问题；在指导新员工如何解决问题的过程中，他可以学到管理技巧。

（来源：中国员工培训，2015-08-04）

复习思考题

1. 什么是员工培训？员工培训内容主要涉及什么？
2. 什么是培训需求分析？其方法主要有哪几种？
3. 简述培训项目设计流程。
4. 培训效果的转化有何意义？
5. 如何防范培训中存在的风险？

经典案例

哈佛管理经典：用量化法解决员工流失问题

弗利特银行的员工流动率曾经高达 25%，将量化法应用于人力资源管理后，其流动率降低了近一半。

平均而言，公司会把三分之一以上的年收入都投资在员工身上，但很少有人知道这种投资的价值该如何来衡量。一般来说，大多数人都无法判断某一项目或管理措施（比如说，一项员工奖励计划，一种新的招聘战略，或一个培训项目）在实施后是否真的能获得回报。因此，他们总是根据过去的信息、个人的直觉或所谓的最佳做法来决定把这些投资投向何方。

就精确程度而言，所有这些方法都比不上我们在进行金融资产投资以及对厂房、设备投资时所做的经济演算。这有点讽刺，因为在当今知识经济中，一家公司管理其人力资本（Human Capital）的方式实际上是使其具有持久性竞争优势的唯一来源，而其他类型的资本都能随时获得，就算是技术也很容易模仿。

所以，如果把人力资本看成是资产而不是费用的话（大多数公司领导人现在已认识到了这一点），那么我们就可以顺理成章地认为人力资本战略是某种形式的资产管理。人力资本战略也就必须跟资产管理一样，建立在精确的量化标准基础之上，并且要按照投资者的目标和情况进行认真规划。

人力资本的衡量标准一直难以把握，直到最近这种现象才有了改观。美世人力资源咨询公司（Mercer Human Resource Consulting）借鉴了经济学和组织心理学领域的知识以及信息系统的最新发展，发明了一些分析工具，帮助公司来衡量自己的人员管理方式对其员工和业务的影响，并且对这些做法进行建设性的试验和调整。现在，已经有一些公司在应用这些技术了。

例如，万豪国际集团（Marriott International）就将这一方法运用在员工个人信息、员工绩效和客户满意度等数据资料的日常记录中，挖掘出了其中的统计关系。尤为引人注目的是，该公司发现，让员工加入某些福利计划能够大大降低员工流动率，并提高公司某些部门的利润率，从而估计出基本工资、奖励性工资和福利方面的变化将会对特定员工的行为，直至最终对各个酒店的资产利润率产生什么影响。而这些估测可以帮助你制定战略，重新调整公司的薪酬政策。

丰田制造公司（Toyota Manufacturing）也采用类似的方法，再辅以传统的员工调查，来评估自己在绩效管理、职业发展、员工培训以及公司内部岗位调动方面的政策。该公司一年一度的员工调查表明，这些政策的预计受益者实际上并不认为自己会从中获得多少职业上的优势。可是，对实际结果的统计分析却表明，在其他条件都等同的情况下，那些接受过更多培训或进行了横向调动的人，要比那些没有接受过培训也没有进行横向调动的人晋升得更快。可见，问题并不出在这些项目本身，而是出在对这些项目的理解上。认识到了这一点，丰田公司加强了对这些项目的解释和宣传，从而避免了修改项目的麻烦和费用。

下面我们将谈到的弗利特波士顿金融公司（Fleet Boston Financial，下简称弗利特银行）也率先把这种有条理的、建立在量化基础上的方法引入了人事管理。由于面临过多的员工流失—— 这种现象部分是由公司一系列的兼并和收购行动造成的，弗利特银行决定衡量管理措施的作用和市场状况对员工实际行为的影响。正如你在这篇文章中将会发现的那样，衡量结果改变了全公司确定和理解人事政策的方式。

快速增长与高流动率

弗利特波士顿金融公司在被美洲银行（Bank of America）收购而成为美国第二大金融服务公司之前，曾经是美国第七大金融服务公司，其资产规模超过 1 900 亿美元。该公司为全世界 2 000 万个人客户和 600 万商业客户提供服务，并且拥有 5 万多名美国员工和 1 万多名海外员工。从 1994 年到 2003 年，弗利特波士顿金融公司通过收购努力寻求业务增长，员工人数增加了一倍多，总资产增加了三倍多。

自 20 世纪 90 年代以来，弗利特银行面临的最紧迫的人力资源问题显然是居高不下并继续攀升的员工流动率，特别是在该银行的个人业务方面。整个公司的员工流动率达到每年 25%，有些岗位，诸如出纳员和客户服务代表，流动率竟超过了 40%，使该银行以客户为中心的战略岌岌可危。初步的比较表明，这样的流动率已高于行业正常水平，尽管这种比较方法没有考虑到下述事实：弗利特银行开展业务的地区正是美国劳动力最紧缺的地区，比如波士顿、普罗维登斯（Providence）和罗德岛（Rhode Island）。

在 1997 年，该银行开始分析从员工调查和离职谈话中获得的信息，以确定员工离职的原因以及他们在工作中最看重或最关心的是哪些方面。分析结果似乎表明，薪酬低和工作量大（造成工作量大的部分原因是空缺职位没有及时得到填补）是员工跳槽的主要原因。管理层设法解决了其中的一些问题，包括更加系统地跟踪市场工资水平，尝试更加灵活的工作安排以减轻员工的劳动强度。可是，使弗利特银行感到惊讶的是，员工流动率仍然迅速上升。显然，依据员工所说的困扰他们的问题来确定引起跳槽的实际原因是一种不可靠的做法。

对这一发现，弗利特银行不应该感到过于吃惊。事实上，许多公司已经认识到，员工们—— 特别是离职员工们所叙述的离职原因和实际造成他们离职的原因之间并没有多少关系。尽管员工跳槽后的新工作岗位经常能使他们获得更好的薪酬，但追求更高的报酬可能并不是跳槽的主要原因。员工常常说他们是为了更高的薪水而离开公司，那是因为他们认为这是一个可以让人接受的理由。如果他们说是因为不满意公司的管理方法，就容易得罪那些有朝一日可能对他们有用的人，比如需要这些人提供推荐信或就业机会。所以考虑周全的雇主不仅希望知道员工决定接受新工作的原因，而且还希望知道对于目前这份工作他究竟有哪些方面的不满，从而促使他接受外面的机会。

把员工当客户

弗利特银行利用了美世人力资源咨询公司的一套方法来确定有哪些劳动力特征和管理做法最直接地影响了员工的去留决定。该银行认真研究了从人力资源部、财务部、业务部和销售部收集到的有关员工行为的数据资料，并且还研究了不同的地区和劳动力市场、不同的部门或工种、薪酬和福利待遇不同的工作岗位、不同的上司等各种条件下影响员工行为的因素。

弗利特银行采用的方法是以观察来弥补提问方式的不足，这也一直是市场调研领域的标准做法。市场营销专家通常利用调查表和焦点小组（Focus Group）来更好地了解客户的需要、看法和偏好。但是，优秀的营销专家并不会到此为止。他们认识到人们说的和做的往往不一样，因此他们会跟踪顾客的实际消费，了解顾客在做真正的购买决策时是如何迫不得已进行取舍的。他们还会衡量消费者的反应，比如对产品或服务的价格变化的反应，然后利用这些量化数据预测具体政策变化所产生的影响。这种方法现在也可用来理解员工的行为。

通过研究这些结果所表现出来的模式，弗利特银行最终发现了跳槽问题和公司频繁并购之间的关系—— 从本质上说就是频繁的并购使员工感到就业风险增加。兼并和收购常常意味着弗利特银行不得不对其业务部门进行合并。尤其是反垄断法规经常要求该银行关闭一些分行，因为它们在当地的市场份额已经超出了许可限度。被迫跳槽人数的增加造成了主动跳槽的人数进一步增加，这也许是因为留下来的员工开始担心自己的工作保障。

要消除员工们对工作保障的担忧，显而易见的解决办法也许是对他们所要承受的更大风险做一些补偿，比如说提高工资。但是，美世公司的项目小组成员发现，效果更好而成本更低的解决办法是增加员工在公司内部获得职业发展的机会。这是因为他们发现，获得过职务晋升甚至只是平级调动的员工在公司里待的时间更长。而员工的看法基本上是，岗位调动（也就意味着获得更丰富的阅历）能加强他们的市场竞争力，从而使他们在将来万一遭到解雇时不至于脆弱不堪。研究还发现，员工聘用政策和管理层的稳定在控制跳槽方面也起了非常重要的作用。

值得一提的是，弗利特银行解决跳槽问题的办法只需少量投资即可。事实上，一些最重要的行动只是需要更多的沟通就可以完成了，根本就不需要掏钱。

找出跳槽动因的模式

在研究跳槽现象的过程中，弗利特银行和美世公司依据的是弗利特银行个人客户业务部和商业客户业务部4年来员工的信息资料。项目小组不是简单地利用这些资料来寻找关联性，而是要构建出一套能够解释跳槽现象的模型，并用这套模型来测试有关跳槽根源的假设是否成立。这套模型是根据对有关劳工心理学和经济学的文献资料所做的广泛研究，以及美世对其他公司的研究而建立起来的。

为了应用这套模型，项目小组首先确定了可以描述个体员工及其就业状况的主要变量，然后对这些变量进行多元回归分析，从中找出有哪些因素（比如薪酬水平或工作年限）最有可能影响员工流动率。回归分析使人们可以将个人或群体在各方面都变得比较类似，只留下一个方面不同，以便于比较——如此就可以衡量出这一变量的相对影响。由于项目小组已经收集了对这些变量4年来的观察结果，它不仅能测试各种变化在某一时点对不同个人或群体的流动率的影响，而且还能测试这种变化在某一时段对不同个人或群体的流动率的影响。

项目小组所采用的模型考虑了影响员工流动率的三大类变量：就业市场的影响、公司特征和惯例，以及员工特点。第一类变量涵盖了当地劳动力市场的情况，其中包括就业机会的选择余地以及该公司的市场份额——这些情况很可能会影响公司对求职者的吸引力。第二类变量包括公司方面的因素，比如员工周边的工作环境——部门规模、工作小组成员的多样性以及公司的管理水平。第三类变量与员工自身有关：个人基本情况、经历、教育背景、就业状况、以往薪酬和业绩等。弗利特银行和美世公司就是利用这个统计模型来预测这些变量在单独作用和共同作用时是如何影响某一员工在某一年辞职的概率的。在实际操作中重要的一点是，弗利特银行所观察的是员工们的实际行为，而不是他们所报告的情况。

留住员工的关键

一旦弄清楚了那些留住员工的动因模式之后，弗利特银行的管理层就能集中精力进行收效大且影响力大的干预行动了。我们将逐一分析每个关键因素。

职业进步和岗位流动

在所有已经确定的重要因素中，那些跟职业进步和发展，如职务晋升、岗位流动和薪酬增长有关的因素对能否留住员工影响最大。在其他方面都一样的情况下，前一年中获得升职的员工跳槽的可能性就比没有获得升职的员工低11个百分点。考虑到公司的年平均员工流动率为25%，职务晋升实际上使员工跳槽的可能性降低了近一半。另外，只要在上一年变动一下工作岗位，也能大大减少跳槽的可能性，即使这位员工并没有获得高于平均水平的加薪。实际上，人们的工作岗位变动越频繁，他们继续留下来的可能性就越大。这些发现跟人们通常的看法完全不一样——人们通常认为，员工的经验越丰富，他们在就业市场上就越有竞争力，也就越有可能到别处寻找机会。事实上，这些发现让弗利特银行看到了一个令人高兴的悖论：增加员工的阅历和提高其市场竞争力会给员工留下来的充分理由，从而延缓了他们的跳槽行为。因此，弗利特银行决定充分利用自己内部巨大的劳动力市场，为员工提供扩展经验和岗位流动的机会，以抑制这一引发跳槽的因素。

弗利特银行从员工流动率模型中得出结论，认为员工——特别是火爆就业市场上的年轻员工——把自身的经验和技能看得甚至比薪酬还重要，因为经验和技能可以让他们在这个并购频繁的环境下更有安全感。弗利特银行推测，这些员工可能认为内部岗位流动是一种更好形式的报酬，因为万一失业，它可望提供比积蓄更好的保障。这一结论不仅帮助弗利特银行节约了它本来可能要浪费在加薪方面的花费，而且还揭示了鼓励经理人员悉心培养下属的价值，即使这意味着下属们可能会流动到其他部门或业务小组。毕竟，这些经理人员同样也有机会从该公司的其他部门获得优秀员工。

从这一模型中还可以得到另一个同样宝贵的认识——最有可能跳槽的人分为两类：一类是在目前岗位上已经干了两年或两年以上的优秀员工，另一类是最近完成了本科或硕士学业的员工。弗利特银行对各部门主管和经理人员的要求是：确保这些员工对他们目前的岗位感到满意并了解公司内部有各种职业发展机会。这一想法的实质是，通过确认哪些人最有可能跳槽，该公司就能及早采取措施，消除引起这些员工担忧的根源。弗利特银行还在公司内部举办招聘活动，并把所有空缺的岗位在全公司公布。

这个统计模型还揭示出：与进入弗利特银行时就是正式工（exempt employees）的人相比，那些从合同工（nonexempt employees）晋升到正式工的人跳槽的可能性相对较小，而且获得加薪和晋升的次数相对较多。根据这一发现，弗利特银行开始进一步明确和大力宣传成为正式员工的有关政策，并向合同工提供职业指导，使他们明白自己在公司也有发展机会。

薪酬模式和奖励计划

在留住员工的各种动因中，影响力最小的是薪酬水平。员工跳槽的问题受目前薪酬水平的影响，远不如受他在最近获得的薪酬增长幅度的影响大。项目小组发现，在其他方面都一样的情况下，如果弗利特银行将员工的薪酬提高到比市场平均水平高 10% 的话，对防止员工跳槽起不了多大作用。可是，如果使员工的加薪幅度提高 10%——实际上就是使他们的薪酬增长曲线变得再陡一些——就能使他们跳槽的可能性大幅度降低。这再次说明，员工对自己长期的职业进步的关心似乎要甚于对目前薪酬的关心。因此，弗利特银行认识到他们在调整薪水时不能依靠所谓的市场调节，而是要给那些表现出色或特别出色的员工提供稳定的加薪，并且强调升职在经济利益和其他方面表现出来的价值。

弗利特银行在薪酬水平方面不能依靠全面的市场调节的一个原因是，这些调节在某些地区是不必要的，在某些地区却又不够。例如，统计模型表明，在弗利特银行有着深厚根基的城市——普罗维登斯，要想使员工流动率减少 10%，所需要的加薪幅度远远小于在纽约这样的地方达到同一目标所需要的加薪幅度。这是因为在纽约这样的地方，员工找工作的选择余地比较大，同时弗利特银行在这里的根基又比较浅。而像在普罗维登斯这样的地方，员工看重弗利特银行同当地社区的长期关系以及它在当地市场的领先地位，因此弗利特银行所付的薪酬不用高于缺乏这些优势的竞争对手，也照样能留住员工。

因此，如果管理者过多地依靠薪酬来防止员工跳槽，就会使公司在加薪作用不大的地方（比如普罗维登斯）多花很多冤枉钱。另一方面，提高个别地方的薪酬水平以反映各地区之间的市场差异，也会引起同工不同酬的问题。

弗利特银行还发现，光是让员工参加奖励计划，对挽留员工的影响力就远远大于

实际奖励。甚至在考虑了诸如职位级别、工作岗位和所在部门等相关因素的影响之后，参与奖励计划也仍然在留住员工的决定性因素中位居首位。有一种理论是这样解释这种现象的：实施奖励计划本身就是弗利特银行方面对参与者的一种承诺，而参与者则以延长在公司的任职时间作为回报。因此，弗利特银行扩大了其奖励计划的覆盖面，吸引了尽可能多的优秀员工参加，从而使优秀员工比表现不佳的员工在公司干的时间更长。

管理层的稳定

弗利特银行的调查还表明，经理和主管的流动率较高，会降低总体的员工留任率（Retention Rate）。值得注意的是，如果员工的主管跳槽了，那么这位员工第二年跳槽的可能性几乎会增加一倍。这是为什么？项目小组认识到，这种相互关联的行为就其本身而言并不是由某个特定原因造成的。造成这样的相互关联至少有两种原因：一种解释是，经理跳槽会使下属感到同公司隔断了联系，从而对外面的机会更感兴趣；第二种解释是，经理跳槽这一举动会向下属发出一个信号，使他们觉得对有能力的人来说，弗利特银行外面也许存在着更好的工作机会。当优秀人才跳槽离开一家公司的时候，那些留下来的人会比较为不同公司工作的价值，由此产生质疑也是很正常的。

为了评估这两种假设的可靠性，美世项目小组必须考察经理人员的工作表现，无论跳槽与否假设是否都能成立。项目小组还得考察，不管这名经理人员是离开公司还是只是离开所在部门，其结果是否都一样。毕竟，内部调动和获得外部机会是两回事。结果，项目小组发现，一名经理人员只有在得到下属和上司的良好评价并且是彻底离开弗利特银行的时候，他的离职才会引起连锁反应。简而言之，离职背后的意义比离职本身更值得重视。优秀经理们跳槽所传达的信息是，公司外面存在对这种人的需求；优秀经理们决定留下所传达的信息是，弗利特银行肯定是一个他们和跟他们一样的人能大展宏图的地方。

这种信息使弗利特银行认识到，它必须改进留住优秀主管和经理的相关措施。这些措施需要达到下面两个目标：一是解决这些经理人员跳槽的根本原因，二是减小他们的跳槽对其他人的士气和行为产生的影响。

就像在防止员工跳槽时职业进步因素比薪酬因素起的作用更大一样，职业进步因素在防止经理跳槽时所起的作用也是如此。不过，浮动薪酬的高低对主管人员的影响要比对下属的影响大。而且，浮动薪酬的形式也很重要：根据业绩发放的现金奖励比股权的吸引力要大得多。因此，弗利特银行开始更多地以现金形式奖励优秀的经理人员。

为了减少经理人员的跳槽对员工的负面影响，弗利特银行开始采取行动，加强员工与直接上司以外的其他管理人员的接触和联系。这样即使一个深受爱戴的经理要跳槽，员工有问题仍然可以找其他经验丰富的主管。也是出于这个原因，弗利特银行更强调“教练”（coaching）和“导师”（mentoring）式的指导方法—— 其目的是为了扩大员工同直接主管以外的人员的交往。另外，该银行通过迅速起用员工已经熟悉的内部优秀人才接替离职的主管，表明了它要保持管理层的稳定和坚持最高管理水准的决心。后续的分析证实，在留住这些主管方面的做法只要稍有改进，就能对员工队伍的整体稳定产生巨大的连带影响。

雇用标准

弗利特银行发现，降低员工流失率的办法之一是从一开始就雇用合适的人。这一

点可能显而易见。在建立统计模型的过程中，该公司发现求职者有几个特点是决定他们在公司服务时间的良好预测指标。

弗利特银行发现，应聘者在以前的工作岗位上干的时间越长，他们在目前的岗位上长久干下去的可能性就越大。实际上，经常跳槽的人容易再次跳槽。认识到这一点，该公司更加注意应聘者以前更换工作的频率，从而提高了留任率。

该银行还认识到，那些曾经在其他地方过早跳槽的应聘者很可能还会没干满一年就离开弗利特银行。因此，弗利特银行加强了帮助新员工熟悉银行各方面情况的入职培训并设法给新员工分派更容易完成的工作量，因为工作量太大是促使员工在头半年就跳槽的主要原因。有关数据还表明，尽早让新员工获得工作表现的反馈意见，而不是等到第一年结束时才反馈，也是非常重要的。在头半年中提供更多的培训、更早地给予反馈信息并且更仔细地安排工作任务，能够有效地解决该公司的“迅速跳槽”问题。

少数族裔与性别统计分析还进一步证明了公司确实需要保证员工构成的多样性。具体来说，项目小组发现，女性员工和少数族裔员工的留任率高于男性白人员工。但是，这一发现在原始统计中曾被诸如所在地区、职位级别等会独立影响跳槽的因素掩盖了。简而言之，弗利特银行采取像同工同酬这样确保员工构成多样性的做法，不仅符合道义，而且能增强妇女和少数族裔员工对公司的忠诚，从而提高了员工留任率。

弗利特银行有关雇用标准的第三个发现是，与通过诸如职业介绍机构或招聘广告等其他渠道招来的人相比，由员工推荐的人留下来的可能性要大得多（那些通过猎头公司招来的人之所以容易继续跳槽，也许是因为他们已经被猎头公司给盯上了）。实际上，通过猎头公司招聘员工的做法已经使弗利特银行吃了三重苦头：第一重苦头是，必须向猎头公司支付佣金；第二重苦头是，某些时候新招的人员提前离开，银行不得不重新招聘，于是还得再付一笔介绍费；第三重苦头是，猎头公司要从录用者工资中抽取一定比例的费用，弗利特银行不得不为此支付录用者更高的工资。为了降低这些支出，弗利特银行对那些推荐对象干满六个月以上的员工，提高了特别奖励额。

取得成效

在实施新的留人措施的头 8 个月中，弗利特银行的员工流动率大幅度降低，拿年薪的正式工流动率降低了 40%，拿小时工资的合同工流动率降低了 25%。据估计，这使弗利特银行节省了 5 000 万美元。更可喜的是，员工流动率的下降并不是以留下过多表现不好的员工为代价的，而是通过努力招聘合适的员工以及留住优秀人才的做法实现的。

这些措施获得初步成功的一个原因是，人力资源的领导方式能使管理层振奋起来。留人方案是以确凿的量化事实为根据的，这些事实反映了弗利特银行的实际情况，而不是其他公司的情况，具有针对性。经理人员不必猜测哪些选择是最佳选择，因为作出这些选择的理由是明摆着的。而且量化方式的采用，使得管理层能够真正承担起责任。

这种责任感也许可以解释，为什么即使出现不利的事态发展，弗利特银行的留人战略仍能继续发挥作用。例如，在 1998 年到 2000 年期间，曾发生了有可能使弗利特银行的跳槽现象变得更为严重的一些情况：随着当地失业率降到历史最低点，劳动力市场变得非常紧缺；而弗利特银行和波士顿银行（Bank Boston）在 1999 年合并，增加了 16 000 名员工。预计合并后会有更多人主动跳槽，因为弗利特银行的员工队伍中现在有更大一部分处于最紧缺的劳动力市场。此外，在兼并后进行的裁员预计会引发辞职风潮。弗利特银行的经理和主管们之所以能减轻不利后果，是因为他们能够预计和衡量裁员所带来的影响。

根据员工流动率模型的估测显示，即使面临严重的威胁，弗利特银行的留人战略也是非常有效的。尽管1998年至2000年期间员工流动率的绝对值有些起伏，但截止最后一次分析，弗利特银行的总体员工流动率比预计低大约10个百分点。之所以能取得这样好的结果，很大程度上是由于弗利特银行在留住其主管和经理人员方面做得特别成功。尽管当时就业市场上机会非常多，但经理的流动率还是稳定在10%左右；一线主管的流动率实际下降到6%多一点；在高级主管中，流动率下降到4%。对一家在经济繁荣时期发展迅速的公司来说，这些都是相当低的数字。

弗利特银行最近推出的减少“迅速跳槽”现象的计划，特别是在呼叫中心和业务处理中心，也取得了相当显著的效果。该银行在2001年年底开始倾力处理这个问题，到2003年第一季度，员工在到任第一年内跳槽的比例下降了10个百分点，工作半年内就离职的员工减少了5个百分点以上。呼叫中心和业务处理中心的员工队伍保持稳定，这使得弗利特银行更容易实现其客户服务目标。不用说，这些显著变化提高了员工的整体留任率。

值得一提的是，弗利特银行也有少数一些留人措施并没有取得这样明显的效果。例如，员工在一个岗位上待的平均时间不像该银行原来所希望的缩得那么短。尽管该银行尽力向员工进一步开放其内部劳动力市场，可是员工有没有充分利用这些机会就不清楚了。这些数字的降幅不如预期可能有几方面的原因：第一，在公司内部变换工作岗位需要花相当长的时间；第二，刚就任一个新岗位的人可能至少在18个月内都不会有变动；第三，跳槽现象的减少本身意味着能安排新员工的岗位也减少了，所以在同一工作岗位上待的平均时间就会自动延长。总之，对这些数字目前还没法做出肯定的结论。

弗利特银行员工流动率模型的一个优点是，这个模型可以反复运用，为管理层决策提供有用的信息—— 管理人员可以随时考察公司政策或商业环境的具体变化会对员工留任或员工行为的其他方面产生什么样的影响。此外，由于结果是可以衡量的，该银行可以要求人力资源管理人员对他们的决策负责。而且，该银行还可以向投资者证明，自己在人力资源管理方面的做法是符合经济性原则的。

不过，如果弗利特银行没有作出艰苦的努力来检测其设想是否正确的话，就不可能获得上述这些好处。实际上，有些似乎在一开始就很明显的事情，后来却证明并非如此。为了减少跳槽，弗利特银行不必依靠提高员工的薪酬来达到目的，也不必改变公司特征；它所要做的，是稍微调整一下奖励政策，并且更好地利用其现有的公司文化和人事管理方面的做法。换句话说，弗利特银行所具有的流动性和年轻化的公司文化特质可以得到利用—— 员工可以在银行内部流动而不必到外面去流动。由于做到了这一点，再加上随后采取的低成本解决方案，最终使该银行得以节省数千万美元。这一做法还帮助弗利特银行获得了一支稳定的高绩效员工队伍，而这也正是实现该银行以客户为中心的战略的关键。

（原载于哈佛《商业评论》2004年7月号，田成杰整理。作者：黑格·纳尔班蒂安 Haig R. Nalbantian，经济学家，美世人力资源咨询公司的董事；安妮·绍斯塔克 Anne Szostak，弗利特波士顿金融公司执行副总裁，同时也是公司负责人力资源和多元化事务的董事。）

Chapter Six

第六章　绩效管理

学习目标

1. 掌握绩效的含义与性质；
2. 理解绩效管理与绩效考核的基本概念和相互关系；
3. 掌握绩效管理的流程；
4. 掌握绩效考核中常见方法的运用；
5. 掌握关键绩效指标的设定。

开篇案例　两熊赛蜜

黑熊和棕熊喜食蜂蜜，都以养蜂为生。它们各有一个蜂箱，养着同样多的蜜蜂。有一天，它们决定比赛看谁的蜜蜂产的蜜多。

黑熊想，蜜的产量取决于蜜蜂每天对花的“访问量”。于是它买来了一套昂贵的测量蜜蜂访问量的绩效管理系统。在它看来，蜜蜂所接触的花的数量就是其工作量。每过完一个季度，黑熊就公布每只蜜蜂的工作量；同时，黑熊还设立了奖项，奖励访问量最高的蜜蜂。但它从不告诉蜜蜂们它是在与棕熊比赛，它只是让它的蜜蜂比赛访问量。

棕熊与黑熊想得不一样。它认为蜜蜂能产多少蜜，关键在于它们每天采回多少花蜜，花蜜越多，酿的蜂蜜也越多。于是它直截了当告诉众蜜蜂：它在和黑熊比赛看谁产的蜜多。它花了不多的钱买了一套绩效管理系统，测量每只蜜蜂每天采回花蜜的数量和整个蜂箱每天酿出蜂蜜的数量，并把测量结果张榜公布。它也设立了一套奖励制度，重奖当月采花蜜最多的蜜蜂。如果一个月的蜜蜂总产量高于上个月，那么所有蜜蜂都受到不同程度的奖励。

一年过去了，两只熊查看比赛结果，黑熊的蜂蜜不及棕熊的一半。

黑熊的评估体系很精确，但它评估的绩效与最终的绩效并不直接相关。黑熊的蜜蜂为尽可能提高访问量，都不采太多的花蜜，因为采的花蜜越多，飞起来就越慢，每天的访问量就越少。另外，黑熊本来是为了让蜜蜂搜集更多的信息才让它们竞争，由于奖励范围太小，为搜集更多信息的竞争变成了相互封锁信息。蜜蜂之间竞争的压力太大，一只蜜蜂即使获得了很有价值的信息，比如某个地方有一片巨大的槐树林，它也不愿将此信息与其他蜜蜂分享。

而棕熊的蜜蜂则不一样，因为它不限于奖励一只蜜蜂，为了采集到更多的花蜜，蜜蜂相互合作，嗅觉灵敏、飞得快的蜜蜂负责打探哪儿的花最多最好，然后回来告诉力气大的蜜蜂一齐到那儿去采集花蜜，剩下的蜜蜂负责贮存采集回的花蜜，将其酿成蜂蜜。虽然采集花蜜多的能得到最多的奖励，但其他蜜蜂也能捞到部分好处，因此蜜蜂之间远没有到人人自危相互拆台的地步。

激励是手段，激励员工之间竞争固然必要，但相比之下，激发起所有员工的团队精神尤显突出。绩效评估是专注于活动，还是专注于最终成果，管理者须细细思量。你鼓励什么，你就得到什么！

企业的绩效管理是企业人力资源管理体系中极为关键一环，关系到企业战略目标的实现。在现代企业经营管理过程中，绩效管理直接决定和影响公司战略竞争优势的构建，已成为现代人力资源管理机制中极为重要的内容。

第一节 绩效管理概述

一、绩效概述

由于绩效管理是基于绩效来进行的，因此，我们首先要对绩效有所了解。在一个组织中，广义的绩效包括两个层次的含义：一是整个组织的绩效；二是个人的绩效。在本章中，我们讨论的主要是个人绩效。

（一）绩效的含义

绩效（Performance）是人们在管理活动中最常用的概念之一。对于绩效的含义，人们有着不同的理解，最主要的观点有两种：从工作行为和工作结果两个角度来理解。一种观点认为绩效是在特定的时间内，由特定的工作职能或活动产生的产出记录，这是从工作结果的角度来进行定义的；从行为角度来定义，如坎贝尔将绩效定义为人们所做的同组织目标相关的、可观测的事情。绩效既包括对静态结果的反映，也包括对动态过程的监督。在管理实践中，人们常常采用将结果和行为相结合的绩效概念。注重结果的绩效，具有鼓舞性和奖励性，但未形成结果前却难以发现不当行为，无法获得员工个人活动信息，不能进行及时指导和帮助，易导致短期效益产生。注重行为和过程的绩效，能及时获得员工个人活动信息，有利于对员工进行指导和帮助，但会增大管理难度，在过分强调方法和步骤中易忽略工作结果。

这两种理解都有一定的道理，但又都不全面，因此，我们主张应当从综合的角度理解绩效的含义。所谓绩效，就是指员工在工作过程中所表现出来的与组织目标相关的并且能够被评价的工作业绩、工作能力和工作态度。

1. 个人绩效与组织绩效

绩效可以在组织的不同层次上表现出来。从组织整体的层次上来看，股东和潜在的投资人关注企业的经营业绩特别是股东回报，政府关注的是组织提供的就业岗位及是否遵守了相关法规等，员工关注的是工作的稳定与薪酬状况等，这些都是组织绩效的体现。个人绩效是我们最关注的方面，也是企业进行绩效管理最主要的任务。本章将重点讨论个人绩效。

2. 工作行为与工作结果

绩效是成绩与成效的综合，是一定时期内的工作行为、方式、结果及其产生的客观影响。在组织中，绩效具体表现为完成工作的数量、质量、成本费用以及为组织作出的其他贡献等。团队绩效主要指团队对组织既定目标的达成情况、团队成员的满意感、团队成员继续协作的能力；对员工个人而言，绩效则是上级和同事对自己工作状况的评价，体现了员工履行工作职责的程度，也反映了员工能力与其职位要求的匹配程度。

（二）绩效的性质

1. 多因性

绩效的多因性是指绩效不取决于单一因素，而是受主客观多种因素的影响。影响和决定绩效的因素包括员工自身的主观性因素和员工工作所处的客观环境因素两类，前者主要是指员工的活力（工作状态或工作积极性与主动性）、素质、技能和创造能力；后者指组织为员工工作提供的内部客观环境条件（含物质性和非物质性的各种条件），以及组织外部的客观社会环境条件（诸如社会政治与经济状态、社会风气、市场竞争强度等）。绩效的多因性说明了绩效的影响因素有技能（S）、激励（M）、环境（E）、机会（O）。技能指员工工作技巧与能力的水平，它取决于个人智力、教育与培训、经历与天赋等个人特点，其中教育培训不仅提高个人技能，还增强个人对实现目标的自信心，从而起到激励作用。激励指能调动员工工作积极性的有关方面，激励本身与员工个人的需要结构、个性和价值观等有关，其中需要结构影响最大，因而企业应调查不同员工或同一员工不同阶段的需要结构，以便有针对性地予以激发。环境指企业内部和外部的客观条件，前者如劳动场所、工作性质、企业组织结构、上下级间的关系，后者如社会政治、经济状况和市场竞争强度等。机会则具偶然性，但个人技能则会促进偶然性向必然性的转变。

2. 多维性

绩效的多维性指应沿多种维度或方面去分析和考评绩效，多个维度主要是指工作业绩、工作能力和工作态度。如一个生产岗位上的工人，其工作绩效既体现在他完成的产品产量指标和质量指标方面，又体现在他达成一定产量和质量而实现的原材料及能源消耗指标上，还体现在他个人行为方面的出勤率、工作态度、组织纪律、协作精神、道德操守等表现上。当然，不同职位上的员工，其绩效的多维性表现，并非没有重点，而是各有侧重的。因此，在对其绩效进行评估时，必须在坚持全面评估、综合分析的前提下，依据评估的具体目的、要求和特定职位的工作性质与特点有所侧重，这样才能得出比较全面、正确的评估结论。

3. 动态性

绩效的动态性是指员工的绩效是会变化的。绩效是员工在特定时期内的工作行为中表现出来的个人特性和工作的结果，因而员工个人的绩效在不同时期会有所变化，有所差别。这就要求公司在进行评估时应以发展变化的观点来看待绩效，并对衡量绩效的评估标准进行适时的调整和修改，使之适应变化了的新情况。

二、绩效管理概述

（一）绩效管理的含义

绩效管理（Performance Management）是指制定员工的绩效目标并收集与绩效相关的信息，定期对员工的绩效目标完成情况作出评价与反馈，以确保员工的工作活动以及工作产出能够与组织的目标保持一致的过程。

准确理解绩效管理的含义必须从广义与狭义两个方面来进行。广义绩效管理：明确企业战略，对企业战略目标的分解、细化，使企业战略目标落实到部门和个人，从而通过推动战略执行而提高企业经营业绩的过程。狭义绩效管理：为员工设定工作目标、对目标的实现程度进行评估并根据评估结果制定奖惩决策的过程。

（二）绩效管理的内容

对于绩效管理，人们往往把它视同绩效考核，认为绩效管理就是绩效考核，两者并没有什么区别。其实绩效考核只是绩效管理的一个组成部分，最多只是一个核心的组成部分而已，代表不了绩效管理的全部。完整意义上的绩效管理是由绩效计划、绩效监控、绩效考核和绩效反馈四个部分组成的一个系统，如图 6-1 所示。

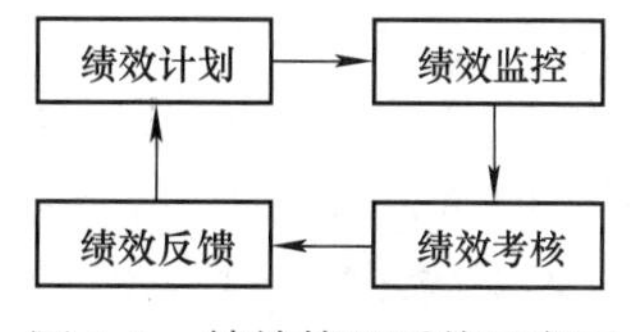

图 6-1　绩效管理系统示意图

1. 绩效计划

绩效计划是整个绩效管理系统的起点，是在新绩效周期开始时，管理者和员工经过一起讨论，就员工在新的绩效周期将要做什么、为什么做、需做到什么程度、何时应做完、员工的决策权限等问题进行识别、理解并达成绩效目标协议。也就是说，绩效计划是管理者和员工就工作目标和标准达成一致意见，形成契约的过程。

2. 绩效监控

绩效监控是指在整个绩效期间，通过上级和员工之间持续的沟通来预防或解决可能发生的各种问题的过程。管理者的两项任务：一是采取有效的管理方式监控员工的行为方向，通过持续的双向沟通，了解员工的工作需求并向员工提供必要的工作指导；二是记录工作过程中的关键事件或绩效数据，为绩效评价提供信息。

3. 绩效考核

绩效考核是在绩效周期结束时，选择有效的评价方法，由不同的评价主体对组织、群体及个人绩效作出判断的过程。

4. 绩效反馈

绩效反馈是在绩效周期结束时，管理者与员工就绩效评价进行面谈，使员工充分了解和接受绩效评价的结果，并由管理者对员工在下一周期该如何改进绩效进行指导，最终形成正式的绩效改进计划书的过程。

（三）绩效管理的目的

绩效管理的目的主要体现在三个方面：战略、管理和开发。

（1）战略目的：确保组织战略目标的实现。

（2）管理目的：通过评价员工的绩效表现并给予相应的奖惩，以激励和引导员工不断提升自己的工作绩效，从而最大限度地实现组织目标。

（3）开发目的：管理者通过绩效管理过程来发现员工存在的不足，以便对其进行有针对性的培训，从而使员工能够更加有效地完成工作。

（四）绩效管理的作用

关于绩效管理的作用，在大多数人的概念中就是进行奖金分配，不可否认，这是绩效管理的一个重要作用，但绝不是唯一作用。绩效管理是整个人力资源管理系统的核心，绩效考核的结果可以在人力资源管理的其他各项职能活动中得到运用；不仅如此，绩效管理还是企业管理的一项重要工具。关于这个问题，我们在后面会进行详细阐述。

（五）绩效管理的责任

绩效管理虽然是人力资源管理的一项职能，但这绝不意味着绩效管理就完全是人力资源管理部门的责任。绩效管理的目的是发现员工工作过程中存在的问题和不足，通过对这些问题和不足加以改进来改善员工的工作绩效。而对员工工作情况最了解的就是员工所在部门的管理者，因此绩效管理是企业所有管理者的责任，只是大家的分工不同而已。在某种程度上，甚至可以说绩效管理工作水平的高低，反映了企业管理水平的高低。

（六）绩效管理的误区

1. 误区一：绩效管理就是对人进行管理

“绩效”（或业绩）一词来源于管理学，在英文中对应的单词是 performance，这个单词的原意是“表现”，也就是说，现代企业管理中的绩效管理本意应该是对人的工作表现的管理。这就意味着，在考核对象方面，打破了传统对德、能、勤、绩的考核。现代绩效管理更强调的是，对一个人来说，组织并不是其生活的全部，而作为组织，对一个人进行考核，也并不需要考核他的全部，只需考核这个人与组织目标达成相关的部分。

2. 误区二：绩效管理是人力资源管理部门的工作

各级管理者往往认同绩效管理的重要性，但管理执行与沟通技巧的难度则使他们停滞不前，甚至被认为是在浪费时间和精力，各级管理者的不配合甚至抵制成为绩效管理执行过程中的最大障碍。实际上，绩效管理是通过各级管理者与员工就工作目标以及目标如何完成达成共识的过程， 是一种普遍的管理工具，各级管理者就应该成为绩效管理的主角。人力资源管理部门是提供服务的部门，在绩效管理过程中只能起到发起、组织、培训、指导与监督的作用，而不能替代成为绩效管理的主体。因此，绩效管理推动过程中，重要的一环是针对管理者的培训，是各级管理者承担起对下属员工绩效提升与能力提升的责任。

3. 误区三：推行绩效管理会增加部门和员工额外的工作量

制定绩效管理方案，需要反复征求部门和员工的意见；提炼关键绩效指标，需要反复讨论、评价和筛选；对不同类别的人员进行理论和实际操作的培训，也需要花费相当多的时间。但这些工作，都是在绩效管理运行之前。

绩效管理应按 PDCA 循环的要求，按周期制订绩效计划、对计划予以实施、实行绩效评估、持续改进提高。制订绩效计划应让员工参与讨论；须定期召开绩效改进会议；员工完成绩效有难度应进行辅导；员工对评估结果不满，应有申诉的机制和渠道；可能还要求员工拟订周工作计划和填写绩效日志等—— 看起来是增加不少工作，但这些工作都是因为实施了绩效管理而额外增加的吗？如果没有实施绩效管理，这些工作都可以不做吗？——我们可以不制订周期性的工作计划、对工作不进行检查和回顾、对工作中产生的错误不进行纠正、对员工的不满漠视不管吗？

推行绩效管理，不应增加部门和员工的额外工作。如果出现此情况，不外乎两方面原因：要么是方案设计有缺陷，没有紧密结合具体工作；要么是企业以前的管理本来就不规范，该做的事情没有做，事前无计划，事后无考核，打乱仗。

4. 误区四：绩效管理的核心工作目的不明确

往往是到了季度末或者是年度末，管理者才想起来需要有工作总结和绩效考核；或者，针对一些任务与目标做考核之后，对员工绩效不佳的原因不做分析，或分析而不做沟通，更谈不上对提升员工技能的引导。我们不能简单地把绩效考核当作绩效管理，也不能简单地把绩效考核当作绩效制度的目的。绩效管理的主要目的不外乎两点：通过绩效考核为浮动薪酬提供分配依据；作为管理工具为员工、部门、企业寻找短板，从而得到改进。而且，后者更为重要。

5. 误区五：认为绩效管理就是绩效考评

简单地把绩效管理等同于绩效考评是一种比较普遍的理解。其实，绩效考评是绩效管理中不可或缺的一部分，而非全部。如果将绩效管理片面地认定为绩效考评，往往会导致绩效管理系统和企业的战略目标之间不能有效地联系起来，使得管理者和员工之间缺乏持续双向的沟通，从而阻碍绩效管理的良性循环。

三、绩效管理的意义

作为人力资源管理的一项核心职能，绩效管理具有非常重要的意义。这主要表现在以下几个方面。

（一）有助于提升企业的绩效

企业绩效是以员工个人绩效为基础形成的，有效的绩效管理系统可以改善员工的工作绩效，进而有助于提高企业的整体绩效。目前，在西方发达国家很多企业纷纷强化员工绩效管理，把它作为增强公司竞争力的重要途径。根据翰威特公司对美国所有上市公司的调查，具有绩效管理系统的公司在企业绩效的各方面明显优于没有绩效管理系统的公司，表 6-1 是该项调查的结果。

表 6-1　绩效管理对企业绩效的影响

指　　标	没有绩效管理系统	有绩效管理系统
全面股东收益率	0.0%	7.9%
股票收益率	4.4%	10.2%
资产收益率	4.6%	8.0%
投资现金流收益率	4.7%	6.6%
销售实际增长率	1.1%	2.2%
人均销售额	126 100 美元	169 900 美元

资料来源：于秀芝．人力资源管理 [M]．北京：经济管理出版社，2002.

（二）有助于保证员工行为和企业目标的一致

企业绩效的实现依赖于员工的努力工作，人们对此早已达成共识。但是近年来的研究表明，两者的关系并不像人们想象得那么简单，而是非常复杂的，如图 6-2 所示。

可以看出在努力程度和公司绩效之间有一个关键的中间变量，即努力方向与企业目标的一致性。如果员工的努力程度比较高，但方向却与企业的目标相反，那么不仅不会增进企业的绩效，相反，还会产生负面作用。

保证员工行为与企业目标一致的一个重要途径，就是借助绩效管理。由于绩效考核指标对员工的行为具有导向作用，因此通过设定与预期目标一致的考核指标就可以将员工的行为引导到企业目标上来。例如，企业的目标是提高产品质量，如果设定的考核指标只有数量而没有质量，那么员工就会忽视质量，甚至影响到企业目标的实现。企业绩效与员工努力程度的关系如图 6-2 所示。

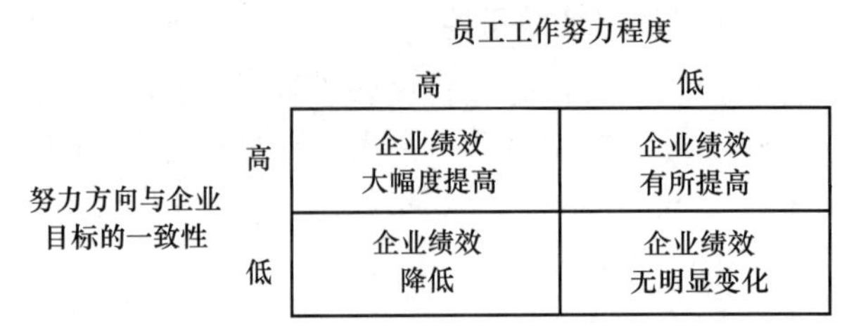

图 6-2　企业绩效与员工努力程度的关系

（三）有助于提高员工的满意度

提高员工的满意度，对于企业来说具有重要的意义。而满意度是和员工需要联系在一起的，在基本的生活得到保障以后，按照马斯洛的需求层次理论，每个员工都会具有内在的尊重和自我实现需要，绩效管理者从两个方面满足了这种需要，从而有助于提高员工的满意度。首先，通过有效的绩效管理，员工的工作绩效能够不断地得到改善，这可以提高他们的成就感，从而满足自我实现需要。其次，通过完善的绩效管理，员工不仅可以参与到管理过程中，还可以得到绩效的反馈信息，这能够使他们感到自己在企业中受到了重视，从而可以满足尊重需要。

（四）有助于实现人力资源管理的其他决策的科学合理

绩效管理还可以为人力资源管理的其他职能活动提供准确可靠的信息，从而提高决策的科学化和合理化程度。下面，我们会详细阐述这个问题。

四、绩效管理与人力资源管理其他职能的关系

（一）绩效管理与工作设计和工作分析的关系

工作设计和工作分析的结果会影响绩效管理系统的设计方式，绩效管理的结果反过来也会对工作设计和工作分析产生影响。因为工作设计和工作分析的结果是设计绩效管理系统的重要依据，所以绩效管理也会对工作设计和工作分析产生影响。

（二）绩效管理与招募甄选的关系

招募与甄选质量直接影响到员工乃至组织的绩效水平，绩效管理的结果可以为招募和甄选决策提供依据，促使企业作出进行招募活动的决定。运用员工绩效评价的结果检验企业现有甄选系统的预测效度，并不断探索和开发更加适合本企业特点的甄选方法，是企业人力资源专业人员的一项非常重要的工作。

（三）绩效管理与职业生涯管理的关系

有效的绩效管理能促进员工职业生涯的发展。随着绩效管理的不断深入，使得员工更加关注自身工作与组织发展之间的关系，注重将个人的职业生涯道路同组织的未来发展相结合，更有利于员工工作绩效的提升；职业生涯管理能实现管理者和员工在绩效管理过程中角色的变化。

（四）绩效管理与薪酬管理的关系

绩效管理是薪酬管理的基础之一。针对员工的绩效表现及时给予他们不同的薪酬奖励，能增强激励效果，促使员工绩效不断提升。

（五）绩效管理与培训开发的关系

绩效评价的结果为培训开发的需求分析提供了重要信息，培训与开发的最终目的也是改善员工的工作绩效，实现组织的战略目标。

（六）绩效管理与劳动关系管理的关系

劳动关系管理能营造良好的组织氛围，确保员工对绩效管理工作的支持与配合，促使员工个人绩效的改善和组织整体绩效目标的实现。科学有效的绩效管理可以加强管理者与员工之间的沟通与理解，有效避免矛盾与冲突，促使劳动关系更和谐。

（七）绩效管理与员工流动管理的关系

员工流动管理是强化绩效管理的一种有效模式，绩效管理的结果也会影响员工流动管理的相关决策。

第二节　绩效管理的实施过程

绩效管理实施过程中绩效计划、绩效监控、绩效考核和绩效反馈四个环节组成了一个闭合系统。绩效计划便是这个系统的开端，它对于绩效管理的成功有重要的影响。良好的计划既是对未来工作的一种规划和指导，也是对最后结果衡量的一种依据。

一、绩效计划

（一）绩效计划的定义

绩效计划的制订是组织绩效管理过程的起始阶段，是员工与直接上级或经理就工作职责、工作任务、工作有效完成的标准以及员工个人发展确定目标、达成共识的过程。在这个阶段，组织的人力资源部为保证绩效评估工作的顺利进行，必须事先制订计划，明确评估目的，再根据评估目的的要求选择评估的对象、评估主体、评估时间、评估内容及评估方法。然后，由组织各直线管理者为主导，制订具体的员工绩效计划。

（二）制订绩效计划的程序

绩效计划的制订程序基本上可以分为三个阶段：准备阶段、沟通阶段和确认阶段。

1. 准备阶段

这一阶段主要是准备相关信息。第一，从组织管理层面来看，要将组织的整体目标进行层层分解，确定好各经营单位和部门各自承担相应的组织绩效目标。第二，从个人层面来说，要准备员工职位说明所确定的工作绩效目标及上个评估周期的评估结果。第三，是沟通方式的确定和准备，以利于绩效计划的正式确认。

通常，一个有效的绩效管理目标必须具备以下几个条件：

（1）服务于企业的战略规划和愿景目标；

（2）基于员工的工作说明书；

（3）目标具有一定的挑战性，具有激励作用；

（4）目标符合 SMART 原则，即 specific（明确的），measurable（可衡量的），attainable（可达到的），relevant（相关的），timed（有时限的）。

2. 沟通阶段

绩效计划是双向沟通的过程，绩效计划的沟通阶段也是整个绩效计划的核心阶段。在这个阶段，管理人员与员工必须经过充分的交流，对员工在本次绩效期间的工作目标和计划达成共识。绩效计划会议是绩效计划制订过程中进行沟通的一种普遍方式。以下是绩效计划会议的程序化描述。但是绩效计划的沟通过程并不是千篇一律的，在进行绩效计划会议时，要根据公司和员工的具体情况进行修改，主要把重点放在沟通上面。

管理人员和员工都应该确定一个专门的时间用于绩效计划的沟通。并且要保证在沟通的时候最好不要有其他事情打扰。在沟通的时候气氛要尽可能轻松，不要给人太大的压力，把焦点集中在开会的原因和应该取得的结果上。

在进行绩效计划会议时，首先往往需要回顾一下已经准备好的各种信息，在讨论具体的工作职责之前，管理人员和员工都应该知道公司的要求、发展方向以及对讨论具体工作职责有意义的其他信息，包括企业的经营计划信息，员工的工作描述和上一个绩效期间的评估结果等。

3. 确认阶段

经过认真的准备和充分的沟通，形成了初步的绩效计划。最后还需要对绩效计划进行审定和确认，以保证绩效计划完成了以下的结果和目的：

（1）绩效目标和计划与被评估者的工作职责是一致的；

（2）被评估者的工作目标与公司的组织总体目标紧密联系，并且被评估者清楚自己的工作目标与组织的整体目标之间的关系；

（3）评估者和被评估者对被评估者的主要工作任务、各项工作任务的重要程度、完成任务的标准、在完成任务过程中享有的权限都达成了共识；

（4）评估者和被评估者双方都十分清楚在完成工作目标的过程中可能遇到的困难和障碍，并且明确了评估者所能提供的支持和帮助；

（5）形成了一个经过双方确认的文档，该文档包含员工的工作目标、衡量工作目标完成情况的标准或者方法、各个工作目标的权重，并且评估者和被评估者都在这份文档上签字确认。

（三）计划阶段容易出现的偏差

绩效计划阶段是绩效管理的起点和最重要的一个环节，公司依据整体战略目标、年度发展计划及部门和岗位的职责，通过指标和目标值层层分解的方式将公司的业绩压力层层传递给员工。员工和直接上级共同制订绩效计划，并就考核指标、权重、考核方式及目标值等问题达成一致，使员工对自己的工作目标和标准做到心中有数。这一阶段企业可能会在目标值设定、指标体系制定方式等方面出现偏差。

1. 追求关键业绩指标的多而全

关键业绩指标之所以是“关键”，就是要抓住主要的业绩进行考核，符合“80/20 原则”就行了。其指标个数要视具体岗位而定，有些岗位设 5 个左右就可以了，有些岗位可以达到 8 个，但最多不得超过 8 个，否则考核就分不清重点了。至于管理者担心如何能够保证没有参与关键业绩考核的工作能够得到很好的执行，一方面我们可以通过考查日常工作计划的过程考核方式来补充关键业绩的结果考核方式，另一方面还需要通过其他的方式如企业文化的塑造等结合使用来实现这一目标，毕竟绩效管理只是一种日常管理的工具，不可能解决企业所有的问题。

2. 忽略指标的分解与转化

很多上级把本岗位的关键业绩指标也用来直接考核自己的下级员工。在这些企业中，主管级的指标大多数与经理级的相同，班长的指标与主管基本相同，甚至班长的指标跟经理的指标相差无几；另外一方面，有些管理者根本就不具备指标分解和转化的能力。对于前一种情况来说，上级认为考核压力的层层传递是对的，但是不同的层级和不同部门及岗位的员工所能控制和影响的范围是不一样的，考核他们的指标也就应当注意范围和程度，如果把部门经理的指标经过层层分解或转化到主管和班长，那么考核的压力也就层层传递了。对于那些不知道指标如何分解和转化的管理者，需要加强培训和辅导，使他们具备这些绩效管理的能力。

3. 忽视被考核人的参与

很多企业（民营企业尤为突出）认为制定考核指标和目标值是考核人的事情，不需要作为被考核人的下级参与，而且担心被考核人的参与会制造矛盾。实际上如果被考核人本身都不理解、不认同被考核的指标和设定的目标值，他们可能会满怀怨气而不能全心全意地朝着目标值奋斗，因此必须让被考核人参与考核相关内容的讨论并发表自己的意见。这样，公司一方面可以使被考核人对考核的理解更加深入，另一方面公司还可以清楚了解被考核人在完成目标值的过程中可能会遇到的资源不足等障碍并帮助其解决。只有让被考核人参与其中，被考核人才能够更加容易接受这些考核指标和目标值，并且在工作中时刻提醒自己朝着目标值前进，绩效管理体系才能更加完善有效。

4. 参考数据准备不充分

在制定指标和目标值的过程中，很多企业的管理者不重视数据的作用，他们往往凭记忆或者零散的几个数据就确定某项指标和目标值，根本就没有对企业数据等作出一番分析和讨论。有些干脆就不参考数据全靠“拍脑袋”。他们认为数据跟不上市场形势和经营环境的变化，还有一些企业根本就没有数据积累。企业经营管理数据作为设定指标和目标值的参考依据是不可缺少的，特别是在第一次实施绩效管理体系的时候更加重要，否则制定出的指标体系和目标值很可能出现大的偏差，绩效管理体系的效果大打折扣。

5. 指标和目标的平衡性不足

在实行绩效管理的过程中，在将指标和目标值分解到各个部门和岗位时，很多企业往往会忽视部门或岗位之间的平衡性，出现不同部门之间或岗位之间的指标和目标值实现难易度有不少的差异，最后考核出现诸如“责任大的部门考核结果差，责任小的部门考核结果好”等不公平现象，造成员工心理不平衡，导致对绩效管理失去信心并产生抵触情绪，最终绩效管理实施的效果也会大打折扣。

6. 认为目标值定得越高越好

不少企业认为，目标值定得越高，员工就越能够更有压力地去为之拼搏。其实不然，这些管理者不久就会发现员工因为高高在上、无法达到的目标值而怨声载道，认为公司是在变相克扣员工的薪水，员工的士气变得低落了，转而工作态度不认真，业绩下滑。目标值定得合适才是最重要的，让员工使劲跳起来能够摸得着，让大家感觉既有动力又有压力。

7. 绩效计划重视不够

一些企业的管理者认为，计划赶不上变化，干脆不制订绩效计划，也无须绩效考核。也有不少管理者认为，审核下属的计划是一种对下属不信任的行为，所以就不愿意对下属的绩效计划进行审核。然而，“计划是从我们现在所处的位置达到将来预期的目标之间架起的一座桥梁”（哈罗德·孔茨语）。绩效计划的作用在于指明工作方向、协调行动、预测变化与冲击、避免损失与浪费以及使企业运营处于受控状态。

二、绩效监控

绩效监控是绩效管理过程中的重要环节，它决定绩效目标的按计划实现。在管理实践中，许多管理者往往会认为绩效计划已经制订，员工会自然而然地按照计划要求来完成。事实上，员工在实施绩效计划的过程中，需要管理者持续关注和沟通。一方面员工在工作中遇到困难和障碍时，需要组织和上司的帮助；另一方面，管理者也需要经常观察员工的工作表现，以便及时发现问题并纠正错误，同时还要收集好相关信息并做好记录，为绩效评估做好准备。

绩效监控是管理者始终关注下属的各项活动，以保证他们按计划完成绩效计划，并纠正各种重要偏差的过程。在绩效监控阶段，管理者主要承担两项任务：一是通过持续不断的沟通对员工的工作给予支持，并修正工作任务与目标之间的偏差；二是记录工作过程中的关键事件或绩效数据，为绩效评价提供信息。在绩效监控阶段，管理者需要：选择自己的领导风格；与员工持续沟通；辅导与咨询；收集绩效信息等。这几个方面也是决定绩效监控过程中的监管是否有效、跟进是否成功的关键点。下面我们对这几个关键点进行简要介绍。

（一）领导风格

在绩效监控阶段领导者要选择准确恰当的领导风格，指导下属的工作、与下属进行沟通。在这一过程中，管理者处于极为重要的地位，管理者的行为方式和处事风格会极大影响下属工作的状态。这要求管理者能够在适当的时候，采取适当的管理风格。涉及领导风格的权变理论主要有领导情景理论、路径—目标理论、领导者—成员交换理论等。下面，我们简要介绍获得广泛认可的领导情景理论。

领导情景理论是由保罗·赫赛（Paul Hersey）和肯·布兰查德（Kenneth Blanchard）于1969年提出的，该理论获得了大家的广泛认可。领导情景理论认为领导的成功来自于选择正确的领导风格，而领导风格的效果，还与下属的成熟度相关。所谓下属的成熟度是指员工完成某项具体任务所具备的能力和意愿程度。针对领导风格，赫赛和布兰查德根据任务行为和关系行为两个维度，将其划分为四种不同的领导风格，分别是：指示型（高任务低关系）、推销型（高任务高关系）、参与型（低任务高关系）、授权型（低任务低关系）。针对下属的成熟度，作者根据能力和意愿两个维度将其分为四种不同的成熟度：无能力无意愿、无能力有意愿、有能力无意愿、有能力有意愿。

领导情景理论就是将四种领导风格和四种成熟度相匹配的过程，认为管理者应该依据下属成熟度选择不同的领导风格，如图 6-3 所示。

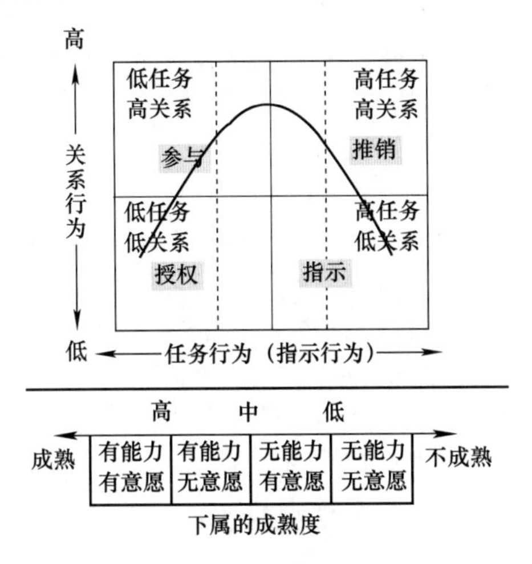

图 6-3　情景领导

随着下属成熟度的变化，管理者的管理风格也应该相应地作出调整。当下属对于完成某项任务没有能力又不情愿时，管理者需要给他们明确的指示行为，告知他们该如何去做；当下属不具备能力，但却愿意从事该工作时，上级应表现出高任务高关系的推销风格；当下属具备相应的能力，但工作意愿不高时，上级表现出高关系低任务的参与风格最为有效；当下属既有能力又有意愿的时候，管理者则不需要做太多的事情，只要授权即可。

（二）与员工持续沟通

前面已经指出，绩效管理的根本目的就是要通过改善员工的绩效来提高企业的整体绩效，只有每个员工都实现了各自的绩效目标，企业的整体目标才能实现，因此在确定完绩效目标后，管理者还应当保持与员工的沟通，帮助员工来实现这一目标。

在绩效监控的过程中，管理人员与员工需要进行持续的沟通。第一，通过持续沟通，对绩效计划进行调整；第二，通过持续沟通，向员工提供进一步的信息，为员工绩效计划的完成奠定基础；第三，通过持续沟通，让管理人员了解相关信息，以便日后对员工的绩效进行客观评估，同时也在绩效计划执行发生偏差的时候，及时了解相关信息，并采取相应的调整措施。

在沟通时，管理人员应该重点关注的内容有：工作是否在正确的轨道上，哪些工作进行得好，哪些工作遇到了困难与障碍，需要对工作进行哪些调整，员工还需要哪些资源与支持，等等。员工应该重点关注的内容有：工作进展是否达到了管理人员的要求，方向是否与管理人员的期望一致，是否需要对我们的绩效计划进行调整，管理人员需要从我这里获得哪些信息，我还需要哪些资源与支持，等等。

一般来说，管理人员与员工的持续沟通，可以通过正式的沟通与非正式的沟通来完成。正式的沟通有：书面报告，比如工作日志、周报、月报、季报、年报等；会议；正式面谈。非正式的沟通方式多种多样，常用的非正式沟通方式有：走动式管理，开放式办公室，休息时间的沟通，非正式的会议。与正式的沟通相比，非正式的沟通更容易让员工开放地表述自己的想法，沟通的氛围也更加轻松，作为管理人员，应该充分利用各种各样的非正式沟通机会。

（三）辅导与咨询

1. 辅导

辅导是一个改善个体知识、技能和态度的技术。辅导的主要目的是：第一，及时帮助员工了解自己的工作进展情况，确定哪些工作需要改善，需要学习哪些知识和掌握哪些技能；第二，在必要时，指导员工完成特定的工作任务；第三，使工作过程变成一个学习过程。“好”的辅导，具有这样一些特征：辅导是一个学习过程，而不是一个教育过程；管理者应对学习过程给予支持；反馈应该具体、及时并集中在好的工作表现上。

进行辅导的具体过程是：第一，确定员工胜任工作所需要学习的知识、技能，提供持续发展的机会，掌握可迁移的技能；第二，确保员工理解和接受学习需要；第三，与该员工讨论应该学习的内容和最好的学习方法；第四，让员工知道如何管理自己的学习，并确定在哪个环节上需要帮助；第五，鼓励员工完成自我学习计划；第六，在员工需要时提供具体指导；第七，就如何监控和回顾员工的进步达成一致。

2. 有效的咨询是绩效管理的一个重要组成部分

在绩效管理实践中，进行咨询的主要目的是：当员工没能达到预期的绩效标准时，管理者借助咨询来帮助员工克服工作过程中遇到的障碍。在进行咨询时，应该做到以下几方面。第一，咨询应该是及时的，也就是说，问题出现后立即进行咨询。第二，咨询前应该做好计划，咨询应在安静、舒适的环境中进行。第三，咨询是双向的交流。管理者应该扮演“积极的倾听者”角色。这样能使员工感到咨询是开放的，并鼓励员工多发表自己的看法。第四，不要只集中在消极的问题上。谈到好的绩效时，应具体并说出事实依据；对不好的绩效，应给予具体的改进建议。第五，要共同制订改进绩效的具体行动计划。

咨询过程包括三个主要阶段：①确定和理解，即确定和理解所存在的问题；②授权，即帮助员工确定自己的问题、鼓励他们表达这些问题、思考解决问题的方法并采取行动；③提供资源，即驾驭问题，包括确定员工可能需要的其他帮助。

（四）收集绩效信息

在绩效监控阶段，还很有必要对员工的绩效表现做一些观察和记录，收集必要的信息。这些记录和收集到的信息的主要作用体现在以下两个方面。①为绩效考核提供客观的事实依据。有了这些信息以后，在下一阶段对员工绩效进行考核的时候，就有了事实依据，有助于我们对员工的绩效进行更客观的评价。②为绩效改善提供具体事例。进行绩效考核的一个目的，就是不断提升员工的能力水平，通过绩效考核，我们可以发现员工还有哪些需要进一步提升的地方，而这些收集到的信息就可以作为具体事例，用来向员工说明为什么他们还需要进一步改进与提升。

在绩效监控阶段，管理人员需要收集的信息有：能证明目标完成情况的信息；能证明绩效水平的信息；关键事件。收集绩效信息常用的方法有：观察法；工作记录法；他人反馈法。①观察法。观察法是指管理人员直接观察员工在工作中的表现，并如实记录。②工作记录法。员工的某些工作目标完成情况是可以通过工作记录体现出来的，比如销售额、废品数量等。③他人反馈法。他人反馈法是指从员工的服务对象或者在工作中与员工有交往的人那里获取信息。比如客户满意度调查就是通过这种方法获取信息的典型方法。不管采用哪种方法收集信息，管理人员都需要注意做到客观，只是如实地记录具体事实，而不应收集对事实的推测。

三、绩效考核

绩效考核，也叫绩效评价，是指考评主体对照工作目标或绩效标准，采用科学的考评方法，评定员工工作任务完成情况、员工工作职责履行程度和员工发展情况，并且将上述结果反馈给员工的活动过程。其本质上是回答“员工干得怎样？”的问题，是对员工对组织的贡献和价值进行评价和认定的过程。绩效考核是企业管理者与员工之间的一项管理活动，其本身不是目的，而是手段。从内涵上看，既涉及员工在工作中行为状况的评价，又涉及员工的工作结果，即对组织的贡献和相对价值的评价；从外延上看，绩效考评是对员工能力、态度、成绩的评定，又直接影响薪酬调整、奖金发放及职务升迁等诸多员工的切身利益。因此，组织绩效评估直接关系到组织价值创造过程的实现，是企业人力资源管理过程的关键环节。

相关链接

动物选美比赛的启示

森林里的动物们准备进行选美大赛，很多动物都积极报名参加。尽管动物们的热情很高，但是它们很快发现，如果没有一个公认、统一的选美标准，选美大赛就没有办法进行。动物们开始考虑制订一个统一的选美标准。

由北极熊、麻雀、老鹰、蚂蚁、猫头鹰组成的评委会，开始安排赛前的准备工作。这时，森林之王——老虎召集动物评委们，讨论如何组织这次选美比赛。

老虎说：“要选美了，咱们首先要制订出选美的标准——美丽是什么。北极熊，先谈谈你的看法。”

北极熊说：“这个问题我已经想了很久了，选美是一件重要的事情，必须慎重。我们评选的标准首先应该是身体健壮。身体健壮才是美，就像我们熊的家族，个个都是动物界的大力士，我们有一种力量美。”

麻雀说：“我不同意北极熊的看法。美丽的动物一定要有漂亮的外表，比如我们鸟类家族中的孔雀，他的羽毛多美丽，气质多优雅呀！”

老鹰说：“你们说的都不对，最美丽的动物应该是有一双锐利的眼睛，那才叫迷人。我们鹰的眼睛是最锐利的。”

蚂蚁说：“我不同意你们的看法，内在的美，才是最美。我们昆虫世界里的蜜蜂，天天不辞辛劳地工作，那才叫美丽呢。”

猫头鹰说：“你们的理解都有偏差，最美丽的动物应该是对森林最有贡献的动物。比如说啄木鸟，天天忙着捉虫子，没有他们的努力森林里就会到处是虫子，我们生活的环境就会很糟糕。”

动物们你一言我一语，各执己见，争执不休。

争论一直持续下去，动物们各执己见，互不相让，谁也不能够说服大家。最终这个选美大赛因为制订不出一个公认的统一选美标准而不了了之。

为什么会出现这种局面呢？指标、标准、方法、目的……

（一）绩效考核与绩效管理的关系

简单而言，绩效考核是组织对组织内的成员一段时间的工作、绩效目标等进行评估，是前段时间的工作总结，同时评估结果为相关人事决策（晋升、解雇、加薪、奖金）等提供依据。绩效考核实际上是管理控制的一项内容。绩效管理是在传统的绩效评估基础上发展起来的，从绩效考核到绩效管理有赖于以下四个原则：其一，必须设定目标，目标必须为管理者和员工双方所认同；其二，测量员工是否成功达到目标的尺度必须被清晰地表述出来；其三，目标本身应该是灵活的，应该足够反映经济和工作场所环境的变化；其四，员工不应该仅把管理者当作评价者，而应该将其当作指导者，帮助他们取得成功。

与绩效考核相比，绩效管理是一个综合性的整体系统，具体包括：绩效计划、绩效监控、绩效考核、绩效反馈和绩效评估结果的应用。绩效考核只是绩效管理整个系统的一个环节。

绩效考核与绩效管理的区别可以从以下方面来分析，如表 6-3 所示。

1. 人性假设不同

绩效考核的人性观是把人看作经济人，人的主要动机是经济的，即在成本一定的情况下追求个人利益的最大化或在利益一定的情况下追求个人成本的最小化。这种人性观认为员工在没人监督的情况下会尽量少做工作或降低工作质量，而督促员工为企业做贡献的办法就是利用评估，通过评估这个“鞭策”之鞭提高员工的工作绩效。现代的人力资源管理崇尚“以人为本”的管理思想。所谓“以人为本”就是把人当成人，而不是当成任何形式的工具或手段，人是世间的最高价值，人本身就是目的。作为人力资源管理的一个环节，绩效管理恰恰体现了这种思想。人不再是简单地被控制，更多的是被给予信任、授权和被激励。

2. 管理宽度不同

所谓管理宽度，是指管理环节的个数，用以评价管理程序上的完整性。如上面所谈，绩效管理是一个严密的管理体系，由准备、实施、考评、总结、应用开发五个环节组成，同时，绩效管理又处在人力资源管理这根链条上，它与工作分析、人力资源规划、招聘与安置、薪酬与福利、培训开发等环节共同构成人力资源管理内容。对绩效管理整个体系来讲，绩效考核仅仅是冰山一角。要使得绩效评估变得真正有效，任何一个环节都不应忽视。它与其他的四个环节共同组成一个完整的管理链条。

3. 管理目的不同

由于绩效考核的目的是从其作为绩效管理环节这一角度出发的，即对照既定的标准、应用适当的方法来评定员工的绩效水平、判断员工的绩效等级，从而使绩效反馈与面谈有针对性。而绩效管理的目的是从其作为人力资源管理环节的角度而谈的，它服务于其他环节，从而提升人力资源管理水平。绩效管理的目的主要体现在以下几个方面：为人员的内部供给计划提供较为详尽的信息；为更有效的工作分析提供依据；为员工薪酬调整提供信息；为制订员工培训与开发计划提供依据，并在此基础上帮助员工制定个人职业生涯发展规划，从而实现企业与员工的双赢。绩效管理是组织获取竞争优势的关键，它不是简单的一次性活动，它的目的是改进员工工作绩效并进而提升组织整体绩效，而不是评估本身。

4. 管理者扮演的角色不同

绩效考核是对员工一段时间内绩效的总结，管理者需要综合各个方面对员工的绩效表现作出评价，公平、公正是至关重要的。因此，管理者更像裁判员，根据事实客观公正地评价员工的绩效水平。在绩效管理中，管理者除了是裁判员，也是辅导员和记录员。绩效目标制定以后，管理者要做一名辅导员，与员工保持及时、真诚的沟通，持续不断地辅导员工业绩提升，从而帮助员工实现绩效目标。另外，要想做一名合格的裁判员，管理者要先扮演好记录员的角色，记录下有关员工绩效表现的细节，形成绩效管理的文档，以作为绩效考核的依据，确保绩效评估有理有据，公平公正。

5. 管理时间不同

绩效考核只是绩效管理的一个环节，所以它只出现在特定的时间，如月底评估、季度评估、半年评估、年度评估。同时它评估的重点是对员工的工作业绩进行判断。而绩效管理则贯穿于企业整个经营活动过程，企业经营活动只要一开始，绩效管理就与之相伴。

6. 管理重点不同

为提升整个企业的经营绩效，绩效考核侧重于判断与评估，而绩效管理侧重于信息沟通与绩效提高方面，从而真正地使企业战略目标得以实现。

表 6-3 绩效考核与绩效管理的关系

分　类 维　度	绩效考核	绩效管理
人性假设	经济人	以人为本
管理宽度	管理过程中的局部环节和手段	一个完整的管理过程
管理目的	使绩效反馈与面谈具有针对性	提升组织人力资源管理水平
管理者扮演的角色	裁判员	辅导员 + 记录员 + 裁判员
管理时间	只出现在特定的时间和时期	伴随管理活动的全过程
管理重点	侧重于判断与评估	侧重于信息沟通与绩效提高

绩效评估是绩效管理的核心环节，是对员工在一定期间内的工作绩效进行考查和评估，确定员工是否达到预定的绩效标准的管理活动。在企业人力资源管理中，它不是单纯对以往绩效进行评估，而是包括选择评价指标与测量方法、绩效信息收集与分析、选择评估主体与客体，以及对绩效评估结果的运用等一系列相关因素的一套复杂的管理系统。

管理者需要按照事先确认的绩效计划确定员工工作目标及衡量标准，对员工实际达成的绩效情况进行分析并作出评估。为了能真实准确地评估员工的绩效，管理者在平时的工作中就要收集那些反映员工工作绩效的数据和事实，并及时做好记录，以作为判断和评估员工绩效的依据。在这个环节，员工也需要对自己在绩效周期内的工作表现进行回顾和总结，并做好参加绩效反馈面谈的准备。

具体说来工作绩效评估包括三个主要步骤：界定工作本身的要求；评价实际的工作绩效；提供反馈。首先，界定工作本身的要求意味着必须确保你和你的下属在工作职责和工作标准方面达成共识；其次，评估工作绩效就是将你下属雇员的实际工作绩效与在第一个步骤所确定的工作标准进行比较，在这一步骤中通常要使用某些类型的工作绩效评价等级表；最后，工作绩效评估通常要求有一次或多次的反馈，在这期间应有管理人员同下属人员就他们的绩效和进步情况进行讨论，为了促进他们个人的发展还要共同制订必要的人力开发计划。

（二）绩效考核对象、内容和主体的确定

1. 考核对象的确定

考核对象一般包括组织、部门和员工三个层次，针对不同的对象，考核内容也会有所不同。一般来说，企业在绩效管理过程中，应该优先考虑组织层面的考核，然后关注部门层面

的考核，最后再关注员工层面的考核。

2. 考核内容的确定

根据绩效考核的定义，我们可以发现，考核主要针对三部分内容：工作能力、工作态度和工作业绩。所以考核的内容理应包括工作能力、工作态度、工作业绩，其中工作能力和工作态度是你的素质，主要是通过设置数据来考核，在书中有详细介绍这里不再赘述，我们着重介绍一下工作业绩。所谓工作业绩，也就是员工的直接工作结果。结果从某种程度上体现了员工的工作能力和态度，对员工的工作业绩进行评价，可以直观地说明员工工作完成的情况。更重要的是工作业绩可以作为一种信号和依据揭示员工可能存在的需要提高和改进的地方。一般而言，我们可以从数量、质量和效率三个方面出发来衡量员工的业绩。但是不同类型工作的业绩体现也有不同，例如销售人员和办公室工作人员的业绩就不能用同一套指标和标准来衡量，所以一定要针对不同的岗位设计合理的考核指标体系。这样才能科学、有效地对员工的业绩进行衡量，尽可能量化要考核的方面，对于实在不能量化的方面，也要建立统一的标准，尽可能客观。

3. 考核主体的确定

考核主体是指对员工的绩效进行考核的人员。由于企业中岗位的复杂性，仅凭借一个人的观察和评价很难对员工作出全面的绩效考核。为了确保考核的全面性、有效性，在实施考核的过程中，应该从不同岗位、不同层次的人员中，抽出相关成员组成考核主体，并参与到具体的考核中来。考核主体，一般包括五类成员：上级、同事、下级、员工本人和客户。

上级。上级是最主要的考核主体。上级考核的优点是：由于上级对员工有直接的管理责任，因此他们通常最了解员工的工作情况；此外，用上级作为考核主体，还有助于实现管理的目的，保证管理的权威。上级考核的缺点在于上级领导往往没有足够的时间来全面观察员工的工作情况，考核信息来源单一；容易受到领导个人的作风、态度以及对下属员工的偏好等因素的影响，可能产生个人偏见。

同事。同事考核的优点是：由于同事和被考核者在一起工作，因此他们对员工的工作情况也比较了解；同事一般不止一人，可以对员工进行全方位的考核，避免个人的偏见；此外，还有助于促使员工在工作中与同事配合。同事考核的缺点是：人际关系的因素，会影响考核的公正性，和自己关系好的就给高分，不好的就给低分；大家有可能协商一致，相互给高分；还有就是可能造成相互的猜疑影响同事关系。

下级。用下级作为考核主体的优点是：可以促使上级关心下级的工作，建立融洽的员工关系；由于下级是被管理的对象，因此最了解上级的领导管理能力，能够分析上级在这方面存在的问题。下级考核的缺点是：由于顾及上级的反应，往往不敢真实地反映情况；有可能削弱上级的管理权威，造成上级对下级的迁就。

员工本人。用员工本人作为考核主体进行自我考核的优点是：能够增加员工的参与感，加强自我开发意识和自我约束意识；有助于员工接受考核结果。缺点是：员工对自己的评价往往偏高；当自我考核和其他主体考核的结果差异较大时，容易引起矛盾。

客户。就是由员工服务的对象来对他们的绩效进行考核。这里的客户不仅包括外部客户，还包括内部客户。客户考核有助于员工更加关注自己的工作结果，提高工作的质量。它的缺点是：客户更侧重于员工的工作结果，不利于对员工进行全面的评价；有些职位的客户比较难以确定，不适于使用这种方法。

由于不同的考核主体收集考核信息的来源不同，对员工绩效的看法也会不同，为了保证绩效考核的客观公正，应当根据考核指标的性质来选择考核主体。选择的考核主体，应当是对考核指标最为了解的，例如“协作性”由同事进行考核，“培养下属的能力”由下级进行考核，“服务的及时性”由客户进行考核。由于每个职位的绩效目标都有一系列的指标，不同的指标又由不同的主体来进行考核，因此每个职位的评级主体也有多个。此外，当不同的考核主体对每一个指标都比较了解时，这些主体都应当对这一指标作出考核，以尽可能地消除考核的片面性。

（三）考核方法的选择

绩效考核是绩效管理过程中关键的一环，而选择合适的评估方法是关系到绩效评估取得满意效果的关键。实践中，进行绩效考核时的考核方法有很多。这些方法可以大致归为三类：一是比较法，二是量表法，三是描述法。各种方法都有自己的优缺点，企业在考核时应当根据具体情况选择合适的考核方法，如表 6-4 所示。

表 6-4　绩效考核主要方法

方法种类		主要特点
比较法	个体排序法 配对比较法 人物比较法 强制比例法	优点：简单、容易操作；适用于作为奖惩的依据。 缺点：无法提供有效的反馈信息；无法对不同部门之间的员工作出比较
量表法	评级量表法 行为锚定等级评估法 行为观察量表法	优点：具有客观的标准，可以在不同部门之间进行考核结果的横向比较等。 缺点：开发成本较高，需要制定合理的指标和标准
描述法	业绩记录法 能力记录法 态度记录法 综合记录法	优点：提供了对员工进行考核和反馈的实施依据。 缺点：一般只作为其他靠发方法的辅助方法来使用

1. 比较法

比较法是一种相对考核的方法，通过员工之间的相互比较，从而得出考核结果。这类方法比较简单而且容易操作，可以避免宽大化、严格化和中心化倾向的误区，适用于作为奖惩的依据。但是，这种方法对实现绩效管理的目的，发挥绩效管理的作用帮助却不大，不能提供有效的反馈信息，因为这类方法不是对员工的具体业绩、能力和态度进行考核，只是靠一种整体的印象来得出考核结果，无法对不同部门的员工作出比较。比较法主要有以下几种。

（1）个体排序法。这种方法也叫做排队法，就是把员工按照从好到坏的顺序进行排列，该方法适用于人员比较少的组织。

例如，对公司财务部的员工进行考核。首先，把财务部门的所有人员名单罗列出来，总共 10 个人；然后，从罗列出来的名单中找出最差的员工 A，在排序中写上“10”；再从剩余的 9 个人的名单中找出最好的员工 F，在排序中写上“1”；接着从剩下的 8 个人中找出最差的员工 G，记上“9”。这样不断反复，直到全部姓名都打上阿拉伯数字。这时，财务部员工的优劣顺序就排列出来了，如表 6-5 所示。

表 6-5　个体排序法示例

部门：财务部	
员工总数：10 人	
排序说明：1 为最好，10 为最差	
姓　　名	排　　序
A　李宇	10（最差）
B　赵敏	7
C　孙丽	4
D　王小燕	8
E　陈丹	6
F　刘冰	1（最好）
G　张新华	9
H　王桦	3
I　刘家英	5
J　马飞	2

（2）配对比较法。这种方法就是把每一位员工与其他员工一一配对，分别进行比较；每一次比较时，给表现好的员工记“+”，另一个员工就记“–”。所有员工都比较之后，计算每一个员工的“+”的个数，依此对员工做出考核——谁的“+”多，谁的名次就排在前面，见表 6-6。

表 6-6　配对比较法示例

比较对象 / 考查对象	A	B	C	D	E	“+”的个数
A		–	–	+	+	2
B	+		+	+	+	4
C	+	–		+	+	3
D	–	–	–		–	0
E	–	–	–	+		1

例如：A 与 D 相比，A 强于 D，就在对应的栏中记“+”；而 A 与 C 相比，A 不如 C，就记“–”。这样，五个员工全部比较完后，计算他们的“+”的个数，A 是 2 个，B 是 4 个，C 是 3 个，D 是 0 个，E 是 1 个。这五个员工的优劣顺序就很容易看出来了：B 第一，以下依次为 C，A，E，D。

（3）人物比较法。人物比较法就是在考核之前，先选出一位员工，以他的各方面表现为标准，对其他员工进行考核，如表 6-7 所示。

表 6-7　人物比较法示例

被考核者	考核项目：工作积极性		基准人物姓名：		
档次 / 姓名	A	B	C	D	E
甲					
乙					
丙					
丁					
戊					

注意：与基准员工相比，在相应栏中打“√”。

说明：A 为更优秀；B 为比较优秀；C 为相似；D 为比较差；E 为更差。

（4）强制比例法。强制比例法也称强迫分配法、硬性分布法。就是将员工的工作业绩进行比较后排序，再按照其业绩的优劣程度强制将其列入某一业绩等级中。通常将业绩分成优秀、良好、一般、合格、不合格五个等级，按照正态分布规律，每个等级有一定的比例限制（优秀 5%，良好 20%，一般 50%，合格 20%，不合格 5%），如图 6-4 所示。

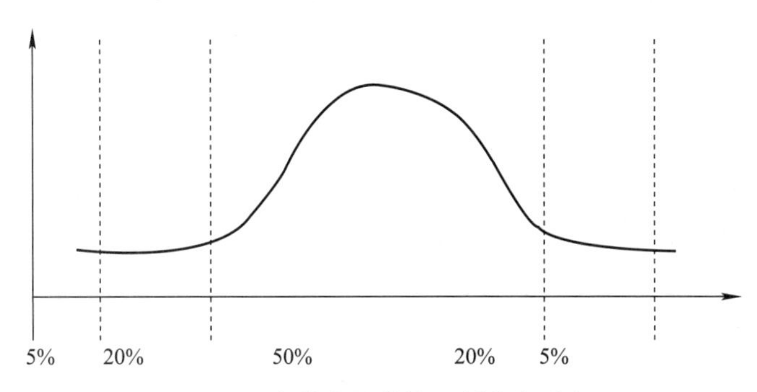

图 6-4　主管人员业绩强制分布形态

2. 量表法

量表法是指将绩效考核的指标和标准制作成量表，以此来对员工的绩效进行考核。这是最为常用的一类方法。它的好处是：因为有了客观的标准，所以可以在不同的部门之间进行考核结果的横向比较；因为有了具体的考核指标，所以可以确切地知道员工到底在哪些方面存在不足和问题；有助于改进员工的绩效，为人力资源管理的其他职能活动提供科学的指导。这种方法的问题是，开发量表的成本比较高，需要制定出合理的指标和标准，这样才能保证考核的有效性。

（1）评级量表法。这种方法指在量表中列出需要考核的绩效指标，将每个指标的标准区分成不同的等级，每个等级都对应一个分数。考核时考核主体根据员工的表现，给每个指标选择一个等级，汇总所有等级的分数，就可以得出员工的考核结果，如表 6-8 所示。

表 6-8　评级量表法举例

考核内容	考核项目	说明	评定
基本能力	知识	是否具备现任职务的基础理论和实际业务知识	A B C D E 10 8 6 4 2
业务能力	理解力	能否充分理解上级指示，干脆利落地完成本职工作任务，不需要上级反复指示	A B C D E 10 8 6 4 2
	判断力	能否充分理解上级意图，正确把握现状，随机应变，恰当处理	A B C D E 10 8 6 4 2
	表达力	是否具备现任职务所要求的表达力（口头文字），能否进行一般联络、说明工作	A B C D E 10 8 6 4 2
	交涉力	在与企业内外的人员交涉时，是否具备使双方诚服、接受或达成协议的能力	A B C D E 10 8 6 4 2

续表

考核内容	考核项目	说明	评定
工作态度	纪律性	是否严格遵守工作纪律和规章，有无早退、缺勤等。是否严格遵守工作汇报制度，按时进行工作报告	A B C D E 10 8 6 4 2
	协作性	在工作中是否充分考虑别人的处境，是否主动协助上级、同事做好工作	A B C D E 10 8 6 4 2
	积极性 责任感	对分配的任务是否不讲条件，主动积极，尽量多做工作，主动进行改进，向困难挑战	A B C D E 10 8 6 4 2
评定标准： A—— 非常优秀，理想状态 B—— 优秀，满足要求 C—— 基本满足要求 D—— 略有不足 E—— 不满足要求		分数换算： A—— 64 分以上 B—— 48 ～ 63 分 C—— 47 分以下	合计分： 等级：

（2）行为锚定等级评估法（Behaviorally Anchored Rating Scale，BARS）。行为锚定等级评估法是建立在关键事件法基础之上的。设计行为锚定等级评估法的目的主要是，通过建立与不同绩效水平相联系的行为锚定来对绩效维度加以具体的界定。它为每个评估项目都设计一个评分量表，并使典型的行为描述与量表上的一定的等级评分标准相对应，以供评估者在评估员工的工作绩效时作为参考。典型的行为锚定等级评估量表包括 7 个或 8 个个人特征，被称作“维度”。每一个都被一个 7 分或 9 分的量表加以锚定，它没有使用数目或形容词，行为锚定等级评估量表是用反映不同绩效水平的具体工作行为的例子来锚定每个特征。

表 6-9 所列举的就是行为锚定等级评估法的一个应用实例。在表 6-9 中我们可以看到，在同一个绩效维度中存在着一系列的行为事例，每一种行为事例分别表示这一维度中的一种特定绩效水平。

表 6-9　行为锚定等级评估法评分量表举例：大学讲师（部分）

优秀	7	教师能够向学生介绍国际前沿的知识，并给予清楚的讲解
优良	6	教师能够使用适当的例子辅助自己讲解
较好	5	教师讲课能够生动地传授知识，但是缺乏新意
中等	4	教师能够传授知识
合格	3	教师讲课缺乏新知识，照本宣科
较差	2	教师对传授的知识缺乏理解
极差	1	教师讲课知识有错误

行为锚定等级评估法的操作步骤：

① 搜集大量的代表工作中的优秀和无效绩效的关键事件；

② 再将这些关键事件划分为不同的绩效维度，确定评估员工工作绩效的重要维度，列出维度表并对每一维度进行定义；

③ 把那些被专家们认为能够清楚地代表某一特定绩效水平的关键事件作为指导评估者评估员工工作绩效的行为事例的标准；

④ 为每一维度开发出一个评定量表，用这些行为作为“锚”来定义量表上的评分。

管理者的任务就是根据每一个绩效维度来分别考查员工的绩效，然后以行为锚定为指导来确定每一绩效维度中的哪些关键事例是与员工的情况最为相符的，这种评价就成为员工在这一绩效维度上的得分。

行为锚定等级评估法的优点：

① 它可以通过提供一种精确、完整的绩效维度定义来提高评估者信度；

② 绩效评估的反馈有利于员工明确自己工作中存在的问题从而加以改进。

行为锚定等级评估法的缺点：

① 由于那些与行为锚定最为近似的行为是最容易被回忆起来的，因此它在信息回忆方面存在偏见；

② 管理者在使用过程中容易和特性评估法混淆。

（3）行为观察量表法（Behavioral Observation Scale，BOS）。这种方法也称观察评价法、行为观察量表法、行为观察量表评价法。此法在关键事件法基础上发展来，首先确认员工某种行为出现的概率，评定者根据某一工作行为发生频率或次数的多少来对被评定者打分。可以对不同工作行为的评定分数相加得到一个总分数，也可以按照对工作绩效的重要程度赋予工作行为不同的权重，经过加权后再相加得到总分。

下面，我们可以通过一个例子来看一下这种方法是如何具体实施的。

例：考核项目——工作的可靠性

有效地管理工作时间

几乎没有　1　2　3　4　5　几乎总是

能够及时地符合项目的截止期限要求

几乎没有　1　2　3　4　5　几乎总是

必要时帮助其他员工工作，以符合项目的期限要求

几乎没有　1　2　3　4　5　几乎总是

必要时情愿推迟下班和周末加班工作

几乎没有　1　2　3　4　5　几乎总是

预测并试图解决可能阻碍项目按期完成的问题

几乎没有　1　2　3　4　5　几乎总是

总分 =

结果的等级划分：0 ～ 13 分为很差；14 ～ 16 分为差；17 ～ 19 分为一般；20 ～ 22 分为好；23 ～ 25 分为很好。

由于行为观察量表法能够将企业的发展战略和它所期望的行为结合起来，因此能够向员工提供有效的信息反馈，指导员工如何得到高的绩效评分。管理人员也可以利用量表中的信息有效地监控员工的行为，并使用具体的行为描述提供绩效反馈。此外，这种方法使用起来十分简便，员工参与性强，容易接受。

但是，这种方法存在以下缺陷。

① 只适用于行为比较稳定、不太复杂的工作。只有这类工作才能准确详细地找出有关的有效行为，从而设计出相应的量表。

②不同的考核者对“几乎没有——几乎总是”的理解有差异，结果导致绩效考核的稳定性下降。

③与其他行为导向的考核方法相同，在开发行为观察量表时要以工作分析为基础，而且每一个职位的考核都需要单独进行开发，因此开发成本相对较高。

3. 描述法

描述法是指考核主体用叙述性的文字来描述员工在工作业绩、工作能力和工作态度方面的优缺点、需要加以指导的事项和关键事件等，由此得到对员工的综合考核。通常，这种做法是作为其他考核方法的辅助方法来使用的，因为它提供了对员工进行考核和反馈的事实依据。根据记录事实的不同，描述法可以分为业绩记录法、能力记录法、态度记录法和综合记录法。这里我们选取综合记录法中最具有代表性的一种方法——关键事件法来进行具体的解释。

关键事件法（Critical Incident Approach）也叫重要事件法，是管理者将每一位员工在工作中所表现出来的代表有效绩效与无效绩效的优良行为和不良行为的具体事例记录下来，并在预定的时期内进行回顾考评的一种方法。在某些工作领域，员工完成工作任务中有效的工作行为导致了成功，无效的工作导致失败。重要事件法的设计把这些有效或无效的工作行为称之为“关键事件”，考核者要记录和观察这些关键事件，因为它们通常描述了员工的行为以及工作行为发生的具体背景条件。这样，在评定一个员工的工作行为时，就可以利用关键事件作为考评的指标和衡量的尺度。所谓关键事件是与被考评者的关键绩效指标有关的事件。这种方法要求在管理的过程中，企业应为每一个员工准备一本记事本，由管理人员或负责评估的人员将员工每日工作中的关键事件随时记录下来。所记录的事情既可以是好事也可以是坏事，但必须是比较突出且与工作绩效相关的，记录时只需将具体事件和员工的行为记录下来即可，而无须对事件和员工行为本身加以评价。对事件和员工行为的评价是由评估人员在对员工绩效评估的时候作出。

下面所举的例子就是对一位家用电器维修人员的绩效进行评估时所用到的一个事件：一位顾客打来电话说其电视机图像不稳定并且每隔几分钟就要发出劈劈啪啪的打火声，这位维修人员在出发前就提前诊断出了引起问题的原因所在，然后再检查自己的工具箱里是否备有维修所需要的必要零配件。当他发现自己的工具箱里没有这些零配件的时候，他就到库存中去查找到了这些零配件，以保证在他第一次上门维修的时候就能让顾客的电视机修好，从而让顾客很快就能感到满意。

关键事件法通过对记录下来的关键事件的评估可向员工提供明确的反馈，让员工清楚地知道自己哪些方面做得好、哪些方面做得不好，有助于员工改进自己的工作行为。此外，在使用关键事件法时还可以通过重点强调那些能够最好地支持组织战略的关键事件而与组织的战略紧密联系起来。

关键事件法存在的主要不足有：①许多管理者都拒绝每天或每周对其下属员工的行为进行记录；②由于每一个事件对于每一位员工来说都是特定的，因此要对不同员工进行比较，通常也是很困难的。关键事件方法一般与其他考评方法联合使用，是其他方法的补充。

（四）绩效考核中的误区

影响评价结果的因素涉及主观和客观两个方面，很难完全消除，因而使得绩效考评出现了因主、客观因素而产生的误差，其中因主观因素尤其是考评者心理弊病而产生的考绩误差应引起考评者的高度重视，尽力做到事先控制。

1. 个人好恶

这种错误指考评者凭个人好恶来评价被考评者。这一误差具有一定的普遍性，且当事人难以察觉。因此，考评者要有意识地克服考评中的个人好恶，同时采用基于客观事实（如记录、数据）的考评方法和多个评估人组成的评估小组的考评方法，这将有助于减少因个人好恶所导致的考绩误差。

2. 近因效应和首因效应

近因效应指在考绩中考评者过分考虑被考评者新近给他的印象，结果使得原本对整个评估期间工作表现的评估实际上变成了仅对评估期末一小段时间内的工作表现的评估，从而使评估结果并未反映整个评估期间的工作绩效。

首因效应指考评者过分注重被考评者给他的第一印象而导致出现的考绩误差。

要克服上述两种误差，考评者一定要了解和掌握被评估者在整个评估期内的相关资料，并进行全面和综合的评价，而不是某时期的、表面的评价。

3. 晕轮效应

晕轮效应也称霍尔效应，是指考评者根据被考评者某些特定方面的优异表现，就断定他别的方面一定就好，即一好百好，以偏概全，而不作具体分析。与此相反的是魔角效应，指根据被考评者某些特定方面的不良表现，便全盘否定。这两种情况都带来考绩误差。

消除晕轮效应误差的方法是考评者同被考评者及其所在部门的成员一起交流意见，检查自己对被考评者是否有偏颇的看法；当然，被考评者普遍倾向于指出自己被低估而别人被高估的问题，因而，考评者在听取交流意见的同时，还要多观察、重视事实，而不要被单一事实所蒙蔽。

4. 逻辑错误

这种错误是指考评主体使用简单的逻辑推理而不是根据客观情况来对员工进行评价。例如：按照“口头表达能力强，公共关系能力强”这种逻辑，根据员工的口头表达能力来对公共关系能力作出评价。清晰界定评价指标的同时还要界定各评价指标之间的关系，避免评价者主观臆断地找到所谓的逻辑关系。

5. 像我效应

这种错误就是指考评主体将员工和自己进行对比，与自己相似的就给予较高的评价，与自己不同的就给予较低的评价。例如：一个作风比较严谨的上级，对做事一丝不苟的员工评价比较高，而对不拘小节的员工评价比较低，尽管两人实际绩效水平差不多。这是考评中一个很大的误区。怎样避免呢？要在考核时越像你的人，你越要加以注意，用关键事件法记录。记录这个员工真实的情况，好在哪儿，不好在哪儿。像你的人，你越要刻意地严格一点。这个误区在面试中也存在，在考评中、在提拔人才中都是存在的。

6. 溢出效应

这种错误就是指根据员工在考核周期以外的表现对考核周期内的表现作出评价。例如，生产线上的工人在考核周期开始前出了一次事故，在考核周期内并没有出现问题，但是由于上次事故的影响，上级对他的绩效评级还是比较低。

7. 宽大化倾向、严格化倾向和中心化倾向

这种错误是指考核主体放宽考核的标准，给所有员工的考核成绩都比较高。与此类似的

错误还有严格化倾向和中心化倾向，前者指掌握的标准比较严，给员工的考核成绩都比较低；后者是指对员工的考核成绩都比较集中，既不过高，也不过低。

8. 偏见误差

这种错误指考评者受过去经验、教育等因素的影响而以固定行为模式来考查被考评者，即通常所说的“偏见”和“老顽固”。产生偏见的原因通常有年龄、性别、种族以及资历、人际关系、与高层管理人员的交情等。如一个思想保守的考评者因长期看不惯其所属部门中一位性格外向、服饰新潮的男性员工，结果这位员工的考评结果大大低于其实际工作表现。

9. 对比效应

这种错误是指在绩效考核中，因他人的绩效评定而影响了对某员工的绩效评定。例如，考核主体刚刚评定完一名绩效非常突出的员工，紧接着评价另一位绩效一般的员工，这时就可能因为两者之间存在一定的差距而将本来属于中等水平的员工的绩效评定为“较差”级别。

为了减少甚至避免这些错误或不当的行为，应当采取以下措施：第一，建立完善的绩效目标体系，绩效考核指标和绩效考核标准应当具体、明确；第二，选择恰当的考评主体，考评主体应当对员工在考核指标上的表现最为了解；第三，选择合适的考评方法，例如强制分布法和排序法可以避免宽大化、严格化和中心化倾向；第四，对考评主体进行培训，考核开始前要对考核主体进行培训，指出这些可能存在的误区，从而使他们在考核过程中能够有意识地避免这些误区。

四、绩效反馈

绩效反馈是绩效管理的一个重要步骤。在绩效评估结束后，管理者应就绩效评估的结果与员工进行面对面的绩效反馈面谈，就绩效周期内员工的工作表现和目标完成情况交换意见，使之明确绩效不足的问题或改进方向以及个人特性和优点。与此同时，根据绩效评估的结果，企业实施相应的薪酬分配，还需要调整部分人员的职位以达到人与职位的匹配。绩效评估的结果同时还可以帮助员工更好地确定职业目标和个人发展方向。要把绩效反馈应用落实好，组织应做好以下几方面的工作。

（一）绩效反馈面谈

若只作考评，而不将考评结果反馈给被考评者，则考绩失去了它极其重要的激励、奖惩与培训的功能，因而考绩结果的反馈是十分重要的。而面谈是考绩结果反馈的主要方式之一。在这一环节上管理者首先要明确绩效反馈面谈的目的，其次要在面谈前做好充分的准备。如了解员工的情况，包括员工的教育背景、家庭状况、工作经历、个性特点、职务以及过去和现在的绩效状况等；事先计划好面谈的程序；选择合适的面谈时间和地点。另外，在绩效反馈面谈之前鼓励员工先进行自我评估；鼓励员工积极参与；多肯定，少批评；把重点放在解决问题上；制定具体的绩效改进目标并提供适当的辅导与培训。

与此同时，还应该注意相应的面谈诀窍。这些技巧如下。

1. 对事不对人

谈话焦点应置于以数据为基础的绩效结果上，即摆出量化的事实，使被考评者信服；而不是一味地责怪和追究被考评者的责任与过错。也要强调客观结果，然后说明被考评者实际取得的绩效与组织要求的目标尚有差距，最后，双方共同来查找造成差距的原因。

2. 谈具体，避一般

不作泛泛的、抽象的一般性评价，而是要拿出具体结果、援引数据、列举实例来支持结论，同时说明考评者希望看到的改进结果。如“这回你们组的计划工作可很不理想，你瞧瞧人家完成的生产量，再对比你们组的，与最好的可是相差2倍之多；再说，你们连下达的生产计划也未完成，仅完成了其中的90%。”

3. 诊断原因更重要

发现问题的最终目的在于找到解决问题的方法，而解决问题的方法需要针对问题产生的原因，以便于有的放矢、对症下药。所以，发现问题后不要绕过对病因的挖掘，而是要和被考评者一起分析问题产生的原因。

4. 保持双向沟通

在寻找问题产生的原因和探索解决问题的措施时，要坚持“共同”“双向”，切忌单方面说了算，否则只会激起被考评者的抵制心理而不是对解决问题的热情。

5. 制订改进计划并具体落实

找出解决问题的措施后，要上下共同商量拟出针对性的改进计划，并多拟几套以作备用；同时计划尽量具体、量化，且带有激励性。

相关链接

BEST 法则：绩效面谈的重要技巧

绩效面谈是一项管理技能，有可以遵循的技巧，掌握得好，可以帮助管理者控制面谈的局面，推动面谈朝积极的方向发展。BEST 法则又叫“刹车”原理，是指在管理者指出问题所在并描述了问题所带来的后果之后，在征询员工的想法时，管理者就不要打断员工了，适时地“刹车”，然后，以聆听者的姿态，听取员工的想法，让员工充分发表自己的见解，发挥员工的积极性，鼓励员工自己寻求解决办法，最后由管理者再做点评总结的一种面谈技巧。BEST 法则一般遵循以下步骤：① Behavior description（描述行为）；② Express consequence（表达后果）；③ Solicit input（征求意见）；④ Talk about positive outcomes（着眼未来）。例如，某公司市场部的小周经常在制作标书时犯错误，这时候，主管就可以用 BEST 法则对他的绩效进行反馈面谈：“小周，8 月 6 日，你制作的标书，报价又出现了错误，单价和总价不对应，这已经是你第二次在这个方面出错了(B)。你的工作失误，使销售员的工作非常被动，给客户留下了很不好的印象，这可能会影响到我们的中标及后面的客户关系(E)。你怎么看待这个问题？准备采取什么措施改进(S)？”小周：我准备……“很好，我同意你的改进意见，希望在以后的时间里，你能做到你说的那些措施（T）”。

（二）评估结果的应用

在员工绩效评估工作结束后，除了用于管理者和员工共同探讨绩效改进以外，还可作为绩效薪酬的分配、有针对性地培训和职位晋升等人力资源决策的依据。

1. 企业价值分配的依据

员工的工作报酬与绩效挂钩这是企业进行薪酬管理的一项基本管理手段，可以激励员工更努力地去实现绩效目标。员工工作报酬的构成由于岗位的性质不同，因此与绩效直接挂钩的部分所占比重有程度大小的不同，但从组织整体的指导思想来说，员工努力工作所创造的价值应当体现在薪酬的分配上，而绩效就是体现薪酬分配的重要依据。

2. 职务晋升

组织通过绩效评估可以反映出员工在工作过程中的优点和缺点，也为职务的晋升与变迁提供了依据。企业通过绩效评估，通过职务晋升，让优秀的员工到最适合他的工作岗位上去，做到人力资源的最佳配置，实现人岗的合理匹配，使组织取得更大的绩效。

3. 培训与开发

组织通过绩效评估可以发现员工在能力方面的不足与缺陷，这为企业提供有针对性的培训需要分析确定了方向，使企业的培训能够对症下药，提高组织培训的质量。同时对员工来说，通过绩效评估，在制订和修改自己的职业发展计划时能够更加切合自身实际，确立自己在组织中发展的正确方向与步骤。

（三）绩效改善

通过绩效评估和考绩面谈，使被考评者知道自己的实际工作结果及其与组织目标要求间的差距，从而进一步改进绩效，因而绩效改善是绩效考评结果应用的具体体现，也是绩效评估的主要目的之一，主管和员工都应合力安排绩效改善计划并有效地实施。

1. 绩效改善的切入点

企业绩效评估之后，针对企业绩效的现状应该提出相应的改进措施，其切入点从以下几个方面着手。

（1）重审绩效不足的方面。检查评估结果是否都合乎事实，评估者认为的缺点事实上是否真是员工的缺点。

（2）从员工愿意改进之处着手改进。因为这样会激发员工改善工作的动机和积极性，否则，则会使他们产生逆反和抵触情绪。

（3）从易出成效的方面开始改进。因为立竿见影的效果总会使人较有成就感，从而增强改进工作的自信心，这将进而有助于其他方面的继续改进。

（4）选择经济和效率并重的工作进行。选择待改善的工作时，应选择改善所需要的时间、精力和金钱综合而言最为适宜的工作方面。

2. 绩效改善的一般步骤

在合理选择待改善的工作方面后，还要遵循绩效改善的一般程序，这样才能提高绩效改善的效果。绩效改善一般程序如下。

1）明确差距

就是要使员工明确自己在哪些方面存在差距，差距究竟有多大。明确差距的方法有：员工实际工作绩效与应达到的工作目标作比较，员工实际工作绩效与社会上同行平均水平作比较，员工之间作相互比较。

2）归因分析

即研究产生上述差距的原因。产生绩效差距的原因不外乎有两大类：内因与外因。内因主要是指员工的能力与努力程度，外因则是指工作的环境、组织政策等。

归因分析具体可就以下几个方面进行：能力、工作的兴趣、明确的目标、个人的期望、工作的反馈、奖励、惩罚、个人晋升与发展的机遇、完成工作必要的权力。显然，其中前四项主要与员工个人状况有关；后五项与组织状况有关，属外因。

3）绩效改善的方法

一般地，对于低能力、低绩效者，辞退、再培训或惩罚是多数企业常用的办法；而对因外部环境或条件引起的低绩效，则应努力改善其工作环境与条件，或组织政策（如分配制度）来达到绩效的改善。此外，还有以下方法可供选择。

第一，正强化。这种方法是指当员工达到绩效目标时，立即给予肯定、认可并表扬等正面的激励。这种方法实施的一般思路是：首先根据工作分析建立一个工作行为标准体系；然后建立一个绩效目标体系，该目标体系要求具体明确并具挑战性；最后，当员工的绩效达到目标要求时，立即实行正强化。

第二，员工帮助计划。指帮助员工解决工作中一些习惯性的、对绩效又起主要影响作用的那些缺点，从而使他们改善绩效。在具体实施这种计划时，必须得到高层管理者、部门主管和员工本人三方面的密切配合。

第三，员工忠告计划。这种方法常用于员工经常出现低绩效，且正强化不起作用的情况下。这种方法实施的一般步骤为：首先记录并分析低绩效出现的原因；其次主管人员向低绩效者说明问题的严重性，并告之通过改善应达到的绩效标准；最后根据实际工作状态，提出改善的建议和忠告，或作其他相应处理。如低绩效者不能主动改进不足，则主管要与之面谈并给予必要的建议和忠告；若仍达不到预期效果，则再次提醒并限期整改；若限期仍无效，则可停职反省；若之后仍无提高绩效的迹象，则需解雇员工。

第四，负强化。和正强化相反，这种方法是员工一旦出现不良行为便立即给予惩罚，以防止不良行为再次发生。使用该方法时应注意：惩罚要有轻重之分，如可采用口头警告、书面警告、降职、解雇等；惩罚要公平及时，否则会引起员工的不满和失去惩罚本身的意义。

研究表明，若考绩结果得到有效应用，使员工及时改善绩效，则劳动生产率可提高10%～30%，这真不失为一项成本低廉的上策，但这需要管理者和员工共同为此作出努力。

第三节　绩效管理工具

一、关键绩效指标法（KPI）

所谓KPI，实际上是对公司组织运作过程中关键成功因素的提炼和归纳，是对部门和个人工作目标起导向作用的引导指标体系。KPI法的基本思路是：在实施目标管理的过程中，层层设置考评目标，并确定这些考评目标中哪些绩效属性是重要的，而且是可度量、可验证的，将它们作为KPI，形成绩效沟通和评估的量化或行为化标准体系。在关键绩效指标上达成的承诺，使得企业员工与主管人员之间有了进行沟通的共同语言，可以在工作期望、工作表现和未来发展方面达成一致。

采用KPI法进行绩效管理的关键是要科学确定KPI指标体系。一般地，KPI在指标数量上要做到“少而精”；在指标性质上要基于战略流程与公司愿景相联系；在实施操作上是部门和个人可以控制的。

1. KPI 的确定要遵循 SMART 原则

（1）具体性（Specific）原则。具体性原则指的是绩效指标要切中特定的工作目标，不是笼统的，而是应该适度细化，并且随情境变化而发生变化，有明确的实现步骤和措施。

（2）可度量性（Measurable）原则。可度量性原则是指绩效指标或者是数量化的，或者是行为化的，验证这些绩效指标的数据或信息是可以获得的，在成本、时限、质量和数量上有明确的规定。

（3）可接受性或可实现性（Accepted/Attainable/Achievable）。这是指绩效指标必须是在员工付出努力的前提下能够完成或超额完成的，设立过高或过低的目标都不利于企业战略目标的实现。

（4）工作相关性或现实性（Relevant/Realistic）。工作相关性或现实性指的是绩效指标是实在的，可以证明和观察得到的，而并非假设的。

（5）时效性（Time-bound）。这是指绩效指标中要使用一定的时间单位，即设定完成这些绩效指标的期限。

KPI 是连接个体绩效与组织目标的桥梁，它是针对组织目标起增值作用的工作产出设定的。KPI 首先来源于工作职位责任，是对其中少数关键职责的确认和描述；其次来源于组织或部门总目标，体现出该工作职位的人对总目标的贡献份额；最后来源于业务流程最终目标，反映该工作职位的人对流程终点的支持或服务价值。

2. 确定 KPI 的一般操作程序

（1）明确工作产出，即界定团队或个人的工作产出成果或状态是什么。通常以“客户”为导向来设定工作产出是一种比较适宜的方法。工作成果输出的对象，无论是面向组织外部还是内部，都构成这里所说的“客户”。应从客户的需求出发，通过检核这样一些问题来确定工作的产出：被评估对象面对的组织内外客户分别有哪些，被评估者要向这些客户提供什么，组织内外客户所需得到的产品或服务是什么样的，这些工作产出在被评估者的工作中各自所占的权重如何。

（2）确定关键绩效指标和标准。指标解决的是评价“什么”的问题，确定考评指标即确定各项工作产出应分别从什么角度去衡量。一般地，关键绩效指标主要包括数量、质量、成本和时限四种基本类型。

（3）审核指标。就是要审核所确定的 KPI 是否能全面、客观地反映被考评者的工作绩效。一般可以从如下几方面进行审核：指标是否可以证明和观察，多个评价者对同一个绩效指标进行评价是否能取得一致的结果，这些指标的总和是否可以解释被评价者 80% 以上的工作绩效目标，是否从客户的角度来界定关键绩效指标，跟踪和监控的这些关键绩效指标是否可以操作，等等。

二、平衡计分卡

卡普兰和诺顿对于业绩评价方面处于领先地位的 12 家公司进行了为期一年的调查研究，以此为基础发明了“平衡计分卡”。这种新的业绩评价体系使高级经理们可以快速而全面地考察企业。这两位发明人将平衡计分卡比作飞机驾驶舱中的标度盘和指示器。为了操纵和驾驶飞机，驾驶员需要掌握关于飞行的众多方面的详细信息，诸如燃料、飞行速度、高度、方向、目的地以及其他能说明当前和未来环境的指标。只依赖一种仪器，可能是致命的。同样道理，现在管理一个组织的复杂性，要求经理们能同时从几个方面来评价公司的业绩。

（一）平衡计分卡的基本框架

平衡计分卡使经理们能从四个重要方面来观察企业，如图 6-5。它为以下四个基本的问题提供了答案：顾客如何看我们（顾客角度），我们必须擅长什么（内部角度），我们能否继续提高并创造价值（创新和学习角度），我们怎样满足股东（财务角度）。在从四个不同角度向高级经理提供信息的同时，以平衡计分卡作为业绩评价的基础，限制了使用的评价指标的数目，从而使信息过载最小化。公司很少会由于业绩评价指标过少而受损，相反，新的评价指标的大批涌现，结果否决了依据另一批评价指标做出的结论，这会给公司带来很大的困扰。平衡计分卡迫使经理们关注最重要的几个评价指标，而不是迷失在大量的信息和评价指标中。

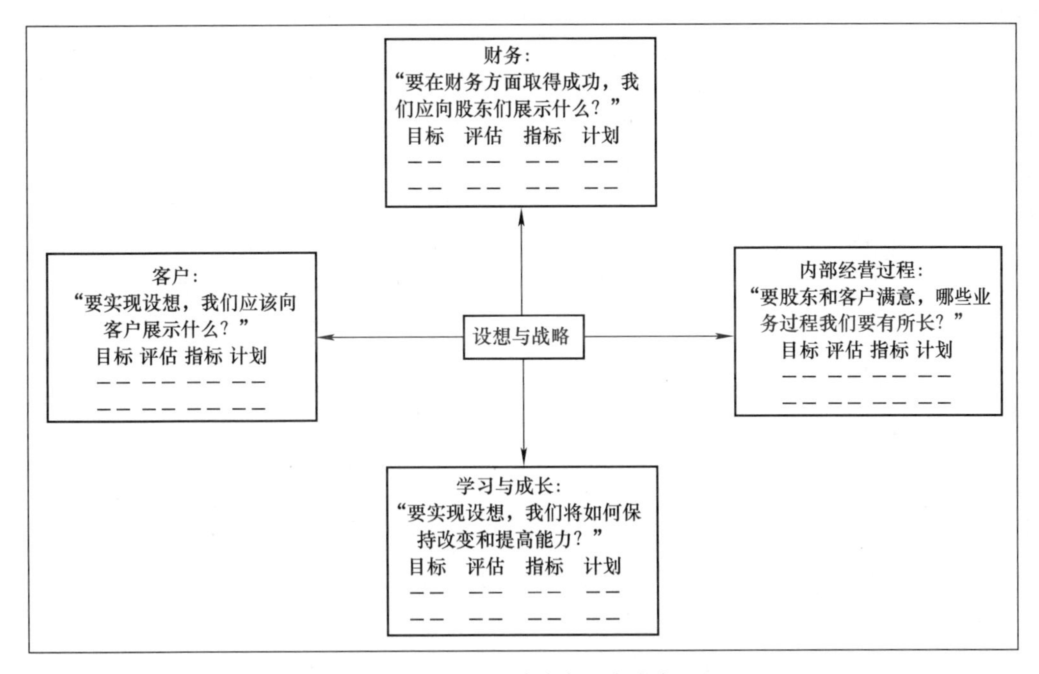

图 6-5 平衡计分卡四个维度

1. 客户视角：通过客户如何感觉公司提供的价值来测量绩效

客户应该处于最优先的地位，因为无论是学习与成长，还是内部经营过程，企业创造的价值只有在得到客户认可时才有意义。对于公司在客户方面的业绩可以从以下五个方面进行评价，如表 6-10。

表 6-10 客户角度的业绩评价

市场份额	反映了业务部门销售市场上的业务比例（以客户数量或售出的数量来计算）
客户获得率	从绝对或相对意义上，评估业务部门或赢得新客户或业务的比例
客户留住率	从绝对或相对意义上，记录业务部门保留或维持同客户现有关系的比例
顾客满意程度	根据价值范围内的具体业绩标准来评价客户的满意程度
从客户处所获得的利润率	在扣除支持某一客户所需的独特开支外，评估一个客户或一个部门的净利润

另外，客户价值也是经常被用于分析公司对于客户的吸引力的指标。

客户价值 = 产品与服务情况 + 形象和声誉 + 同客户的关系

产品和服务的情况可以从产品功能、质量、价格和送货时间来评价；形象和声誉可以通过广告和服务质量来提高；同客户的关系可以通过满足客户要求作出及时反映的时间、交货期、对客户购买产品感觉的把握等方面来改善。

2. 内部经营过程视角：衡量公司创造价值程序的有效性

只有有效的管理程序才能使公司保持竞争能力或变成具有竞争能力的公司。内部经营过程的核心问题包括：确定整套有关内部经营过程的价值观念、确定客户目前及将来的需要，并根据这些需要发展新客户、在经营过程中向现有客户提供有价值的产品和服务、提供充分售后服务，使客户获得产品和服务增值。总之，对于内部过程的评价应当以为客户创造价值、提高客户的评价为目标，它是公司内部必须做什么才能实现顾客预期的评价指标。在此过程中，信息系统的作用尤为重要，在企业庞大复杂的业务经营系统内部，产生的种种信息如何追根溯源、如何归集和分析，出现例外情况能否及时地提出警示，都与设计合理的、灵敏的信息系统分不开。随着企业的预测、决策和控制过程对于信息系统的依赖性增强，信息系统的有效性正逐渐成为衡量内部经营过程有效性的重要指标。

内部业务角度的测评指标通常包括：相对竞争对手的生产率，用于测评技术能力目标的实现程度；循环周期、成本报酬率，用于追求制造高水平的、卓越性目标的实现程度；新产品实际引入速度与计划速度的差异，用于评价新产品引入业务的目标实现程度。

3. 学习与创新视角：计量公司推出新产品、新服务和新生产技艺的频度

平衡计分卡中，以顾客为基础的评价和内部业务程序评价指标，确定了公司对竞争对手最重要的参数。但是，成功的指标在不断变化，激烈的全球性竞争要求公司不断改进现有产品和程序，因此公司在引入新产品方面具有巨大的潜力。由于人是创新能动性的根源，所以这个指标必然与公司员工密切联系。为了能够提高公司的创新能力，必须激发员工的积极性和提高员工的素质。前者与公司提供给员工的奖励、福利等有关；后者既包括文化素质，如内部伙伴关系、团队精神、知识共享，也包括个人综合素质，如领导能力、技能、技术应用能力，这些都离不开公司有效的培训机制。

4. 财务视角：测量盈亏底线

财务视角的指标包括增长率、投资回报率及其他传统的经济指标。虽然财务指标的及时性和可靠性受到质疑，但是财务指标不会被其他指标完全取代。原因有两点。首先，精心设计的财务控制系统，确实能增强而不是阻碍组织的总体管理规划。第二，也是最重要的，经营绩效的改善与财务上的成功两者之间虽然存在联系，但是这种联系存在着很多不确定性。一方面，对顾客满意度、内部业务绩效和创新能力的评价，来自于公司对环境的看法和判断，但公司的观点并不一定是正确的。另一方面，很多投资人，特别是那些以分得红利为目标的投资人，对于企业切实的财务业绩仍然十分关注，而不仅仅是关心企业经营业绩的改善。这一部分投资人的决策又将影响其他投资人的利益，从而财务业绩仍然是受到广泛关注的指标，它仍然是企业为投资人带来利益的直接代表。

不同类型企业的财务目标不同，因此在确定财务评价指标时也有不同的选择。成长性企业财务目标的重点是销售额的增长，为此要保证充分的开支水平。这类企业通常的财务业绩评价指标为销售收入的增长率、目标市场的占有率、地区销售额的增长率等。稳定性企业财务目标的重点是获利能力，为此要不断扩大投资和规模。这类企业通常使用的财务业绩评价指标为经营收入、毛利率、资本回报率和经济附加值。成熟型企业财务目标的重点是现金净流量，为此要不断提高现金和利润的金额。这类企业通常使用的财务业绩评价指标为现金流量、营运资本占用的减少。

5. 始终把战略置于中心的位置

始终把战略置于中心的位置是最重要的特点，上述四个方面的指标都是围绕公司的战略来设计的，因此，所有这四个方面可以理解为公司战略实施的过程和领域，也只有从统一的战略的角度出发，以上四个方面指标的设计才能够统一和连贯起来，起到相互补充和支持的作用。

（二）平衡计分卡在战略管理中的用途

平衡计分卡的设计，相对于简单的比率分析以及前述功效系数法而言，具有非常显著的优点。它将公司为增强竞争力而应办的事项中看似迥异的部分同时反映在一份管理报告中，迫使高级经理人员把所有的重要绩效指标放在一起考虑，从而使其能注意到某一方面的改进是否以牺牲另一方面为代价，从而减少了次优决策。平衡计分卡的优势使其成为战略管理的一种有效工具，具体而言，平衡计分卡可以在战略管理的环节发挥以下作用。

1. 使目标和战略具体化

平衡计分卡四个角度的内容设计，有助于经理们就组织的使命和战略达成共识。诸如“成为出类拔萃者”“成为头号供应商”或者“成为强大的组织”之类的豪言壮语很难转化为具有行动指南意义的业务术语，而平衡计分卡将组织的目标和战略细化为客户、内部程序、创新与学习和财务四个方面，形成一系列为高层经理认可的测评指标和目标值，充分地描述了为了实现企业的长期战略目标应当注意的成功推动因素。

2. 促进沟通和联系

平衡计分卡使经理能在组织中对战略上下沟通，并把它与各部门的目标联系起来。在传统的业绩评价方法中，对各部门根据各自的财务业绩进行测评，个人激励因素也只是与短期财务目标相联系。平衡计分卡使经理能够确保组织中的各个层次都能了解长期战略，而且使各部门和个人目标与之相一致。

3. 辅助业务规划

平衡计分卡使公司能够实现业务规划与财务规划的一体化。在变革的环境中，几乎所有的公司都在实施种种改革方案，每个方案都有自己的领导者、拥护者和顾问，都在竞相争取高级经理的时间和资源支持。经理们发现，很难把这些不同的新举措组织在一起，从而实现战略目标。这种状况常常导致各个方案实施结果都令人失望。但是，当经理们利用依据平衡计分方法制定的战略目标作为分配资源和确定优先顺序的依据时，他们就会只采用那些能推动自己实现长期战略目标的新措施，并注意加以协调。

4. 增强战略反馈和学习

平衡计分卡赋予公司一项新的能力，即战略性学习的能力。现有的反馈和考评程序都注重公司及其各部门、雇员是否达到了预算中的财务目标。当管理体系以平衡计分法为核心时，公司就能从另外三个角度，即顾客、内部流程和学习与发展，来监督短期结果，并根据最近的业绩评价战略实施情况。因此，平衡计分卡使公司能够修正战略，以随时反映学习所得。

实务中，很多公司在最初实施平衡计分卡时，并没有打算开发新的战略管理体系。但在每家公司中，高级经理都发现，平衡计分卡为许多关键的管理程序，如部门和个人的目标设定、经营规划、资本分配、战略新举措，以及反馈与学习等，提供了一个框架，从而也提供了一个中心。通过建立平衡计分卡，高级经理们发动了一场变革，远远超过了最初的仅仅扩大公司业绩评价指标的想法。如果仅仅将平衡计分卡作为一种业绩评价措施，而不与公司的其他领域相联系，可能收效甚微，可是，当公司扩大平衡计分卡的适用范围时，它将成为一体化的、循环往复的战略管理体系的基石，实现管理程序的协调，并将整个组织的力量集中于实施长期战略。

三、目标管理法

关键绩效指标法和平衡计分卡法是基于企业战略的系统考核方法，比较适用于企业战略进行重大调整的时期。如果企业战略在一定时期内相对稳定，就可以考虑使用目标管理的方法进行考核。目标管理是一种沟通的程序或过程，它强调企业上下一起协商将企业目标分解成个人目标，并将这些目标作为公司经营、评估、奖励的标准。

（一）实施流程

1. 绩效目标的确定

绩效目标的确定是实行目标管理法的第一步，它实际上是管理者与员工分解上一级指标，共同确定本层级绩效目标的过程。这些目标主要包括工作结果和工作行为两部分。在目标的设定上，必须要注意：各层级目标必须与企业层次上所设定的目标相一致；目标必须是具体的；目标必须是相关的，即目标必须与各个职位的职责密切相关，不能照搬其他职位的绩效目标；目标必须是可实现的，同时应当具有一定的挑战性；目标必须是可测量的。

2. 确定考核指标的权重

为了对员工的工作起到导向作用，绩效指标可以划分为四类：重要又迫切的指标、重要但不迫切的指标、不重要但迫切的指标、既不重要又不迫切的指标。对不同类型的指标需要配以不同的权重。

3. 实际绩效水平与绩效目标相比较

通过实际绩效与目标绩效的比较，管理者可以发现绩效执行过程中的偏差。这时上下级需要进行沟通，共同分析偏差的原因，寻找解决办法和确定纠正方案。如果有必要修改目标，则需要收集支持的信息。

4. 制定新的绩效目标

当期的绩效指标得以实现后，上下级便可以着手制定新的绩效目标。

（二）优势劣势分析

作为被广泛应用的绩效考核方法，目标管理法存在很多优势。

（1）目标管理能够使各级员工明确他们需要完成的目标，使他们最大限度地把时间和精力投入到对绩效目标实现有利的行为中。

（2）目标管理法启发了员工的自觉性，调动了员工的积极性。目标管理强调员工的自我调节和自我管理，将个人利益和企业目标紧密结合在一起，这就提高了员工的士气、发挥了员工的自主性。

（3）目标管理法实施过程比关键绩效指标法和平衡计分卡法更易操作。目标的开发过程通常只需要雇员填写相关信息、主管进行修订或批准即可。

（4）目标管理法设定的指标通常是可量化的客观标准，因此在考核过程中就很少存在主观偏见。

当然，目标管理法也不是十全十美的，仍然存在以下不足。

（1）目标管理法倾向于聚焦短期目标，即该考核周期结束时需要实现的目标。这可能是以牺牲企业的长远利益为代价的。

（2）目标管理法的假设之一是认为员工是乐于工作的，这种过分乐观的假设高估了企业内部自觉、自治氛围形成的可能性。

（3）目标管理法可能增加企业的管理成本。目标的确定，需要上下级共同沟通商定，这个过程可能会耗费员工和管理者大量的时间和精力。

（4）目标有时可能难于制定。大量的企业目标可能难于定量化、具体化，这给目标管理法的实施带来了不小的困难。

相关链接

游泳的故事

1952年7月4日清晨，加利福尼亚海岸下起了浓雾。在海岸以西21英里的卡塔林纳岛上，一个43岁的女人准备从太平洋游向加州海岸。她叫费罗伦丝·查德威克。那天早晨，雾很大，海水冻得她身体发麻，她几乎看不到护送她的船，时间一个小时一个小时地过去，千千万万人在电视上看着，有几次，鲨鱼靠近她了，被人开枪吓跑了。

15小时之后，她又累，又冻得发麻。她知道自己不能再游了，就叫人拉她上船。她的母亲和教练在另一条船上，他们都告诉她海岸很近了，叫她不要放弃，但她朝加州海岸望去，除了浓雾什么也没看不到……

人们拉她上船的地点，离加州海岸只有半英里！后来她说，令她半途而废的不是疲劳，也不是寒冷，而是因为她在浓雾中看不到目标。查德威克小姐一生中就只有这一次没有坚持到底。

点评：这个故事讲的是目标要看得见，够得着，才能成为一个有效的目标，才会形成动力，帮助人们获得自己想要的结果。

管理者在和下属制定目标的时候，经常会犯一个错误，就是认为目标定得越高越好，认为目标定得高了，即使员工只完成了80%也能超出自己的预期。这种思想是有问题的，持有这种思想的管理者过分依赖目标，认为只要目标制定了，员工就会去达成。实际上制定目标是一回事，完成目标又是另外一回事，制定目标是明确做什么，完成目标是明确如何做。与其用一个高目标给员工压力，不如制定一个合适的目标，并帮助员工制订行动计划，共同探讨障碍，并排除，帮助员工形成动力。

另外，目标不是唯一的激励手段，目标只有与激励机制相匹配，才会形成更有效的动力机制。所以，除了关注目标之外，管理者还要关注配套的激励措施。

最后，合适的目标是员工可以跳一跳能够得着的目标，当员工经过努力之后可以达成目标，目标才会对员工有吸引力，否则，员工宁可不做，也不愿意费了很大力气而没有完成！

第四节 绩效管理实务

【项目一】

一、项目名称

设计一份高校教师绩效评估方案。

二、实训目的

通过本次实训，了解绩效考核方案的制订流程，理解并掌握绩效管理的基本工具以及绩效考核的主要方法，运用目标管理法制定一份高校教师的绩效考核方案。

三、实训条件

（一）实训时间

2 课时。

（二）实训地点

教室。

（三）实训所需材料

本实训需要收集高校教师的工作说明书、高校教师考核方案。

四、实训内容与要求

（一）实训内容

设计一份高校教师绩效评估方案。

（二）实训要求

（1）收集已有的工作说明书、高校教师考核方案。

（2）对收集的工作说明书进行分析，明确职位责任要求；对收集的考核方案进行分析，找出其优势及不足。

（3）选择几种考核方法，分析、确定适合教师评估的考核方法。

（4）确定考核指标，并为各指标分配权重。

五、实训组织与步骤

第一步，实训前做好准备，教师向学生说明实训内容及考核方案的设计方法。

第二步，将学生分组，每组 5 ～ 7 人。

第三步，确定考核指标，指标可能涉及教学活动、科研活动、社会工作三个维度，在每个维度下分别设置具体的考核指标。

第四步，为每种指标进行成绩评定说明。

第五步，为每一项指标设置权重。比如：教学活动占 60%，科研活动占 30%，社会工作占 10%。

第六步，教师与学生一起讨论每组设定指标及分配权重的合理性。

第七步，将讨论结果整理成书面文件，作为学院考核评定方案。

六、实训考核方法

（一）成绩划分

实训成绩按优秀、良好、中等、及格和不及格五个等级评定。

（二）评定标准

（1）实训报告考核内容是否全面，满分为 20 分。
（2）考核指标是否可行，满分为 20 分。
（3）指标权重是否合理，满分为 20 分。
（4）考核方案是否完整，满分为 20 分。
（5）报告的书写是否规范、认真、准确，满分为 20 分。

【项目二】

一、项目名称

模拟高校教师绩效考核结果反馈面谈。

二、实训目的

通过本次实训，了解反馈面谈的流程，学会如何做好反馈面谈的准备工作，并能在交谈的过程中掌握绩效沟通的技巧。

三、实训条件

（一）实训时间

2 课时。

（二）实训地点

教室。

（三）实训所需材料

教师事先给出具体考核方案，并对几位教师进行模拟考核，给出考核结果。

四、实训内容与要求

（一）实训内容

模拟高校教师绩效考核结果反馈面谈。

（二）实训要求

（1）要求学生掌握绩效考核面谈的相关理论，做好实训前的知识准备。

（2）根据教师提供的考核方案及考核结果，进行模拟面谈。通过面谈，被评者要了解自己在本绩效周期内的成绩如何，双方应对考核结果达成一致的看法。面谈结束后，被评者应清楚地知晓自己的主要优点和需要改进的地方及今后发展的方向。

（3）要求教师在实训过程中做好组织工作，给予必要的、合理的指导，使学生加深对理论知识的理解，提高实际分析、操作的能力。

五、实训组织与步骤

第一步，实训前做好准备，复习并熟练掌握有关绩效反馈面谈的知识。

第二步，对学生进行分组，每组 2 人，一位是评估者，一位是被评者。

第三步，各组开始正式面谈，首先说明面谈的目的及步骤。

第四步，根据预先设定的绩效指标面谈任务完成情况，一起分析原因，制订改进计划和措施。

第五步，由老师对小组成员所撰写的实训报告进行点评。

六、实训考核方法

实训结束后，每个小组成员都需要提交一份交谈书面报告，报告内容要求完整记录整个交谈过程。

（一）成绩划分

实训成绩按优秀、良好、中等、及格和不及格五个等级评定。

（二）评定标准

（1）面谈提纲设计是否合理，满分为 30 分。

（2）面谈过程是否顺畅、融洽，满分为 30 分。

（3）面谈报告的书写是否规范、认真、准确，满分为 40 分。

复习思考题

1. 什么是绩效？影响绩效的因素有哪些？
2. 什么是绩效管理？绩效管理与绩效考评有什么区别？绩效管理的流程有哪些？
3. 绩效评估方法可以分为哪几类？各包含哪些方法？
4. 什么是关键绩效指标？如何设定关键绩效指标？
5. 平衡计分卡在战略管理中的用途有哪些？
6. 绩效评估常见的误差有哪些？应该如何避免？

案例分析

天宏公司绩效评估中的疑惑

天宏公司总部会议室，赵总经理正认真听取关于上年度公司绩效评估执行情况的汇报，其中有两项决策让他左右为难。一是经过年度评估成绩排序，成绩排在最后的几名却是在公司干活最多的人。这些人是否按照原先的评估方案降职和降薪？下一阶段评估方案如何调整才能更加有效？另一个是人力资源部提出上一套人力资源管理软件来提高统计工作效率的建议。但一套软件能否真正起到支持绩效提高的效果？

天宏公司成立仅四年，为了更好地进行各级人员的评价和激励，天宏公司在引入市场化的用人机制的同时，建立了一套绩效管理制度。对于这套方案，用人力资源部经理的话说是，细化传统的德、能、勤、绩几项指标，同时突出工作业绩的一套评估办法。其设计的重点是将德、能、勤、绩几个方面内容细化延展成考量的 10 项指标，并把每个指标都量化出 5 个等级，同时定性描述等级定义，评估时只需将被评估人实际行为与描述相对应，就可按照对应成绩累计相加得出评估成绩。

但评估中却发现了一个奇怪的现象：原先工作比较出色和积极的职工评估成绩却常常排在多数人后面，一些工作业绩并不出色的人和错误很少的人却都排在前面。还有就是一些管理干部对评估结果大排队的方法不理解和有抵触心理。但是综合各方面情况，目前的绩效评估还是取得了一定的成果，各部门都能够很好地完成，唯一需要确定的是对于评估排序在最后的人员如何落实处罚措施，另外对于这些人降职和降薪无疑会伤害一批像他们一样认真工作的人，但是不落实却容易破坏评估制度的严肃性和连续性。另一个问题是，在本次评估中，统计成绩工具比较原始，评估成绩统计工作量太大，人力资源部就三个人，却要统计总部 200 多人的评估成绩，平均每个人有 14 份表格，统计，计算，平均，排序发布，最后还要和这些人分别谈话，在整个评估的一个半月中，人力资源部几乎都在做这个事情，其他事情都耽搁了。

赵总经理决定亲自请车辆设备部、财务部和工程部的负责人到办公室深入了解一些实际情况。车辆设备部李经理，财务部王经理，来到了总经理办公室，当总经理简要地说明了原因之后，车辆设备部李经理首先快人快语回答道：“我认为本次评估方案需要尽快调整，因为它不能真实反映我们的实际工作，例如我们车辆设备部主要负责公司电力机车设备的维护管理工作，总共只有 20 个人，却管理着公司总共近 60 台电力机车，为了确保它们安全无故障地行驶在 600 公里的铁路线上，我们主要工作就是按计划到基层各个点上检查和抽查设备维护的情况。在日常工作中，我们不能有一次违规和失误，因为任何一次失误都是致命的，也是造成重大损失的，但是在评估业绩中有允许出现‘工作业绩差的情况’，因此我们的评估就是合格和不合格之说，不存在分数等级多少。”

财务部王经理紧接着说道：“对于我们财务部门，工作基本上都是按照规范和标准来完成的，平常填报表和记账等都要求万无一失，这些如何体现出创新的最好一级标准？如果我们没有这项内容，评估我们是按照最高成绩打分还是按照最低成绩打分？还有一个问题，我认为应该重视，在本次评估中我们沿用了传统的民主评议的方式，我对部门内部人员评估没有意见，但是实际上让其他人员打分是否恰当？因为我们财务工作经常得罪人，让被得罪的人评估我们财务，这样公正吗？”

思考题：

1. 公司的绩效管理体系设计是否有问题？问题到底在哪里？

2. 评估内容指标体系如何设计才能适应不同性质岗位的要求？公司是否同意人力资源部门提出购买软件方案？能否有一个最有效的方法解决目前的问题？如果有，方案是什么？

Chapter Seven

第七章　薪酬管理

学习目标

1. 厘清以往薪酬管理教材中一些模糊概念；
2. 掌握薪酬设计的内容及方法。

第一节　薪酬管理概述

一、薪酬的含义

“薪酬”是近现代薪酬管理中经常引用的一个概念，是指工资、薪水、奖金、福利和其他形式的劳动报酬的总称。

最初人们把雇主或用企业向体力劳动者即所谓的蓝领工人支付的以货币形式计算的劳动报酬称为“工资”（wage），工资大多是按天或按周来计发的。把向文职人员和管理人员即所谓的白领阶层支付的以货币形式计算的劳动报酬称为“薪水”（salary），薪水大多是按月有时甚至是按年计发的。但这两个词汇只是人们日常生活时使用的语言称谓习惯，并没有学术理论意义上的严格区分。从 20 世纪 60 年代以来，随着薪酬管理理论的不断发展，以及有关劳动者权益保护及权利平等意识的增强，无论在学术理论上，还是在现实实践中，对于蓝领、白领的劳动报酬，西方国家开始不加区分地使用“薪酬”（compensation）这个概念，而且薪酬的范围也不再仅限于以货币形式计算的劳动报酬，也包括各种以非货币形式出现的员工福利待遇。为了更加清晰、准确地学习和了解薪酬管理的理论和实践知识，这里将薪酬的含义界定为雇主或用人单位，由于劳动用工关系的存在，向劳动者给付的各种形式的劳动报酬。而根据这个界定，我们把“薪酬”这个概念在一般情况下，视为是一个广义的概念，即各种形式的劳动报酬都可以被称作薪酬。而在狭义理解的情况下，薪酬又特指以货币形式计算的劳动报酬，即传统意义上所说的工资，或薪水。由此可见，薪酬的概念本身是有些模糊的，有时甚至有些杂乱。为了对略显杂乱的薪酬概念进行梳理，以下就对一些不同含义的薪酬进行大致的分类。

二、薪酬的分类

（一）货币性薪酬和非货币性薪酬

货币性薪酬包括工资、奖金、津贴、补贴、分红等经济性劳动报酬，其主要特点为以货币形式支付。非货币性薪酬是指用人单位以非货币形式为员工提供的各种福利和服务项目，也就是通常所说的员工福利，比如社会保险的五险一金，带薪假期，节假日发放的实物，购物券，文体娱乐设施，健身卡等。

（二）直接薪酬与间接薪酬

直接薪酬是指用人单位直接以货币形式支付的劳动报酬，间接薪酬是指用人单位以非货币形式提供的员工福利。由此可以看出，货币性薪酬与直接薪酬，非货币性薪酬与间接薪酬在含义上是基本相同的，只是在不同的文献或语境中，使用了不同的词语。

（三）内在薪酬与外在薪酬

1. 内在薪酬

内在薪酬是指员工由于自己努力工作而受到晋升、表扬或受到重视、实现个人追求、获得社会地位等，从而产生的工作荣誉感、成就感、责任感。简单地说，内在薪酬就是员工在工作中获得的一种满足感。常见的内在薪酬包括：参与决策的权力、能够发挥潜力的工作机会、自主地安排工作时间、较多的职权、较有兴趣的工作、个人发展的机会以及多元化的活动等。

内在薪酬的特点是难以进行清晰的定义。它完全依赖于员工的个人心理感受，很难进行甚至无法进行定量分析和比较。因此，对内在薪酬进行管理需要较高水平的管理艺术。即便如此，内在薪酬仍然受到较多的重视，已被作为全面薪酬管理的重要组成部分。管理人员或专业技术人员对内在薪酬的不满难以通过提薪获得圆满解决，因此，忽视内在薪酬将使薪酬管理工作难以取得理想的效果。

2. 外在薪酬

外在薪酬是指企业针对员工做的贡献而支付给员工的各种形式的有形收入，包括工资、奖金、津贴、股票期权、红利以及各种间接的货币形式支付的福利等。相对于内在薪酬来说外在薪酬的优点是比较容易定性及定量分析，便于在不同个人或组织之间进行比较。对于那些从事复杂性劳动的员工来说，如果对内在薪酬产生不满，可以通过增加外在薪酬来获得部分解决。因此，在目前所有的激励手段中，货币无疑仍是最重要的激励因素。

针对不同种类、不同含义的薪酬概念，如果在使用时不加说明，往往会产生一些混乱和理解上的障碍。为了防止这种问题的出现，这里将本文使用的薪酬概念提前做一个说明。在谈到薪酬管理时，本章一般是指广义的薪酬概念，即包括货币性和非货币性薪酬，也就是直接薪酬和间接薪酬，即既包括工资、奖金，也包括社会保险和福利待遇。而在谈到薪酬设计时，此时的薪酬则特指直接薪酬或货币性薪酬，不包括社会保险和福利待遇。

三、薪酬的功能

（一）薪酬对员工个人的功能

1. 保障的功能

在我国目前的经济发展水平和基本国情下，薪酬收入是绝大部分劳动者的主要收入来源，有时甚至是唯一来源，它对劳动者及其家庭的保障作用是其他任何保障手段无法替代的。薪酬对员工的保障作用不仅体现在它要满足员工的吃、穿、住、用等方面的基本生存需要，还体现在保障员工能过上体面的生活，满足其发展需求和社会交往需求。

2. 激励功能

所谓激励功能，是指企业用某些激励因素来引导员工按照企业的需求展现特定的思想或行为，从而实现企业目标的职能。在市场经济条件下，对员工的激励除了精神激励（员工的自我价值的实现）外，还要强调物质利益的激励作用。企业通过包括薪酬在内的各种物质利益形式，把收入与职工对企业提供的劳动贡献联系起来，就能充分发挥薪酬的激励功能，实现企业和员工的双赢。

3. 调节功能

（1）人力资源流向的合理调节。在正常情况下，在自由流动的劳动力市场中，哪个地方的工资高，哪个地方可以获取的劳动力资源就越丰富。世界各国在发展过程中已经充分证明了这一点。

（2）人力资源素质结构的合理调整。薪酬反映劳动力的市场价格，高素质劳动力的价格相对较高，如果企业的薪酬在同地区具有很强的竞争力，那么企业就能招到更多适合企业发展的高素质人才。企业可以对不同类型的人在设置不同的薪酬水平，以达到调节人力资源素质结构的目的。

（3）人力资源价值观导向的有效调节。薪酬是劳动力价值的货币体现，通过调整薪酬的水平、结构和支付原则，可以向员工传递企业的价值观，引导员工主动调整自己的思想和行为模式，向企业需要的方向努力。通过薪酬的持续作用，可以使员工的价值观得到调整和固化，最终与企业文化融为一体。

（二）薪酬对企业的功能

1. 有利于控制企业的成本

薪酬水平与企业成本间永远存在难以调和的矛盾，企业往往处于两难的境地。保持一种相对较高的薪酬水平对于企业吸引和保留员工来说无疑是有利的。但是，较高的薪酬水平又给企业带来较高的成本压力，因此薪酬政策的选择至关重要，对于采取低成本战略的企业来说，必然要通过控制薪酬成本来达到控制总成本的目标。

2. 有利于改善企业的经营绩效

薪酬实际上具有强大的信号传递功能，它可以让员工了解什么样的行为、态度以及业绩是受到鼓励的，什么样的态度和行为是企业不想要的或是不允许的，从而引导员工的工作行为、工作态度以及最终的绩效始终朝着企业期望的方向发展，帮助企业实现战略目标。事实证明，经营绩效较好的企业都善于运用薪酬作为引导员工行为的有效工具。

3. 有利于塑造和加强企业文化

企业文化可以通过多种形式在企业内部推广和演变，但薪酬无疑在其中发挥着巨大的作用。由于薪酬会对员工的工作行为和工作态度产生很强的引导作用，因此，有前瞻性的薪酬战略、合理和富有激励性的薪酬制度会有助于企业塑造良好的企业文化，或者是对已经存在的企业文化起到积极的强化作用。

4. 有利于支持企业变革

变革已成为企业经营过程中的一种常态。凡是变革就会遇到一定的困难和阻力。在这些阻力中，很大一部分来自于企业内部。消除变革阻力的方法很多，但在当前的经济发展水平下，任何变革最终都要以薪酬的变革作为起点和终点。因为所有的变革都是利益的调整，而薪酬是利益最直接的表现形式。薪酬通过作用于员工个人、工作团队和企业整体来创造出与变革相适应的内部和外部氛围，从而有效推动企业变革，在变革成功后，变革的成果又以薪酬的形式在企业中固化。

四、薪酬管理的主要内容

薪酬管理就是企业管理者对本企业的薪酬水平、薪酬体系、薪酬结构、薪酬形式等内容进行确定、分配和调整的过程。虽然从定义上看薪酬管理强调的是外在薪酬管理，但内在薪酬管理仍然是现代薪酬管理的重要组成部分。企业应当在薪酬战略制定、薪酬体系实施过程中不断与员工进行沟通、根据企业战略和员工需求不断调整企业的薪酬管理实践，从而提高并加强薪酬对员工的激励程度和效果，更好地实现企业战略。显然，从这个角度看，薪酬管理中所说的薪酬概念，是广义的薪酬概念，既包括货币薪酬也包括非货币薪酬，它是一个持续的动态管理过程。

企业薪酬管理的内容主要包括以下几个方面。

（一）薪酬状况的调查

1. 薪酬是否具有外部竞争力

通过了解企业的薪酬竞争力水平，进而制定出对企业有利的薪酬管理体系。该体系对企业具有两大作用：一是确保薪酬能吸引和维系员工，减少员工的流失，防止员工对薪酬不满意；二是防止不合理的人力资源成本支出、控制劳动成本以使本企业的产品或服务具有竞争力。

2. 内部薪酬是否具有一致性

内部薪酬是否具有一致性是指同一企业内部不同岗位之间或不同技能水平员工之间相比，薪酬水平是否处于一个合理的比例关系，这种对比是以对企业所作贡献为依据的。内部一致性对薪酬目标的实现有着重要的影响，如企业内部的薪酬差距决定着员工是否愿意额外进行培训投资，以使自己更具有适应性，决定着他们是否会承担更大的责任。内部一致性高的薪酬能促使员工更多地参加培训，提高员工的技能水平，从而提高绩效水平。也就是说，薪酬差距间接地影响着工作效率，进而影响着整个企业的效率。

3. 与员工贡献是否成比例

与员工贡献是否成比例是指薪酬与员工对企业的贡献是否能够保持一个合理的比例关系。薪酬与贡献比例偏低，会挫伤员工的工作积极性，造成员工的效率下降，甚至离职；而比例偏高，则会使企业承担不必要的成本。只有通过薪酬调查，才能使企业找到一个合理的比例关系。

（二）薪酬管理目标的确定

薪酬管理目标根据企业的人力资源战略确定，一般而言，包括以下三个方面：首先，帮助企业建立稳定的员工队伍，吸引高素质的人才；其次，激发员工的工作热情，创造高绩效；最后，努力实现组织目标和员工个人发展目标的协调。

（三）薪酬政策的选择

所谓企业薪酬政策，就是企业管理者对企业薪酬管理运行的目标和手段的选择和组合，是企业在员工薪酬上所采取的方针策略。企业薪酬政策的选择主要包括三个方面的内容。

（1）企业薪酬成本投入政策。例如，根据企业、组织发展的需要，确定未来的薪酬总成本数额和增长比例。

（2）工资制度的选择。例如，是采取计件工资还是计时工资，是采取稳定员工收入的岗位工资制，还是激励员工绩效的绩效工资制。

（3）确定企业的工资结构以及工资水平。例如，薪酬水平是要在市场上领先还是要与市场持平，薪酬结构倾向于稳定还是倾向于更大的弹性。

（四）薪酬体系的设计及调整

所谓的薪酬体系，就是指企业员工之间的各种薪酬比例及其构成。主要包括：不同层级、类别员工的薪酬数额比例关系，员工基本工资与浮动工资的比例等。它主要涉及薪酬的内部公平性、一致性、激励性的问题。

对薪酬体系的设计及调整要掌握两个基本原则。一个是合理回报原则，即在薪酬总额一定的条件下，在不同员工群体间进行合理的薪酬支付数额设定，使得企业在薪酬成本不变的情况下，企业员工的劳动付出都能够得到相应的合理回报。另一个是有效激励原则，即适当确定员工薪酬不同部分的构成比例，以使员工既有安全感，又能体现多劳多得的基本原则，从而充分调动员工的工作积极性和工作热情。

薪酬体系设计又称为薪酬设计，是薪酬管理整体制度设计的重要内容。因此，本章以下几节，就主要围绕薪酬设计的基本理论和方法进行较为详细的介绍。

第二节　薪酬设计

一、薪酬设计的含义及内容

（一）薪酬设计的含义

薪酬设计是薪酬管理的一项重要内容，它既是薪酬管理工作的起点，也是薪酬管理各项具体工作的依据和指南。概括地说，薪酬设计是指一个企业或其他组织对其内部员工的整体薪酬水平，企业中不同等级和职位的员工所获薪酬的相互比例关系，以及每一个工作岗位所获薪酬具体应当如何计发，这些薪酬管理中的重要问题进行的设定和规划工作。需要特别说明的是，在薪酬设计工作中所使用的薪酬的概念，指的是狭义薪酬，特指货币性薪酬或直接薪酬，即薪酬设计工作主要是针对那些以货币形式计量和发放的薪酬进行设计，而不包括对非货币性薪酬或间接薪酬的设计。也就是说，薪酬设计不涉及对员工福利的内容，因为有关员工福利的内容，在很多国家受强制性法律或规定的限制，并不能完全由企业自行进行设计和调整。所以有关员工福利部分的内容，将在本章的最后一节单独进行介绍。

（二）薪酬设计的内容

根据上面对薪酬设计含义的解释，薪酬设计具体包括以下几部分的内容：

（1）薪酬水平设计，即对企业整体薪酬水平与同类企业或组织相比，所处的位置和水平的设定和规划；

（2）薪酬职别设计，即对企业内部不同岗位、不同等级的员工所获薪酬的相互比例关系的设定和规划；

（3）薪酬结构设计，即对企业中具体的工作岗位所获薪酬的构成部分及各构成部分数额比例的设定和规划。

二、薪酬设计的基本原则

薪酬设计是薪酬管理中的一项重要工作。薪酬设计的好坏，对于员工来说，直接关系到是否能够有效地调动员工的工作积极性，直接关系到员工的工作满意度、获得感、幸福感和忠诚度。对于企业而言，则直接关系到其薪酬待遇是否具有足够的吸引力，是否能够吸引并留住其需要的人员，直接关系到其用工成本是否能够产生最大效益，甚至直接关系到其在行业内的整体竞争力水平的高低。也正是由于薪酬设计不论是对于企业还是对于员工都具有非常重要的影响和作用，因此在进行薪酬设计时，需要遵守一些基本的原则，这些基本原则是在进行薪酬设计时需要认真遵循的，同时也是衡量具体的薪酬设计工作是否做好的一些重要准则。一般来说，薪酬设计的基本原则包括以下内容。

1. 公平性原则

公平是薪酬设计的基本目标之一，公平性原则也是薪酬设计时应当遵循的首要原则。只有在薪酬设计公平的情况下，员工才能产生认同感和相对满意度，薪酬才可能发挥有效的激励作用。具体来说，薪酬设计的公平性，首先是指内部的公平性，即要使员工认同并觉得，与内部的其他员工相比，其获得的薪酬是相对公平的，这样薪酬对员工才能起到激励作用。否则薪酬有可能对员工不仅不能起到积极的激励作用，反而会起到消极的懈怠作用。其次是指外部的公平性，即与本地区同类企业的相似岗位相比，企业或组织提供的薪酬是相对公平和有竞争力的，这样薪酬才能起到吸引人才和留住人才的作用。

2. 合法性原则

薪酬系统的合法性是指薪酬系统必须建立在遵守国家相关政策、法律法规和企业一系列管理制度基础之上。如果企业的薪酬系统与现行的国家政策和法律法规、企业管理制度不相符合，则企业应该迅速进行改进使其具有合法性。

3. 有效性原则

薪酬系统的有效性是指薪酬管理系统必须能够有效地帮助企业实现战略目标。薪酬不是一种制度，而是一种机制。合理的薪酬制度能够驱动有利于企业发展的各种因素的成长和提高，同时，抑制和淘汰不利于企业发展的因素。对于企业来说，薪酬系统是实现其战略和目标的一种手段，只有薪酬系统充分发挥其应有的功能，推动企业目标的实现，薪酬系统才有价值。因此，薪酬系统的设计必须以有效性作为一个重要标准和原则。

三、薪酬设计的基本目标

薪酬设计目标根据企业的人力资源战略确定。一般而言，包括以下三个方面：首先，帮助企业建立稳定的员工队伍，吸引高素质的人才；其次，激发员工的工作热情，创造高绩效；最后，努力实现组织目标和员工个人发展目标的协调。

四、薪酬设计的基本过程

薪酬设计是一项系统工程，从最初的薪酬调查开始，到最终确定具体工作岗位的薪酬数额及构成部分，中间需要经过大量从整体到个体，从宏观到微观的，一系列相互关联、相互衔接的相关工作。一般来说，薪酬设计工作从开始到完成，主要经过以下基本过程。

（一）进行薪酬调查

薪酬调查主要是通过现场调查、个别访谈、问卷调查、文档查阅、网络信息、委托查询等方式，调查和了解当地同类企业或组织的各职位类型的工资水平情况，企业或组织内部工资水平，各岗位、各等级的工资水平情况，以及企业或组织内部员工对所获薪酬的满意度状况等有关薪酬制度的各项信息，并对这些信息进行相应的汇总、整理和说明，以便对后续的薪酬设计工作提供可靠、真实的数据信息支持。

（二）确定薪酬政策

薪酬政策是指对薪酬设计的具体内容起整体上的指导、协调和规范作用的、有关薪酬设计的总体方针、策略和指南。确定薪酬政策就是要确定薪酬设计的总体方针和基本导向，它关系到薪酬设计的总体目标是否能够实现，以及薪酬设计的整体倾向性。其倾向性具体有以下几种类型。

（1）向一线人员倾斜的薪酬政策。这种薪酬政策倾向于向一线员工，即直接从事一线生产和服务的员工提供相对较高的薪酬，而向从事行政、后勤或内务的员工提供相对较低的薪酬。这种薪酬政策主要适用于一线员工较为辛苦、工作强度大、劳动力资源稀缺的企业或组织。

（2）向研发人员倾斜的薪酬政策。这种薪酬政策倾向于向研发人员提供相对较高的薪酬，而向从事行政、后勤或内务的员工提供相对较低的薪酬。这种薪酬政策主要适用于科技类、或以创新为主要增长动力和竞争力的企业或组织。

（3）向销售人员倾斜的薪酬政策。这种薪酬政策倾向于向销售人员提供相对较高的薪酬，而向从事行政、后勤或内务的员工提供相对较低的薪酬。这种薪酬政策主要适用于产品定型、市场竞争激烈而且生产经营模式成熟的企业。

（三）进行薪酬水平设计

薪酬水平设计是指将企业或组织的整体薪酬水平进行详细的规划和设定，其具体内容将在后面的小节中详细阐述。薪酬水平设计的最终结果是确定企业的总体工资水平和工资总额。

（四）进行薪酬职别设计

薪酬职别设计是指将企业或组织的不同岗位、不同等级的薪酬比例关系进行详细的规划和设定，其具体内容将在后面的小节中详细阐述。薪酬职别设计的最终结果是确定企业不同工作职位所获薪酬的相互比例关系。

（五）进行薪酬结构设计

薪酬结构设计是指将企业或组织中的每个具体岗位所获薪酬的构成进行详细的规划和设定，其具体内容将在后面的小节中详细阐述。薪酬结构设计的最终结果是确定企业中的具体工作岗位所获薪酬的不同构成部分及数额。

第三节　薪酬水平设计

一、薪酬水平设计的目的

薪酬水平（Pay Level）是指企业员工的整体货币性收入水平，与劳动力可以自由流动的地区范围内的其他企业相比，相对状况的高低或多少。一个企业薪酬水平，直接影响到企业在劳动力市场上的竞争力和吸引力，同时也直接影响到企业员工的整体素质水平，并由此影响企业在产品市场上的竞争力状况和企业的可持续发展能力。因此，薪酬水平设计既是薪酬设计的实质内容的起始点，也是薪酬设计整体制度安排的重要基础。薪酬水平设计的目的是设定企业员工的整体收入水平，既符合企业的控制人工成本的需求，也符合员工追求合理劳动报酬的需求，使得企业员工的整体收入水平既不是太高，也不是太低，而是处在一种既能够较好地控制企业人工成本，又能够使企业的薪酬对员工具有足够吸引力的状态。

二、薪酬水平设计的主要策略

进行薪酬水平设计时，首先需要根据企业自身发展的不同阶段和经营状况，确定其薪酬水平的基本策略。这些策略主要分为以下几种类型。

（1）市场领先策略。采用这种薪酬策略的企业，薪酬水平在同行业的竞争对手中是处于领先地位的。领先薪酬策略一般基于以下几点考虑：市场处于扩张期，有很多的市场机会和成长空间，对高素质人才需求迫切；企业自身处于高速成长期，薪酬的支付能力比较强；在同行业的市场中处于领先地位等。

（2）市场跟随策略。采用这种策略的企业，一般都建立或找准了自己的标杆企业，企业的经营与管理模式都向自己的标杆企业看齐，同样，薪酬水平也向标杆企业看齐。

（3）市场滞后策略。市场滞后策略也叫成本导向策略，即企业在制定薪酬水平策略时不考虑市场和竞争对手的薪酬水平，只考虑尽可能地节约企业生产、经营和管理的成本。这种企业的薪酬水平一般比较低。采用这种薪酬策略的企业一般实行的是成本领先战略。

（4）混合薪酬策略。顾名思义，混合薪酬策略就是在企业中针对不同的部门、不同的岗位、不同的人才，采用不同的薪酬策略。比如，对于企业核心与关键性的人才和岗位采用市场领先薪酬策略，而对于一般的人才、普通的岗位采用非领先的薪酬水平策略。

三、薪酬水平设计的基本过程

薪酬水平设计一般需经过以下的基本过程。

（1）薪酬水平状况的相关调查。在进行薪酬水平设计的实质性工作之前，薪酬管理部门及有关人员需要首先进行一些与薪酬水平相关的基础性调查工作。调查的内容主要包括本地区同类企业的薪酬水平设定的基本情况、本企业目前的薪酬水平以及企业员工对于目前薪酬水平的主要意见和看法等。调查的方式包括查阅相关文档、现场访谈、网络查询、委托调查、问卷调查等多种方便、快捷、有效的方式。

（2）薪酬水平策略的选择。企业需要综合考虑自身特点、发展阶段、经营状况以及员工的需求等多方面的因素，来确定企业所选择的薪酬水平策略，而且薪酬水平策略的选择也不是只选一种策略，企业可以根据不同职位的特点和员工需求，选择采用多种薪酬水平策略。

（3）根据薪酬水平状况的调查结果和企业所确定的薪酬水平策略，企业开始具体的薪酬水平设计，有关这部分的详细内容和方法，将在本节的后续部分加以介绍。

（4）将薪酬水平设计的结果提供给主管部门和领导审核，经过修改完善后进行试行，试行过程中发现问题认真及时修正，最后将薪酬水平的设计确定下来。

四、薪酬水平设计的主要方法

薪酬水平设计的主要目的在于使企业的整体工资水平和职别工资水平在一定区域内的劳动力市场中，对于劳动者来说具有一定的竞争力和吸引力。因此，薪酬水平设计的重点内容在于确定企业的整体工资水平和不同类型职位的工资水平。而从这个角度出发，薪酬水平设计主要可以分为以下两种方法。

（一）平均工资法

平均工资法就是以本地区同类企业的整体平均工资和不同类型职位的平均工资作为衡量定本企业工资水平的主要指标，然后再根据本企业有关薪酬水平的基本策略，确定本企业整体工资水平和不同类型职位的平均工资水平。比如，采用市场领先策略的企业，可根据企业自身的盈利状况，确定本企业略高于社会平均工资的各项平均薪酬水平；采用市场跟随策略的企业，可根据企业自身的盈利状况，确定本企业相当于社会平均工资的各项平均薪酬水平；采用成本领先策略的企业，可根据企业自身的成本尤其是劳动力成本的控制目标，确定本企业略低于社会平均工资的各项平均薪酬水平。

（二）基准职位工资法

基准职位工资法就是以本地区同类企业的整体基准职位工资和不同类型职位的基准职位工资作为衡量定本企业工资水平的主要指标，然后再根据本企业有关薪酬水平的基本策略，确定本企业整体基准职位工资水平和不同类型职位的基准职位工资水平。其中基准职位的确定，在不同类型的职位中是选择企业中最主要和最常见的工作职位作为基准职位，在相同类型的职位中一般是选择中级职位作为基准职位。同上一种方法类似，采用市场领先策略的企业，可根据企业自身的盈利状况，确定本企业略高于社会平均工资的各项基准职位薪酬水平；采用市场跟随策略的企业，可根据企业自身的盈利状况，确定本企业相当于社会基准职位工资的各项基准职位薪酬水平；采用成本领先策略的企业，可根据企业自身的成本尤其是劳动力成本的控制目标，确定本企业略低于社会基准职位工资的各项基准职位薪酬水平。

五、薪酬水平设计的最终结果

薪酬水平设计的最终结果是得到企业的整体平均工资和不同类型职位的平均工资，据此数值，企业可以了解企业自身的薪酬水平是否公平、合理。用整体平均工资数乘以企业的员工总数，就可以得到企业的工资总额，据此数值企业也可以有效适当地控制企业的用工成本。

第四节 薪酬职别设计

一、薪酬职别设计的目的

薪酬职别（Job Structure）是指企业内部不同工作岗位、不同职务等级、不同技能水平的员工获得的货币性薪酬的相互比例关系。如果说，薪酬水平反映的是企业薪酬制度的外部公平性和吸引力状况，那么薪酬职别则反映的是企业薪酬制度的内部公平性和吸引力状况。一个企业薪酬职别设计的合理性，直接影响到企业员工的获得感和公平感。因为员工从企业获得的薪酬收入所产生的有效激励作用，一方面取决于其所获薪酬的绝对数量，即薪酬的实际数额。另一方面也受其所获薪酬的相对数量，即其所获薪酬与其他付出同等劳动的人尤其是本企业内的员工相比的相对比例的影响，也就是人们通常说的攀比心理的影响。因此，薪酬职别设计也是薪酬设计的重要内容。薪酬职别设计的目的是为了使设定的企业内部不同职位、不同等级、不同技能的员工所获得的薪酬收入之间的相互比例关系处在一种合理、适当的状态，使之既能反映出不同岗位上的员工对于企业创造价值的贡献程度的大小，也反映劳动者所付出的劳动力价值的大小，从而真正体现出劳有所值、劳有所得的按劳分配的原则和精神，同时也保障薪酬制度的内部公平性、合理性，使员工对企业的薪酬制度产生足够的满意度和认同感。

二、薪酬职别设计的主要策略

薪酬职别设计主要确定不同职位、不同等级、不同技能的员工所获得的薪酬之间的相互比例关系。而在确定这种比例关系的过程中，与此相关的企业薪酬政策和策略是需要确定的，这也是薪酬职别设计的预定方针和指南。常见的与薪酬职别设计有关的薪酬策略主要有以下几种。

（一）差异化的薪酬职别策略

差异化的薪酬职别策略是指对于企业中不同性质的工作职位的薪酬数额，采取较大的差异比例的薪酬策略。这种薪酬策略大多适用于市场化程度较高、竞争较为激烈、不同职位的员工对企业创造价值的贡献差异明显、尤其是科技研发型企业。采用这种薪酬策略有利于拉大不同职位之间的薪酬差距，调动关键岗位的员工的工作积极性，但是也比较容易引起企业内部员工的相互竞争，甚至造成低端岗位员工的劳动积极性不高或高流失率。

（二）均等化的薪酬职别策略

均等化的薪酬职别策略是指对于企业中不同性质的工作职位的薪酬数额，采取较为均等、差异不太显著的薪酬策略。这种薪酬策略大多适用于市场化程度不高、竞争程度不高、不同职位的员工对企业创造价值的贡献差异不太明显的企业。采用这种薪酬策略主要是为了弱化不同职位员工的薪酬差异，形成一种较为和谐、稳定的员工内部关系，但是也容易产生吃大锅饭、人浮于事的现象。

（三）宽带式的薪酬职别策略

宽带式的薪酬职别策略是指对于企业中性质相同，但不同等级的工作职位的薪酬数额，采取等级差异较为显著的薪酬策略。这种薪酬策略大多适用于市场化程度较高、竞争程度高、不同等级的员工对企业创造价值的贡献差异较为明显的企业。采用这种薪酬策略主要是为了强化不同等级员工的薪酬差异，形成一种职业阶梯较为明显、职位等级收入差距较大的内部薪酬关系。一方面容易调动高等级员工的工作积极性，另一方面也容易促使低等级员工不断积极上进，在本职位实现职业晋升。但是这种薪酬策略也容易产生等级差距大、员工内部竞争激烈等问题。

（四）扁平式的薪酬职别策略

扁平式的薪酬职别策略是指对于企业中性质相同，但不同等级的工作职位的薪酬数额，采取较为均等、差异不太显著的薪酬策略。这种薪酬策略大多适用于市场化程度不高、竞争程度不高、不同等级的员工对企业创造价值的贡献差异不太明显的企业。采用这种薪酬策略主要是为了弱化不同等级员工的薪酬差异，形成一种较为和谐、稳定的员工内部关系，但是也容易产生不思进取、消极懈怠的问题。

三、薪酬职别设计的基本过程

薪酬职别设计一般需经过以下的基本过程。

（1）薪酬职别状况的相关调查。在进行薪酬职别设计的实质性工作之前，薪酬管理部门及有关人员需要首先进行一些与薪酬职别相关的基础性调查工作。调查的内容主要包括本地区同类企业的薪酬职别设定的基本情况，本企业目前的薪酬职别设定情况，以及企业员工对于目前的薪酬职别设定的主要意见和看法等。调查的方式包括查阅相关文档、现场访谈、网络查询、委托调查、问卷调查等多种方便、快捷、有效的方式。

（2）薪酬职别策略的选择。企业需要综合考虑自身特点、发展阶段、经营状况以及员工的需求等多方面的因素，来确定企业所选择的薪酬职别策略，而且薪酬职别策略的选择也不是只选一种单一的策略，企业可以根据不同职位的特点和员工需求，选择采用多种薪酬职别策略。

（3）根据薪酬职别状况的调查结果和企业所确定的薪酬职别策略，开始具体的薪酬职别设计，有关这部分的详细内容和方法，将在本节的后续部分加以介绍。

（4）将薪酬职别设计的结果提供给主管部门和领导审核，经过修改完善后进行试行，试行过程中发现问题认真及时修正，最后将薪酬职别的设计确定下来。

四、薪酬职别设计的主要方法

一般来说，薪酬职别设计主要可以采用较为简便和较为复杂的两种不同的方法。较为简

便的方法是简单排序法，这种方法适用于企业规模较小、企业内部工作职位类别不多而且员工数量也不多的企业。较为复杂的方法是职位评价法，这种方法适用于企业规模较大、企业内部工作职位类别较多而且员工数量也较多的企业。以下分别予以介绍。

（一）简单排序法

所谓简单排序法，就是将企业中不同类型的工作职位按照其对于企业创造价值的重要程度，将企业不同职位上的所获薪酬进行由高到低的简单排序的薪酬职别设计方法。具体地说，该方法按以下步骤进行。

（1）基准职位的确定。在薪酬设计中，基准职位的确定是一项重要的基础性工作。所谓基准职位就是在同一类性质的职位中最常见、最普遍的工作职位。因为在薪酬设计中，往往是首先确定基准职位的薪酬标准，然后再确定该职位系列中其他等级的职位的薪酬标准的。

（2）将企业中不同类型的工作职位划分为非常重要、重要、一般和不重要四个等级，然后根据企业采用的薪酬职别策略分别赋予这四类职位不同的薪酬系数，从而由此确定这四类职位中的基准职位的薪酬系数。在通常情况下，将一般等级的工作职位的薪酬系数确定为1，然后再根据企业采用的薪酬职别策略，来确定其他等级的工作职位的薪酬系数。采用差异化策略的企业，这四类职位的薪酬系数差距可以拉大一些。而采用均等化策略的企业，这四类职位的薪酬系数差距可以缩小一些。由此企业就确定了不同类型工作职位中的基准职位的薪酬系数和薪酬标准。

（3）接下来再确定同一类工作职位中，不同等级的工作职位的薪酬标准。这时同样将同一类工作职位中不同等级的工作职位，按其重要性赋予相应的系数。选择采用宽带式薪酬职别策略的企业可以将不同等级职位的薪酬系数的差距设定较大一些，而选择采用扁平式薪酬职别策略的企业，可以将不同等级职位的薪酬系数的差距设定较小一些。由此企业就确定了同一类别的工作职位中不同等级的工作职位的薪酬标准。这样，企业中每个工作职位的薪酬系数和薪酬标准就全部确定下来了。

（二）职位评价法

所谓职位评价法，就是将企业中不同类型的工作职位中的基准职位，按照其对于企业创造价值的重要程度、工作本身的复杂程度、劳动力付出的繁重程度等工作要素分别赋予不同的分值也就是点数，然后根据不同类型的基准职位经过职位评价得到的点数来计算不同工作职位的薪酬系数和薪酬标准的薪酬职别设计方法。这种方法与简单排序法相比，较为精细，也较为复杂，主要适用于企业规模较大，而且企业中的职务种类较多的情况。具体地说，采用职位评价法进行薪酬职别设计的主要过程包括以下的基本步骤。

（1）确定企业工作岗位中各种具体的工作要素，并给这些工作要素设定一个最高的分值，即点数。

（2）将企业中不同类型的工作职位中的基准职位，按照其对于企业创造价值的重要程度、工作本身的复杂程度、劳动力付出的繁重程度等工作要素进行评价，得到不同的分值也就是点数，然后将这些分值进行累加，从而得到不同类型的工作职位中基准职位的职位评价总分值。

（3）把分值最低的基准职位的薪酬系数设定为1，其他基准职位薪酬系数则根据其职位评价分值与分值最低的基准职位分值的比值来确定其薪酬系数。

（4）再将同类职位上不同等级的职位，采用简单排序法赋予各自的薪酬系数，这样企业中所有职位的薪酬系数就可以全部确定下来了。

（5）最后将薪酬系数与企业的工资总额列出一元一次方程，就可以得到企业中每个工作职位的薪酬标准了。

五、薪酬职别设计的最终结果

薪酬职别设计的最终结果是得到企业不同类型职位的薪酬数额。通过较为合理的薪酬职别设计，企业可以在薪酬总额不变的情况下，在不同种类和不同等级的内部员工之间，使企业薪酬做到较为公平、合理、有效的分配。

第五节　薪酬结构设计

一、薪酬结构设计的目的

薪酬结构是指企业中的具体工作职位所获得的薪酬的组成部分，以及各部分的数额确定方式。薪酬结构的设定，直接决定了企业薪酬的计算和发放方式。同样数额的薪酬，如果以不同的方式计算和发放，又直接影响到劳动者劳动价值的计量方式和劳动者最终获得薪酬，因此也直接影响到企业的用工成本和劳动者所获报酬。因此，薪酬结构设计也是薪酬设计的一项重要内容。薪酬设计的目的就在于使企业薪酬既能够反映劳动力的实际价值，又能够充分发挥企业薪酬对劳动者工作积极性的有效激励和基本保障作用。

二、薪酬结构设计的主要策略

（一）企业在不同的发展阶段可以采用不同的有关薪酬结构方面的策略

一般来说，企业在初创与迅速发展阶段一般倾向于采用领先策略，以吸引和激励人才；在成熟阶段采用领先或是匹配的策略，保持员工队伍稳定；而在衰退阶段通常采用匹配甚至是滞后的薪酬策略，因为此时它的支付能力非常有限，要考虑对劳动力成本的控制。

企业在初创期和成熟期的薪酬结构更强调报酬的激励性，要拉开收入档次，激励员工努力奋斗，因此，可变薪酬的比例比较高；而在成熟期和衰退期的薪酬差别较小，适当控制薪酬的激励功能，强调其稳定功能。

企业的发展阶段不同，奖励的重点和奖励的数量也有所不同。企业在创始和高成长阶段，比较注重奖励员工不断创新和发展，通常以长期激励为主，如采用股票期权和员工持股等方式，而在企业的衰退期则比较注重控制奖励成本。此外，企业在高成长阶段，奖励的数量可能会大一些，而在衰退阶段的奖励会很少或几乎没有。这主要是因为企业在高成长阶段有比较强的支付能力，而在衰退期的支付能力则非常有限。

（二）针对不同层级的员工，在薪酬结构上企业可以采取一些的基本策略

针对层级较高的企业高级管理人员，在薪酬结构上应当采取浮动薪酬占较大比重，固定薪酬占较小比重的策略。因为企业的高级管理人员的工作自主性较大，设定较大比例的浮动

薪酬，目的在于更大程度地激发企业高管人员的工作积极性和主动性。

针对层级中等的企业中层管理人员，在薪酬结构上应当采取浮动薪酬占次一级的较大比重，固定薪酬占次一级的较小比重的策略。这种策略同样是为了更大限度地调动其工作的积极性和主动性。

针对层级较低的企业一般工作人员，在薪酬结构上应当采取浮动薪酬占较小比重，固定薪酬占较大比重的策略。这种策略目的是既调动其工作的积极性和主动性，又使其原本不高的薪酬具有一定的保障性。因为企业基层员工的工作主要是执行上级指派的工作任务，其自主决定权限很小，而且一般来说，企业基层员工的收入也并不很高，所以设定较大比例的固定薪酬，是为了使基层员工有较大的安全感和稳定感。

三、薪酬结构设计的基本过程

薪酬结构设计一般需经过以下基本过程。

（1）薪酬结构状况的相关调查。在进行薪酬结构设计的实质性工作之前，薪酬管理部门及有关人员需要先进行一些与薪酬结构相关的基础性调查工作。调查的内容主要包括本地区同类企业的薪酬水平设定的基本情况、本企业目前的薪酬水平以及企业员工对于目前薪酬水平的主要意见和看法等。调查的方式包括查阅相关文档、现场访谈、网络查询、委托调查、问卷调查等多种方便、快捷、有效的方式。

（2）薪酬结构策略的选择。企业需要综合考虑自身特点、发展阶段、经营状况以及员工的需求等多方面的因素，来确定企业所选择的薪酬结构策略，而且薪酬结构策略的选择也不是只选一种策略，企业可以根据不同职位的特点和员工需求，选择采用多种薪酬结构策略。

（3）根据薪酬结构状况的调查结果和企业所确定的薪酬结构策略，开始具体的薪酬结构设计，有关这部分的详细内容和方法，将在本节的后续部分加以介绍。

（4）将薪酬结构设计的结果提供给主管部门和领导审核，经过修改完善后进行试行，试行过程中发现问题认真及时修正，最后将薪酬结构的设计确定下来。

四、薪酬结构设计的主要方法

薪酬结构设计的主要目的在于使企业员工的工资计算和发放，对于劳动者来说具有一定的保障性和激励性。因此，薪酬结构设计的重点内容在于确定企业员工工资的构成部分以及每一部分的数额计算方式和相应比例。所以薪酬结构设计的内容首先是确定薪酬的构成部分，一般来说，正如在企业薪酬结构策略所描述的，企业的薪酬主要由基本工资、绩效工资、岗位津贴构成。其中基本工资是保障性薪酬，对员工的生活和消费起基本的保障作用。其他两项属于激励性薪酬，其作用在于激发员工的工作积极性。从这个角度出发，薪酬结构设计主要是针对激励性薪酬而言的，并分为以下几种方法，分别适用于不同构成部分薪酬的计算。

（一）计量工资法

计量工资法是根据员工所完成的工作任务数量来确定其工资报酬的方法。在具体数额的计算方法上，又分为计件工资，即按完成工作的数量来计算工资数额以及计时工资，即按工作时间的长度来计算工资数额。一般企业会确定一个基本的劳动定额，在基本定额以上的部分按照完成的工作量支付绩效工资，在基本定额之内的部分，则只获得基本工资。这种工资计发方式主要适用于工作任务比较规范和单一的工作岗位，比如加工制造企业的工人和宾馆、餐厅的服务员，或按单件销售或作业的销售人员或作业人员。

（二）计价工资法

计价工资法是根据员工完成工作的价值来确定其工资报酬的方法。在具体数额的计算方法上，可以按工作价值的一定比例以提成的方式计算，也可以采用价值量固定收益的方式计算。这种工资计发方式主要适用于按批量销售的货物或单件价值数额较大的工作职位

（三）结果工资法

结果工资法是将完成的工作的最终结果作为计发工资的主要依据的方法。这种工资计发方式主要适用于科技研发人员的绩效工资的发放。

（四）过程工资法

过程工资法是根据完成工作过程的质量和水平计发工资的方法。这种工资计发方式适用于需要精心的准备和操作才能完成的工作岗位，比如医生，教师等。

（五）长效工资法

长效工资法是根据完成工作的长期效果来计发工资的方式。这种工资计发方式主要适用于高层管理者的职位，比如企业总经理和其他高管人员，行政部门领导人员等。

五、薪酬结构设计的最终结果

薪酬结构设计的最终结果是得到企业具体职位的工资构成比例和具体数额。通过较为合理的薪酬结构设计，企业可以将薪酬对员工的激励和保障作用，得到较为有效的发挥。

第六节　员工福利管理

一、福利概念

广义的福利是指企业、事业单位和国家机关向员工提供共同的物质文化待遇，以达到提高和改善员工生活水平和生活条件、解决员工个人困难、提供生活福利、丰富精神和文化生活目的的一种社会事业。狭义的员工福利又称劳动福利，是企业为满足劳动者的生活需要，在正常工资以外为员工个人及其家庭所提供的实物和服务。通常人们所讲的福利就是指狭义的福利。员工福利具有以下特点。

（1）补偿性。员工福利是对劳动者所提供劳动的一种物质补偿，享受员工福利必须以履行劳动义务为前提。

（2）均等性。员工福利在员工之间的分配和享受，具有一定程度的机会均等和利益均沾的特点。每个员工都有享受本企业员工福利的均等权利。

（3）补充性。员工福利是对按劳分配的补充，可以在一定程度上减小按劳分配带来的生活富裕程度的差别。

（4）集体性。员工福利的主要形式是举办员工集体福利事业，员工主要通过集体消费或共同使用公共设施的方式分享员工福利。

（5）差别性。员工福利在同一企业内部实行均等和共同分享的原则，但在不同企业间存在着差别。

二、影响福利的因素

（1）高层管理者的经营理念。有的管理者认为员工福利能省则省，有的管理者认为员工福利只要合法就行，有的管理者认为员工福利应该尽可能好，这都反映了他们的经营理念。

（2）政府的政策法规。许多国家和地区的政府都明文规定，企业员工应该享有哪些福利，一旦企业不为员工提供相应的福利则会被认为是违法，从而影响企业的福利管理。

（3）工资的控制。由于所得税等原因，一般企业为了控制成本，不能提供高的工资，但可以提供良好的福利，这也是政府所提倡的措施。

（4）医疗费用的急剧增加。由于种种原因，近年来世界各地的医疗费都大幅度增加，如果没有相应的福利支持，员工一旦患病，尤其是患危重疾病，往往会造成生活困难。

（5）竞争性。由于同行业的类似企业都提供了某种福利，迫于竞争的压力，企业不得不为员工提供该种福利，否则会影响员工的积极性。

三、员工福利的种类

员工福利种类繁多，涵盖范围广。例如，IBM的员工福利一般由三部分组成。一是国家立法强制实施的社会保障制度，包括基本养老保险、医疗保险、失业保险、工伤保险等；二是企业出资的企业年金、补充医疗保险、人寿保险、意外及伤残保险等商业保险计划；三是住房、交通、教育培训、带薪休假等其他福利计划。

（一）法定福利

我国规定的有六种法定社会福利类型：养老保险、失业保险、医疗保险、工伤保险、生育保险以及住房公积金（俗称“五险一金”）。

1. 养老保险

养老保险是针对退出劳动领域的或无劳动能力的老年人实行的社会保护和社会救助措施。老年是人生中劳动能力不断减弱的阶段，意味着永久性“失业”。每个人都会步入老年，从这种意义上说，由老年导致的无劳动能力是一种确定的和不可避免的风险。随着工业化和现代化的发展，全世界大多数国家都已实行了老年社会保险制度。

我国同世界上大多数国家一样，实行的是投保资助型的养老保险模式，这是一种由社会共同负担、社会共享的保险模式。它规定：每一个工薪劳动者和未在职的普遍公民都属于社会保险的参加者和受保对象；在职的企业员工必须按工资的一定比例定期缴纳社会保险费，不在职的社会成员也必须向社会保险机构缴纳一定的养老保险费作为参加养老保险所履行的义务，然后才有资格享受社会保险。同时还规定：企业也必须按企业工资总额的一定比例缴纳保险费。

2. 失业保险

失业保险是为遭遇失业风险、收入暂时中断的失业者设置的一道安全保障。它的覆盖范围通常是社会经济活动中的所有劳动者。我国于1999年颁发的《失业保险条例》规定，失业保险基金的来源包括企事业单位按本单位工资总额的2%缴纳的失业保险费、职工按本人工资的1%缴纳的失业保险费、政府提供的财政补贴、失业保险基金的利息及依法纳入失业保险基金的其他资金。

失业保险的开支范围包括失业保险金、领取医疗保险金期间的医疗补助金、丧葬补助金、抚恤金；领取失业保险金期间接受的职业培训补贴和职业介绍补助；国务院规定或批准的与失业保险有关的其他费用。享受失业保险待遇的条件为：所在单位和本人按规定履行缴费义务满一年；非本人意愿中断就业；已办理失业登记并有求职要求，同时具备以上三个条件才有申请资格。

3. 医疗保险

医疗社会保险是指由国家立法，通过强制性社会保险原则和方法筹集医疗资金，保证人们平等地获得适当的医疗服务的一种制度。为了实现我国职工医疗保险制度的创新，在总结我国医疗保险制度改革试点单位的经验、借鉴国外医疗保险制度成功做法的基础上，党的十四届三中全会决议中明确指出，要建立社会统筹和个人账户相结合的新型职工医疗保险制度。

4. 工伤保险

工伤保险是针对那些最容易发生工伤事故和职业病的工作人群的一种特殊社会保险。1996年颁布的《企业职工工伤保险试行办法》中建立了工伤保险制度，职工个人不缴纳工伤保险费。与养老、医疗、失业保险不同，工伤保险除了体现社会调剂、分配风险的社会保险一般原则外，还通过工伤预防、减少事故和职业病的发生来体现企业责任等原则。因此，我国采取了与国际接轨的做法，对工伤保险费不实行统一的费率，而是根据各行业的伤亡事故风险和职业危害程度类别，实行不同的费率。

5. 生育保险

生育保险费由当地人民政府根据实际情况确定，但最高不要超过工资总额的1%。企业缴纳的生育保险费列入企业管理费用，职工个人不缴纳生育保险费。女职工生育期间的检查费、接生费、手术费、住院费和医疗费，都由生育保险基金支付，超出规定的医疗服务费和药费由职工个人负担。产假期间按照本企业上年度职工月平均工资计发生育津贴，由生育保险基金支付。

6. 住房公积金

根据1999年颁布、2002年修订的《住房公积金管理条例》，住房公积金是指国家机关、国有企业、城镇集体企业、外商投资企业、城镇私营企业、其他城镇企业、事业单位为其在职职工缴存的长期住房储金。

职工和单位住房公积金的缴存比例不得低于职工上一年度月平均工资的5%；有条件的城市，可以适当提高缴存比率。具体缴存比例由住房公积金委员会拟定，经本级人民政府审核后，报省、自治区、直辖市人民政府批准。

（二）企业补充保险计划

1. 企业补充养老金计划

由于各方面的原因，法律所规定的养老保险金水平不会很高，很难保证劳动者在退休以后过上宽裕的生活。为此，很多国家都鼓励企业在国家法定的养老保险之外，自行建立企业的补充养老保险计划，其主要手段是提供税收方面的优惠。补充养老金计划有三种基本形式，分别是团体养老金计划、延期利润分享计划和储蓄计划。团体养老金计划是指企业（可能也包括员工）向养老基金缴纳一定的养老金；延期利润分享计划是指企业会根据企业的盈利情况定期在每个员工的储蓄账户上贷记一笔数额一定的应得利润，员工符合一定条件时即可提取这些收益；储蓄计划是指员工从其工资中提取一定比例的储蓄金作为以后的养老金，与此同时，企业通常还会付给员工相当于储蓄金金额一半或同样数额的补贴。在员工退休或死亡以后，这笔收入会发给员工本人或亲属。

2. 集体人寿保险计划

人寿保险是市场经济国家中很多企业都提供的一种最常见的福利。大多数企业都要为其员工提供团体人寿保险。这是一个适用于团体的寿险方案，对企业和员工都有好处。员工可以以较低的费率购买到与个人寿险方案相同的保险，而且团体方案通常适用于所有的员工（包括新进员工），而且不论他们的健康状况如何。在多数情况下，企业会支付全部的基本保险费。

此外，企业还可以采取加入健康维护组织的方式来为员工提供健康医疗保险和服务。健康维护组织在美国比较普遍，它是保险公司和健康服务提供者的结合。它提供完善的健康服务，包括对住院病人和未住院病人提供照顾等。和其他保险计划一样，它也有固定的交费率，但是这种做法通常有助于降低企业的保险成本。

3. 对未成年的员工进行特殊照顾

所谓未成年员工，是指年满16周岁但未满18周岁的青年员工。如有个别部门因为特殊情况需要16周岁以下的少年，必须经过当地劳动部门的批准，方可招用，并对这些少年的学习、培训给予补贴或津贴。

4. 对特殊工种劳动者的保护与福利

所谓特殊工种，在我国是指在特别环境中从事体力劳动、井下开采、地质勘探、在高山中进行野外作业的员工，或从事高温冶炼的员工等。这些员工除享受一般员工的劳动安全保护和福利条件外，对他们还要有特殊的营养补贴及津贴。

（三）法定休假

1. 公休假日

公休假日是劳动者工作满1个工作周之后的休息时间。我国实行的是每周40小时的工作制，劳动者的公休假日为每周两天。我国《劳动法》第38条规定：用人单位应当保证劳动者每周至少休息一日。

2. 法定休假日

法定休假日即法定节日休假。我国法定的节假日包括元旦、春节、清明节、五一国际劳动节、中秋节、十一国庆节和法律法规规定的其他休假日。我国《劳动法》规定，法定休假日安排劳动者工作的，支付不低于工资300%的劳动报酬。除《劳动法》规定的节假日以外，企业可以根据实际情况，在和员工协商的基础上，决定放假与否以及加班工资数额。

3. 带薪年休假

我国《劳动法》第45条规定，我国实行带薪年休假制度。劳动者连续工作一年以上的，享受带薪年休假。国家事业单位和公务员带薪年休假制度也早已存在，工作人员在 5 年、10 年和 20 年以上工龄分别休假 7 天、10 天和 15 天，但这一政策在个别单位可根据实际工作情况进行调整，并非硬性规定。

（四）其他福利计划

1. 饮食服务

很多企业为员工提供某种形式的饮食服务，他们让员工以较低的价格购买膳食、快餐或饮料。在企业内部，这些饮食设施通常是非营利性质的，有的企业甚至以低于成本的价格提供饮食服务。

2. 健康服务

健康服务是员工福利中被使用最多的福利项目，也是最受重视的福利项目之一。员工日常需要的健康服务通常是法律规定的退休、生命、工伤保险所不能提供的。在大多数情况下，健康服务包括为员工提供健身的场所、器械以及为员工举办健康讲座等。

3. 咨询服务

企业可以向员工提供广泛的咨询服务。咨询服务包括财务咨询（如怎样克服现存的债务问题）、家庭咨询（包括婚姻问题等）、职业生涯咨询（分析个人能力倾向并选择相应的职业）、重新谋职咨询（帮助被解雇者寻找新工作）以及退休咨询。在条件允许的情况下，企业还可以向员工提供法律咨询等。

四、福利管理

（一）福利管理的原则

1. 合理性原则

所有的福利都意味着企业的投入或支出，因此，福利设施和服务项目应在规定的范围内，力求以最小的费用达到最大的效果。效果不明显的福利应当被撤销。

2. 必要性原则

国家和地方规定的福利条例，企业必须坚决严格执行。此外，企业提供的福利应当最大限度地与员工要求保持一致。

3. 计划性原则

凡事要计划先行。福利制度的实施应当建立在福利计划的基础上，例如，福利总额的预算报告。

4. 协调性原则

企业在推行福利制度时，必须考虑到与社会保险、社会救济、社会优抚的匹配和协调。已经得到满足的福利要求没有必要再次提供，确保资金用在刀刃上。

（二）福利管理的主要内容

1. 福利的目标

每个企业的福利目标各不相同，但有些基本内容还是相似的，主要有：必须符合企业长远目标，满足员工的需求；符合企业的薪酬政策；考虑到员工的眼前需要和长远需要；能激励大部分员工，企业能负担得起；符合当地政的法规政策。

2. 福利成本核算

成本管理是企业管理中的关键环节，也是福利管理中的重要部分。没有成本管理，福利成本就会失控，从而侵蚀企业利润，成为企业的负担。因此，各级管理者必须花较多的时间与精力进行福利成本的核算，将其严格控制在预算范围之内。福利成本的核算主要涉及以下方面：通过销量或利润计算出公司可能支付的最高福利总费用；与外部福利标准进行比较，尤其是与竞争对手的福利标准进行比较；进行主要福利的项目预算；确定每一个员工福利项目的成本；制订相应的福利项目成本计划；尽可能在满足福利目标的前提下降低成本。

3. 福利沟通

要使福利项目最大限度地满足员工的需要，就必须让员工了解和接受企业的福利安排，因此，福利沟通相当重要。事实证明，并不是福利投入的金额越多，员工越满意。如果沟通不到位，得不到员工的认同，现金的福利投入也可能无法取得理想的效果。员工对福利的满意程度与对工作的满意程度正相关。福利的沟通可以采用以下方法：用问卷法了解员工对福利的需求；用沟通会、个别交流、宣传栏等方式向员工介绍有关的福利项目；找一些典型的员工面谈，了解某一层次或某一类型员工的福利需求；公布一些福利项目让员工自己挑选；利用各种内部刊物或在其他场合介绍有关的福利项目；收集员工对各种福利项目的反馈。

4. 福利调查

福利调查对于福利管理来说十分必要，主要涉及三个方面的内容：一是进行福利项目前的调查，主要了解员工对某一福利项目的态度与需求；二是员工年度福利调查，主要了解员工在一个财政年度内享受了哪些福利项目，各占多少比例，满意与否；三是福利反馈调查，主要调查员工对某一福利项目实施的反应如何，是否需要进一步改进，是否需要取消。

5. 福利实施

福利的实施是福利管理最具体的一个方面，需要注意以下几点：根据目标去实施；预算要落实；按照各个福利项目的计划有步骤地实施；有一定的灵活性；防止漏洞产生；定时检查实施情况。

（三）弹性福利计划

1. 弹性福利计划的形式

弹性福利计划又称为“自助餐福利计划”，其基本思想是让员工对自己的福利组合计划进行选择，体现的是一种弹性化、动态化管理，而且强调员工的参与。这种选择受两个方面的制约：一是企业必须制定总成本约束线；二是每种福利组合中都必须包括一些非选择项目，如社会保险、工伤保险以及失业保险等。一般来讲，弹性福利有四种形式。

（1）附加型弹性福利，即在现有的福利计划之外，提供其他不同的福利措施或扩大原有福利项目水准，让员工进行选择。其特点是：提供其他不同的福利措施或扩大原有福利项目的水准。如某家公司原先的福利计划包括房租津贴、交通补助费等，如果该公司实施此类型的弹性福利制，它可以将现有的福利项目及其给付水准全部保留下来当作核心福利，然后再根据员工的需求，额外提供不同的福利措施，如国外休假补助、人寿保险等。而且，这些额外提供的福利措施通常都会标上一个“金额”作为“售价”，每个员工根据他的薪资水平、服务年资、职务或家眷数目等情况，获得数目不等的福利限额，再以分配到的限额去认购所需要的额外福利。有些公司甚至还规定，员工如未用完自己的限额，余额可折发现金，不过现金的部分年终必须合并其他所得纳税；如果员工购买的额外福利超过了限额，也可以从自己的税前薪资中扣抵。

（2）核心加选择型弹性福利。“核心加选择型”的弹性福利计划由“核心福利”和“弹性选择福利”组成。“核心福利”是每个员工都可以享有的基本福利，不能自由选择；可以随意选择的福利项目则全部放在“弹性选择福利”之中，这部分福利项目都附有“价格”，可以让员工选购。员工所获得的福利限额，通常是未实施弹性福利制前所享有的，福利总值超过了其所拥有的限额，差额可以折发现金。

（3）套餐型弹性福利，即企业根据员工的服务期、婚姻状况、年龄、家属情况等设计不同类型的“套餐”供员工选择，但“套餐”的内容不能选择。这是目前企业采用比较多的类型，因为它具有针对性，操作起来比较简单。就像西餐厅推出来的A套餐、B套餐一样，食客只能选择其中一个“套餐”，而不能要求更换套餐里面的内容。

（4）积分型弹性福利，即员工暂不享受当年的部分福利，人力资源部负责积分，积分到一定程度后，可享受价值更大的福利。

2. 弹性福利计划的优点

相对于传统企业的福利计划来说，弹性福利计划让员工拥有了主动权，感受到自身是被尊重的。从管理理念的角度来说，弹性福利计划的重大突破在于它贯彻了以人为本的现代管理理念，尊重了员工价值，至少使员工能意识到这一点，这本身就是一种成功。弹性福利计划的优点主要如下。

（1）最大限度地激励员工。随着福利在薪酬体系中所占的比重越来越大，员工对福利的重视程度也必然越来越高。在这种情况下，管理者就可以考虑在选择组织提供的福利时，尽可能地发挥福利这一报酬工具的积极作用，使福利项目的选择尽可能地有利于组织效率的提高，而照顾员工福利偏好的弹性福利计划恰恰满足了这一需要。

（2）改善劳资关系。弹性福利计划表面上是向员工提供了一种福利项目的选择权，但更深层次的意义是，它实际上是向员工提供了一种可以控制他们自己的福利分配的能力，使员工从内心深处感觉到自己参与了组织的管理，从而能减少劳资双方的误解，营造良好的劳资关系。

（3）控制福利成本。弹性福利计划能够使企业的福利支出在可控的范围内最大限度地满足员工的个性化需求，并能够取得员工的理解和支持，从而使企业的福利成本不至于无限度地增长。

3. 弹性福利计划的缺点

（1）对于组织管理者的素质要求更高。组织管理者必须能充分了解员工的福利偏好，正确地对福利项目进行评估和分类，并科学地对福利项目进行组合。如果组织管理者的素质过低，或者可能造成福利组合的不合理，使灵活福利计划发挥不出应有的效用，或者可能造成福利分配的不公平，从而引发福利分配的负效用。

（2）有可能造成最有价值福利的浪费。因为员工总是根据个人的福利偏好来选择福利，所以有可能放弃某些对员工有价值的福利。

第七节　薪酬设计实务

“薪酬与福利方案设计”训练

实训技能 1　薪酬体系设计技能
实训技能 2　弹性福利设计技能
实训技能 3　薪酬内部公平性与外部公平性设计技能
要求：
（1）能够全面把握薪酬管理的理论与实务知识；
（2）能够运用薪酬管理的理论与实务的相关知识，分析企业员工薪酬体系与薪酬管理中存在的问题；
（3）能够初步设计具有一定针对性、创新性和实效性的企业员工薪酬管理体系的改进方案。

【项目一】

一、项目名称

薪酬管理。

二、实训目的

通过此项实训，进一步明确薪酬管理的概念和内容，了解影响薪酬管理的主要因素，掌握薪酬管理的程序与方法，能够初步完成薪酬管理工作。

三、实训条件

（一）实训时间

2 课时。

（二）实训地点

教室。

（三）实训所需材料

本实训需要的背景材料如下。

某集团公司的薪酬管理

背景与情境：在对企业激励机制的实证调研中，某公司销售部门的激励措施引起了我们的注意。该公司对销售部门采取的薪酬方案极其简单：固定工资，实际上全公司所有部门采取的都是固定工资（高层管理人员除外）。但是，令我们惊奇的并不是其固定工资方案本身，而是在这种单调的薪酬方案下，销售部门的人员竟然干劲十足。

我们不禁要问：这是为什么？根据经济学对委托代理的研究结论：当代理人的努力水平不可观测时，在只支付固定工资的情况下，代理人是不会努力工作的。那么，在这种极不合理的薪酬方案中到底是什么神奇的力量在发挥着积极的激励作用呢？带着这个问题我们对该公司进行了深入的调查。

这是一家生物制药企业下属的子公司，专门从事纳米技术在医药领域的开发和销售（以下简称纳米公司）。纳米公司成立于2011年。2012年11月份，一款药品成功推向市场，在不到一年的时间里已经取得了不俗的销售业绩。在对其进行进一步了解之后，我们作为旁观者不禁对销售部门的员工深感钦佩：在极为有限的营销预算下能取得这样的业绩实属难得。这也再次印证了我们所观察到的事实：销售部门的人员干劲高涨。我们还了解到，从纳米公司成立至今，在两年多的时间里，公司的工资方案从未变过，始终都是固定工资，而且每个人的工资水平也从未进行过调整，至于将来在什么时候会调整也是未知的，员工们认为完全不可预期，实际上他们对此并没有抱什么希望。

销售部门70%的员工是2012年7月份毕业的应届生，其他人员为陆续从社会上招聘的，年龄均为35岁以下。销售部门的工资方案是这样的：在应届毕业生中，本科生的月工资为3 000元，硕士的月工资为4 000元，其他从社会上招聘来的具有一定工作经验的员工月工资较高，在5 000～6 000元之间。对于应届毕业生来说，他们的工资收入水平与其在该城市工作的同学们相比是最低的，其他员工的工资在同等资历的人中也是比较低的。那么，是什么在激励他们努力工作呢？

在我们提出这个问题的时候，员工们的回答几乎是一致的："我努力工作并不是为了公司，而是为了我自己，为了我将来的事业发展。在这里，我们每个人都独立负责管理部分区域市场，我们能够得到锻炼，这对于我们的成长很有益处。虽然我目前的工资收入很低，但是，我相信在不久的将来，一旦我跳槽到其他公司，我会得到很高的工资。"实际情况在一定程度上证明了这一点，该部门的跳槽率的确很高。但是，由于公司总是能够很容易地招聘到所需要的人员，所以对于较高的跳槽率，管理层似乎并不介意。

经过系统地调查之后，纳米公司销售部门存在的下述三种现象吸引了我们的注意。

现象一：固定工资的薪酬方案，明显低于外部的工资水平。

现象二：销售部门的员工干劲十足，而且工作的主动性、创造性较高，这可以通过业绩显示出来。

现象三：员工的流动率很高。在我们调查的人员当中，80%的人明确表示在将来的某个时间会跳槽，40%的人认为自己会在一年之内跳槽。

在一个公司中，出现以上三种现象中的任何一种情况都是不足为奇的，可是，当所有这几种情况同时在一个公司中出现的时候，我们不得不为之侧目，因为它们是一组矛盾的组合；当现象一出现的时候，现象二不应该出现；当现象二出现的时候，现象三的出现也不合常理。

实际上，在任何一个公司中，都在一定程度上存在着这种状况，只是势态微弱往往不能引起人们的注意。纳米公司之所以引起我们的关注，是因为它以一种比较极端的形式将这种矛盾的组合展现在我们面前。

直觉告诉我们，一定有某种内在机制在发挥作用。那么，这种内在机制到底是什么呢？是否能在激励机制中有效地利用这种内在机制的积极作用呢？这种内在机制与外在的物质激励之间是什么关系呢？既然它与外在激励都能够提高员工的努力水平，而且能够显著地节约激励成本，那么，我们想知道是否能在激励机制中将其作为首要的因素加以考虑。我们还想知道这种内在机制发挥积极的激励作用的条件是什么，以便能够采取积极主动的行为来创造或引导这些条件，促进激励机制发挥良好的效果。当然，我们更希望用过对这种内在机制的探索，一方面解答我们对纳米公司激励机制存在的困惑，另一方面可以扬长避短，降低员工的流动率，为公司留住人才。

四、实训内容与要求

（一）实训内容

利用背景资料，对影响组织薪酬管理的主要因素进行分析，并进行初步预测。

（二）实训要求

（1）要求学生掌握影响组织薪酬管理的主要因素、薪酬管理的方法等基本理论，做好实训前的知识准备，如搜集理论依据、相关书籍、真实案例等。

（2）要求学生运用所学知识，结合背景资料，具体分析组织薪酬管理的相关情况。

（3）要求学生针对分析结论，选择适当的方法对背景资料中组织的薪酬管理进行初步预测。

（4）要求教师在实训过程中做好组织工作，给予必要的、合理的指导，使学生加深对理论知识的理解，提高实际分析、操作的能力。

五、实训组织与步骤

第一步，将学生划分成若干小组，6～8人为一组。

第二步，每组学生根据课前准备的背景资料和相关的理论书籍，结合正兴集团的薪酬管理状况，列出影响正兴集团薪酬管理的具体因素及特点。

第三步，每组学生根据分析的结果，确定采取哪几种方法对正兴集团的薪酬管理进行预测。

第四步，调动学生积极思考和发言，让学生进行充分的分析和讨论，并在小组内形成统一的结论，由小组代表在全班发表看法。

第五步，教师对各种观点进行分析、归纳和总结提炼，提出指导意见，帮助学生完善自己的结论。

第六步，每个小组根据讨论的结果编写实训报告。

六、实训考核方法

（一）成绩划分

实训成绩按优秀、良好、中等、及格和不及格五个等级评定。

（二）评定标准

（1）是否理解薪酬管理的内涵和重要意义。

（2）是否掌握影响薪酬管理的主要因素。

（3）是否掌握薪酬管理方法和程序，能否完成薪酬管理工作。

（4）能否结合案例提出自己的观点，列出影响企业薪酬管理的主要因素并进行分析。

（5）是否记录了完整的实训内容，做到文字简练、准确，叙述流畅、清晰。

（6）课程模拟、讨论、分析占总成绩的60%，实训报告占总成绩的40%。

七、问题

（1）根据对纳米公司情况的介绍，请详细描述纳米公司中劳动关系的各个方面。

（2）根据对纳米公司情况的介绍，请详细描述纳米公司中劳动合同主要内容是什么？
（3）如何通过完善劳动合同来减少员工的流失？
（4）在当前的经济和社会背景下，纳米公司的员工面临哪些压力？
（5）请为纳米公司设计一份员工援助计划。

【项目二】

一、项目名称

薪酬管理的编写。

二、实训目的

通过此项实训，初步掌握组织薪酬管理的制定原则、主要内容和程序步骤，能够编制基本的组织薪酬管理。

三、实训条件

（一）实训时间

2 课时。

（二）实训地点

深入一家有一定规模的企业开展实训。

（三）实训所需材料

教师提前给出目标公司的基本背景，学生根据前面介绍的理论知识做好实训准备，搜集目标公司的历年人力资源数据、职能结构、职位说明书等相关材料，以备分析讨论之用。

四、实训内容与要求

（一）实训内容

编制企业年度薪酬管理。

（二）实训要求

（1）要求选择一家人力资源工作开展较为成熟的规模以上企业作为实训基地，与企业进行良好沟通，取得编制薪酬管理所需的相关资料支持和人员支持。

（2）要求学生熟练掌握编制企业薪酬管理规划的原则、内容和步骤等基本理论，做好实训前的知识准备。

（3）要求学生深入目标企业，通过查找资料、与高管面谈、走访相关行业其他企业等工作，结合所学知识，以组为单位，尝试编制基本的年度薪酬管理。

（4）要求教师在实训过程中做好组织工作，给予必要的、合理的指导，使学生加深对理论知识的理解，提高实际分析、操作的能力。

五、实训组织与步骤

第一步，教师与目标企业联系，获得企业的支持，确定学生到企业实践的时间。

第二步，教师向学生明确实践要求，规范学生行为，在实践的过程中不得干扰或影响企业的正常工作，须在教师和企业专业人员指导下开展实践活动。

第三步，要求学生课前查阅相关理论与实战书籍，详细了解薪酬管理的编制原则、方法、内容和步骤。

第四步，学生分组进入实践岗位，深入到企业基层，对企业人力资源部门进行访问，小组成员可分工配合，各负责一部分，收集所需要的资料信息，在方便的时候与相关人员面谈或进行问卷调查。

第五步，在充分调查与研究的基础上，参考该企业以前年度的薪酬管理，进行汇总、讨论。

第六步，教师提出指导意见，帮助学生完善自己的结论，编写该企业年度薪酬管理。

第七步，总结并撰写实训报告。

六、实训考核方法

（一）成绩划分

实训成绩按优秀、良好、中等、及格和不及格五个等级评定。

（二）评定标准

（1）是否掌握薪酬管理的编写原则、方法和内容。

（2）是否掌握薪酬管理的编制程序和步骤。

（3）能否结合企业的实际情况，编制合理的年度薪酬管理。

（4）是否记录了完整的实训内容，做到文字简练、准确，叙述通畅、清晰。

（5）实践调查、讨论、分析占总成绩的 75%，实训报告占总成绩的 25%。

复习思考题

1. 广义的薪酬概念和狭义的薪酬概念有什么区别？不用类型的薪酬概念的具体含义是什么？
2. 薪酬管理的内容有哪些？薪酬设计的内容又有哪些？
3. 简要回答薪酬水平设计的内容和方法。
4. 简要回答薪酬职别设计的内容和方法。
5. 简要回答薪酬结构设计的内容和方法。

Chapter Eight

第八章　职业生涯管理

学习目标

1. 了解职业生涯管理的内涵；
2. 理解不同阶段组织职业生涯管理的内容；
3. 熟悉职业生涯管理的步骤和方法；
4. 理解职业生涯管理的未来趋势。

引导案例

29岁的王悦已是一家IT公司的销售总监，回想起自己在职业生涯中前进的每一步，她都感觉到脚踏实地。7年前，王悦毕业于某理工大学，当时有两个职位可供她选择：一个是到一家大型的事业单位做秘书，一个是到一家起步时间不长但发展势头较好的IT企业做销售。大部分朋友都劝她到那家事业单位去，认为这样的工作比较稳定，适合女孩子。但王悦根据自己喜欢挑战的特质和对于高科技产品比较敏感的特点，选择了销售。

王悦根据自己的职业兴趣选择了适合自己发展的工作，这也许就是她成功的第一步吧。经过几年的工作，原本“很有个性”的王悦，在销售中逐渐掌握了商场中为人处世、与人沟通的技巧和一些职场游戏规则，并且逐渐树立了自己的工作原则和亲切的风格，凡事都站在客户的角度销售产品，在工作中对客户负责。

由此，王悦使自己成为销售产品的专家，也同时赢得客户的信赖。现在她对自己更有自信了，也更认定当初的决定是正确的。在这个过程中，王悦给自己不断制定新的目标，包括销售额和个人成长。这些计划常常带有挑战的色彩，强迫自己实现目标。在这个目标下，她不但有了丰厚的收入，也在这个行业有了点名气。

但是销售做到一定业绩后，她却发现在销售管理方面有些乏力。面对如此情况，王悦又依照职业顾问的建议，勇敢地跨出了新的一步。她选择“充电”的同时，跳槽到了一家准备大力开拓市场的公司做了销售经理。虽然生活不太轻松，但她却很“沉迷”，有着如鱼得水的满足感，更重要的是学会了如何更好地管理一个销售团队，这正是她进入这家公司的主要原因——成为IT公司一名出色的销售经理。

最近，王悦被猎头公司看中，十分顺利地跳到同行业的一家公司，在新的年度里，头衔变成了销售总监，王悦在职业上又将有不小的飞跃。

第一节　组织职业生涯管理内容

一、组织职业生涯管理的内涵

组织职业生涯管理，是一种专门化的管理，即从组织角度对员工从事的职业和职业发展过

程所进行的一系列计划、组织、领导和控制活动，以实现组织目标和个人发展的有效结合。在员工制订其个人职业发展计划的过程中，都需要组织的参与和帮助。前面也曾探讨过，员工个人的职业发展是不能脱离组织而存在的，因此组织在员工个人的职业发展中起着重要的作用。

随着员工受教育程度和收入水平的不断提高，他们的工作动机也趋于高层化和多样化。人们参与工作，更多地是为了获得成就感、增加社会交往、实现发展的理想，那么他们的这些需要如何满足呢？这就对组织的管理活动提出了新的要求。在二十世纪六七十年代的美国，企业组织最早开始了组织职业管理方面的有益探索，一些企业开始有意识地帮助员工建立起在本企业内部发展目标，设计在企业内部的发展通道，并为员工提供实现目标过程中所需要培训、轮岗和晋升。实际上，组织的职业生涯管理是在实践的基础上对某些管理措施进行总结，使其发展制度化并加以适当的创新之后形成的。在过去的管理实践中，管理人员意识到不同的员工应有不同的职业选择、不同的发展目标、不同发展的道路，因此会提醒员工根据自己的情况和企业组织的需要正确地进行职业规划、人生目标的确立和发展道路的确定。随着时代的发展，人们意识到这种管理的必要性，对其加以系统化发展才逐步形成职业生涯的组织管理模式。

二、员工实现职业目标

要想实现个人的职业目标，必须使职业生涯目标管理的两个主体协调一致，实现双赢。

对于事物的生存与发展而言，内因是根据，外因是条件。要实现职业目标，个人的素质能力是基础，组织的人事管理则是条件。

（一）增强个人的职业能力

知识经济时代的第一生产要素是知识。而知识是不断增多的，大约每隔两年就翻一倍。它对经济增长的推动作用是其他生产要素所无法比拟的。社会的迅速发展对劳动者的素质要求越来越高，任何从业人员都面临着职业竞争。

1. 主动适应职业生活

这是一个社会角色的转换过程。它要求毕业生由学生向员工转化，由自然人向社会人转化。这需要经过对职业环境、文化、规范、业务运作等客观事物进行一系列的观察、认识、领悟、模仿、认同、内化和实践活动，才能达到对职业的适应。在此期间，个人的主动性很重要，要自我督促，要善于学习。

适应职业生活包括角色适应（履行岗位职责）、心理适应（建立对新环境的情感）、生理适应（身体适应职业活动的节奏）和群体适应（融入新的集体、营造和谐的人际关系）。

适应职业生活的标准就是自己已被所在组织和同事认可，真正成为了组织的一员；对当前职位抱有稳定的工作热情和适度的期望值。

2. 不断提高业务能力

我们要树立终生学习的观念，要善于学习，与时俱进，才能在职场上逐步发展。学习并非多多益善，而应有明确的目的，一定要结合个人的具体工作情况和职业发展方向，确定应当学习的知识和技能。进一步选择适当的学习渠道，如成人教育、攻读学位、短期专修班、行业培训、自学等。如果在时间上与工作有矛盾，必须与组织沟通，尽可能取得理解和支持，必要时可签订专项协议。

要经常“充电”，学习新知识、新技能，不断增强职业能力。应当注意，不少人之所以被“炒鱿鱼”，而且难以再就业，原因之一正是其知识技能陈旧而又缺乏学习能力。

3. 奋发图强，多出业绩

任何组织都有其发展目标，要为社会创造效益，就要依靠员工在业务工作中出色地完成任务，不断做出成绩才能实现。因此，作为一名员工，就应当充分发挥个人才智，多出业绩。只有这样，才能取得组织的认可和褒奖，从而有利于个人的升迁和职业发展。

人人都想多出业绩，但并非人人都能做到。关键在于一个人的工作精神。如果想等着“天上掉下馅饼”，贪图舒服“悠着干”，对工作采取消极应付态度，那是不可能有所建树的。只有那些有理想、有追求、奋发图强的人，在业务上狠下功夫，精益求精，锲而不舍，才能创造出一个又一个的好业绩。好业绩和成功只向那些奋发图强的人招手。

（二）争取组织的支持

个人的发展离不开组织的支持；进一步而言，就是离不开组织内领导和群众的支持。我们要注意创造有利于职业发展的外部条件。

1. 树立良好的职业形象

1）塑造良好的第一印象

对于一个人的印象和评价是根据其长期言行表现的积累而产生的。从进入组织开始，新员工就要注意给未来的同事们留下良好的第一印象。从人际关系来说，人们初次相见的第一印象往往是彼此交往发展的重要思想基础。有的相见恨晚，一见倾心，就会互相认同，进一步深交；有的看不惯对方的言谈举止，便会产生疏远的念头。新员工要融入组织，一定要表现出较高的道德修养和较强的业务能力。这要求个人做到谦逊、宽厚、随和、勤恳，圆满地完成工作任务。只有实际行动，才能在人们心中塑造出良好的第一印象。良好的第一印象有利于取得组织和同事的接纳，有利于构建和谐的人脉，有利于职业的发展。

2）表现出强烈的工作责任心

员工应当表现出强烈的责任心。责任心强，才能把工作做得出色，使个人享受到工作的乐趣，有利于实现组织的发展计划。责任心强者必是敬业之人。他们把个人命运和组织发展联系在一起，把工作看成是个人的使命，尽职尽责。责任心体现在不怕艰难险阻、千方百计地完成任务；体现在既重视大事，又关注细节，确保达到既定的目标；还体现在能够面对工作失误，勇于承认错误并为错误负责。

3）注重职业礼仪

职业礼仪的培养应当内外兼修。腹有诗书气自华，个人的内在文明修养是提高职业礼仪的源泉。礼仪大多是体现在一些细节上。我们要重视这些细节，因为细节往往决定着一项任务的成败，职场生活无小事。个人的衣着、见面时的招呼、交谈时的态度和方式、宴会进餐的习俗、国内外社交的一般原则，都需要尊重和熟悉，做到举止得体。

2. 营造良好的人际关系

人际关系也是一种社会资源。在当前情况下，它在职业生涯发展中，例如招聘、培训、晋升、提薪、轮岗等，都起着一定的作用。

大多数工作单位都已有许多年的历史，早已形成了某种特定的人际关系模式。作为新进的员工，除了要尽快熟悉并做好岗位工作外，还必须注意同周围同事建立融洽的关系。为此，除了提高修养，塑造良好的个人形象，增进个人魅力之外，还应该培养主动交往的态度，学习并掌握一定的交际技巧（注意倾听、自我展示、换位思考、同情与包容等）。要尊重老职工、与同事团结共事，谦虚谨慎、热诚待人，以共同完成工作任务为重。在共同推进业务工作的过程中融入新的集体，建立和加深同事间的友谊。一定要重视人际关系，运用我们掌握的人际沟通知识，通过沟通，设法搞好和同事的关系，互相理解和帮助，不要使自己的职业发展在这一环节上受阻。

3. 取得组织的支持

当前，各行各业都在进行着人事制度改革，人力资源管理正在朝着更加科学、合理的方向变革。但是，仍然有相当数量的管理人员在知人善任方面还存在着不同程度的缺陷。由于体制的制约，一些单位领导者只管行使权利，极少承担责任，很难摆脱人情和关系的束缚，难免不够公平。例如任人唯亲、“干得好不如汇报勤”、“会哭的孩子有奶吃”等现象依然在一些组织里存在。为了充分地提高自己，更好地服务于组织，使组织更有活力，同时，也为了实现公平竞争，员工应当主动地展示自己。一方面，要用自己的实际工作表现证明自己有能力、有成绩，具备一定的发展潜力；另一方面，要向组织表明个人的职业理想和追求，取得理解和尽可能多的支持。

如果组织的工作需要与个人的职业发展要求有一定距离，自己就应当进行职业反思，修正原来的职业目标，使自己的职业方向靠近组织的需要轨道，从而取得支持。如果一定要坚持自己的职业目标，那就要考虑另投其他组织了。展示自己是一把双刃剑。若用得好，能够促进个人职业发展；若用得不好，则会给自己在组织中的职业发展造成障碍。因此，员工展示自己，务必讲究策略和艺术。一般来说，反映情况要实事求是，言之有据；要了解领导人的个性特征，采取适当的方式；内容以客观事实为主，少谈决心、态度，杜绝不实之词。

三、组织中的职业生涯发展阶梯

（一）职业生涯发展阶梯的内涵

职业生涯发展阶梯是组织内部员工设计的自我认知、成长和晋升的管理方案。职业生涯发展阶梯在帮助员工了解自我的同时使组织掌握员工的职业需要，以便排除障碍，帮助员工满足需要。另外，职业生涯发展阶梯通过帮助员工胜任工作，确立组织内晋升的不同条件和程序，对员工职业生涯发展施加影响，使员工的职业生涯发展目标和规划有利于满足组织的需要。

1. 职业策划

职业策划是指组织在员工进行个人评估和确定未来职业发展策略时给予有效的援助，帮助员工确认自身的能力、价值、目标和优劣势，并协助员工设计相应的职业生涯开发策略和职业发展路线的过程。职业策划一般由组织的人力资源部门提供正规的帮助服务，以确保员工评估在形式、内容范围上的一致性和一定的准确性。组织可以利用收集到的职业策划结果有针对性地安排雇员的职业生涯活动，通过职业策划满足雇员和组织的双重需要。

2. 工作进展辅助活动

工作进展辅助活动是组织为帮助员工胜任现职工作，顺利完成各项工作而提供的各种旨在提高员工工作能力的辅助行为。工作进展辅助活动的方法多样，具体可根据组织内部的工作性质、个人条件的不同而采取不同的方法。具体来说，工作进展辅助活动是以协助员工在工作中成功积累工作经验和提高能力为目的。

实施工作进展辅助活动的主要途径有三个：

（1）满足员工特定的事业价值观或职业目标的需要；

（2）激发员工某些潜在能力和优势；

（3）改善或弥补员工在职业策划中反映出来的弱点或不足。

总之，科学、清晰的职业生涯阶梯设置和规划可以满足雇员长期职业发展的需求，同时还可以满足组织高层次工作清晰化、专业化的需要。

（二）职业生涯阶梯模式

根据当前国内外不同组织职业生涯阶梯设置的实践，可以发现，目前职业生涯阶梯模式主要分三类：单阶梯模式、双阶梯模式和多阶梯模式。下面分别加以介绍。

1. 单阶梯模式

传统的组织或企业职业生涯发展阶梯只有一种行政管理职位，其职业生涯阶梯一般为：科员、副科长、科长、副处长、处长、副局长、局长等。为了提高技术人员的工作积极性，必须为其提供有效的提升等激励措施，在这种情况下许多本专业业绩突出的技术人员被提升到管理职位上。尽管许多技术人员被提升后在管理岗位上取得了良好的业绩，但由于工作内容与环境的差异，以及能力要求的不同，也出现了许多适得其反的效果，对企业的高效运作和长远发展产生了不利影响。由于自身的限制，目前单阶梯模式只在一些性质比较单一的组织中实行。

2. 双阶梯模式

目前组织中实行最多的职业生涯阶梯模式是双阶梯模式。为摆脱传统组织职业生涯发展单阶梯即单一行政职位系列的弊端，许多企业和组织为雇员提供了两种职业生涯路线和阶梯：一是管理生涯阶梯，沿着这条道路可以通达高级管理职位；二是专业技术人员生涯阶梯，沿着这条道路可以通达高级技术职位。如海尔集团分别设置了管理职务和技术职务的培训和升迁轨道。在实行双阶梯模式的组织或企业中，雇员可以自由选择在专业技术阶梯上得到发展，或是在管理阶梯上得到发展。两个阶梯同一等级的管理人员和技术人员在地位上是平等的。

相关链接

微软公司职业生涯阶梯

微软公司采用的是技术人员与管理人员的双阶梯职业生涯发展阶梯模式。作为科技型公司，微软公司非常重视其技术人员的职业生涯阶梯设置。

微软公司技术人员的职业生涯发展阶梯共分 15 级，低级向高级晋升，必须通过上级主管对该员工的考评，考评每年有两次，一次主要确定能否晋级，另一次确定该年度此员工奖金与股票的多寡。考评的主要内容是该开发人员完成所承担项目的工作的量与质，如软件编程的错误率高低，由高一级主管作 1 ～ 5 分的评定。一般连续三次评定为 4 分以上者可考虑晋级，而连续两次评定为 3 分或 3 分以下的员工，被视为“没有进取心”“没

有前途”的员工，很可能被淘汰。获取5分的员工也很少，表明微软对人才的高标准要求。一般的硕士、博士毕业生可获得7～8级的支撑，能够升至15级的员工不多。

微软的技术职称等级体系，主要针对从事产品研究与开发人员（软件工程师、产品测试人员和技术支持与服务人员三大类）。这种研究开发人员职业生涯阶梯模式，使员工的工作压力很大，由于考评对晋级与辞退，特别是股票的数量有着直接的影响，因此研发人员工作的积极性很高。

微软公司的管理人员职称约为12级，技术人员与管理人员的双轨制十分明显，这与微软公司强技术背景有关。

3. 多阶梯模式

由于双阶梯模式对专业技术人员职业生涯阶梯的定义太狭窄，为此，如果将一个技术阶梯分成多个技术轨道，双阶梯职业生涯发展模式也就变成了多阶梯职业生涯发展模式，同时也为专业技术人员的职业发展提供了更大的空间。例如，美国一家化工厂将技术轨道分成三种：研究轨道、技术服务和开发轨道、工艺工程轨道。深圳某高科技公司将技术人员的职业发展轨道分成六种：软件轨道、系统轨道、硬件轨道、测试轨道、工艺轨道与管理轨道。不同的轨道有8～10种不同的等级。

（三）组织职业生涯阶梯的设置

组织职业生涯阶梯的设置，对促进雇员的发展、实现组织目标与员工标的整合具有重要意义。因此，如何进行组织职业生涯目标的设计就成为人力资源管理的一项重要工作。

第一，并非所有组织都有必要，或需要建立职业生涯阶梯。在决定职业生涯阶梯前，组织需要先考虑两个方面的问题：一是组织是否需要一个提拔人才的长久机制，二是组织是否有必要建立一套培训发展方案，确保更多的后备人才以供提拔选用。如果组织可以随时从外部招聘到需要人才，那么就大可不必建立复杂的职业生涯阶梯。只有对上述两个问题的答案进行确认的情况下，才有必要构建职业生涯阶梯。

第二，职业生涯阶梯模式各有利弊。单阶梯模式发展道路单一，一定程度影响了专业技术人员的发展。双阶梯模式在实践运用中也遇到许多困难。对于同一等级的高级人员与技术人员来说，管理人员在人们心目中的地位要比技术人员高，另外，技术人员阶梯往往成为某些失败的管理人员隐退栖身之地。为了克服以上弊病，组织和企业对技术轨道上的晋升要实行严格的考核；同时组织内要形成尊重知识、尊重人才的文化氛围。

第三，无论是实行双阶梯还是多阶梯职业生涯阶梯模式，其理论依据都是美国麻省理工大学斯隆管理学院的施恩教授提出的“职业锚理论”。许多研究表明专业技术人员主要有两种职业锚：技术型职业锚和管理型职业锚。有很强的管理定位的专业技术人员很希望能晋升到能承担管理责任的职位上；有很强的技术定位的专业技术人员，追求的是所拥有的技术知识、技术能力，能获得本行同事的认同，他们关心的是获得更好的技术成就。技术型职业锚和管理型职业锚并不是截然分开的，一个科技人员可以同时有很强烈的技术定位和管理定位，他既可以承担很高的行政职务，又可以在本专业领域内成为一个专业的科学家或工程师。

第四，在高科技企业，除了应该选择双阶梯或多阶梯职业生涯发展模式之外，不同行业的职业生涯阶梯的长度可结合行业的特点进行确定。根据组织的特点，一般应选择长职业生涯阶梯，并建立多等级技术职称评定体系，越高等级的升迁应越难。这是高效激发科研人员创造性，维系公司忠诚度，保持公司核心能力和核心人才的重要手段。例如，在通信行业，职业生涯阶梯可分 10 ～ 12 级，11 级技术人员为副研究员，12 级技术人员可定为技术研究员，同时必须细分软件和硬件、系统开发和测试、系统支持和维护三大类。

第五，职业生涯阶梯的设置应与组织的考评、晋升激励制度紧密结合。组织每年可考评 1 ～ 2 次，由高一层主管或技术委员会对雇员进行全面考评。在考评中，既要重视技术水平的考核，又要重视雇员对公司的忠诚度、合作精神和沟通能力的考查。雇员的行政与技术级别都应能上能下，连续两次考评为中等以下者应建议降级使用。技术等级应严格与薪酬挂钩，包括公司的内部股份和各项福利。由于管理等级一般应高于技术等级，因此，应注意在优秀技术人员中挑选优秀员工从事管理工作，以提高管理者的决策水平并实现技术人员的双轨或多轨发展。

四、组织的分时期职业生涯管理

（一）组织对员工的早期职业生涯管理

1. 立业期

（1）组织招聘。个人的职业生涯一般是从首次就业开始的。根据劳动力市场和人才市场的管理规定，组织可以通过多种途径自主招用职工。具体而言，包括委托职业介绍机构，参加劳动力交流洽谈活动，通过大众传播媒介刊播招聘信息，利用互联网进行网上招聘，以及法律法规允许的其他途径。

组织招聘一般都遵循“面向社会、公开招收、全面考核、择优录用”的十六字招工原则。这是劳动部门、职业介绍机构对各类组织提出并得到了广泛的社会认可的原则。组织希望招聘到富有潜力的优秀人才，通过卓有成效的职业生涯管理，来推动业务迅猛进展，提高组织的竞争力。

为此，有的组织往往会在招聘时夸大某个职位能给应聘者带来的利益（富有挑战性、高薪、福利、良好环境、各种机遇），提高任职资格（高于实际需要的学历层次或职业资格），从而诱发求职者产生不切实际的高期望，或在上岗后感到大材小用。这样做，就造成了新员工离职“跳槽”的隐患。有关研究指出，从长远的观点看，提供真实招聘信息有利于招募到称职的员工并降低员工的离职率。

组织要求招聘来的员工起码应能胜任拟定的岗位工作，从而在组织内尽心尽力地工作和发展。如果招聘的员工既能胜任某一岗位、还有潜力能够胜任更高一级岗位，那么，组织就要采取专门措施，进行有针对性的培养，将其潜力充分发挥出来，这对组织的事业发展和员工的职业前途都是有利的。

（2）帮助员工制订职业定向计划。在新员工进入初期，组织应帮助他们尽快熟悉环境和工作，介绍组织的各种规章制度、工作任务与业务关系以及对员工的期望，帮助他们确定日后的工作方向，真正成为组织的一员。

（3）建立促进新员工加快成长的网络。这包括配备带班人（师傅），组建业务小组、讨论会，开展“一帮一”活动等方法，帮助新员工得到所需的教育、支持、建议和帮助，迅速胜任岗位。

（4）信任和激励新员工。上司要充当新员工的教练员、监督员和安全员，要让新员工得到信任、磨炼和成长。通过组织和上司提供有效的建设性的绩效评价与回馈，对新员工的业务成长给予有益的指导和有力的支持。

2. 成就期

员工在熟悉并适应了工作环境和业务活动，有了现实的职业期望并勤业、敬业之后，就进入了早期职业生涯的绝佳阶段，即成就期。由于员工此时具有旺盛的工作积极性、学习欲、表现欲和进取心，对组织来说，这正是培养和塑造员工的最佳时期。

（1）为员工提供具有挑战性和相应职责的工作，促使其尽快融入组织，充分发挥潜能。此举的有效途径是根据员工的潜能实施升职、调动工作或对现有工作提出更高要求。这些途径可以使员工获得更大的职权范围与新的挑战和经验，使他们获得被组织认可、倚重和支持的感受。这将激励他们在日后的工作中更加发奋努力。工作内容的拓展能够赋予员工更大的职责和自主性。

（2）进行持续的绩效评估和有效的反馈，帮助员工对职业规划作出调整，对变化的环境加快适应。将评估结果反馈给员工，是一个重要而困难的课题。要想达到预期的积极效果，必须对员工进行具体分析，根据其性格特征、文化、经历、认知需求、承受能力等不同情况，采用不同的反馈方式。

（3）构建现实而灵活的职业生涯通道。考察员工的工作调动轨迹是用来确定员工职业生涯通道的传统方法。面对当前环境多变的情况（由于激烈竞争而引起的公司合并、重组、破产、技术更新、改变规模或发展方向），老办法的作用已非常有限。在新的形势下，组织需要以工作要求的行为、知识和技术之间的相似性为基础，详细分析工作内容，按相似的工作进行分类，构建可能的、合乎规律的职业生涯发展通道。

（4）鼓励员工进行职业考查，以便促进组织和员工的发展。组织需要选择合适的人去做合适的工作；员工渴望获得更好的职业发展。为此，组织应当让员工了解组织的目标和战略、未来的人力资源需求、工作调动机会、薪酬制度、福利待遇等情况，可以通过咨询服务、小组讨论、讲座、学习班等方式，给员工提供建设性反馈和指导意见，使员工获得真实准确的职业信息，完成个人的职业考查和职业发展规划，在组织的支持下走向成功。

（二）组织对员工的中期职业生涯管理

1. 中期管理的基本原则

（1）坚持以人为本。人才是组织的宝贵资源和重要竞争力。要建立以人为本的组织文化，尊重员工，关心员工，为他们创造人尽其才、走向成功的条件。

（2）提倡成功标准多样化。晋升是职业成功的重要标志。但是，要让员工知道，晋升并非唯一的成功标准，而且也并非多数人都能达到（多数人会遭遇“职业高原”）。组织应提倡职业生涯成功标准的多样化，即除了晋升、财富之外，还有工作本身的乐趣、工作经历的丰富多彩和自我的不断完善等。

（3）重点管理。针对三种处于“职业高原”状态的员工，即明星员工（工作绩效高、潜力大、晋升机会大）、静止员工（工作绩效较高、晋升机会甚小）和枯萎员工（绩效水平未达标、不可能晋升），重点是管理好明星员工和静止员工。要处理好明星员工的升迁，以免他们跳槽给组织带来损失。要设法维持静止员工的工作绩效，以免他们演变成枯萎员工。至于枯萎员工，要想挽救须付出较大成本，且未必有成效。

2. 中期管理的举措

（1）帮助员工理性地面对职业生涯中期的多种问题。可以采取研讨会、学习班、互助小组、心理咨询等形式，宣传这方面的知识，使员工对于“职业高原”、落伍、焦虑不安、思想波动等困惑作出自然的、正常的反应，努力克服这些感受，走出困境。

（2）提供多样性的工作流动机会。对于处于“职业高原”的员工，少数可以晋升，使其作出更大的贡献；一部分则可以进行工作轮换和平级调动，从而充分利用员工的能力并给予激励；还有个别不堪当前工作压力者，可以采取向下调任（降职）的办法来激发其能动性。对于一些适合于培训和辅导年轻人的中年员工，也可以让他们开展培训工作，以便有效地缓解这些人因心理失落而产生的工作懈怠。

此外，把他们选派进专项任务小组、项目团队、技术攻关小组或专题调研组内，使他们的新工作更具多样性、挑战性和责任感，也使他们感受到组织的认可和重视。

（3）拓宽奖酬范围。组织奖励高绩效的措施，除了晋升和加薪外，还应考虑其他方式，如提供令人感兴趣而富有挑战性的工作、具有刺激性的新任务、文字表扬、物质奖励、领导的认可与褒奖等。拓宽奖酬范围，可以激发处于“职业高原”的员工保持其高绩效，有助于防止其枯萎。

（4）帮助员工走出“职业高原”困境。为了帮助员工摆脱由于不能及时晋升而带来的烦恼，组织可能采取满足员工心理感受、工作轮换和工作扩大化的措施。员工希望从工作中得到一种良好的心理感受。组织应当适时恰当地对员工的成绩予以表彰，以提高其心理成就感。通过在一定范围内的职位轮换，使工作变得丰富多彩，可以提高员工的工作积极性。在原有工作岗位上增加更多挑战性或赋予更多的责任，也会激发员工的兴趣和热情，使员工发挥潜力，在组织中起到骨干作用。

（5）帮助员工应对失业。对于要失业的员工，组织通常会做一系列的工作，例如提前通知、发放遣散费、给予再培训、联系职业介绍机构提供咨询和帮助等。此外，还应帮助失业员工消除恐惧不安心理，增强自信心，重新就业。

（三）组织对员工的晚期职业生涯管理

1. 晚期管理的基本原则

组织对员工晚期职业生涯的管理遵循如下原则。

（1）理解、尊重与关爱。例如，有不少老人曾在计划经济时期作出过较大的贡献，受到历史条件限制，过去和现在都未能得到应有的回报。对于他们，组织应给予充分的理解与尊重，在精神上予以肯定和关照。

有些老员工由于长年在此工作而对组织感情很深，难以接受退休。组织对他们可以采取一些有人情味的做法，例如安排旅游或疗养，适当减少工作任务，扩大他们的自主权，适当延聘一段时间等，帮助他们平稳过渡。

组织还会以多种方式关心老年员工，例如，为退休员工办好养老保险、医疗保险，切实解决他们的困惑和疾苦，构建退休员工活动场地，定期慰问离、退休员工，保持经常联系与沟通。

（2）退休制度化。一般情况下，组织是按照既定的离、退休制度有计划地安排老年员工离休或退休的，力求管理透明、公平、公正。考虑到员工的作用和潜力不同，鉴于工作需要，在离退前，组织会安排一些人做技术指导、课题研究、审查新立项目等工作，使他们人尽其才；在离退后，采取兼职、顾问或其他方式继续聘用个别人。

（3）提前准备。组织要有计划地分期、分批安排老年员工退休。首先是做好新老交替工

作，尽早选拔和培养接岗人员，按时完成交接班，保持各项工作的正常开展。其次是有计划地举办一些活动，如进行退休准备教育，请退休员工介绍其欢度晚年的生活经验，培训退休后所需的生活技能等，帮助将要退休的员工做好思想和适应准备。

2．组织对员工的晚期职业生涯管理

（1）教育员工理性地对待退休。通过讲座、咨询、研讨会等活动，组织能使员工认识到退休是自然法则，人皆难免，应当理解并心悦诚服地接受这一客观现实。组织可以调查和了解老年员工对于退休的想法，解疑释惑，帮助他们做好充分的思想准备，从而减轻因退休产生的迷茫和失落感。

（2）做好退休岗位的工作衔接。按照计划，组织应提前选定并培训接岗人员，也可通过“传、帮、带”过程，实现工作岗位的平稳交接，保证业务的正常运行。

（3）做好退休后的生活安排。为了使退休生活更有价值，增进身心健康，组织可以帮助退休员工制订具体的退休计划，让他们参加丰富多彩的活动，例如去老年大学学习书画，参加社会公益活动、老年文化娱乐活动，组建团体、面向小区提供咨询或服务，举办参观、旅游活动，等等。

在精神和物质两方面，组织也会采取多种方式关心退休员工。通过召开座谈会，可以增进组织与退休人员的联系与互动，使员工得到心理上的宽慰。落实养老、医疗保险，及时了解并解决退休员工的生活困难，节假日的访问，都是组织的工作内容。对于一部分尚可继续工作的退休员工，组织可以根据需要续聘他们担任兼职、顾问或专项职务，也可以组织他们开展技术咨询或小区服务。

第二节　组织职业生涯管理的实施

一、组织职业生涯管理的特征

职业生涯开发的战略目标是人的全面发展，开发的对象是组织的全体员工。职业生涯开发要求在董事会和管理层人员双重高度参与下，充分利用时间、技术、人才以及组织外部力量，实现组织雇员的职业生涯发展目标可见。组织职业生涯开发具有典型的长期性、全局性和战略性的特征。

（1）长期性。就雇员个人而言，组织职业生涯开发战略涉及其从进入的第一天到在组织工作的最后一天的全部职业历程，并对其离开该企业后继续起到重大影响和作用；而对组织而言，该战略从组织创建之日起至未来都与其有着非常密切的关系。

（2）全局性和战略性：就雇员个人而言，组织职业生涯开发将影响各个方面；而对组织而言，由于涉及各层、各类人员的发展，所以必然会对各项工作产生直接或间接的影响，同时也对组织的未来发展产生战略影响。

组织职业生涯开发，有意识地将个人职业生涯规划与组织的人力资源管理相联系。作为提高劳动效率的策略，已在最近的几十年里取得了巨大成就：20 世纪 60 年代末，职业生涯开发策略还主要被看作是帮助个人就业者实现理想的适当途径。时至今日，它已越来越被视为帮助组织机构应对经常出现问题（如全球化和机构精简）的手段。事实上，在过去的近 40 年时间里，职业生涯开发，在整体上迅速地发生了变化，并引起了深入了解组织职业生涯开发实践状况的浓厚兴趣。

二、组织职业生涯管理的功能

职业生涯管理旨在将组织目标与个人目标联系起来，因此组织对员工实施职业生涯管理本身就应该是一个双赢的过程。综合来看，其作用主要可以从组织和员工两个角度来考虑。

1. 组织职业生涯管理对组织的作用

（1）使员工与组织同步发展，以适应组织发展和变革的需要。任何成功的企业成功的根本原因是拥有高质量的人才。而这些人才除了依靠外部招聘，更主要的是要靠组织内部培养。在当今世界竞争加剧、环境不断变化的大背景下，实施职业生涯管理可以有效地实现员工和组织的共同发展，不断更新员工的知识、技能，提高人的创造力，是确保企业在激烈的竞争中立于不败之地的关键所在。

（2）优化组织人力资源配置结构，提高组织人力资源配置效率。经过职业生涯管理，一旦组织中出现了空缺，可以很容易在组织内部寻求到替代者，既减少了填补空缺的实践，又为员工提供了更加适合他们发展的舞台，解决了“人事合理配置难”这一传统人力资源管理问题。

（3）提高员工满意度，降低员工流动率。职业生涯管理的目的就是帮助员工提高在各个需要层次的满足程度，尤其是马斯洛的需求层次理论中提到的归属、尊重和自我实现等高层次的需要，它通过各种测评技术真正了解员工在个人发展上想要什么和应该得到什么，协调并制订规划，帮助其实现职业生涯目标。这样就可以有效地提高员工对组织的认同度和归属感，降低员工流动率，进而成为企业发展的强大推动力，更高效地实现企业组织目标。

2. 组织职业生涯管理对个人的作用

（1）让员工更好地认识自己，为他们发挥自己的潜力奠定基础。每个人都有自己的目标，以此来指导自己的行为，但是人们尤其是年轻人在规划自己的发展目标时往往过高估计自己，盲目追随社会热门的职业。事实上，个人目标应该是建立在对自己的客观评价和认识的基础之上的。有很多人在目标实现过程中并非不努力，而是由于缺乏对自身和对环境的正确认知，导致对工作的期望过高。通过职业生涯管理，组织可以帮助员工了解自己的特点及所在组织的目标、要求，为自己制定切实可行的发展目标，并不断从工作中获得成就感。

（2）提高员工的专业技能和综合能力，从而增加他们自身的竞争力。组织适当地对员工进行职业生涯指导并提高他们进行职业生涯自我管理的能力，可以增强其对工作环境的把握能力和对工作困难的控制能力，帮助他们养成对环境和工作目标进行分析的习惯，同时又可以使员工合理计划、分配时间和精力，提高他们的外部竞争力。

（3）能满足个人的归属需要、尊重需要和自我实现的需要，增加个人的满意度。随着时代的发展，工作对于个人的意义可能远远超过一份养家糊口的差事，它也成为人们生活的一部分，人们越来越热衷于追求高品质的工作生活。职业生涯管理可以通过对职业目标的多次提炼，使工作目的提高，让人们都享受到追求高层次自我价值实现所带来的成功。

（4）有利于员工过好职业生活，处理好职业生活和生活其他部分的关系。好的职业生涯管理可以帮助个人从更高的角度看待生活中的各种问题，服务于职业目标，使职业生活更加充实和富有效。它更能考虑职业生活同个人追求、家庭目标等其他生活目标的平衡，避免顾此失彼、两面为难的困境。

三、职业生涯管理与人力资源管理的关系

组织职业生涯管理是一项比较规范、长期的人力资源管理活动，是一种员工与组织双赢的人性化管理措施。它是人力资源管理的重要组成部分，在某种意义上，可以说是一种特殊的激励形式。但与工作分析、招聘、培训、绩效考核、薪酬等不同，职业生涯管理不仅仅是人力资源管理的某一个环节和一项技能，它有其特有的内在逻辑，涉及人力资源管理的其他各个环节。因此，职业生涯管理与人力资源管理既有联系又有差异，职业生涯管理并非完全隶属于人力资源管理。两者的不同之处在于以下方面。

（1）人力资源管理主要是由组织和单位进行管理；而职业生涯管理既可以是组织和单位的行为，也可能是员工自发的行为。

（2）人力资源管理主要是从组织的角度考虑问题，更关心组织的利益；而职业生涯管理更多是从员工角度考虑问题，更关心员工的利益。

（3）人力资源管理涉及员工进入组织、在组织中发展以及管理；而职业生涯管理还包括员工进入组织前的教育和培训以及员工更换组织后的职业生涯管理。

（4）人力资源管理以组织发展和变化为中心，考虑员工如何适应组织发展，突出的是组织的竞争力；而职业生涯管理则注重员工个人职业生涯发展和变动，考虑员工如何进入理想的组织，适应组织，使自我价值充分体现，突出的是个人的竞争力。

具体来说，组织职业生涯管理与人力资源管理不同的环节的关系主要体现在以下几个方面。

（1）进入职业领域与人员招聘。个人选择进入组织中的职业领域，通常有两个方面的考虑：第一，个人价值观与组织的价值观是否一致；第二，组织中的具体岗位是否符合自己的特长和爱好。而对于组织来说，除了要求个人价值观与组织的价值观一致之外，人员对其岗位的基本胜任也是重要的考虑因素。因此，招聘工作质量的高低，即是否成功吸纳适宜的人才进入企业组织所需要的岗位，便首先决定了职业生涯管理工作的难易程度以及人力资源开发的水平高低。一旦员工被招聘进入组织，组织所进行的职业生涯管理便成为人力资源开发的开端与重要内容之一，而职业生涯管理也将成为人力资源管理和开发的主要指标。组织如果能通过成功的招聘获得许多优秀的有潜力的员工，从而形成组织丰厚的人力资源，加上成功的职业生涯管理，就会显著增强组织的竞争力。

（2）职业探索与员工匹配。员工进入组织后，随着对组织的认识、熟悉程度增加，也许会产生探索新岗位的需要；或是随着自身能力的增强，会希望得到晋升，或在多个职业领域探索，丰富自己的工作经历。而组织也希望不断改善员工的绩效，同时为一些由于员工升迁、轮岗、离职、退休等变动而产生的空缺岗位做好人员储备。而这些内在联系为员工自身的职业生涯管理提供了需求方，而组织的人员调配正好提供了供给方。员工为了自己的职业生涯发展需要发展机会，组织则为了弥补人员变动而出现的空缺，也恰好需要合适的员工填补空缺。组织和员工正是在这种变动之中不断地调整、平衡，最终达到“人尽其才，事得其人”的理想状态。为了使组织在动态中实现最佳配合，就需要组织有一套科学、公正的人力资源管理制度及政策，保证组织中人员的合理流动。这些人力资源管理政策包括：①建立起组织的职位分析系统，让员工知道组织中各职业岗位的任职资格，为员工提供努力的方向；②定期公布组织的岗位空缺，让有意且有资质的员工参与竞聘；③制定科学的评价标准，客观、准确地评价员工的胜任能力，将合适的人安置到合适的岗位；④完善绩效考核制度，主动地发现、发展具有潜质的员工。

（3）自我提升与培训。员工的学习及自我提升与组织的培训有区别也有联系。区别在于，员工的学习提高，是从自己的职业生涯发展角度考虑的，即为了实现自己的职业目标，针对自己的不足专门进行学习，力争尽快达到自己的职业目标；而组织的培训往往从组织的利益出发，要么是为了提高员工的生产绩效，要么是为了适应组织变革的需要。当这两者的方向达到一致的情况下，培训必然地成为职业生涯管理的内容。而这些联系则主要体现在：培训通常能促进员工的职业生涯发展，体现员工的部分利益。组织对员工的培训提高了员工的竞争力和适应性，培养出更多有发展潜力、有协作精神、富于创造的员工，并通过这些员工的努力不断地推出新产品、新观念、新服务，维持组织持久的竞争力，这有利于员工的自我提升，也促进了组织的发展，满足了组织和员工双方的期望。

（4）职业生涯发展与绩效考核。绩效考核是进行职业生涯管理的重要手段，将绩效考核与员工职业发展联系起来，非常重要的前提是绩效考核指标的全面性以及考核结果的准确性。对于个人来说，绩效考核的结果是自我认识的重要途径，也是个人制定职业生涯发展目标的基础。绩效不等同于工作业绩，它是集工作能力、工作态度、工作行为、工作业绩于一体的综合体。绩效评价的信息可用于两个主要的目的。一是发展目的，如确定如何激励员工，使其有更好的绩效表现，评估员工存在的弱点，并分析这些弱点是否可通过其他的办法加以改进，帮助员工形成适宜的职业目标，这些称为发展性评价。它所关注的重点是被评价者将来的绩效表现，在于确定被评价者可以改进的知识和技能，以达到开发其潜能的目的。二是评价和决策目的，如员工晋升的决定、薪酬的设定及任务的分派等，称为评价性评价。它的着眼点在于对被评价者的某一段时间的绩效表现进行历史性的回顾与分析，而后将其与预先确定的管理目标进行比较和判断。两方面的评价结果共同为职业生涯管理活动提供了信息反馈的指标系统。

四、继任规划

（一）继任规划的基本理念

继任规划是指组织为保障其内部重要岗位有一批优秀的人才能够继任而采取的相应的人力资源开发培训、晋升与管理等方面的制度与措施。这一规划也被称为“接班人计划”。

目前，已有很多组织把继任规划摆在比较重要的战略地位上，但也并非所有的组织都是如此。其实，对于一个健康发展的组织来说，不应等到组织内部出现了职位空缺才去考虑该提升谁，而是应该有计划地建立一项继任规划，以确保一批高素质的人才能够及时补充到组织中的重要岗位上。因此，继任规划应该成为每个组织的战略组成部分，并融入组织发展的远景规划中

（二）继任规划的实施

继任规划是公司未来发展计划的一个重要组成部分。事实上，组织里的每个重要人员都应是潜在的继任人选。关键在于成功提拔一个人之前，一定要给予这个人足够的培训，使其能成功上任。

1. 继任规划的目标

（1）把高潜能的员工培训成中层管理者或执行总裁。

（2）使组织在吸引和招聘高潜能员工上具有竞争优势。

（3）帮助组织留住人才。

2. 继任管理的功能

组织继任管理的功能主要体现在以下五个方面。

（1）可以确保在企业内有一批训练有素、经验丰富、善于自我激励的优秀人才接任未来的重要岗位。

（2）可以有效地调整公司未来之需以及现有的资源。

（3）可以为组织的关键员工订立更高的目标，把他们留住以确保重要岗位有称职的人可以继任。

（4）可以帮助雇员设定职业生涯发展道路，有助于公司吸引、留住更好的人才。

（5）可以改进公司内部程序，优化公司的产品和服务。

3. 有效实施继任规划必须考虑的问题

（1）公司的长期发展方向是什么。

（2）在哪些主要领域和环节需要不断补充和发展高素质的人力资源。

（3）哪些人是你想重点培养以备未来之需的。

（4）这些人应走怎样的职业生涯发展道路。

（5）这些职业发展道路是否适合这些人的具体情况。

值得一提的是，继任规划不能机械地施行。一般说来，机械笼统地去做事远不如针对每个候选人的具体情况去做收到的效果好。

4. 组织在实施继任规划时应当注意的方面

第一，组织应当积极主动地实施继任规划。组织应当在需要填补重要职位前就开始进行培训或轮岗以便使继任者获取更多的经验和知识，而不要等有了空缺后才匆忙地去找人接替。接班人和有潜力的候补人员都应在继任规划实施的早期选定。这样不但对当事人有帮助，而且还有助于避免其他主要候选人失望或提升得不够快而离开。

继任规划必须要考虑到那些重要的职位。作为组织战略思考的一个部分，每个组织都需要对一些重要职位采取有计划的继任方案。组织每年都应该重新审视一次继任规划——如有需要还可更频繁些。

在继任规划的实施过程中，需要根据组织的具体情况对不同的职位采取不同的继任方式和路线。高潜能的候选人通常会参加快速路径的开发计划，包括教育、行政指导和训练等。有时，组织也可能会让候选人较快地在很多不同岗位上轮换，以获取更广泛的经验和知识。

无论是对于整个继任规划，还是仅对当中的继任人选进行个人职业生涯规划，都要分析组织和个人的具体需要并据此拟定和优化这一规划。另外，组织也要留出足够的时间去培养接班人，以使继任规划进行得更顺利、更有效。

第二，要意识到继任规划的复杂性与长期性。在部署和利用任何战略资源时，都必须考虑培养关键人才以备未来之需。组织很有必要花费大量时间和精力去讨论组织的需要和目前的能力，并将其放到战略位置上。

如果组织目前还没有一套正规的继任流程，也可以建立一个继任规划的目标，去满足组织发展的需要。培养关键人才就是要开发高潜能的员工。大量研究表明，开发高潜能的员工一般都包括三个阶段。

第一阶段，组织会选择一批高潜能的员工。但随着时间的流逝，可能因跳槽、工作表现不佳或自己不愿为进人高层管理而奋斗，其人数会逐渐减少。只有那些具有良好教育背景或工作表现一直很出色，同时还通过了心理测试的人，才有可能最终成为候选人。

第二阶段，高潜能的员工开始接受开发活动。只有那些表现一贯良好并愿意为组织作出牺牲的人才能在这一阶段取得成功。同时，员工还必须具有良好的口头和书面交流能力、人际交往能力及领导能力。在工作轮换的模拟比赛中，只有前一阶段达到其高层主管要求的员工才有机会进入下一阶段，而未达到要求的员工将会自动失去资格。

第三阶段，通常由最高管理者来确认高潜能员工是否适应组织的文化，并了解其个性特征是否能代表组织。只有具备相应条件的员工才有可能进入组织的最高管理层。从中我们也可以看出，开发高潜能员工是一个缓慢的过程。

实际上，继任规划的建设是一个永无止境的过程。它需要定期审视组织的资源，确定哪些位置需要接班人，或者需要有人开始学习必要的知识，弄清楚需要多长时间培养候选人，并要定出每个人为达到既定目标该走的职业生涯路线。由于这条路线也许会因需要而改变，因此组织的监控和更新也是每一个继任规划的重要组成部分。

相关链接

摩托罗拉的继任规划

在摩托罗拉，员工的职业生涯规划和发展与公司的业务发展密切挂钩，两者做到了有机协调地向前推进。该公司正是推行了一套公司主动推进、员工积极参与、旨在发挥每位员工所长的职业生涯规划和发展机制，才使员工的职业生涯得到了良好的发展，公司的人力资源得到了很好的利用。

在摩托罗拉，员工的职业生涯规划与发展，被纳入公司的长远业务规划。也就是说，公司为了指导自身的长期发展，制定了长远业务规划，其中包括业务的长远发展目标以及实现目标所需要的战略等。为了支持公司战略的实施，设计了相应的组织结构，制订了相应的人员需求计划，其中决定了需要哪些类别的人员、各需要多少、需要多少年的工作经验、职位有多复杂、有多大的职责；在此基础上，形成相应员工数量的年度财务预算。公司设计的组织结构如果提供了职业生涯发展机会，公司将会首先考虑内部员工，另外还可以考虑从外部招聘人员加入公司。

摩托罗拉公司每年还举行一次组织发展和管理评审会，对员工的职业规划发展进行动态管理。公司的每一个事业部都会对各自的长远业务计划和组织结构进行审查和评估。评估内容主要包括：目前的组织结构是什么样的，五年之后的组织将会是什么样的，要分成多少个部门或是多少个小的营业单位。与此同时，也要了解上一年的发展遇到了什么样的问题，例如，培训够不够；有没有不断的工作轮换；在内部的导师制执行过程中，各个导师对员工进行帮助的成效如何；同时，还要考虑怎样才能实现今年的组织发展目标，有没有足够的人员去填补组织空缺。

如果组织结构发生新的变化，那么每个员工就有潜在机会开始岗位轮换。其中的关键就是接班人问题。在摩托罗拉，每一个职位一般有三个接班人，第一个（A）是直接接班的，第二个（B）计划在3～5年内接班，第三个（C）要么是少数民族，要么是女性。第三个接班人涉及摩托罗拉公司目前实施的员工多样发展计划，也就是需要形成多民族、多种族和性别平衡的人员结构。公司将所有的接班人，根据其工作表现和发展潜力进行排名，然后针对前5名给予相应的培训，以满足其未来发展的需要。

五、组织职业生涯管理的发展趋势

人力资源的开发作为关系到组织生死存亡的战略手段，在组织发展中占据了中心位置。正如约翰·奈斯比特（Jhon Naisbitt）和帕特里夏·阿布迪恩（Patricia Aburdene）在《2000年大趋势》中指出的，“在20世纪90年代的全球性经济繁荣中，人力资源，无论是对公司还是对国家而言，都是富有竞争性的优势。在信息经济时代的全球性经济竞争中，人力资源的质量和创新将成为一个分水岭或里程碑”。社会经济与组织发展的若干趋势和问题已经成为组织发展的现实环境，将对未来的职业生涯管理产生重大影响。这些趋势和问题主要如下。

（1）组织业务战略与人才开发之间的关系日益密切。越来越多的组织认识到，人才开发是企业效益的核心。企业领导者越来越将人力资源部看作是战略团队的一个成员。今天，技术优势的差距正在缩小，企业之间的差别和竞争优势在于员工的技能、敬业精神和才能。因此，越来越多的公司正在把战略规划与员工个人职业生涯发展需要结合在一起。

（2）组织结构与劳动力的缩减、重组和重构。从经济压力到机构臃肿问题多种因素，已经使许多公司变得更加精简，这是企业重组的重要方面。无论是小型化还是扁平化，管理层的精简和职工的裁员都是常见之事。企业已经意识到提供长期工作保障的承诺已不现实，始终存在的变革风险和与之并存的不确定性，已经成为现代企业所处的现实环境。

（3）企业与员工之间心理关系的变化。企业重组和上述核心及附属团队模型，已经成为个人与其雇佣组织之间不言自明的规则和期待。原有的游戏规则是，员工通过努力工作和忠诚，换回薪水和隐含的未来若干年工作保障的承诺。然而，现在的企业很少能够作出这样的承诺。新的报酬手段是：今天的企业在员工的任职期间向他们提供成长和发展的机会，而且在这一任职期间，企业调动员工的敬业之心。员工的忠诚依然存在，但它常常是一种职业化的忠诚而不是对某一企业的忠诚。

（4）工作与生活之间的平衡。忠诚的转移还涉及职工的私人生活。现在人们常常谈论具有“新价值观”的员工，他们求职是为了满足自己个人的发展要求。许多企业在看到人们的这些觉悟和需要之后，已经采取措施，想通过弹性工作制和灵活的辞职政策来适应上述工作重点的变化。

（5）员工的多样化。企业解决工作与生活之平衡关系的另一个压力在于，员工的构成发生了变化，即妇女、少数民族、残疾人和大龄职工的比重在增加。企业所面临的是各种各样的员工需求，其中包括育儿和照顾老人的时间、学习语言和灵活的工作条件与时间。员工的招聘与留用显然与企业如何有效满足上述要求有关。

（6）注重质量与技术。全面质量管理（TQM）在许多公司的工作中占有主导地位。全面质量管理作为一种新的业务方式，强调顾客服务、优秀业绩和持续改进，这些被认为是获得和保持竞争优势的根本。技术的迅猛发展已经为职工带来了多方面的变化，并要求他们根据新的业务方式学习新技能和新知识。

（7）向员工放权。只有在员工有权作出决定并对提交无差错产品与服务负责时，企业才能实现全面质量管理。许多企业已经建立起一些自我管理的团队，作为完成工作的组织结构。这些工作团队越来越强调参与，这是与老式“指令性”模型的重大区别所在。在那些老式模型中，员工单纯执行管理人员发出的指令，然而在这一新模型中，管理人员将大部分时间花在辅导、提供资源、领导改革方面，而不是单纯管理、指导和监督任务的完成。

（8）新的胜任能力和技能要求。向员工放权的另一个产物是不同于胜任能力的效率要求。这一点同样适用于管理人员和普通员工。管理工作成功的核心是领导并调动他们成为改革催化剂。管理人员需要令人放心地下放决策权，并辅导人们完成这一过程。他们还需要掌握一个全面的重点，既考虑到公司的业务战略，同时也考虑到各个部门、单位或工作团队在这一战略中的差异。职工也需要从全局的角度考虑问题，安心并高效地在团队环境中工作。交流技巧——听、说、写，是参加团队活动所必需的。未雨绸缪、规划预案、积极主动和保证顾客重点的能力也是至关重要的。改革的灵活性和适应性，对于管理人员和普通员工来说，也是必不可少的。

（9）创建“学习型组织”。随着人们对新胜任能力在竞争力中的重要性认识的不断增强，企业把工作重点放在了创造一种求知和持续发展的氛围上。新的重点是人们如何以最具实效的方式学习和发展，企业为培育这一过程可以做哪些工作。

（10）全球化环境。现代技术已经和许多其他因素一起，产生出一些使世界变得越来越小的通信载体。竞争已经变得全球化而不再局限于某一国度，业务的成功要求人们了解世界的其他地方。对全球化、多元文化的重视，已经变得越来越重要。

上述环境和趋势对于21世纪企业员工的职业生涯管理工作来说，具有重大的意义。从有利的方面而言，朝着向员工放权的企业文化转移，与企业员工职业生涯管理的两个核心问题相呼应，即员工对自己的职业生涯发展负责和管理人员在这一过程中扮演重要的辅导角色。人们对业务战略与个人发展之间的联系的接受程度的提高，以及善于革新的企业对新职位胜任能力的要求，都在强调企业对员工职业生涯开发系统与过程支持的重要性。全面质量管理对评价、衡量和改进的强调，应该引发对评价员工职业生涯开发理念及经验的更大关注。企业的重组与员工依赖心理的变化，都扩展了职业生涯管理的内涵：不再是沿着晋升阶梯向上升迁的传统观念，而是更注重发展、挑战和工作内容的丰富化。

工作保障性减低也具有积极性的意义，因为他们强调需要有持续的学习能力、跨工种的员工；培训与再培训的重要性，暗示员工应该培养全套可以转换的技能。技术的变化有可能为员工职业生涯开发活动带来更多和更好的创意。与员工构成多样化有关的新需求和机遇，显然使人们注意到不同的人有不同的发展要求。

同时，消极的一面也是不可避免的。缩小规模和经济压力可能使人们的注意力偏离人才开发工作，因为企业为紧迫的生存压力所困。员工忠诚度和工作保留程度的降低，可能会使员工对参加职业生涯开发运作程序持无所谓的态度，甚至恐慌和缺乏兴趣。个人职业生涯及劳资关系的准则因不同的文化人群而不同，可能会给人们对员工职业生涯开发运作程序的认可带来困难。

第三节　员工素质提升与职业生涯开发

一、导师计划

（一）导师计划的作用

导师计划对被指导者职业生涯发展的作用如下。

（1）提携：支持被指导者的职业生涯发展，并与之建立相关的联系。

（2）教练：教导被指导者一些相关事务，对他们的工作绩效和潜能提供积极和消极的反馈。

（3）保护：对工作和生活方面的问题提供支持，在必要时可以作为一个缓冲带。

（4）展示：为被指导者创造展示自己才能的机会，带领他们参加一些可以开阔他们视野的会议。

（5）布置挑战性的工作：为促进被指导者的成长和进步，安排一些工作，发展他们的知识和技能。

（6）指导关系除了具有对职业生涯发展的作用外，还具有一定的心理功能。

① 角色示范的功能。展示其看重的行为、态度和技能，帮助被指导者获取能力、赢得信任、认同专业。

② 心理辅导的能力。为被指导者解决个人生活及专业探索方面所遇到的问题，并提供有帮助的建议，当然这些帮助是保密的。通过细心的倾听建立信任关系，使双方在设计关键发展问题上能坦诚地交换意见。

③ 接纳和承认的功能。为被指导者提供持续的支持、尊重和荣誉，加强他们的自信，树立良好的自我形象，不断强化其成为对组织有价值的人、作出突出贡献的人的信念，通过表明自己的观点来帮助被指导者形成正确的观念。

（7）形成友谊的功能。产生工作外的相互关照和亲近，分享工作外的经验。

（二）实施导师计划需注意的问题

既然指导关系对被指导者的职业发展有着重要的作用，那么在运用这种方法进行职业生涯管理时也就应当注意下列问题。

（1）要明确指导关系的时间段，不能太短。假如指导关系的持续时间有限，有些员工在人生发展的关键时期就可能无从获得这种帮助。

（2）适当考虑员工的需要。大多数人都喜欢找级别高的同事做导师，但也有些人喜欢找没有经验的人建立关系，有些人甚至觉得与同辈、下属建立关系也有益于发展。

（3）克服指导关系的潜在操作困难。由于企业相互竞争激烈，同事之间也存在着竞争，年龄差异不大的同事之间同样也有竞争或利益问题；另外，时间分配也是一个问题。如果要在这个方面进行工作，可能职位差异大一些反而更容易开展工作，而且成效也会更好。特别是由高级管理者对初级管理者、高级技术人员对初级技术人员进行指导。首先，两者的竞争不在同一水平上，从而也就避免了相互间的利益问题；其次，由于高级人员的确有着比较强的社会经验、能力、工作经验等，所以可以很好地指导年轻的员工；最后，级别高的人员往往面临退休的状态，或者事业发展到达顶峰，因而往往也愿意回忆过去，愿意将自己的感受和心得体会传授给年轻人。

（4）不是任何人都适合担任指导者。在某种意义上说，指导者相当于教师，对其也有一定的技术和能力要求。通常，选择导师时应以人际交往能力和业务能力为基础，并对进行这种工作有愿望和兴趣。当然，组织的环境和氛围也是重要的影响因素。如果组织的激励系统、文化、工作设计和管理看重和鼓励这种建立关系的活动，就会有许多人愿意成为工作指导者；如果组织内部过于注重利益、竞争，愿意承担这种指导工作的人可能就会减少。比如，如果组织的奖励政策是提升和薪酬，则个人就不怎么愿意在他人的发展上投资，也不注重建立关系的活动；如果工作设计是十分个人化的，相互之间就很难帮助；如果组织文化缺乏相互信任，在不同的层级、不同部门之间很少相互关心，人与人之间就很难建立高度信任和亲近；如果指导者不善于利用绩效考评、继任规划和职业发展规划，也就很难向职员提供生涯辅导和指导。另外，对导师也需要进行培训。导师一般会花 1 ～ 2 天的时间来接受沟通能力培训，这样他们可以学会如何更好地传递工作信息，并能在不批评的前提下更好地进行指导。

（5）需要建立导师薪酬体系。导师对被指导者进行指导是需要在完成本职工作的基础上花费额外的时间和精力的，因此如果没有相应的补偿，就可能会影响导师计划的实施效果。

（三）确定正式指导关系的步骤

确定正式指导关系的步骤如下。

（1）确定要建立关系的群体。邀请可作为候选人的导师和被指导者，以配对的形式确定标准和过程。

（2）收集资料。主要是收集参加者双方的资料，用来帮助进行有效地配对，这些资料包括职业生涯目标、绩效记录、发展需求等。

（3）安排初级和高级员工相互见面，开始自愿相互挑选的过程。提供活动目标、角色期望、员工支持服务的原则，鼓励参加相关教育奉献活动。

（4）建立指导程序，定期向组织提供反馈。

（四）成功地实施导师计划

制订成功的导师计划，需要具备以下几个方面的特点。

（1）指导者和被指导者都是自愿参与该计划的，这种关系可以在任何时候终止，且不受任何处罚。

（2）指导过程并不限制非正式关系的培养，例如，可以通过设立导师组来让被指导者对其中的导师进行选择。

（3）选择导师时，应当考虑其过去培养的人员记录、导师的意愿、有关信息沟通与指导和倾听能力的证明。

（4）有清晰的计划目标，明确导师和被指导者各自的活动。

（5）明确计划执行的时间，规定导师与被指导者之间的最低接触频率。

（6）鼓励被指导者之间相互交往，共同研讨问题并分享成果。

（7）要对导师计划进行评估。

（8）人员开发是有偿劳动，这说明管理者的指导和其他开发活动是值得其投入时间和精力的。

最后，需要注意的是，导师计划常常与继任规划配合使用。

二、未来组织职业生涯开发与管理策略

（一）组织策略

面对 21 世纪的挑战与机遇，组织应采用多种职业生涯开发策略与方法，促进雇员的职业生涯发展和组织发展。具体措施主要有以下八个方面。

1. 将职业发展规划与组织业务战略规划融为一体

在公司的各个级别上建立二者明确的联系。让管理人员和员工参加到组织发展方向的分

析过程中来，然后让他们对发展需求与战略的意义进行评估；根据公司的业务需求来进行设计，员工职业生涯开发体系的时效性会大大提高。越来越多的人认识到，员工职业生涯开发是一项业务需求，其原因在于他们看到它与竞争优势和基本实力有着直接的关系。因此要将人员接替规划工作当做企业实现核心业务目标的实力手段来开发。例如，柯达公司业务重点是对员工进行开发，使他们可以跟上新技术的发展；海外通信则包括增强其销售人员的国际市场营销能力。这些企业都有一个明确的业务需求，它驱动着员工职业生涯的发展，协助系统设计者始终将自己的眼光落在实质问题上——通过培训训练有素而主动的员工，去满足组织目前及未来的要求。

2. 加强职业生涯开发与其他人力资源管理系统之间的联系

如何将各项员工职业生涯开发工作综合在一起，并使他们与其他人力资源系统和活动相互作用，是做好组织职业生涯开发工作的重要思路。随着员工职业生涯开发系统复杂程度的提高，人们发现了一些可以与人力资源工作相配合的途径。例如，岗位需求信息发布、绩效评估、薪酬和人员接替规划，均受到职业生涯开发工作的影响。全面的人力资源规划工作包括上述所有系统相互配合而进行的合作。这种系统化的思维最大限度地发挥出所有人力资源的作用。

现在，许多公司都将员工职业生涯开发工具与活动结合在一起，以实现最大的效益。康宁公司和波音公司将自己的员工职业生涯开发项目与其他人力资源创意整合起来，如绩效管理与全面质量管理。康宁公司发现，在员工职业生涯开发活动中采用质量管理的语言，可以在这两个方面产生一箭双雕的效果。巴克斯特保健公司的员工职业生涯开发项目始于对自己绩效评估系统的修订。

3. 通过技能培养和责任制加强管理人员在职业生涯开发中的作用

由于在雇员职业生涯开发系统中，管理人员起着关键性的联系和纽带作用，所以他们在这一过程中的及早认可与参与是至关重要的。因此，必须保证管理人员对其员工开发工作的责任。但是单凭这一点还远远不够，他们在这一过程中还必须得到充分的授权和支持，即必须建立责任机制，保证一线经理的参加，让一线经理担负责任，如把“人才开发”作为管理人员绩效评估的一项重要内容，从而使系统长期发挥作用。同时，要发挥有效的辅导作用，管理人员还必须先接受这方面的技巧培训，并在实际运用这些技巧时获得不懈的支持和追踪。从根本上讲，他们担当辅导员角色时也需要别人的辅导。此外，在未发挥这一作用而对管理人员进行的培训的过程中，需要澄清人才开发的标准或范围，树立作为一个合格人才开发者的榜样。

4. 提供各种工具和方法，让职业生涯开发系统更具开放性

现代职业生涯开发不能是控制和信息方面的自我封闭。一方面管理人员必须支持员工职业生涯开发工作，而不是越俎代庖；另一方面，员工要对个人的职业生涯承担主要责任。同理，要保证某一员工职业生涯开发系统的每一位参加者都调用必不可少的资源、反馈和有关新机会的信息。由于成年人的学习风格和爱好千差万别，而且不同的工作场所要求用不同的方法，因此，优秀的雇员职业生涯开发系统必须考虑到这一点并提供成套的工具与活动。如设计和实施多种方法，自学客户层、工作手册、录音带、开发课程和实际咨询；开办内部的员工职业生涯中心，有专业的个人职业生涯顾问、资料库、软件、工作手册、业绩与员工评审系统以及员工职业生涯自我评估系统等一整套相互关联而灵活的活动，促进职业生涯开发工作的开展。

组织应采用多种职业生涯开发方法，以适应不同的学习风格和多样化职工成功的需要。同时，还要注重开发和推广互教互学方法及其他集体性发展方法。随着职业生涯开发与管理中给员工放权及其参与程度的增加，管理人员所扮演统领的角色逐渐削弱，人才开发工作的动力和责任将越来越落在自我管理的团队手中。因此，应该积极探索和开发互教互学模式，随着工作团队更加充分地将发展需求与业务现实联系起来，团队发展的需求将越来越明显，应该推广解决这些需求的方法。

5. 重视工作内容的丰富化及平级调动，不断发现和开发可转移的能力

当今成功的定义与传统的升迁区分开来。因为晋升的机会将越来越少，所以职业生涯开发工作应该大力强调在自己当前的岗位上发展和学习的理念，同时通过探索本公司内部其他领域来保持工作的挑战性。

同时，随着组织机构的重组必然会增加岗位的转换，无论是在公司内部还是在外部，职业生涯开发应该包括胜任能力的开发，这一能力是指要在今天的工作中获得成功所必需的技能、态度和学识，而且这一能力还应用于从招聘到岗位描述、发展和绩效管理等一系列过程之中。这里应该重点强调的能力之一是对变化的适应能力。

6. 对职业生涯开发工作进行评估、改进和推广

持续的评估、修改和完善适用于多数最先进的系统。在实施员工个人职业生涯发展系统的各个阶段，也应该坚持评估与持续改进。此外，组织应该进行客观评价，以评估人才开发对总体业务业绩的作用。这种做法超出了当前大部分员工职业生涯开发评价方法的范围，因为后者分析的不仅仅是职业生涯开发的结果，还有它对大型企业的影响。

康宁公司和波音公司进行事前和事后的调查，衡量员工职业生涯开发措施的影响。康宁公司还规定了成功的条件，根据这些条件，本地公司可以为自己的活动制定基准。同样地，阿莫科公司在综合性四阶段规划与实施过程中，甚至早在系统尚处于开发阶段就开始采用持续改进的方法。而美国电话电报公司则进行了大量的员工调查和公开研讨班听课活动，以便对员工职业生涯开发系统的进展情况及效果进行追踪。

在组织职业生涯开发活动中纳入对价值观和生活方式的分析，员工所作出的离开或留在本企业的决定以及他们如何敬业，均与其价值观与本企业之价值观的匹配程度有关。重要的是，要将这些价值观揭示出来，以便对它们进行充分的分析并留住优秀的员工。由于围绕工作与生活的关系存在许多突出和相关的问题，所以员工的职业生涯开发活动应该成为一个针对这些问题的论坛。

同时，在职业生涯开发中还要注意将员工的需求与组织的需求相结合，当个人结合总体业务战略和发展方向来规划自己的个人职业生涯时，双赢的结果是为双方带来重大的收益。阿莫科公司创新的员工职业生涯开发系统，既提高了公司的利润和竞争实力，同时又帮助员工明确和寻找到了个人职业生涯成功的途径。同样地，3M 公司发现自己的岗位信息系统是一种从内部向用人经理提供可用人才的有效途径，同时它还培养了员工对公司内部发展机会的意识。BP 勘探公司利用员工职业生涯开发工作，对员工的浓厚兴趣作出回应，同时对公司的战略规划提供支持。

7. 坚持研究全球最佳的实践和企业员工职业生涯开发工作

无论是企业自己进行探索，还是通过独立的研究机构进行研究，重要的是要从全球范围的传统基准出发。实践者还应该坚持学习成功的经验，研究的对象不应该仅仅局限于少数几个国家。这种研究可以充分地将改革的创意推向全世界。实践充分证明，大家都在互相学习，这一点非常重要。

（二）保持员工职业生涯开发的活力

在职业生涯开发过程中，坚持改革与创新的意识始终具有极大的挑战性。如果不进行认真的维护，即使最优秀的员工职业生涯开发系统也会失去其锋芒和实效，甚至完全退化。许多压力（如竞争、迅猛发展的技术、员工构成的变化等）甚至可以削弱构思最为严谨的改革创意。

第四节　职业生涯管理实训

【项目一】

一、项目名称

自我的职业生涯规划。

二、实训目的

通过此项实训，使每位同学根据自己的需求进行职业生涯规划。

三、实训条件

（一）实训时间

2 课时。

（二）实训地点

教室。

四、实训内容与要求

（一）实训内容

设计职业生涯规划路线。

（二）实训要求

（1）要求学生掌握职业生涯规划的基本理论，做好实训前的知识准备。
（2）要求学生了解自己的性格特征、特长爱好以及知识技能。
（3）要求教师在实训过程中做好组织工作，给予必要的、合理的指导。

五、实训组织与步骤

第一步，提供合适的性格测试、职业兴趣测试和知识能力测试。

第二步，每组同学根据测试的结果，以及对自己的了解，设计适合自己的职业生涯发展路线。

第三步，与指导老师进行沟通，调整之后形成学生的职业生涯规划报告。

六、实训考核方法

（一）成绩划分

实训成绩按优秀、良好、中等、及格和不及格五个等级评定。

（二）评定标准

（1）是否掌握职业生涯规划的程序和方法。

（2）能否了解自己。

（3）是否记录了完整的实训内容，做到文字简练、准确，叙述流畅、清晰。

（4）课程模拟、讨论、分析占总成绩的 70%，实训报告占总成绩的 30%。

复习思考题

1. 职业生涯管理的内涵是什么？应当遵循什么原则？
2. 员工职业生涯规划一般包括哪些实施步骤？
3. 如何制定自己的职业生涯目标？
4. 如何成功实现职业生涯所需的能力转变？

案例分析

涟钢的“网状”人才发展全通道

涟钢作为老牌国有企业，随着从人事管理逐步向人力资源管理转变，面临着许多新的课题与挑战，最突出的是对于人才成长通道的建设滞后。涟钢从 2011 年开始，经过一年多时间的深入调研与讨论，明确了各类人才成长晋级的通道、任职资格标准、考评激励要求等，搭建了“网状”职业生涯发展全通道。

“网状”专业人才职业生涯发展全通道建设就是指企业通过建立科学、规范、合理、畅通的职业发展通道，采取合理的任职资格评价准入，进行多元化绩效管理考评，让各类人才看到自己职业发展的方向，沿着架构好的发展通道不断超越自我，通过个人绩效的达成推进组织绩效目标的实现。建立“网状”职业发展全通道，有利于鼓励员工选择职业锚成就阶段性职业目标，为企业探索复合型人才培养打造了新模式。

1．“网状”职业生涯发展全通道建设的原则

1）职系间“纵式发展畅通”向“网状发展互通”

纵向畅通是在每个职系中形成有层次、有梯度、衔接合理的岗位序列，使人才有一个不断向上成长的空间，有利于吸引、留住人才。

2）突出核心专业和主营业务

核心人才是企业最重要的智力资本，对涟钢的作用和价值最大。坚持将专业职务的设置向涟钢的核心专业和主营业务倾斜，如研究员被主要设置在新产品研发、重大工艺改进等核心技术，业务分析师被主要设置在市场营销、法律风险防范等核心业务，首席技师被主要设置在钳、电、焊、仪表等核心技能领域，引导智力资本向公司关注的关键领域流动，最大化地体现专业人才的重要价值。

3）从旧专业职务体系到新职系规范平稳过渡

职业生涯全通道建设工作是对原有机制体系的重新构建，涉及人事制度的多个方面，关系到每个员工的切身利益。因此，必须科学设计，精心组织，兼顾公平与效益，兼顾各类人员的利益，使职业生涯全通道建设工作与现有的制度体系之间实现顺利对接，确保平稳过渡。

2. 建设“网状”职业生涯发展全通道的主要管理

坚持“清晰明了、减少交叉、理清界面”的管理思路，将现有的职业通道划分为四大职系，实现了分类分层的差异化管理，从制度上搭建了不同职系共同发展的竞争激励平台。

1）多元分层设置职业全通道

四大职系各层级、各档次名称和定位更加准确、清晰，层次更加分明，实现专业人才类别与岗位匹配和衔接。分为两个层级进行管理，第一层级由涟钢直接管理，第二层级由涟钢指导所辖各单位进行兼管。

2）建设任职资格管理体系

涟钢相继出台了多个管理岗位任职资格和管理规定等文件，要求拟提升或晋升到管理岗位、专业职务的员工必须具备相应任职资格。以任职资格体系为核心，企业培训中心自主开发相应任前培训课程体系，通过培训不断提升人岗匹配度。具体实施为个人申报、单位初审、专业部门审核、任前培训与考试等。

3）专业人才通道纵、横式发展

各类别专业人才的工资、津贴等与层级对应，随着员工技能与绩效的提升，员工在各自的通道内有平等的晋升机会。各通道层次内的级别升降分别建立了相对应的薪酬管理规定，实行“岗变薪变”的原则。

涟钢“网状”职业生涯发展全通道的建设为员工提供了更多的职业发展机会。不论是做管理、开发、技术支持、销售还是操作维护工作，都有向上发展的机会。考虑到公司需要、员工个人实际情况及职业兴趣，员工拥有在不同通道之间转换的机会，但必须符合各职系相应职务任职条件，经本人申请、单位初审、公司讨论审定后，由人力资源管理部门组织实施。

4）实施以业绩和能力为导向的竞聘机制

坚持公平、公正、公开，实施以业绩和能力为导向的竞聘机制。在管理职务和专业职务的竞聘上，强调以业绩作为衡量人才的主要标准，不唯学历、不唯资历、不唯职称、不唯身份，不拘一格选人才；在评价上，充分应用现代人才测评技术，完善人才评价手段，实现了差异化的人才评价方式。

5）实行多元化管理考评

涟钢对各类专业人才的绩效管理考评多元化，中基层管理人员考评方式为BSC、MBO、KPI考评、360度重大事件锚定法相结合，多种方式考评组织战略目标，以结果为主。专业职务人员考评方式为 KPI、360 度相结合，结合公司或所在单位当年重要的管理创新、产品开发、工艺改进、节能降耗等方面制定 KPI3 ～ 5 项，每半年度 KPI 考评一次，一年度 360 度考评一次。对各类专业人才根据岗位类别采取多元管理考评手段，更加客观公正地反映各类专业人才的绩效与能力。

6）强化考核与激励

充分运用年度考评结果，排名末尾的淘汰、得分不及格的当即解聘、排名靠前的进行奖励。建立“能上能下、能进能出、职变薪变”的动态管理机制，促进人才积极进取、勤奋工作，不断提升专业水平，实现人才资本的增值，提高企业的核心竞争力。根据考评结果实行激励约束，与职务聘任、薪酬分配、评先评优直接挂钩。

7）注重人才能力开发

为了促进专业人才素质与能力适应企业战略调整的需求，公司采取了丰富工作内容、专业提升培训等方式丰富员工工作积累和跨专业能力。

丰富现有工作内容。在专业人才的现有工作中增加更多的挑战性或更多的责任，加速了“技术 + 管理”等复合型人才的培养。对表现优秀的中、基层人员进行发展性交流。2014 年，公司投入近 500 万元用于影响企业战略的重点培训项目，如外请钢铁研究总院、东北大学、昆明理工大学等专家前来举办专题讲座 10 余场次，外培企业战略、市场营销、项目开发等模块人员 100 余人次。

问题：该企业的职业生涯管理有哪些地方值得别的企业学习借鉴？

Chapter Nine

第九章 员工关系管理

学习目标

1. 了解员工关系管理的内涵；
2. 熟悉员工关系管理的职能体系；
3. 掌握劳动合同管理的方法预防劳动争议；
4. 了解劳动保护的范围。

引导案例 以人为本促管理 增强企业凝聚力

长城钻探国际钻井公司现有钻机49台，分布在14个国家，为15个油气公司提供服务，618名员工来自全国各大油田，涉及合同化、市场化、劳务派遣、借聘等多种用工形式。结合人员分散这一特点，公司不断探索和深化服务员工、凝聚人心的方式方法，确定了“区域化管理，重心下移”的工作思路，取得了一定效果。

1．知员工情，多渠道掌握思想动态

（1）组建爱心小分队，深入掌握员工综合情况。公司立足实效，分区域、多渠道了解员工需求，及时解决带有倾向性的思想问题和员工工作生活中的实际困难。

（2）平台经理、党支部书记回国汇报员工思想动态，使得公司管理层切实了解员工所思所想。

（3）通过一人一事思想政治工作了解员工思想。为真正了解员工思想动态，公司党委开展了员工谈心活动，本着“务实、管用、灵活、保密”的原则定期开展活动，做到全员覆盖谈心。在谈心过程中了解到员工的重大事项，及时向公司反映并提出办法加以解决。

2．答员工疑，多形式化解利益诉求

（1）形势任务教育靠前。让员工与公司紧密联系起来，让员工明白：在公司中“我是谁”，公司发展“依靠谁”，努力工作“为了谁”，并最终实现“快乐与发展共进”的持续交互。畅谈公司发展，对员工关心的问题进行逐一解答，消除员工顾虑。

（2）畅通员工诉求通道。充分发挥长城钻探公司诉求网络平台，对基层队提出的5个诉求及时给予答复。采取问卷调查、座谈交流形式听取基层队的意见建议。针对问卷调查及工作会讨论中提出的问题，组织专题会议研究，给予书面答复。

（3）改进机关工作作风。以服务基层为宗旨，解答员工疑虑，规范工作行为，增强工作效能。同时，公司建立业务对口接待制度，要求接待公司员工、家属及其他单位、人员的来访、来电的第一位工作人员，不论当事人询问的内容与本人职责是否相关，都要认真听取当事人的意见和要求，做到文明礼貌，热情大方，使用文明用语。

（4）建立问责追究机制，对于不按程序办理、贻误工作或逾期不办结的要进行问责，形成刚性的“倒逼机制”。使机关职能由管理型向综合服务型转变，营造“机关围着基层转，基层监督机关干”的良好氛围。

3．解员工难，全方位解决后顾之忧

充分了解员工的困难后，关键是如何解决，公司党委以“温暖大家庭”为有效载体，以各区域爱心小分队为依托，开展爱心互助活动。

4．聚员工心，典型引领推动公司发展

注重发挥先进典型引领作用，通过典型示范，凝心聚力，推动公司不断向前发展。公司党委适时推出了向身边的榜样队伍学习活动，邀请队伍成员为大家作报告，进行座谈交流，并以该队为标杆，提炼管理经验。用典型的崇高精神教育感染员工，用典型的先进经验启迪引导员工，在员工中形成人人争当先进、人人融入发展、人人创先争优的氛围，激发广大员工立足本职工作，在岗位上创新创优、无私奉献的正能量。

第一节　员工关系管理概述

一、员工关系的内涵

目前中外学术界尚没有统一的关于“员工关系”（Employee Relations）的内涵界定，但可以将员工关系的内涵和外延做广义和狭义之分。广义的员工关系经常与雇佣关系（Employment Relations）、雇主—雇员关系（Employer-employee Relations）、产业关系（Industrial Relations）以及劳动关系（Labor Relations）等概念混合使用；而狭义的员工关系主要表现为企业或管理者与其内部员工之间的关系，并将其作为人力资源管理的对象或一项管理职能。

国外学者很少对员工关系作出严格的内涵界定，多是基于不同的研究目的和视角去研讨员工关系的性质、管理意义和具体内容。这也许有助于我们对员工关系管理进行更为开阔和深入的探讨。随着我国企业员工关系管理实践的兴起，国内研究者也开始对员工关系的概念和内涵做出界定。程延园（2015）提出，员工关系是由企业和员工双方利益引起的，表现为合作、冲突、力量和权利关系的总和；它强调以员工为主体和出发点的企业内部关系，注重个体层次上的关系和交流，注重和谐与合作是这一概念所蕴涵的精神。还有一些学者认为广义的员工关系是在企业内部以及与企业经营有密切关联的集体或个人之间的关系，甚至包含与企业外特定团体（供应商、会员等）或个体的某种联系；狭义的员工关系是指企业与员工、员工与员工之间的相互联系和影响。

本书所指的员工关系是从狭义的角度所做的界定，主要是指员工与企业组织之间基于工作过程而建立的一种相互影响和相互制约的关系。这种关系以雇佣契约为基础，以工作组织为纽带，主要表现为在组织既有的管理过程中的一种人际互动关系。其实质可认为是企业中各相关利益群体之间的经济、法律和社会关系的特定形式和协调机制。

二、员工关系管理的内涵和性质

（一）员工关系管理的内涵

所谓员工关系管理可做如下定义：为保证企业及利益相关者的目标实现，对涉及组织与员工、管理者与被管理者以及员工之间的各种工作关系、利益冲突和社会关系进行协调与管理的制度、体系及行为。

（二）员工关系管理的性质

（1）员工关系管理是人力资源管理的一项基本职能。员工关系贯穿于员工管理的各个方面，是人力资源管理的基础与核心。有效的员工关系管理不仅可以保证人力资源系统的有效运行，同时其他管理职能，例如，招聘、培训、绩效管理、薪酬福利、安全健康管理等，都需要以和谐的员工关系为前提和保障。

（2）提倡从员工角度制定管理策略和措施。当代员工关系管理倡导劳资之间的利益和关系协调，强调通过非强制性的、柔性的、激励性的方法和手段管理员工的态度和行为，提升绩效。

（3）为了保证企业正常的工作和生活秩序，员工关系管理也需要在既定的规章制度和组织规则下进行，因此，员工管理关系具有鲜明的两面性：一方面运用制度、规范、惩罚、争议和冲突等手段，约束组织成员的行为；另一方面，力图通过协调、援助、关爱以及合作等措施，实现对员工的保护和激励。

（4）员工关系管理在一定程度上含有“去工会化”的意图与性质，这一点可以通过西方产业关系和人力资源管理实践的发展体会到。员工关系的一个基本假设是：在组织内部可以通过管理者的积极努力，通过有效的员工关系协调，避免和内化劳资之间利益的对抗与冲突；或者说企业管理者试图在现代商业环境下，通过非工会或非外部集体性行动来满足本企业员工的利益和权益诉求。

三、员工关系管理的职能体系构建

构建企业员工关系管理的职能体系，明确各管理活动的标准、分工和主要内容，是企业员工关系管理的基础。

（一）构建原则

企业员工关系管理的职能体系构建需要依照以下原则。

1. 实用性与专业性相结合

在员工关系管理中，每一个企业都有自身的特点，没有通用的管理模式，但企业间有共同的原则和规律可遵循。因此，在一些特定的员工关系管理环节和管理项目中，除了要针对本企业特点进行有的放矢的管理之外，实施专业设计和由专业人员管理，会获得更佳的效果。

2. 专职性和精简性相结合

在大企业中，应该设置有专业背景和热心员工关系的专职管理人员，简称ER经理或专员，并有必要设置职能部门和一线的对口管理人员。此外，虽然人力资源职能外包是一种趋势，但一些涉及员工关系的核心管理职能，最好不要外包，可以采用联合管理的模式。一些需要专业人员设计和管理的项目，例如员工压力管理和心理健康项目，要处理好外包与自我管理的关系。对于需要外包的职能，首先要挑选合适的外包商，其次本企业要配备专职人员进行有效的监督和管理。

3. 管理与服务相结合

在不同的发展阶段，人力资源管理的性质和特征不尽相同。例如，传统的“以工作为中心”的人力资源管理模式比较强调“管理”的职能；而现代的“以人为中心”的管理模式比较强调“服务”的职能。在某种意义上讲，企业的员工关系管理可以作为区分这两种不同模式的标志之一。咨询、服务、沟通和参与等是现代员工关系管理所提倡的理念和行为。

（二）员工关系管理的职能角色分工

（1）高层管理者。在员工关系管理中，高层管理者主要承担战略决策支持、政策制定或监督及行为表率等职能。

（2）员工关系经理。作为职能人员，员工关系经理在员工关系管理中扮演核心角色，主要承担的角色是：员工关系的分析与监控、对直线经理的专业培训、员工关系政策制定与实施、对员工关系相关法律的遵循以及承担本企业员工关系促进计划的设计与推行等职责。

（3）直线经理。直线或一线经理是员工关系管理中的实施者和直接维护者，所承担的角色主要包括：和谐员工关系的维护、相关法律遵从和执行、参与劳资谈判和协商、在职能部门和员工中承担沟通中介以及实施员工关系促进计划等职责。

（4）员工。员工是员工关系的主体之一，他们既是管理和服务的对象，也是主要参与者和管理者，特别是员工的自我管理是现代员工关系中的一个重要特征。

（5）员工组织。工会及职代会等员工组织在员工关系管理中的角色界定值得关注。鉴于员工关系与劳动关系有性质上的区别，但也有许多具体内容上的交叉，因此员工组织作为员工利益的代表，应该在员工关系管理中主要扮演合作者和员工利益维护者的角色。所谓合作者的角色，包括帮助企业和管理者协调好企业、管理者与员工之间的关系，推动各种有利于员工关系发展的计划和方案等；所谓员工利益维护者的角色，是指当企业或雇主一方出现无视或忽视员工利益保护，或不利于员工关系协调的政策、制度和行为时，工会和职代会等员工组织应该站在员工一方，督促、协助和采取措施处理好在员工关系管理中各种可能出现的矛盾与冲突。

（三）职能体系结构

1. 总公司级的员工关系管理职能设置

在一个下设多个机构的集团公司中，总部的人力资源部应专门设置员工关系管理部门负责该职能管理，搭建由专业人员组成的管理平台和管理系统，负责对下辖区域分支机构或分、子公司的员工关系管理工作的监督指导。

2. 区域级的员工关系管理职能设置

区域级机构的人力资源管理部门内，也需要专门的岗位和人员（如员工关系经理）负责员工关系管理。该岗位单独设置，上级公司（如总公司）的员工关系管理经理，对其工作垂直指导。

3. 分公司级的员工关系管理职能设置

在区域机构下辖的分、子公司中，因为岗位设置有限，一般由该公司的人力资源经理（或人力资源负责人）负责员工关系的管理。在员工关系管理职责方面，上级机构或公司的员工关系经理有对其监督指导的职责。

4. 部门级的员工关系管理职能设置

在一些大公司相对独立的事业部中，没有独立的人力资源部，但设置有行政专员、人力资源专员，或人力资源业务伙伴（HRBP）等。但员工关系管理不应置于行政性的工作职责中，最好由部门经理直接负责。小规模的公司，也可参照此结构设置员工关系管理职能。需要说明的是，一些企业的员工关系管理并不完全是内部管理职能，还有一些外部职能和跨职能的协调工作，例如企业文化、劳动关系、沟通管理及民主管理等，也属于员工关系职能人员的职责和任务。这些显然没有固定的范式，因企业需要而异。

相关链接

六原则开启快乐工作

企业唯有建立以“快乐工作”为主导的新型工作关系，才是真正的用人之道，才能从根本上解决生产中的难题。

淮北矿业股份有限公司临涣选煤厂（以下简称临涣选煤厂）作为一个投产近30年的企业，目前在岗职工1 705人（本部仅1 200余人），其中女职工约占30%，45岁以上职工约占35%。出于避峰生产的需要，职工经常连续上夜班，岗位环境粉尘大、噪声大，职工经常处于“亚健康”状态。特别是近年来随着生产规模扩张，职工劳动强度大幅递增，人员老龄化趋势明显，这一切都为生产经营管理带来了难题。追求快乐和幸福是人生最为重要的一部分，只有人人都体面地劳动、有尊严地生活，小至个人大至全社会才会更加和谐。基于此，临涣选煤厂建立了“快乐工作”为主导的工作氛围，快乐工作有以下六个原则。

1．快乐工作必须是安全的

（1）让员工快乐的工作，首先应满足其生理需求，改善工作环境和条件。

（2）创建安全舒适的从业环境。洗选行业的很多设备都具有一定的危险性，必须把这种危险性降到最低，创建一个安全、舒适的工作环境。

（3）创造文明和谐的人文环境。临涣选煤厂加大民生工程投入，先后兴建了职工宿舍、文化中心、篮球场、塑胶跑道、职工书屋等，又在原绿化基础上栽种树木1 900余株。

2．快乐工作必须是自由创新的

（1）让职工快乐的工作首先要调动职工的主观能动性，激发职工的创造力，让职工发挥自己的聪明才智，才能为企业创造更多的效益。企业要鼓励员工畅所欲言，工作的目标只有一个，完成目标的方法却有很多种。

（2）领导层不必给出单一的答案，应该鼓励职工分享经验，创新工作。同时，建立公平、公正、公开、科学的激励机制，促进职工立足于本职发挥自身的智慧和能力，才能够保证企业不断创新，使企业从优秀走向卓越。坚持“以人为本”，帮助实现自我价值，采取正激励与负激励相结合、物质与精神相结合的方式，增强职工对企业的归属感、荣誉感，使职工更加忠诚于企业。

3．快乐工作必须是爱企敬业的

强化“企业是我家”的意识，把个人利益与企业发展紧密联系起来，在“企兴我荣、企强我富”中感受快乐。对待工作，能否快乐，取决于心态。大家有着共同的目标和共同的利益，每一个人都负载着企业生死存亡、兴衰成败的责任，因此，无论职位高低都必须具有很强的忠诚度和责任感。

4．快乐工作必须是公平的

“快乐工作”包含充分赋予员工民主监督、民主参与的权利，随时接受质询，确保了工资分配的公平、公开、公正，对各项经济、福利分配事项进行了真实、及时、全面的公开，落实了职工的知情权和民主参与、民主监督权利。

5．快乐工作必须是人岗匹配的

企业用人不能模式化，应撇开个人喜好，真正摸索到每个岗位的基本胜任要求，找到与之匹配的员工，这样才能最大限度地调动一个人在工作上的热情和动力，尽可能地做到人尽其才、物尽其用，发挥出最大的潜能。这就要求企业要认真为职工做好职业生涯设计，让每一位职工对照管理型人才、技术型人才、技能型人才为自己量身打造符合自身发展方向的成才之路。

6．快乐工作必须是有保障的

"快乐工作"应不断满足员工的物质文化需求。人的需求总体分为两种，一种是物质需求，一种是精神需求。临涣选煤厂通过优化生产工艺，以稳产促高产从而增收增效，不断提高员工的工资收入，让员工不为生活所累，不为工作所累，在物质上得到满足，在心理上感到平衡。除了物质上的追求，员工工作的另一个目的是为了实现自己的人生价值。临涣选煤厂为员工打造了实现自我价值的平台，让员工的才能得到充分的发挥，不断充实自己，提高自己。

第二节　劳动关系

一、劳动关系的内涵

劳动关系是指劳动者与用人单位（包括各类企业、个体工商户、事业单位等）在实现劳动过程中建立的社会经济关系。从广义上讲，生活在城市和农村的任何劳动者与任何性质的用人单位之间因从事劳动而结成的社会关系都属于劳动关系的范畴。从狭义上讲，现实经济生活中的劳动关系是指依照国家劳动法律法规规定的劳动法律关系，即双方当事人是被一定的劳动法律规范所规定和确认的权利和义务联系在一起的，其权利和义务的实现，是由国家强制力来保障的。

二、劳动合同管理

（一）劳动合同的基本特征

劳动合同也称为劳动契约，是劳动者和用人单位确立劳动关系、明确双方权利和义务的协议。员工进入企业工作，企业应根据《劳动法》《劳动合同法》等法律法规，依法订立劳动合同，从而对员工和企业双方当事人产生约束力；如果发生劳动争议，劳动合同是员工关系管理者处理劳动争议的直接证据和依据。除合同文本外，企业和员工双方还可以协商制定劳动合同的附件，进一步明确双方的权利、义务的具体内容，附件和合同文本具有同样的法律效力。

劳动合同是合同的一种，它具有合同的一般特征，即同时约束双方的法律行为而不是单方的法律行为；合同是当事人之间的协议，只有当事人在平等自愿、协商一致的基础上达成一致时，合同才成立；合同是合法行为，不能是违法行为；合同一经签订，就具有法律约束力，等等。劳动合同除了具有这些一般特征外，还有其自身的基本特征。

（1）劳动合同的主体是特定的。主体一方必须是具有法人资格的用人单位或能独立承担民事责任的经济组织和个人（雇主）；另一方是具有劳动权利能力和劳动行为能力的劳动者（员工）。

（2）劳动者和用人单位在履行劳动合同的过程中，存在着管理中的依从和隶属关系，即劳动者一方必须加入到用人单位一方中去，成为该单位的一名员工，接受用人单位的管理并取得劳动报酬。这体现了劳动合同的身份性质，一般而言，劳动者在同一时期，只能与一个用人单位签订劳动合同，如果要和另外的用人单位签订劳动合同，必须先和原单位解除劳动关系（非全日制劳动者的劳动关系除外）。

（3）劳动合同的性质决定了劳动合同的内容以法定为多、为主，以商定为少、为辅，即劳动合同的许多内容必须遵守国家的法律规定，如工资、保险、劳动保护、安全生产等，而当事人之间对合同内容的协商余地较小。

（4）在特定条件下，劳动合同往往涉及第三者的物质利益，即劳动合同内容享受的物质帮助权，如劳动者死亡后遗属待遇等。

（二）劳动合同的订立原则

劳动合同的订立，应遵循以下原则。

1. 合法原则

合法是劳动合同有效的前提条件。所谓合法就是劳动合同的形式和内容必须符合现行法律法规的规定。首先，劳动合同的形式要合法，如除一些非全日制用工外，劳动合同需要以书面形式订立。如果是口头合同，当双方发生争议，法律不承认其效力，用人单位要承担不订立书面合同的法律后果。其次，劳动合同的内容要合法。如果劳动合同的内容违法，劳动合同不仅不受法律保护，当事人还要承担相应的法律责任。

2. 公平原则

公平原则是指劳动合同的内容应当公平、合理。在符合法律规定的前提下，劳动合同双方公正、合理地确立双方的权利和义务。有些合同内容，相关劳动法律法规往往只规定了一个最低标准，在此基础上双方自愿达成协议，就是合法的，但有时合法的未必公平、合理。还应注意的是用人单位不能滥用优势地位，迫使劳动者订立不公平的合同或接受一些霸王条款。

3. 平等原则

平等原则就是劳动者和用人单位在订立劳动合同时在法律地位上是平等的，没有高低、从属之分，不存在命令和服从、管理和被管理关系。只有地位平等，双方才能自由表达真实的意思。当然在订立劳动合同后，劳动者成为用人单位的一员，受用人单位的管理，处于被管理者的地位。这里讲的平等，是法律上的平等或形式上的平等。在劳动力供大于求的形势下，多数劳动者和用人单位的地位实际上做不到平等，这就要求用人单位要坚持依法和自律的原则，在订立劳动合同时不附加不平等的条件。

4. 自愿原则

自愿原则是指订立劳动合同完全是出于劳动者和用人单位双方的真实意志，是双方协商一致达成的，任何一方不得把自己的意志强加给另一方。自愿原则包括是否订立合同、与谁订立合同以及合同的内容都要本着双方自愿约定等。根据自愿原则，任何单位和个人不得强迫劳动者订立劳动合同。

5. 协商一致原则

协商一致原则就是用人单位和劳动者要对合同的内容达成一致意见，一方不能凌驾于另一方之上，不得把自己的意志强加给对方，也不能强令、胁迫对方订立劳动合同。在订立劳动合同时，用人单位和劳动者都要仔细研究合同的每项内容，进行充分的沟通和协商，解决分歧，达成一致意见。只有体现双方真实意志的劳动合同，双方才能忠实地按照合同约定履行。现实中劳动合同往往由用人单位提供格式合同文本，劳动者只需要签字就可以了。格式合同文本对用人单位的权利规定得较多，比较清楚，对劳动者的权利规定得少，规定得模糊。因此，在使用格式合同时，劳动者要认真研究合同条文，并就某些约定条款与用人单位具体磋商。

6. 诚实信用原则

在订立劳动合同时要诚实，讲信用。在订立劳动合同时，双方都不得隐瞒真实情况，更不容许有欺诈行为。用人单位招用劳动者时，应当如实告知劳动者工作内容、工作条件、工作地点、职业危害、安全生产状况、劳动报酬以及劳动者要求了解的其他情况；用人单位有权了解劳动者与劳动合同直接相关的基本情况，劳动者应当如实说明。

（三）劳动合同的内容

劳动合同的内容是指以契约形式对劳动关系双方的权利和义务的界定。由于权利和义务是相互对应的，一方的权利即为另一方的义务，因此劳动合同往往从义务方面表示双方的权利义务关系。

1. 劳动合同内容界定的主要义务

1）劳动者的主要义务

第一，劳动给付的义务，包括劳动给付的范围、时间和地点。劳动者必须按照合同约定的时间、地点亲自提供劳动，有权拒绝做约定范围以外的工作。

第二，忠诚的义务，包括保守用人单位在技术、经营、管理、工艺等方面的秘密；在合同规定的时间和地点，服从用人单位及代理人的指挥和安排；爱护所使用的原材料和机器设备。

第三，附随的义务。由于劳动者怠工或个人责任，使劳动合同义务不能履行或不能完全履行时，应负赔偿责任。

2）用人单位的主要义务

第一，劳动报酬的给付义务。即按照劳动合同约定的支付标准、支付时间和支付方式按时足额向劳动者支付劳动报酬，不得违背国家有关最低工资的法律规定及集体协议规定的最低标准。

第二，照料的义务。用人单位应为劳动者提供保险福利待遇，提供休息休假等，保障劳动者享有职业培训权、民主管理权、结社权等，并为行使这些权利提供时间和物质条件保证。

第三，提供劳动条件的义务。用人单位有义务提供符合法律规定的生产、工作条件和保护措施，如工作场所、生产设备等其他便利条件，提供劳动保护设备等。

在上述义务中，给付劳动和支付劳动报酬是劳动合同的主要义务，忠诚义务和照料义务则是次要义务。用人方通过增强劳动者的责任感促使其长期、准时、出色地履行劳动义务。

除劳动义务外，劳动者还负有忠诚义务。除本职工作外，在可期望的范围内，劳动者还必须照顾和维护雇主利益，负有不得扰乱企业安宁和严守企业秘密等义务。员工的忠诚义务和雇主的照料义务一样，表明劳动关系并不局限于以劳动换取报酬，而是一个集诸多权利和义务于一体的法律关系，因这种法律关系，双方当事人都负有尽可能维护另一方利益的义务。

2. 劳动合同的条款

劳动合同的内容具体表现为劳动合同的条款。劳动合同的条款可分为必备条款和约定条款（即可备条款）。

（1）劳动合同的必备条款。劳动合同的必备条款是指法律规定的劳动合同必须具备的内容。在法律规定了必备条款的情况下，如果劳动合同缺少此类条款，劳动合同就不能成立。《劳动合同法》规定的必备条款如下。

第一，用人单位的名称、住所和法定代表人或者主要负责人。为了明确劳动合同中单位一方的主体资格，确定劳动合同的当事人，劳动合同中必须具备这一项内容。

第二，劳动者的姓名、住址和居民身份证或者其他有效证件号码。为了明确劳动合同中劳动者一方的主体资格，确定劳动合同的当事人，劳动合同中必须具备这一项内容。

第三，劳动合同期限。劳动合同期限是双方当事人相互享有权利、履行义务的时间界限，即劳动合同的有效期限。劳动合同期限可分为固定期限、无固定期限和以完成一定工作任务为期限。劳动合同期限与劳动者的工作岗位、内容、劳动报酬等都有紧密关系，更与劳动关系的稳定紧密相关。合同期限不明确则无法确定合同何时终止，如何给付劳动报酬、经济补偿等，引发争议。因此一定要在劳动合同中明确双方签订的是何种期限的劳动合同。

第四，工作内容和工作地点。所谓工作内容，是指劳动法律关系所指向的对象，即劳动者具体从事什么种类或者内容的劳动，这里的工作内容是指工作岗位和工作任务或职责。这一条款是劳动合同的核心条款之一，是建立劳动关系的极为重要的因素。它是用人单位使用劳动者的目的，也是劳动者通过自己的劳动取得劳动报酬的缘由。劳动合同中的工作内容条款应当规定得明确具体，便于遵照执行。如果劳动合同没有约定工作内容或约定的工作内容不明确，用人单位将可以自由支配劳动者，随意调整劳动者的工作岗位，难以发挥劳动者所长，也很难确定劳动者的劳动报酬，造成劳动关系的极不稳定，因此工作内容是劳动合同中必不可少的。工作地点是劳动合同的履行地，是劳动者从事劳动合同中所规定的工作内容的地点，它关系到劳动者的工作环境、生活环境以及劳动者的就业选择，劳动者有权在与用人单位建立劳动关系时知悉自己的工作地点，所以工作地点也是劳动合同中必不可少的内容。

第五，工作时间和休息休假。工作时间是指劳动时间，即在企业等用人单位中，必须用来完成其所担负的工作任务的时间。一般由法律规定劳动者在一定时间内（工作日、工作周）应该完成的工作任务，以保证最有效地利用工作时间，不断提高工作效率。合同中规定的工作时间条款包括工作时间的长短、工作时间方式的确定，如是 8 小时工作制还是 6 小时工作制，是日班还是夜班，是正常工时还是实行不定时工作制，或者是综合计算工时制。工作时间上的不同安排，对劳动者的就业选择、劳动报酬等均有影响，因此成为劳动合同不可缺少的内容。

休息休假是指企业等用人单位的劳动者按规定不必进行工作，而自行支配的时间。休息休假是每个国家的公民都应享受的权利。我国《劳动法》第三十八条规定：“用人单位应当保证劳动者每周至少休息一日。”休息休假的具体时间根据劳动者的工作地点、工作种类、工作性质、工龄长短等各有不同，用人单位与劳动者在约定休息休假事项时应当遵守劳动法及相关法律法规的规定。

第六，劳动报酬。劳动合同中的劳动报酬，是指劳动者与用人单位确定劳动关系后，因提供了劳动而取得的报酬。劳动报酬是满足劳动者及其家庭成员物质文化生活需要的主要来源，也是劳动者付出劳动后应该得到的回报。因此，劳动报酬是劳动合同中必不可少的内容。劳动报酬主要包括以下几个方面。

①用人单位工资水平、工资分配制度、工资标准和工资分配形式。

②工资支付办法。

③加班、加点工资及津贴、补贴标准和奖金分配办法。

④工资调整办法。

⑤试用期及病、事假等期间的工资待遇。

⑥特殊情况下职工工资（生活费）支付办法。

⑦其他劳动报酬分配办法。劳动合同中有关劳动报酬条款的约定，要符合我国有关最低工资标准的规定。

第七，社会保险。社会保险是政府通过立法强制实施，由劳动者、劳动者所在的工作单位或社区以及国家三方面共同筹资，帮助劳动者及其亲属在遭遇年老、疾病、工伤、生育、失业等风险时，防止收入的中断、减少和丧失，以保障其基本生活需求的社会保障制度。由于社会保险由国家强制实施，因此成为劳动合同不可缺少的内容。

第八，劳动保护、劳动条件和职业危害防护。

劳动保护是指用人单位为了防止劳动过程中的安全事故，采取各种措施来保障劳动者的生命安全和健康。国家为了保障劳动者的身体安全和生命健康，通过制定相应的法律和行政法规、规章，规定劳动保护，用人单位也应根据自身的具体情况，规定相应的劳动保护规则，以保证劳动者的健康和安全。

劳动条件主要指用人单位为使劳动者顺利完成劳动合同约定的工作任务，为劳动者提供必要的物质和技术条件，如必要的劳动工具、机械设备、工作场地、劳动经费、辅助人员、技术资料、工具书以及其他一些必不可少的物质、技术条件和其他工作条件。

职业危害是指用人单位的劳动者在职业活动中，因接触职业性有害因素如粉尘、放射性物质和其他有毒、有害物质等而对生命健康所引起的危害。根据《职业病防治法》第三十四条的规定，用人单位与劳动者订立劳动合同时，应当将工作过程中可能产生的职业病危害及其后果、职业病防护措施和待遇等如实告知劳动者，不得隐瞒或者欺骗，并在劳动合同中写明用人单位在职业病防护中的义务等。

劳动合同的约定条款。所谓劳动合同的约定条款是指对于某些事项，法律不作强制性规定，由当事人根据意愿选择是否在合同中约定，劳动合同缺乏这种条款不影响其效力。劳动合同可以将这种条款作为可备条款。劳动合同的某些重要内容关系到劳动者的切身利益，但是这些条款不是在每个劳动合同中都应当具备的，所以法律不能把其作为必备条款，只能在法律中特别予以提示。劳动合同除规定的必备条款外，用人单位与劳动者可以协商约定试用期、培训、保守商业秘密、补充保险和福利待遇等其他事项。这里所规定的试用期、培训、保守商业秘密、补充保险和福利待遇都属于法定可备条款。

第一，试用期。试用期是指对新录用的劳动者进行试用的期限。用人单位与劳动者可以在劳动合同中就试用期的期限和试用期期间的工资等事项作出约定，但不得违反法律有关试用期的规定。

第二，培训。培训是按照职业或者工作岗位对劳动者提出的要求，以开发和提高劳动者

的职业技能为目的的教育和训练过程。企业应建立健全职工培训的规章制度，根据本单位的实际对职工进行在岗、转岗、晋升、转业培训，对新录用人员进行上岗前的培训，并保证培训经费和其他培训条件。职工应按照国家规定和企业安排参加培训，自觉遵守培训的各项规章制度，并履行培训合同规定的各项义务，服从单位工作安排，搞好本职工作。

第三，保守商业秘密。商业秘密是不为大众所知悉，能为权利人带来经济利益，具有实用性并经权利人采取保密措施的技术信息和经营信息。在市场经济条件下，企业用人和劳动者选择职业都有自主权，有的劳动者因工作需要，了解或掌握了本企业的技术信息或经营信息等资料，用人单位可以在合同中就保守商业秘密的具体内容、方式、时间等，与劳动者约定，防止自己的商业秘密被侵占或泄露。在合同中可以具体约定保守商业秘密条款和竞业限制条款。

第四，补充保险。补充保险是指除了国家基本保险以外，用人单位根据自己的实际情况为劳动者建立的一种保险，它用来满足劳动者高于基本保险需求的愿望，包括补充医疗保险、补充养老保险等。补充保险的建立依用人单位的经济承受能力而定，由用人单位自愿实行，国家不作强制的统一规定，只要求用人单位内部统一。用人单位必须在参加基本保险并按时足额缴纳基本保险费的前提下，才能实行补充保险。因此补充保险的事项不作为合同的必备条款，由用人单位与劳动者自行约定。

第五，福利待遇。福利待遇包括住房补贴、通信补贴、交通补贴、子女教育等。不同的用人单位福利待遇也有所不同，福利待遇已成为劳动者就业选择的一个重要因素。

鉴于劳动合同种类和当事人的情况非常复杂，法律只能对劳动合同的条款进行概括，无法穷尽劳动合同的所有内容，因此当事人可以根据需要在法律规定的可备条款之外对有关条款作新的补充性约定。

三、劳动争议及处理程序

劳动争议又称劳动纠纷、劳资争议或劳资纠纷。它是指劳动关系双方当事人之间，对劳动权利和劳动义务及其他相关利益有不同主张和要求而引起的争议和纠纷。从世界各国看，劳动法中的劳动争议多指狭义的争议，一般指用人单位与劳动者之间、与工会之间，在劳动法调整的范围内，因为劳动问题引起的纠纷。各国对劳动争议的处理有专门立法，我国劳动争议处理正在立法过程中，目前可参照的有我国《劳动法》《劳动合同法》及《企业劳动争议处理条例》等法律和法规。

（一）劳动争议的内容与调整范围

劳动争议内容依据相关劳动法律所涉及的劳动权利和劳动义务而确定。主要包括就业、工时、工资、劳动保护、保险福利、职业培训、民主管理、奖励惩罚等各个方面。劳动争议依据我国现行法律，受理的范围是境内企业与员工之间发生的下列争议：

（1）因开除、除名、辞退违纪职工和职工辞职、自动离职发生的争议；

（2）因执行国家有关工资、保险、福利、培训、劳动保护规定发生的争议；

（3）因履行劳动合同发生的争议；

（4）法律法规规定应当依照《企业劳动争议处理条例》处理的其他争议。

此外，国家机关、事业单位、社会团体与本单位工人之间，以及个体工商户与帮工、学徒之间发生的劳动争议，可参照《企业劳动争议处理条例》执行。

（二）劳动争议处理的程序

1. 一般程序

我国现行劳动争议处理程序，主要体现在 1993 年 6 月 11 日国务院发布的《企业劳动争议处理条例》，1994 年 7 月 5 日第八届全国人民代表大会常务委员会第八次会议通过的《劳动法》以及 2001 年 4 月 30 日最高人民法院公布并于同日实施的《最高人民法院关于审理劳动争议案件适用法律若干问题的解释》等法律、条例和司法解释中。

《劳动法》第七十九条规定："劳动争议发生后，当事人可以向本单位劳动争议调解委员会申请调解；调解不成，当事人一方要求仲裁的，可以向劳动争议仲裁委员会申请仲裁。当事人一方也可以直接向劳动争议仲裁委员会申请仲裁。对仲裁裁决不服的，可以向人民法院提起诉讼。"由此可知，我国劳动争议的处理机制是"一调一裁两审"的体制。

1）调解

所谓调解，是通过本单位的劳动争议调解委员会来解决劳动争议，争议双方矛盾在基层化解，调解委员会只能起调解作用，本身并无决定权，不能强迫双方接受自己的意见。

2）仲裁

所谓仲裁，是通过劳动仲裁委员会行使仲裁权，解决劳动争议。劳动争议仲裁具有强制性，是解决劳动争议的必经途径。

3）两审

所谓两审是指只有经过仲裁，争议双方才可向人民法院起诉。劳动争议经过一次调解一次仲裁两级法院的审判即告终结。

在劳动纠纷处理实践中，企业内部劳动争议调解委员会的调解活动经常同员工申诉处理混合进行，不予区分。

2. 特殊主体发生的劳动争议程序

特殊主体发生的劳动争议，即指由于侵害女职工劳动保护权益而发生的争议。根据《女职工劳动保护规定》，申诉人有权向所在单位的主管部门或者当地劳动部门提出申诉，受理申诉的部门应当自收到申诉书之日起 30 日内作出处理决定，女职工对处理不服的，可以在收到决定书之日起 15 日内向人民法院起诉。基于公益事业的紧急调整，各国劳动争议立法普遍规定，在发生非常情况时采用紧急调整方法，它是一种事后解决争议的措施。紧急调整的适用范围是：劳动争议涉及公益事业；争议涉及的规模大而且性质特殊；损害国民经济的发展；损害国民的日常生活。在上述几种情况下，可停止劳动争议行为，而由中央劳动委员会调整争议。

第三节 劳动保护

一、员工安全与健康管理

针对劳动过程中的不安全和不卫生因素，劳动法规定了劳动者有获得劳动安全卫生保护的权利，以保障劳动者在劳动过程中的安全和健康。国际劳工公约和建议书中涉及劳动安全卫生内容的约占一半左右。我国《劳动法》对劳动安全卫生做了专门规定。

（一）劳动安全卫生管理法规

为保障劳动者在劳动过程中的安全和健康，用人单位应根据国家有关规定，结合本单位实际制定有关安全卫生管理的制度。《劳动法》第 52 条规定："用人单位必须建立、健全劳动安全卫生制度，严格执行国家劳动安全卫生规程和标准，对劳动者进行劳动安全卫生教育，防止劳动过程中的事故，减少职业危害。"《安全生产法》第 4 条规定："生产经营单位必须遵守本法和其他有关安全生产的法律、法规，加强安全生产管理，建立、健全安全生产责任制和安全生产规章制度，改善安全生产条件，推进安全生产标准化建设，提高安全生产水平，确保安全生产。"相关法规的内容包括如下内容。

（1）企业管理者、职能部门、技术人员和职工的安全生产责任制，如规定单位主要负责人对安全生产工作全面负责，应当建立、健全本单位安全生产责任制；组织制定本单位安全生产规章制度和操作规程；保证安全生产投入的有效实施；督促、检查安全生产工作，及时消除生产安全事故隐患；组织制定并实施生产安全事故应急救援预案；及时、如实报告生产安全事故等。

（2）安全技术措施计划制度，如规定用人单位应当保证安全生产条件所必需的资金投入，对由于安全生产所必需的资金投入不足导致的后果承担责任；建设项目安全设施的设计人、设计单位应当对安全设施设计负责。

（3）安全生产教育制度，如规定用人单位应当对从业人员进行安全生产教育和培训，保证从业人员具备必要的安全生产知识，熟悉有关的安全生产规章制度和安全操作规程，掌握本岗位的安全操作技能；未经安全生产教育和培训合格的从业人员，不得上岗作业；特种作业人员必须按照国家有关规定经专门的安全作业培训，取得特种作业操作资格证书，方可上岗作业。

（4）安全生产检查制度，如规定工会对用人单位违反安全生产法律、法规，侵犯从业人员合法权益的行为，有权要求纠正；发现单位违章指挥、强令冒险作业或者发现事故隐患时，有权提出解决的建议；发现危及从业人员生命安全的情况时，有权向单位建议组织从业人员撤离危险场所等。

（5）安全卫生监察制度，如工会有权对建设项目的安全设施与主体工程同时设计、同时施工、同时投入生产和使用进行监督，提出意见。

（6）伤亡事故报告和处理制度。

（二）劳动安全技术规程

劳动安全技术规程，是防止和消除生产过程中的伤亡事故、保障劳动者生命安全和减轻繁重体力劳动强度、维护生产设备安全运行的法律规范。《劳动法》第 53 条规定，"劳动安全卫生设施必须符合国家规定的标准"。《安全生产法》第 24 条规定，"生产经营单位新建、改建、扩建工程项目的安全设施，必须与主体工程同时设计、同时施工、同时投入生产和使用"。安全设施投资应当纳入建设项目概算。劳动安全技术规程的内容主要包括：

（1）技术措施，如机器设备、电气设备、动力锅炉的装置，厂房、矿山和道路建筑的安全技术措施；

（2）组织措施，即安全技术管理机构的设置、人员的配置和训练，以及工作计划和制度。

（三）劳动卫生规程

劳动卫生规程，是防止有毒有害物质的危害和防止职业病发生所采取的各种防护措施的规章制度。包括各种行业生产卫生、医疗预防、健康检查等技术和组织管理措施的规定。职业危害主要有：

（1）生产过程中的危害，如高温、噪声、粉尘、不正常的气压等；

（2）生产管理中的危害，如过长的工作时间和过强的体力劳动等；

（3）生产场所的危害，如通风、取暖和照明等。

（四）伤亡事故报告和处理制度

伤亡事故报告和处理制度是对劳动者在劳动过程中发生的伤亡事故进行统计、报告和处理的规定。

（1）报告、调查、分析和处理的制度。《劳动法》第 57 条规定："国家建立伤亡事故和职业病统计、报告和处理制度。县级以上各级人民政府劳动行政部门、有关部门和用人单位应当依法对劳动者在劳动过程中发生的伤亡事故和劳动者的职业病状况，进行统计、报告和处理。"1991 年国务院颁布的《企业职工伤亡事故报告和处理规定》具体规定如下：伤亡事故，是指职工在劳动过程中发生的人身伤害和急性中毒事故。根据 1986 年发布的《企业职工伤亡事故分类》（GB 6441-86）的规定，伤亡事故按伤亡程度和伤亡人数的不同可分为轻伤、重伤、死亡事故、重大伤亡事故和特大伤亡事故。

（2）伤亡事故的报告和调查。伤亡事故发生后，负伤者或事故现场有关人员应立即直接或逐级报告企业负责人；企业负责人接到重伤、死亡、重大伤亡事故报告后，应当立即报告企业主管部门或当地劳动部门、公安部门、检察部门和工会；企业主管部门和劳动部门接到死亡、重大伤亡事故报告后，应当立即按系统逐级上报，死亡事故报至省、自治区、直辖市企业主管部门和劳动部门，重大伤亡事故报至国务院有关主管部门。伤亡事故发生后，必须进行调查，查明事故发生原因、过程、人员伤亡和经济损失情况；确定事故责任者；提出事故处理意见和防范措施的建议；写出调查报告。伤亡事故调查工作，依事故的伤害程度和人数采取不同的方式，由不同的人员进行。

（3）伤亡事故的处理。《安全生产法》第 13 条规定："国家实行生产安全事故责任追究制度，依照本法和有关法律、法规的规定，追究生产安全事故责任人员的法律责任。"伤亡事故由发生事故的企业及其主管部门负责处理。对于因忽视安全生产、违章指挥、玩忽职守或者发现事故隐患、危险情况而不采取有效措施，以致造成伤亡事故的，由企业主管部门或者企业按照国家有关规定，对企业负责人或者直接责任人给予行政处分；构成犯罪的，由司法机关依法追究刑事责任。在伤亡事故发生之后隐瞒不报、谎报、故意延迟不报、故意破坏事故现场，或者无正当理由拒绝接受调查或拒绝提供有关情况和资料的，由有关部门按照国家有关规定，对有关单位负责人和直接责任人给予行政处分；构成犯罪的，由司法部门依法追究刑事责任。在调查、处理伤亡事故中玩忽职守，徇私舞弊或者打击报复的，由其所在单位按照国家有关规定给予行政处分；构成犯罪的，由司法部门追究刑事责任。伤亡事故处理工作应当在 90 天内结案，特殊情况不得超过 180 天。伤亡事故处理结案后，应当公开宣布处理结果。

（五）劳动者的权利和义务

劳动者在劳动过程中必须遵守安全生产规章制度和操作规程，服从管理，正确佩戴和使

用劳动防护用品，接受安全生产教育和培训，掌握本职工作所需的安全生产知识，提高安全生产技能，增强事故预防和应急处理能力，发现事故隐患或者其他不安全因素，应当立即向现场安全生产管理人员或者本单位负责人报告。

用人单位与劳动者订立的劳动合同，应当载明有关保障劳动安全、防止职业危害的事项，依法为劳动者办理工伤社会保险的事项。用人单位不得以任何形式与劳动者订立协议，免除或者减轻其对劳动者因生产安全事故伤亡依法应承担的责任。

劳动者有权了解其作业场所和工作岗位存在的危险因素、防范措施及事故应急措施，有权对用人单位的安全生产工作提出建议，有权对安全生产工作中存在的问题提出批评、检举、控告，有权拒绝违章指挥和强令冒险作业。用人单位不得因此而降低其工资、福利等待遇或者解除与其订立的劳动合同。《劳动合同法》第32条规定：“劳动者拒绝用人单位管理人员违章指挥、强令冒险作业的，不视为违反劳动合同。劳动者对危害生命安全和身体健康的劳动条件，有权对用人单位提出批评、检举和控告。”《安全生产法》第52条规定：“从业人员发现直接危及人身安全的紧急情况时，有权停止作业或者在采取可能的应急措施后撤离作业场所。”《安全生产法》还规定，生产经营单位不得因此而降低从业人员工资、福利等待遇或者解除与其订立的劳动合同。因生产安全事故受到损害的劳动者，除依法享有工伤社会保险外，依照有关民事法律尚有获得赔偿的权利的，有权向所在单位提出赔偿要求。保障劳动者在工作过程中的安全与健康是用人单位的重要义务，法律赋予劳动者相应的权利以达到平衡双方权利义务、保障劳动者安全与健康的目的。

二、员工压力管理

（一）员工压力管理的作用与意义

员工压力管理的作用主要体现在两个方面：其一，工作和管理环境的改善对员工产生有益的压力刺激，增强员工的工作热情和工作动力；其二，调整不适当的刺激对员工造成的生理和心理压力。狭义的压力管理主要就后者而言，其作用和意义体现在以下方面。

1. 减轻员工过大工作压力对组织的负面影响

虽然工作压力有程度和性质区分，也有很强的个体适应性，但可以通过群体感知反映某一特定工作场所的压力程度。因此，一般所指的需要干预的压力是大多数员工所认定的，对组织、团队可能带来一些负面影响，特别是对大部分员工可能造成一系列不良后果的压力问题。职场压力管理的重点聚焦于如何解决过大的工作压力对组织所造成的负面影响。一些经营历史较长的规模型企业，工作压力所形成的管理成本也在显著上升。随着知识员工和脑力劳动者的增加，员工工作压力的性质和程度也在发生变化。因此，调节员工与工作环境的不匹配性，减轻其在职场中的压力，成为大企业控制经营费用、合理激励员工、改善员工关系的重要环节。

2. 提高员工工作生活质量的内在要求

组织帮助员工构建健康的工作生活方式是为员工提供除较高的工资报酬和更多的晋升机会以外的另一种激励形式，是提高员工工作生活质量的重要内容。许多企业在实践中认识到，追求家庭与工作之间的平衡，是当今众多员工，特别是青年一代知识员工的价值观和追求目标，也是他们选择组织和工作的标准之一。给员工过大的工作压力不仅影响企业的经营收益，而且破坏员工工作与家庭生活的平衡感。家庭生活是员工的生理和心理健康的基础，没有家庭生活幸福，也无法达到组织激励和保留员工的目标。

3. 新的商业竞争环境对员工管理的需要

现代企业所面临的外部环境正在出现一些新的特点，这些特点正在影响员工的工作价值观和工作行为。例如互联网等信息技术的推广和使用从两个方面改变了企业组织。首先从技术角度改变了企业的生产方式和工作流程，建立在技术创新和信息技术基础上的竞争成为现代商业组织的新特征。信息技术是一把双刃剑，它在某种程度上降低了员工体力劳动的负荷，但同时也会加重员工脑力劳动的压力；其次，新技术促进了企业的多元化，使员工队伍构成异质化越发明显，这种变化虽然给组织和员工队伍带来了生机，同时也显示出由于个人和群体间的文化和人口学特征差异而产生的冲突和矛盾，这成为员工在工作环境中的又一大压力源。

4. 满足对新生代员工管理和激励的需要

新生代员工具有与老一代员工不同的特点，这些特点集中体现在价值观、生活方式和人际交往方式等方面，群体间的个性差异也很明显。例如，成长需求较高的员工，更加偏好富有挑战性的工作目标和工作岗位；他们能够承受工作丰富化和扩大化所增加的工作负担，并将其视为一种积极的组织期待，通过内在自我激励的方式将压力转化为自我提升的动力。这类员工积极参与企业的日常管理和战略决策，乐于与上级进行开放式的沟通，努力完成组织所给予的各项任务。与之相反，自我实现愿望较低的员工，不愿过多地参与企业的管理决策，担心组织变革会影响到其现有的工作报酬和早已习惯的工作流程，对企业经营中的各项变化怀有较强的紧张感和抵触情绪，压力感知较强。这类员工的行为大多会表现为：缺乏与同事和上下级间的沟通，不愿参与更多的培训和开发活动，惧怕复杂的工作环境和任务等。当其压力感知超出可承受的范围，有可能将怠工或辞职作为缓解压力的选择。

（二）员工压力管理的实践对策

企业应通过各种减压管理和减压措施帮助员工缓解过强的压力感知，减轻压力对员工个人身心所造成的伤害，缓解员工与组织之间的矛盾。解决员工压力问题的主动方在组织，减压管理是人力资源和员工关系管理的一项基本职责。组织和管理层面采取的员工压力管理对策包括以下几种。

1. 为员工提供人性化的工作条件和人文环境

1）人性化的工作条件

为员工提供舒适、安全的工作环境可以激发员工的热情，减轻工作压力，这是行为科学和人际关系学派通过实践早已得出的结论，被企业和管理学界认同。其主要做法包括保持工作场所的空气流通，减低噪声，增加绿色植物，提供安全、便捷的机器、工具、设备和工作条件等。设备和工作条件的提供，应该从保障员工的生理和心理健康双重角度考虑。

2）构建和谐的人际关系和人文环境

员工不仅要与机器和设备打交道，更要与人打交道。一个和谐、健康、友爱的人际环境是员工所渴求的，也是避免员工遭受职场压力困扰的必要条件。其主要做法包括：建立公平、公正和无歧视的管理制度和管理程序，加强管理者与员工之间的有效沟通，倡导积极、上进、平等、文明、合作和互助的企业文化氛围，以及避免公司政治对人际关系的不良影响等。

2. 通过压力管理提升人力资源管理的有效性

1）把满足员工需求作为人力资源管理的一项主要工作

人力资源管理是企业内部制度环境的重要组成部分，包含员工的招聘、绩效管理、薪酬和福利管理、培训和开发以及员工的配置和裁员等各个管理环节和管理行为。但是传统的人力资源管理往往过多地将实现组织目标作为管理的基本职责，却很少考虑员工的利益与需求。

现代企业的人力资源管理必须将满足员工需求设定为主要目标之一。员工作为企业人力资源的载体和构成要素，有责任和义务在不同岗位和组织中完成特定的职责和任务，接受相应的管理和制度约束，获得企业所给予的工作报酬，包括工资、奖金、福利和晋升等。企业应为员工创造一个公平、合理的组织和工作环境，减轻员工的工作压力，弱化员工与组织之间的矛盾冲突。

2）改善绩效管理流程

在竞争激烈的环境下，绩效考核是造成员工压力的主要因素。如何将绩效压力转变为绩效激励是值得关注的问题。具体包括以下对策。

在绩效指标的确定过程中，要在充分沟通的基础上，根据组织目标的总体要求和自身的胜任能力，提出具有一定挑战性的工作目标和具体的操作规范。

在任务执行的过程中，直线经理应从监督者转变为咨询者和辅导者的角色，为员工顺利完成工作提供必要的支持和帮助。员工从提升个人业绩水平、获取组织物质激励和自我实现出发，能够主动地在工作中参照一定的目标，进行自我管理。

在绩效考核阶段，评价主体从单一的直线经理扩展到包含员工本人、同事、外部客户和供应商等多元主体。同时，考核的标准从硬性、刻板的量化产出和财务绩效，延伸到包含员工的学习和成长、客户需求的满足以及工作流程的改进等方面。从战略的角度考察员工对组织持续竞争优势的贡献情况，表明了组织和员工共同发展、进步的企业愿景。

科学和人性化的绩效管理流程包含了员工的广泛参与，改变了其以往被动接受工作任务，定期接受上级考核的客体性地位，改善了员工对自我、组织和外部环境的认知，减少了其因过高的自我期待和组织期待所产生的任务压力，消除了绩效考核过程中上下级之间的不信任和矛盾冲突，减轻了彼此的压力感知。

3）兼顾薪酬管理中的效率与公平

与绩效管理密切相关的是薪酬管理。薪酬也是“双刃剑”，可以激励员工，也可以给员工带来负面影响，包括造成过大的心理压力。为此，可以从薪酬结构和形式调整以及福利构成多元化等角度强化组织的物质激励，提升员工的公平感和满意度水平，避免因收入差距过大、分配不均所造成的个人和群体冲突，以及由此对相关主体所产生的压力。企业应该从员工角度考虑薪酬体系的设计和薪酬管理方式，例如将企业的薪酬结构从单一的岗位工资拓展到包含了绩效工资和技能工资的宽带形式，将员工的学历水平、胜任能力和努力程度纳入激励制度设计；注意满足不同员工在个人职业生涯发展中的差异化需求；在收益分配方面缓解管理人员和技术人员间的矛盾冲突。同时，通过收益分享、利润分享和员工持股计划的推出，体现企业对员工人力资本出资人身份的认可，缓解基层员工与公司高管层以及股东间的矛盾，以及加大薪酬中团队激励的比重等。这些措施不仅可加大对员工的激励，而且可以拉近员工与组织之间的距离，缩小员工因环境变化而导致的对工作和人际关系的不稳定感。

4）给员工更多的福利保障

企业除了按时、足额缴纳国家规定的各项社会保险费用外，还应当根据员工的自身需求和岗位特征设计有针对性的补充性福利计划。例如一些企业实施一揽子福利计划，员工可以结合实际需求，在规定的预算范围内自主选择。这种自助式福利管理，由于既考虑了员工的差异化需求，又符合企业整体控制福利支出的原则，得到了企业和员工的认同。还有一些福利项目带有援助的性质，如幼儿育托、家庭旅游等，能够有效地减轻员工的家庭负担，提升员工工作和家庭生活的平衡感，缓解由于工作与家庭生活冲突带来的压力。

5）注重对员工的培训和能力开发

培训和开发的目的是通过对相关员工群体在不同岗位和职务上的导向培训、技能培训和管理开发等项目，实现员工的胜任能力与岗位和组织需求之间的匹配，弥补员工在知识、能力和技术等方面的不足，提升其完成高绩效的潜能。有效的培训与开发应当促使组织与员工个人的共同参与，涉及需求分析、项目的开发设计、培训实施、效果评价和学习转移等各个方面的培训系统。这项实践职能在部分企业中被提升到人力资源开发的高度，与人力资源管理并列成为组织职能的一部分。以往企业在员工培训中比较注重工作技能方面的培训，即侧重员工智商的提高，但往往忽视员工情商的改善。实际上，很多压力问题不是由员工的智商产生，而是源于情商问题。因此，对员工的能力开发应该包括人际交往、合作、沟通、抗压和风险防范等能力方面的训练。

6）降低员工流动和裁员的负面影响

员工的重新配置和裁员需要各级管理者与相关员工做好充分的事前沟通，阐明组织人事变动的战略动因，进行必要的安抚并帮助员工做好下一阶段的职业规划。有效的变革沟通依赖于上下级间的双向互动、开放性的组织环境、细化的工作等，只有这样才能够消除员工在人事变革中的猜疑和紧张情绪，减少同事间和劳资双方间的矛盾冲突。同时，积极的沟通也反映了企业在操作过程中的信息公平，增强了员工对变革过程和结果的公平感知。有效的变革沟通在企业压力管理的各项实践中都发挥着重要的作用。

7）改善工作设计和工作安排

工作设计和工作安排的变革也可以减轻员工压力，提高效率。例如，工作丰富化和扩大化，可以使有较强自我实现需求的员工在不同职能和业务岗位上进行轮换，接受不同的工作任务和培训项目，从而为其开发多方面的胜任能力，减小员工自我职业预期和组织现实情况的差距。

企业也可以通过柔性雇佣降低员工因工作调动和解雇所带来的巨大压力。柔性雇佣是对以往以终身雇佣为特征的刚性雇佣关系的有益补充。随着官僚层级制的组织结构逐渐扁平化，企业将部分战略价值较低的管理职能外包，组织成员的数量相应减少。刚性雇佣在组织变革中将不可避免地产生裁员问题，部分非核心员工成为被裁减的对象。裁员不仅给被迫离职者带来再次就业的压力，也会增加在职员工的工作负担和潜在的解雇压力。柔性雇佣可以为暂时性的富余劳动力提供一定的工作岗位和相应的培训机会，促进劳动力在组织内各岗位和部门间的流动，也可减少组织即时性的用工需求以及员工的解约压力。

3. 加强员工环境适应能力和压力应对能力

各种培训和开发项目能够有效地缓解员工因技能不足或期望过高所产生的压力感知，提升其与工作和生活环境的匹配。

1）提高员工 KSAOs（知识：Knowledge，技能：Skill，能力：Ability，其他性格特点：Other Characteristics）

岗位技能培训的主要目的是弥补员工基于现有工作岗位的技能不足，提升员工在复杂工作环境中的绩效水平。外部环境的不断变化要求组织内部各个岗位的工作职能和操作流程相应地作出调整。面对客户需求的变化、新技术的引入、新产品的推出以及重新定位的组织

战略，员工必须通过不断学习，更新已有的信息和知识，从而降低其在岗位上的工作压力。另外，频繁的工作轮换要求员工能够胜任多个工作岗位，及时、全面的岗位技能培训可以使员工正确地处理角色间的专业差异，提升其应变能力。

2）关注员工的职业生涯发展

员工个人的职业生涯开发根据其年龄划分，一般包括成长期、成熟期和衰退期三个阶段。员工在成长期所面对的压力主要表现在缺乏对自身潜能的客观认知，无法完成从学生到工作者的角色转变，职业规划不够清晰。企业可以通过自我测评、组织社会化培训等项目，帮助员工顺利地开启职业生涯的大门，逐渐认清职业发展方向，设计出符合个人实际情况与组织需求的胜任力开发时间表，提升其与岗位、群体和组织的契合。很多重视人力资源开发的企业，为年轻员工的职业生涯开发和组织的人力资源储备设立了管理培训生制度，新入职的应届毕业生有机会获得全方位的系统性培训，为尽快适应管理者的角色和职能进行必要的知识和技能学习。

处于成熟期的员工，其最大的职场压力来自于是否能够实现自我设定的职业生涯目标，完成个人财富的积累，获得组织的认可。这类员工可能在某一岗位上积累了较长时间的工作经验，与同事和上级的关系较为稳定，然而由于组织和自身的原因，难以获得进一步晋升的机会，因此容易产生倦怠感，努力程度降低，仅维持基本的绩效水平。该阶段的职业生涯开发主要在于，通过工作再设计为员工创造更多的内部流动机会，使其掌握多方面的知识和技能，承担更多的自我管理职能，进一步挖掘员工在组织中的可雇佣价值。例如，部分跨国企业结合业务需要，可能将这部分员工派往海外分公司，拓展当地市场。这些外派员工一般具有一定的管理职务，了解企业的整体战略和运作模式，掌握相关的组织资源和市场信息。

正在经历衰退期的员工，其脑力和体力已经难以满足较强的工作要求，因此可能面对来自工作、同事和自我的压力。这个阶段的职业生涯开发，应当将如何安排好员工在职业生涯末期的工作生活作为重点。介绍退休后生活常识，鼓励其参与年轻员工的培养和企业文化建设，很多企业爱护、尊重老员工，充分利用其多年沉淀的专用性人力资本价值。同时，身居高级管理职位的离退休员工在管理者接替的过程中，可以通过咨询和监督者的身份帮助继任者平稳地实现权力过渡，降低员工因管理者更替所产生的不确定感知，以及继任者的工作压力。

3）提升管理者的管理能力

管理开发的目的是提升企业各级管理者在相关部门或群体中的管理能力和技巧，改善其与员工的沟通，增进彼此间的理解和认同，最终实现管理者自我效能的提高，也有利于减少彼此在工作中的压力感知。

4. 关注组织变革中的员工压力管理

员工压力管理的一项重要工作是关注在组织变革过程中的员工压力管理。因为组织变革属于员工工作环境的一项重大的、带有突发性质的转变过程，在变革过程中经常会伴随着企业的兼并、收购和重组，并相应发生人员配置调整。这些变化可能导致不同群体之间的利益重新分配和利益冲突。一些弱势员工对变革可能会产生不理解、抵制、冲突，或者在难以抗拒变革的情况下，带来巨大的心理压力。具体的管理内容如下。

1）关注组织改制中的压力管理

这种情况尤其表现在国有企业的体制和所有制改革中。相对而言，国有企业的员工与民营企业有某些性质和身份的不同，在国有企业的改制过程中，一些老员工会产生由于身份转换而带来的心理失落和压力感。比较稳妥的策略是实施分类对待，即所谓“老人老办法”，对有贡献的老员工进行经济上的补偿或贡献上的认可，以缓解他们的压力感，平稳渡过改革动荡期。

2）关注工作变动中的压力管理

组织变革必然带来部门和岗位的变动，重新进行岗位设计和人员配置。在这种情况下，一些员工可能要离开现有的工作岗位，一些可能要离开现有的部门和团队，甚至一些员工要被辞退，离开组织。在整个变革过程中，包括每一个阶段，都会给员工很大的压力。例如，变革前员工会产生担心、怀疑的感觉；变革中，会有意外、突然、不理解的忧虑；变革后产生失望、沮丧以至愤怒等态度和行为。对此，组织应该针对各个阶段可能产生的员工反应提前制定应对措施，力争将压力和负面影响降到最小。

3）关注组织转换中的压力管理

有些员工在组织变革中，可能被并入其他组织，或者成为新分离组织的一员。在这种情况下，员工会遇到由于组织文化变革所带来的冲击和压力，特别是员工只身进入一个新组织的情况下，更是如此。因此，不要忽视对组织变革后员工的文化适应管理，从某种意义上讲，他们如同新员工一样，也需要一个新组织。

三、员工援助计划

（一）员工援助计划的含义和背景

员工援助计划（Employee Assistance Programs，EAP），是组织为帮助员工及其家属解决职业心理健康问题，由组织出资为员工设置的系统服务项目。

员工援助计划通过专业人员对组织进行诊断和建议，并对员工及其家属提供专业指导、培训和咨询，旨在帮助和解决员工及其家庭成员的各种心理问题，提高员工在组织中的工作绩效。EAP是一项事先干预的工具，它通过把预防和处理相结合、解决普遍问题和个别问题相结合的方式，帮助组织消除或削弱诱发员工产生问题的来源；增长员工心理健康的知识，以及自我对抗不良心理问题的能力；并向有需要的员工提供高质量的咨询服务。员工援助计划，能提高员工个人生活质量，保持社会安宁，降低企业运营成本，提高生产效率，给企业带来巨大的收益。有资料显示，美国通用汽车公司的员工帮助计划每年为公司节约3 700万美元的成本。

员工援助计划最初产生于20世纪二三十年代的西方国家。那时正值工业社会蓬勃发展时期，资方在管理过程中发现员工的过量饮酒、吸烟等行为严重地影响了生产效率。为了解决员工这些不良行为习惯对企业的影响，企业主或资本家们想到了通过行为纠正的方法来帮助员工克服这些成瘾行为，于是产生了最初的EAP服务模式。接受行为纠正的员工在很大程度上摆脱了自己的不良嗜好，工作效率也有明显改善。之后，他们又发现，影响员工工作效率的原因有很多，比如家庭负担、人际关系等，于是EAP的服务领域就慢慢地拓展开来。

据统计，在全球导致员工丧失劳动能力的十大主要原因中，有五个是心理问题，如工作压力过高，人际关系困难，家庭或婚姻生活失败，缺乏自信心等。工作压力不仅损害员工的健康，而且也破坏组织的健康，并最终导致经济损失。英国的一项研究表明，在20世纪80年代，英国公司工作场所压力是劳资纠纷所带来的损失的10倍。英国产业联合会（Confederation of British Industry）的数据显示，在英国，与酒和饮料相关的疾病每年带来的成本是 17 亿英镑，另外还会损失 800 万个工作日，动脉冠状硬化疾病会导致 6 200 万个工作日的损失，而心理疾病每年所需的治疗成本是 37 亿英镑，损失 9 100 万个工作日。事实上，在 20 世纪 90 年代，英国因劳资争斗而损失的工作日已经下降，而工作压力已经成为导致工作日损失最重要的因素。美国职业压力协会（American Institute of Stress）则估计，压力及其导致的疾病每年耗费美国企业界 3 000 多亿美元，因而美、英等国企业普遍采用员工援助计划解决职业压力问题，解决因员工心理困扰导致的缺勤率和离职率增加等问题。在欧美一些国家，EAP 已经成为一项可以帮助员工面对任何问题的计划的总称。到目前为止，90% 以上的世界 500 强企业总部都为员工提供了 EAP 服务。例如，美国艾迪 • 鲍尔公司（Eddie Bauer）。艾迪 • 鲍尔公司是美国著名休闲装零售商，年销售额 15 亿美元，有员工 12 000 名。零售业的一大特点，即一到旺季工作量和工作时间大大增加。为了能让员工保持工作与生活的平衡，公司推出了 20 个工作 / 生活福利项目，包括如心理评估和咨询、产后家访计划、平衡日等 EAP 项目。为了保持和提高员工心理健康度，要求员工定期接受心理咨询，并把这作为制度化的福利措施，同时运用行为疗法对员工的不良行为进行改善。据统计，目前在美国有 1/4 以上的企业员工常年享受着 EAP 服务，大多数员工超过 500 人的企业目前已有 EAP，员工人数在 100 ～ 500 人的企业 70% 以上也有 EAP，并且这个数字正在不断增加。

（二）员工援助计划的内容

从 EAP 的历史可以看到，最初的 EAP 是从禁止在工作地酗酒和吸毒的工业计划变化而来的。随着工业技术的发展，企业规模的扩大，导致员工工作绩效降低，企业业绩不能达成的原因越来越多，员工援助计划的范围也就不断拓展。总的来说，员工援助计划主要涉及员工生活和工作两大方面：

（1）员工个人生活问题，如健康、人际关系、家庭关系、经济问题、情感困扰、法律问题、焦虑、酗酒、药物成瘾及其他相关问题；

（2）工作方面，如工作要求、工作中的公平感、工作中的人际关系、欺负与威吓、人际关系、家庭 / 工作平衡、工作压力及其他相关问题等。

完整的 EAP 包括：压力评估、组织改变、宣传推广、教育培训、压力咨询等几项内容。具体地说，可以分成三个部分：第一是针对造成问题的外部压力源本身去处理，即减少或消除不适当的管理和环境因素；第二是处理压力所造成的反应，即情绪、行为及生理等方面症状的缓解和疏导；第三是改变个体自身的弱点，即改变不合理的信念、行为模式和生活方式等。如今，EAP 已经发展成一种综合性的服务，其内容包括压力管理、职业心理健康、裁员心理危机、灾难性事件、职业生涯发展、健康生活方式、法律纠纷、理财问题、饮食习惯、减肥等各个方面，全面帮助员工解决个人问题。解决这些问题的核心目的在于使员工在纷繁复杂的个人问题中得到解脱，减轻员工的压力，维护其心理健康。

员工援助计划常见的服务项目有：

（1）常规员工心理辅导；

（2）危机事件干预；

（3）工作场所的行为风险评估；

（4）裁员心理支持；

（5）第三方 EAP 离职面谈；

（6）岗位胜任的心理学评估；

（7）管理者咨询—管理者角色冲突、管理上的缺陷、管理冲突；

（8）员工心理健康调查问卷。

（三）员工援助计划的实施要点

借鉴国外优秀企业的做法，EAP 的实施要点如下。

（1）明确指出计划的目标和理念。确立创立 EAP 的政策，实施什么内容的 EAP，然后基于这个前提提供一些特殊的服务。其中包括希望企业和雇员通过这一计划达到的短期和长期目标。

（2）拟定一份政策明细清单。在这份文件中要界定员工援助计划的目的、员工参与的资格条件要求、组织中各类人员所需扮演的角色和需要承担的责任，以及使用该计划的基本程序。

（3）进行专业的员工职业心理健康问题评估。由专业人员采用专业的心理健康评估方法评估员工心理生活质量状况，及问题产生的原因。

（4）搞好职业心理健康宣传。利用海报、自助卡、健康知识讲座等多种形式树立员工对心理健康的正确认识，鼓励遇到心理问题困扰时积极寻求帮助。

（5）设计和改善工作环境。一方面，改善工作硬环境——物理环境；另一方面，通过组织结构变革、领导力培训、团队建设、工作轮换、员工生涯规划等手段改善工作的软环境，在企业内部建立支持性的工作环境，丰富员工的工作内容，指明员工的发展方向，消除问题的诱因。

（6）注意法律问题，维护保密的档案制度。在制订员工援助计划时应当到法律顾问那里去获得一些建议，仔细甄别准备雇佣的员工援助计划专业工作者的资格证书，以及实施员工援助计划应遵守的相关法律法规。在员工援助计划中涉及的每一个人都必须懂得保守秘密的重要性。此外还要将档案上锁，限制和监督接触档案的行为，将个人特征信息尽量保持在最少的水平上。

（7）开展员工和管理者培训。一方面，通过压力管理、挫折应对、保持积极情绪、咨询式的管理等一系列培训，帮助员工掌握提高心理素质的基本方法，增强对心理问题的抵抗力，让员工理解并参与到 EAP 中，相互帮助。另一方面，管理者也应该清楚地知道如何实施 EAP，如何以 EAP 的方法与员工沟通，比如细致到一些卡片、信函等。各级主管人员应当理解员工援助计划所涉及的政策、程序、服务以及公司关于保密的政策规定，掌握员工心理管理的技术，能在员工出现心理困扰问题时，很快找到适当的解决方法。他们还应该学会如何识别诸如酗酒这样一些问题的症状，鼓励员工利用员工援助计划所提供的各种服务。

（8）组织多种形式的员工心理咨询。对于受心理问题困扰的员工，提供咨询热线、网上咨询、团体辅导、个人面询等丰富的形式，充分解决员工心理困扰问题。

第四节　员工关系管理实训

【项目一】

一、项目名称

劳动争议的预防。

二、实训目的

通过此项实训，进一步掌握在人力资源管理的各个环节如何预防劳动争议。

三、实训条件

（一）实训时间

4 课时。

（二）实训地点

教室。

四、实训内容与要求

（一）实训内容

搜集有关企业劳动争议的案件和资料。

（二）实训要求

（1）要求学生掌握员工关系管理基本理论，做好实训前的知识准备。
（2）要求学生搜集企业劳动争议的案件和新闻，并及时记录。
（3）要求教师在实训过程中做好组织工作，给予必要的、合理的指导。

五、实训组织与步骤

第一步，将学生划分成若干小组，4 ～ 6 人为一组。

第二步，每组同学将搜集的新闻和案件，梳理之后总结在人力资源管理的各个阶段如何预防劳动争议。

第三步，每组学生整理成书面报告。

六、实训考核方法

（一）成绩划分

实训成绩按优秀、良好、中等、及格和不及格五个等级评定。

（二）评定标准

（1）是否掌握足够的新闻和案件。
（2）能否掌握行业的代表性以及事件的意义。
（3）是否记录了完整的实训内容，做到文字简练、准确，叙述流畅、清晰。
（4）课程模拟、讨论、分析占总成绩的 70%，实训报告占总成绩的 30%。

复习思考题

1. 劳动合同的内容有哪些?
2. 如何对员工进行工作压力管理?

3. 如何设计员工援助计划？
4. 我国劳动争议的处理程序是什么？

案例分析

某公司招聘一名国际贸易主管，要求具有国际贸易专业大学本科以上学历，并且能用西班牙语与外方进行流利的交流和沟通。李某前来应聘，声称自己完全符合公司所列条件，由于公司当时并没有会西班牙语的主管人员对李某进行现场面试，因此在对李某进行学历考查后，对其西班牙语能力没有表示疑义即予以录用，同时与李某签订为期 3 年的劳动合同，约定试用期 3 个月，岗位为国际贸易主管。

在试用期间，公司国际贸易部经理发现李某只是会几句简单的西班牙语，并不能用该语言与客户进行流利的交流沟通，于是向公司人力资源部提出“以李某不符合录用条件为由解除其劳动合同”的建议。公司人力资源部对李某进行考核测试后采纳了该部门经理的建议，于李某试用期满前 1 天解除了与李某所签的劳动合同。可是令公司没有想到的是，李某第二天即申请劳动争议仲裁，提出“公司以其不符合录用条件为由”解除其劳动合同不能成立，要求恢复劳动关系。庭审过程中，李某出具了与公司所签的劳动合同文本，提出劳动合同中仅规定了其岗位为国际贸易主管，并没有规定“能用西班牙语与外方进行流利的交流和沟通”的任职条件，而李某本人是国际贸易专业本科毕业，会用西班牙语进行对话，完全符合该岗位的要求。公司则提出当时公司现场招聘时写得非常明确，就是要招聘一名“能用西班牙语与外方进行流利的交流和沟通”的国际贸易主管。对此，李某声称当时在现场招聘时并没有看到，因此表示不予认可。最后因为公司不能证明其明确了录用条件，因此以李某不符合录用条件为由解除其劳动合同不能成立，由仲裁庭裁定恢复劳动关系。从本案裁决结果可以看出，用人单位在与劳动者签订劳动合同时，对于一些必要的任职条件在劳动合同中明确具体地规定下来对于防范用工风险是十分必要的。

问题：企业如何在招聘阶段预防劳动争议？